《邊緣 AI》精采

本書以實用且易懂的方式，向讀者介紹新興且快速成長的邊緣 AI 領域。它揭開了專業術語的重重迷霧，並點出了在建置邊緣 AI 應用時可能遇到的真實挑戰。本書提供了從概念到部署的必備指南，對於初入此領域的讀者來說是必讀之作。

— *Wiebke Hutiri*，荷蘭台夫特理工大學（Delft University of Technology）

我超愛這種能把複雜的技術主題講解得淺顯易懂的寫作風格。我可以想像大家把這本書當做參考書反覆查找，至少我自己就會這樣做！

— *Fran Baker*，永續與社會影響力部門主任，Arm

本書以極具啟發性和全面性的方式，介紹邊緣 AI 這個新興領域！本書涵蓋的主題非常廣泛，從核心概念一路講到最新的軟硬體工具，不但提供了實用建議，還包含了多個端對端範例。任何剛踏入這個新興領域的人，都會受益於這本書所提供的深刻見解和清晰思緒。

— *Aurélien Geron*，曾任 YouTube 自動影片分類小組主管與暢銷書作家

這是一本建立智慧裝置的指南書：完整介紹結合現今 AI 智慧技術和嵌入式系統的方法。

— *Elecia White*，《Making Embedded Systems》作者
與《Embedded》數位廣播節目主持人

邊緣 AI

使用嵌入式機器學習解決真實世界的問題

AI at the Edge

Solving Real-World Problems with Embedded Machine Learning

Daniel Situnayake and Jenny Plunkett 著

曾吉弘 譯

O'REILLY®

Jenny 想把這本書獻給所有正在努力或有興趣取得工程學位的女性——妳們可以去做任何心所嚮往的事情。

Dan 想把這本書獻給 Situnayake 家族。過去幾年很不容易，但我們總能一起攜手度過。

目錄

第十二章　使用案例：食品品質保證　421

第十三章　使用案例：消費性產品　457

索引　487

中文版作者序

Dear Reader,

Edge AI is a tool we can use to improve our world. We wrote AI at the Edge to help teams and individuals find success with this technology, building products that make a positive impact across diverse industries and fields.

With this in mind, we're incredibly happy to share the Traditional Chinese edition of the book. We know this translation will be read by many brilliant, visionary people who will go on to build wonderful things.

In the time since the original edition was published, AI has become the world's biggest topic of conversation—and edge AI has entered public awareness. Teams around the world are creating innovative products using the technologies we describe in this book.

With this new edition, we invite you to join them. We hope you feel empowered to imagine, design, and build systems that were not possible a few years ago—and help create a better world.

We'd like to extend our warmest gratitude to Dr. David Tseng from CAVEDU Education for the translation you are reading. David is a passionate ambassador for edge AI, and it's been a privilege to work with him on this project.

We hope you enjoy the book!

Sincerely,

Daniel Situnayake & Jenny Plunkett

推薦序

Thomas Dohmke（GitHub CEO）在 2022 年曾說：「我認為轉向雲端的趨勢會迅猛到一個程度，您的本地電腦上預計在短短幾年內將不再有任何程式碼[1]。」然而，這本書充分說明了為什麼我和許多其他身處這個新興邊緣機器學習領域的人一樣，認為他可是大錯特錯。

我們開始看到許多像是高品質語音辨識、森林防火、智慧居家控制等實際應用紛紛出籠，這些應用能完全實現是因為本地裝置現在已可執行各種高階的機器學習演算法。Jenny 和 Dan 寫了一本非常精彩的書，不僅解釋了為什麼在邊緣應用中加入智慧性功能（智能）是解決重要問題的關鍵點，還帶領讀者一步步了解設計、實作和測試這類應用所需的各個步驟。

當您第一次開始研究邊緣機器學習專案時，可能覺得它相當嚇人。這個領域涉及很多術語、變化超快，還需要嵌入式系統和 AI 等領域的知識，這些領域以往整合得不算太好。本書作者的成就在於，他們用輕鬆而全面的方式介紹能讓應用程式有效運作所需了解的所有內容。多虧了他們極力強調的各種真實世界案例，並且即便是複雜的主題也是用一般口語而非數學或程式碼來解釋，都讓本書更適合推薦給產品經理、高階主管、設計師以及工程師。

1 來源：GitHub 的 X（前 Twitter）帳號頁面：*https://oreil.ly/WgTQu*。

他們成功地把許多從經驗中獲得的艱苦知識精煉成了課程，這給了所有要開發這類應用的團隊一個非常好的起點。

本書也成功跨越建立邊緣機器學習應用的實際考量，並幫助您了解如何避免在工作中造成傷害。圍繞著 AI 的各種道德問題似乎令人不知所措，但本書作者將它們拆解成您可以直接應用於專案規劃和測試過程中的各種問題點。這有助於專案的所有利益相關者彼此協作，並希望能夠避免當電腦在我們的生活中具備更多決策權力時所涉及的諸多潛在危險。

我從事邊緣機器學習應用開發已經十多年了，首先在一家新創公司，然後在 Google 擔任技術主管，現在是另一家新創公司的創辦人，我會要求所有加入本團隊的夥伴都要閱讀本書。如果您對這個領域的任何面向感興趣的話，無論是作為開發者、設計師、經理，或只是關心這項新興科技，我都極力推薦這本書。我保證本書會給您許多迷人的想法，並幫助您做出新一代的智慧型裝置。

— *Pete Warden*，*Useful Sensors* 公司 *CEO*，
TensorFlow Lite for Microcontrollers 負責人

前言

在過去幾年中，一個日益茁壯的工程師和研究者社群已悄悄地改寫了電腦與真實世界的互動規則。這項技術稱為「邊緣 AI（edge artificial intelligence）」，顛覆了一個世紀以來的電腦史，並觸及到每個人的生活。

只要小幅度的軟體更新，AI 邊緣技術就能讓已經存在於從洗碗機到恆溫器等所有物品中的高能效廉價處理器，擁有感知和理解世界的能力。我們可讓日常物品自行擁有智慧，而不再需要依賴高資料需求的中央伺服器。而且，新一代工具讓這項神奇的技術變得人人可用，從高中生到保育研究員都能受惠。

目前已有許多邊緣 AI 產品問世了，以下是一些本書中會談到的產品：

- 防止電力傳輸造成森林火災的智慧裝置，將其安裝在電塔來預測可能發生的故障。
- 保護消防員安全的穿戴式手環，當他們面臨熱應變和過度負荷風險時發出警報。
- 不需上網就能使用的非接觸式語音使用者介面。
- 監測野生象群動態的智慧項圈，幫助研究人員了解牠們的行為並保護牠們免受衝突傷害。
- 可辨識特定動物物種的野生動物攝影機，幫助科學家了解牠們的行為。

邊緣 AI 仍然是一門新穎且不斷發展中的科技，現有的應用不過是諸多可能性的冰山一角。隨著更多人學習如何使用邊緣 AI，他們終將發展出可以解決人類生活中各領域問題的絕佳應用。

本書的目標是讓您成為其中一員，我們希望能協助您基於自身的獨特觀點來做出成功的邊緣 AI 產品。

關於本書

本書針對即將推動這股技術革命的工程師、科學家、產品經理和決策者所編寫。本書可說是整個領域的高階指南，提供了運用邊緣 AI 解決實際問題的工作流程和框架。除此之外，我們還希望告訴您：

- 各種邊緣 AI 技術的機會、限制和風險。
- 使用 AI 和嵌入式機器學習來分析問題和設計解決方案的框架。
- 成功開發邊緣 AI 應用的端對端實務工作流程。

本書第一部分的各章將介紹和討論一些關鍵概念，幫助您快速了解這個領域。接下來的幾章將帶您走過整個流程，有助於您設計和實作出所需的應用。

本書第二部分從第十一章開始，將使用三個端對端範例來說明如何應用您的知識來解決科學、工業和消費性專案中的實際問題。

看完本書之後，您將有信心透過邊緣 AI 的鏡頭來看這個世界，並掌握一套可用於建置有效解決方案的實用工具。

本書主題非常豐富！想知道到底講了哪些內容，請快速翻翻目錄吧。

對本書的期待

本書不是程式設計教材或針對特定工具的教學書，所以不要期望會有大量的程式碼解釋或使用特定軟體的逐步指南。相反地，您將學習如何使用最適合的工具並應用一般性框架來解決各種問題。

即便如此，這個主題依然受益於各種高互動性的具體範例，您可以基於這些範例來進一步探索、客製化和建置出更多東西。本書將提供各式各樣的範例讓您探索——包含 Git 儲存庫到免費的線上資料集和訓練管線範例。

這些東西很多都托管在 Edge Impulse（*https://edgeimpulse.com*）上，這是一套用於建置邊緣 AI 應用的工程性工具[1]。它是以開放原始碼技術和標準最佳實作為基礎，因此就算您是在不同平台上開發還是能夠理解相關原理。本書兩位作者都是 Edge Impulse 的超級粉絲——但可能會有點偏心喔，因為他們都是開發團隊的一員！

為了確保可攜性，機器學習管線的所有產出都可以從 Edge Impulse 以開放格式匯出，包括資料集、機器學習模型和任何訊號處理程式碼的 C++ 實作。

您需要先了解什麼

本書是關於如何開發可執行於邊緣裝置上的各種軟體，所以如果能夠稍微理解嵌入式開發的高階概念會很有幫助。這類裝置可以是微控制器或數位訊號處理器（DSP）這類的資源受限裝置，或是嵌入式 Linux 電腦這樣的通用性裝置。

儘管如此，如果您才剛開始接觸嵌入式軟體，要跟上也是沒問題的！我們會走簡單路線，並適時介紹新的主題。

除此之外就不需要任何特定的知識啦。由於本書目標是為整個工程領域提供一套實用的路線圖，因為會以高階觀點來涵蓋許多主題。如果您有興趣深入挖掘本書所說的內容，不管是機器學習基礎知識，還是應用設計的各個要素，我們都會分享在自身學習過程中找到的許多有用資源。

1 Edge Impulse 的學術性介紹請參考這篇論文：〈Edge Impulse: An MLOps Platform for Tiny Machine Learning〉（*https://oreil.ly/Dyd-Z*）（S. Hymel et. al, 2022）。

負責任、倫理與有效的 AI

在建置任何種類的應用程式時，如何確保它能夠在真實世界中正常運作是最重要的關鍵。不幸的是，AI 應用特別容易發生這類問題，這會讓它們*看起來*似乎運作良好，但實際上卻是失敗的——而且這種失敗通常極為有害。

避免這類問題將是本書的核心主題之一，甚至可說是*唯一*。因為現今的 AI 開發是一個迭代性的過程，僅僅在工作流程最後才測試系統能否正常運作是不夠的。反之，您需要了解每個步驟的潛在風險、批判性檢視中間結果，並做出能夠考量到利害關係者需求的明智決策。

本書會介紹一個強大的框架，幫助您了解、推敲、測量效能，並在清楚建立 AI 應用相關風險的基礎上做出決策。這會是整個開發過程的基本原則，並形塑出如何設計應用的方式。

這個過程從專案的最初階段就開始了。為了建立有效的應用程序，了解當前採用的 AI 方法是否適合特定案例很重要。在許多情況下，造成身體、財務或社會性等傷害的風險，都會遠遠超過部署 AI 所帶來的潛在利益。本書將教您如何抓出這些風險，並在探索專案的可行性時就考量到它們。

作為領域專家，我們有責任確保所創立的技術能得到適當使用。沒有其他人比我們更有資格來做這件事，所以我們必須盡力去做。本書將幫助您做出正確的決策，推出效能優異、能夠避免傷害並使更多人受益的的應用程式。

更多資源

如果要在一本書中完整涵蓋嵌入式 AI，從低階實作一路講到高階設計模式，這本書應該會和書架一樣大！您正在閱讀的這本書不會試著把所有東西都塞進去，反之則是提供一個詳細但高階的整體藍圖。

要深入了解與您的特定專案相關的細微之處，本書第 140 頁「學習各種邊緣 AI 技能」這一段中推薦了許多相關資源。

聯絡作者

本書作者很想聽聽您的寶貴意見，寫信到這裡吧：hello@edgeaibook.com

本書編排慣例

本書運用了不同的字體來代表不同的慣用訊息：

斜體

表示新術語、網址、電子郵件地址、檔案名稱和副檔名；中文以楷體字呈現。

等寬字型 `Constant width`

用於程式清單，以及在段落中引用程式元素，例如變數或函式名稱、資料庫、資料型別、環境變數、語句和關鍵字。

等寬粗體 **`Constant width bold`**

表示指令或其他應由使用者直接輸入的文字。

等寬斜體 *`Constant width italic`*

表示應替換為使用者輸入內容，或根據上下文所決定的值。

本圖示代表提示或建議。

本圖示代表一般說明。

本圖示代表警告或注意事項。

使用範例程式

本書提供了附加材料（程式碼範例、練習等），請由此下載：*https://github.com/ai-at-the-edge*。

如果您在使用程式碼範例時遇到技術性問題或任何其他問題，請寫信到 *bookquestions@oreilly.com*。

本書旨在協助您完成工作。一般來說，您可以在自己的程式或文件中使用本書的程式碼而不需要聯繫出版社取得許可，除非您更動了程式的重要部分。例如，使用這本書的程式段落來編寫程式不需要取得許可。但是將 O'Reilly 書籍的範例製成光碟來銷售或發布，就必須取得我們的授權。引用這本書的內容與範例程式碼來回答問題不需要取得許可。但是在產品的文件中大量使用本書的範例程式，則需要我們的授權。

我們會非常感激您在引用它們時標明出處（但不強制要求）。出處一般包含書名、作者、出版社和 ISBN。例如：「AI at the Edge by Daniel Situnayake and Jenny Plunkett (O'Reilly). Copyright 2023 Daniel Situnayake and Jenny Plunkett, 978-1-098-12020-7.」。

如果您覺得自己使用範例程式的程度超出上述的允許範圍，歡迎隨時與我們聯繫：*permissions@oreilly.com*。

致謝

感謝許多人的辛勤付出和支持，讓本書得以問世。我們對他們心存感激。

非常榮幸，那位獨一無二的 Pete Warden（*https://petewarden.com*）為本書寫了推薦序，他不僅是位富有遠見的技術專家，對於開創這個領域功不可沒，還是一位了不起的人，更是我們的好朋友。非常感謝您的支持，Pete！

我們要深深感謝 Wiebke（Toussaint）Hutiri（*https://wiebketoussaint.com*）對於形塑和引領本書中「負責任 AI」相關內容所做的卓越貢獻，包括在第 46 頁的「負責任的設計和 AI 倫理學」這段精彩介紹。您是這個領域的耀眼巨星。

我們也衷心感謝本書的技術編審和顧問團隊，他們的智慧和見解對本書影響甚鉅。他們的大名字是 Alex Elium、Aurélien Geron、Carlos Roberto Lacerda、David J. Groom、Elecia White、Fran Baker、Jen Fox、Leonardo Cavagnis、Mat Kelcey、Pete Warden、Vijay Janapa Reddi 和 Wiebke（Toussaint）Hutiri。再次感謝 Benjamin Cabé 讓我們展示他的人工鼻專案，任何差誤之處都由本書作者負責。（譯註：本書譯者有親手復刻一個 Benjamin 的人工鼻專案，來看看吧：*https://blog.cavedu.com/?s=wio*）

另外還要感謝 O'Reilly 的超強團隊，特別是 Angela Rufino，以無與倫比的理解和關懷引導我們完成了寫作過程。同樣要感謝 Elizabeth Faerm、Kristen Brown、Mike Loukides、Nicole Taché 和 Rebecca Novack 等好夥伴。

本書之所以能順利出版，絕對是受益於 Edge Impulse 團隊的全力支援，這是一支全明星隊陣容的超級英雄。特別感謝創辦人 Zach Shelby 和 Jan Jongboom，他們相信我們對於本書的願景、支持我們實現這個目標，並創造了一個能讓想法萌芽的空間。非常感謝整個團隊，在本書編寫時包括：Adam Benzion、Alessandro Grande、Alex Elium、Amir Sherman、Arjan Kamphuis、Artie Beavis、Arun Rajasekaran、Ashvin Roharia、Aurelien Lequertier、Carl Ward、Clinton Oduor、David Schwarz、David Tischler、Dimi Tomov、Dmitry Maslov、Emile Bosch、Eoin Jordan、Evan Rust、Fernando Jiménez Moreno、Francesco Varani、Jed Huang、Jim Edson、Jim van der Voort、Jodie Lane、John Pura、Jorge Silva、Joshua Buck、Juliette Okel、Keelin Murphy、Kirtana Moorthy、Louis Moreau、Louise Paul、Maggi Yang、Mat Kelcey、Mateusz Majchrzycki、Mathijs Baaijens、Mihajlo Raljic、Mike Senese、Mikey Beavis、MJ Lee、Nabil Koroghli、Nick Famighetti、Omar Shrit、Othman Mekhannene、Paige Holvik、Raul James、Raul Vergara、RJ Vissers、Ross Lowe、Sally Atkinson、Saniea Akhtar、Sara Olsson、Sergi Mansilla、Shams Mansoor、Shawn Hanscom、Shawn Hymel、Sheena Patel、Tyler Hoyle、Vojislav Milivojevic、William DeLey、Yan Li、Yana Vibe 和 Zin Kyaw，奇蹟因您們而發生。

Jenny 想感謝美國德州的家人和朋友多年來的大力支持，還有她的兩隻愛貓：Blue Gene 和 Beatrice，牠們是最好的同事。她尤其要感謝父親 Michael Plunkett，鼓勵她在德州大學奧斯汀分校（The University of Texas at Austin）主修電機工程學位，並激發了她對新技術的終身好奇心。

Dan 想感謝他的家人和朋友在每次大冒險中對他的支持。他深深感激 Lauren Ward 在所有旅程中的愛和陪伴，也要感謝 Minicat 這隻貓兒所帶來的安心感，以及允許在本書中使用牠的照片。

第一章

邊緣 AI 簡介

歡迎加入我們！本章將進行一趟邊緣 AI 的深度之旅。我們將定義許多關鍵詞彙、學習「邊緣 AI」如何不同於其他 AI 應用，並探索一些最重要的使用案例。本章的目標是回答這兩個重要問題：

- 到底什麼是邊緣 AI？
- 為什麼我會需要它？

定義關鍵詞彙

每個技術領域都有自己的流行用語，邊緣 AI 也不例外。實際上，*邊緣 AI* 一詞是兩個流行用語所組合成的一個強大術語，常常與同類詞，例如*嵌入式機器學習*和 *TinyML* 一起使用。在往下以前，最好花些時間定義這些詞彙，並了解它們的含義。由於所看到的是複合式流行語，因此讓我們先處理最基本的部分。

嵌入式

什麼是「嵌入式（embedded）」？根據您的背景，這可能是我們試圖描述的所有術語中最讓人耳熟能詳的一個。*嵌入式系統*是指可控制各種實體裝置內部電路的電腦，從藍牙耳機到最新汽車的引擎控制單元。嵌入式軟體則是運行於其上的軟體。圖 1-1 是一些可以找到嵌入式系統的地方。

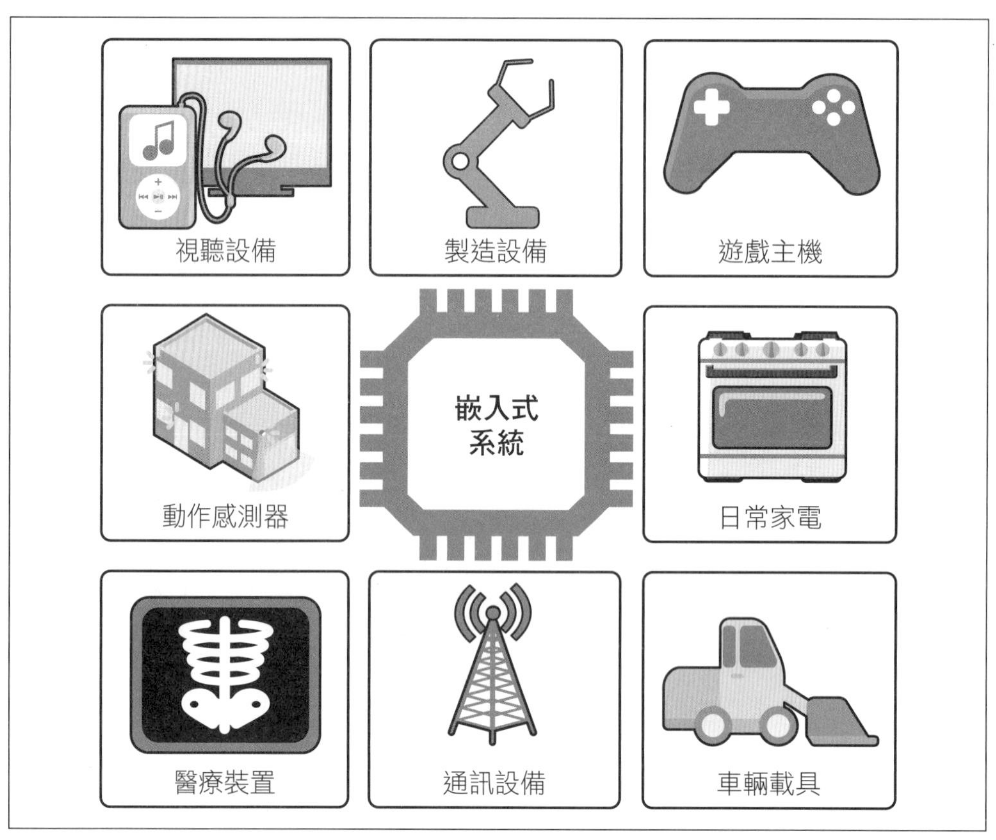

圖 1-1　嵌入式系統存在於我們世界的每個角落，包括家庭和工作場所

嵌入式系統可以非常迷您又簡潔，例如控制數位手錶的微控制器，但也可能既龐大又複雜，例如智慧電視中的嵌入式 Linux 電腦。相較於通用型電腦（例如筆記型電腦或智慧型手機），嵌入式系統通常是用於執行一個特定的專門任務。由於現代科技的大部分都是由它們所驅動，嵌入式系統非常普及。事實上，2020 年的微控制器出貨量就超過了 280 億個[1]，這還只是諸多嵌入式處理器的其中一種而已。這些裝置存在於我們的家庭、車輛、工廠和都市街道中。您和某個嵌入式系統的距離可能一直以來都只有幾英尺而已。

嵌入式系統通常都反映了它們所部署的環境中的各種限制。例如，許多嵌入式系統需要以電池電源來運作，因此它們在設計時就必須考慮到能源效率，但這也會

1　資料來源：Business Wire（*https://oreil.ly/xa0o-*）。

導致記憶體或時脈受限。而開發嵌入式系統程式則是在這些限制中自在遨遊的藝術，寫出能夠執行所需任務的軟體，同時還能夠充分利用有限的資源，這真的非常不容易。嵌入式系統工程師是現今世界的無名英雄。如果您碰巧是其中之一，感謝您的大力付出！

邊緣（與物聯網）

電腦網路的歷史是一場浩大的拔河賽。最初的電腦系統，事實上是一台可塞滿整個房間的電腦，其運算在本質上是集中式的。只有一台機器，而這一台機器必須完成所有工作。然而，電腦逐漸可以連接終端機（如圖 1-2），並讓終端機去分攤一些責任。大部分的運算都是在中央主機中進行的，但一些簡單的任務，像是如何在 CRT（陰極射線管）螢幕上渲染各種字母，則需要透過終端機的電子裝置來完成。

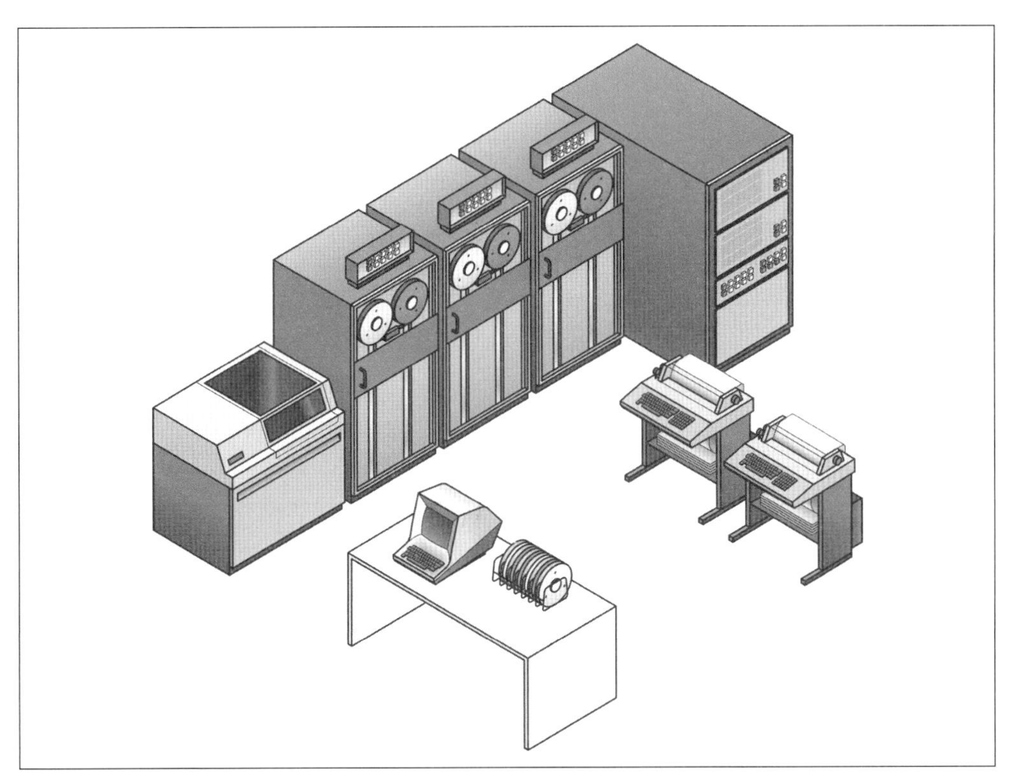

圖 1-2 大型主機負責了絕大部分的運算，而功能簡易的終端機則負責處理輸入、顯示輸出與渲染各種基本圖像

經過好些時日，終端裝置變得越來越複雜，接管了越來越多原先是由中央電腦所負責的功能。拔河賽正式開始！個人電腦問世之後，各種小型電腦不必連接到另一台機器就能完成很多有用的工作了。繩子已經被拉到另一個極端——從網路的中心到邊緣。

隨著網際網路蓬勃發展，搭配各種網路應用和服務，就能做到一些超酷的事情了——從串流影片到社交網路。這些事情全部都仰賴於連接到伺服器的各種電腦，而這些電腦逐漸包辦了越來越多的事情。過去十年來，絕大部分的運算已再次中心化——這一次是回到「雲端」了。只要連不上網路，現代的電腦幾乎無事可做！

但是，用於工作和娛樂的電腦並不是唯一想得到的互聯裝置。事實上，2021 年估計有 122 億個可連上網際網路[2]的各類裝置，不斷產生並消耗資料。這個由各種物體所組成的超大型網路就稱為物聯網（Internet of Things, IoT），其中包括了所有您能想到的東西：工業感測器、智慧冰箱、可連網的監控攝影機、私人汽車、貨櫃、健身追蹤器和咖啡機。

歷史上第一台物聯網裝置於 1982 年問世 。卡內基美隆大學的學生將一台可口可樂自動販賣機連接到 ARPANET（*https://oreil.ly/B510Z*）——網際網路的前身，這樣他們不用離開實驗室，也能知道還有沒有可樂。

這些裝置都是具備微處理器的嵌入式系統，而這些微處理器則負責運行由嵌入式軟體工程師所編寫的各種軟體。由於它們位於網路的邊緣，因此它們也稱為**邊緣裝置**（*edge device*），在這裡所進行的運算就稱為**邊緣運算**（*edge computing*）。

邊緣不是單指某個地點，而更像是一個區域。邊緣裝置可以互相通訊，當然也可以與遠端伺服器通訊。甚至還有可運作於邊緣網路的伺服器，如圖 1-3 所示。

2 預計到 2025 年，可連網的物聯網裝置將增長到 270 億個，資料來源：IoT Analytics（*https://oreil.ly/yMRAF*）。

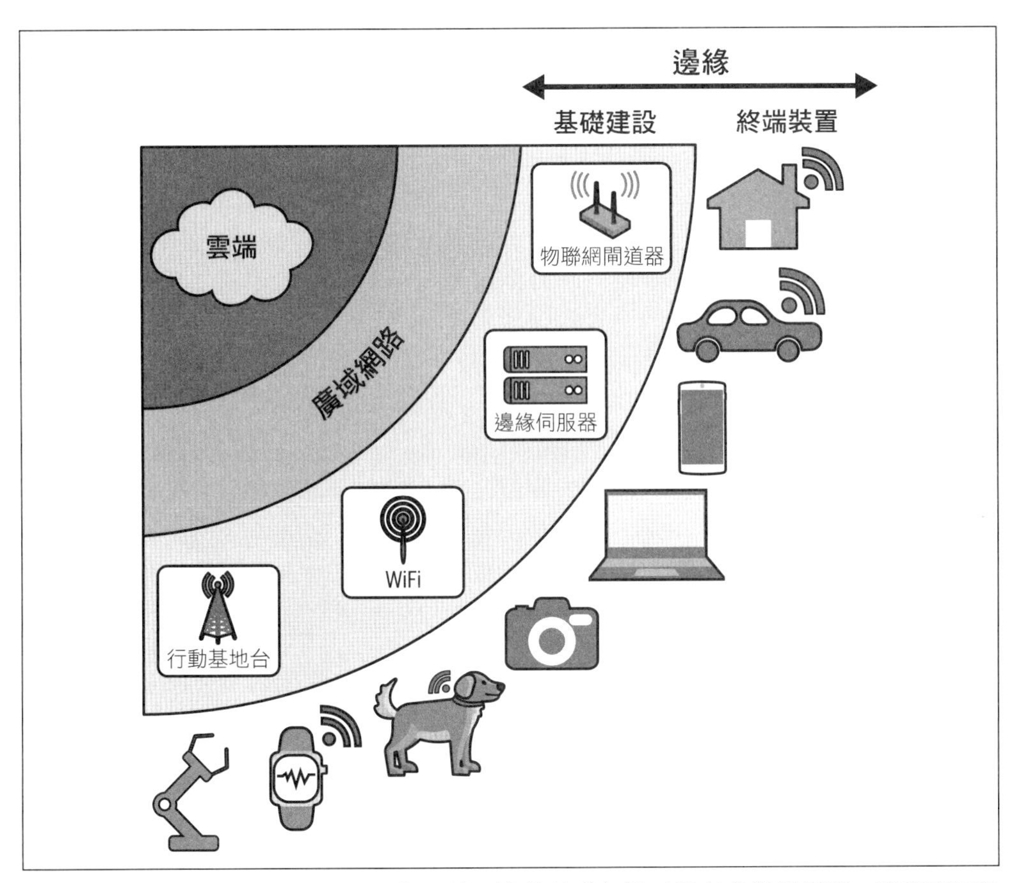

圖 1-3　位於網路邊緣的裝置可以與雲端、邊緣基礎架構以及其他裝置通訊；邊緣應用程式通常會涵蓋本圖中的多個項目（例如，從配有感測器的 IoT 裝置傳送資料到本地的邊緣伺服器來處理）

位於網路的邊緣有一些明顯的好處。首先，那裡是所有資料的來源！邊緣裝置是網際網路和真實世界之間的連接點。它們可以操作感測器並根據周圍情況來蒐集資料，例如跑者心跳速度或冷飲溫度。它們也可以在本機端根據該資料做出決策並將其發送到其他地點。邊緣裝置還能取得其他裝置根本無法取得的資料。

手機和平板電腦也是邊緣裝置嗎？

作為位於網路邊緣的可攜式電腦，手機、平板電腦，甚至個人電腦都可算是邊緣裝置。今天的智慧型手機是最早採用邊緣 AI 技術的平台之一：從語音觸發到智慧拍照[3]，早已將這項技術用於各種用途上了。

等等再回頭談邊緣裝置（畢竟是本書重點嘛）。在那之前，讓我們繼續定義一些術語。

人工智慧

呼！這是個大問題。人工智慧（Artificial intelligence, AI）是一個超級龐雜的概念，同時也非常難以定義。自從我們存在以來，人們就一直夢想著做出能夠幫助自己活下去的智慧實體。在現今世界中，我們則期望有個能在人生旅程中拉自己一把的機器人助手：可以解決所有問題的超智慧合成心靈，還有能夠最佳化作業流程並讓我們快速升遷的神奇產品。

但要定義人工智慧的話，必須先定義智慧，這事實上非常困難。什麼是智慧？這是指會不會說話或思考嗎？顯然不是——看看史萊姆黏菌（如圖 1-4），這是一種沒有中央神經系統但居然有辦法穿越迷宮的簡單生物。

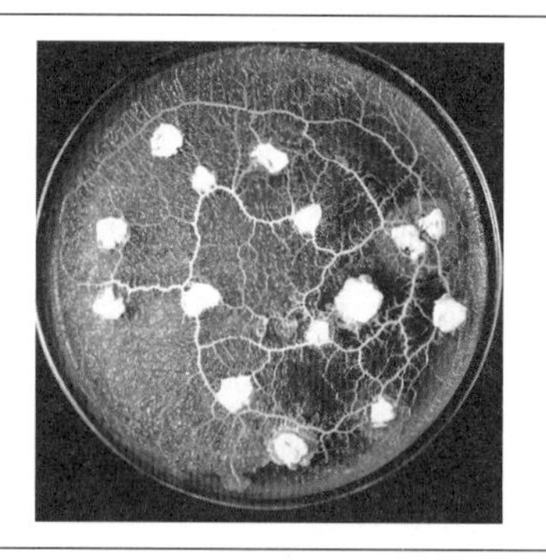

圖 1-4　史萊姆黏菌是一種單細胞生物，已證實能藉由某種生物計算過程來穿越迷宮以找到食物——資料來源 "Slime Mould Solves Maze in One Pass Assisted by Gradient of ChemoAttractants"（*https://oreil.ly/Ecrq9*）（Andrew Adamatzky, arXiv, 2011）

3　嵌入式工程和行動應用開發通常是指不同的專業領域。即使在行動裝置中，嵌入式韌體和作業系統也與行動應用截然不同。本書聚焦於嵌入式工程，因此不會談到如何開發行動應用，但還是會介紹與兩者相關的技術。

本書並非抽象探究的哲學書，我們沒有時間完整探討關於智慧的所有主題。反之，在此提供一個簡單又粗暴的定義：

智慧就是在適當的時間做正確的事情。

這個定義可能禁不起學術辯證，但對我們來說沒關係。它給了我們一個探索這個主題的工具。根據這個定義，以下是一些需要智慧才能完成的任務：

- 畫面中出現動物時，馬上拍照
- 當駕駛人快要撞車時，趕快煞車
- 當機器聽起來怪怪時，通知操作員
- 運用相關資訊來回答問題
- 為音樂表演提供伴奏
- 當有人想洗手時，打開水龍頭

每個問題都包含了一個動作：例如打開水龍頭，和前提：有人想洗手。這些問題在其自身情境中聽起來都相對簡單；但是，任何使用過機場洗手間的人都知道，其實它們並非都這麼容易搞定。

這些任務對絕大多數人類來說都很容易完成，因為我們是具備**通用**（*general*）智慧的高等生物。但更**狹義**（*narrow*）上而言的智慧系統也能做到這些事情。就拿先前的黏菌來說吧，牠可能不知道為什麼要穿過迷宮，但就是做得到。

換言之，黏菌就不太可能知道打開水龍頭的正確時機。一般來說，執行某項單一且範圍極為有限的任務（例如打開水龍頭），比執行各種不同任務要容易多了。

做出一個與人類並駕齊驅的人工**通用**智慧（artificial general intelligence）異常困難——幾十年來的失敗嘗試就可說明這一點。但做出一些黏菌等級的東西就簡單多了。例如，防止駕駛人出車禍理論上是一個相當簡單的任務，只要有辦法知道他們當下的速度和與牆壁之間的距離，再用簡單的條件來處理邏輯就可以了：

```
current_speed = 10 # 每秒移動 10 公尺
distance_from_wall = 50 # 與牆壁的距離，單位公尺
seconds_to_stop = 3 # 車輛停止所需最短時間，單位秒
safety_buffer = 1 # 踩下煞車踏板前的安全緩衝時間，單位秒
```

```
# 計算撞上牆之前還有多少時間
seconds_until_crash = distance_from_wall / current_speed

# 如果即將撞上，就踩煞車
if seconds_until_crash < seconds_to_stop + safety_buffer:
    applyBrakes()
```

顯然，這個簡化範例沒有考慮到太多因素。但是在複雜度提升後，汽車只要具備這類條件邏輯的駕駛輔助系統，就可被視為 AI[4]。

這裡要提出兩個觀點：第一點是智慧相當難以界定，很多相對簡單的問題都需要一定程度的智慧才能解決。第二點是實現這種智慧的程式不一定要多複雜，有時候，一個黏菌就搞定了。

那麼，什麼是 AI？簡而言之，它是一種基於某種輸入做出智慧決策的人工系統。而創造 AI 的方法之一就是機器學習。

機器學習

機器學習（Machine Learning, ML）的核心是一個非常簡單的概念。它是一種探索世界運作模式的方法——但是運用了各種演算法搭配資料來自動完成。

我們經常聽到 AI 和機器學習交替使用，好像它們是同一件事——但事實並非如此。AI 不一定會用到機器學習，而機器學習也不一定都與 AI 有關。然而，它們彼此配合得非常好！

認識機器學習的最佳方法就是透過範例。想像一下，您正在製作一個健身追蹤器——一款運動員可以佩戴的小手環。追蹤器中有一個加速度計，告訴您在某個時間點上各軸（x、y 和 z）的加速度變化，如圖 1-5。

4 多年來，人們一直希望人工通用智慧能藉由工程師手動調整的複雜條件邏輯來實現。但實際上，這只會變得更加複雜呢！

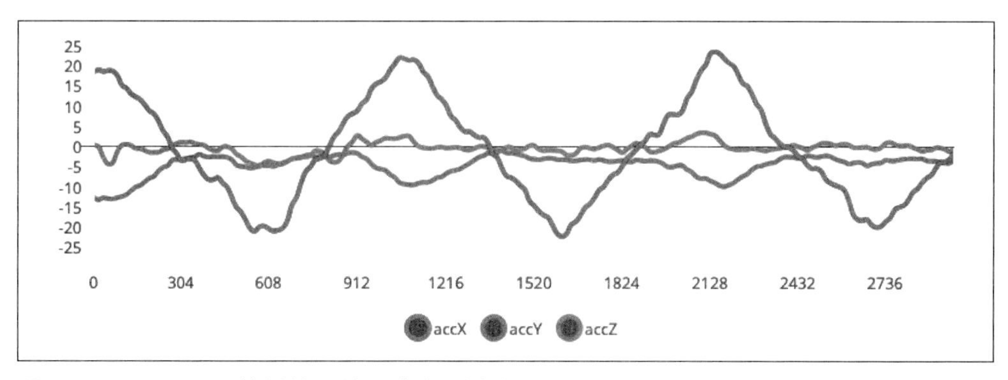

圖 1-5　以 6.25 Hz 抽樣的三軸加速度計輸出

為了讓運動員有更好的表現 ，您希望取得他們所進行活動的自動紀錄。例如，某位運動員可能在星期一跑步一個小時，然後在星期二游泳一個小時。

由於游泳時的動作與跑步時的動作非常不同，您心想也許能根據手環加速度計的輸出來區分這些活動。為了蒐集一些資料，您把手環原型提供給十多位運動員，讓他們去做特定活動，例如游泳、跑步或什麼也不做，手環在這期間就會記錄資料（圖 1-6）。

現在資料集有了，您想要訂出一些規則，希望有助於理解某位運動員是在游泳、跑步還是休息。方法之一是以手動方式來分析和檢查資料，看看有沒有什麼明顯的特徵。也許您已經注意到，相較於游泳，跑步會讓某一軸上產生更大的加速度值。您可以使用這些資訊來設計一些條件邏輯，好根據該軸的讀數來判斷到底是哪一種活動。

要手動去分析資料可能很棘手，通常需要相關領域的專業知識（例如運動過程中的人體動作），這時候，機器學習就有機會成為作為手動分析的替代方案。

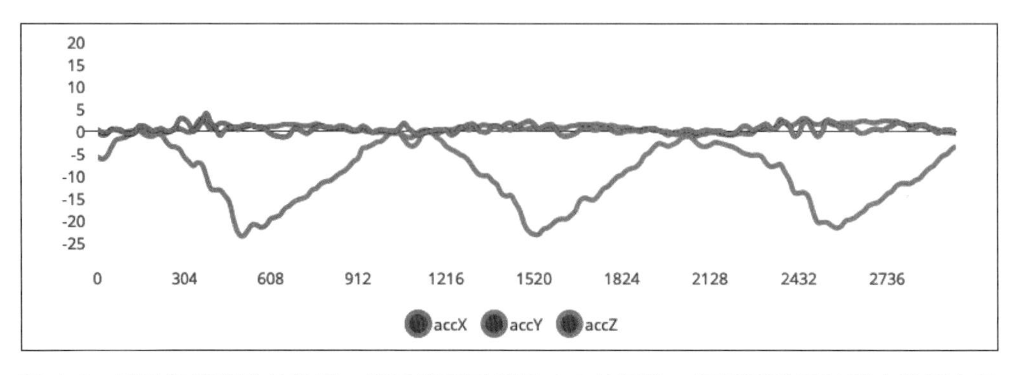

圖 1-6　三軸加速度計的輸出，顯示出不同於圖 1-5 的活動；每種活動可以藉由時間內各軸的加速度變化模式來分辨

有了機器學習方法之後，您只要把所有運動員的資料輸入到訓練演算法中就好。提供加速度計資料與運動員當前所進行的活動等資訊之後，該演算法會盡力去學會這兩者之間的映射關係。這個映射就稱為模型（*model*）。

理想狀況下，如果訓練成功，您的新機器學習模型就能接受一個全新、從未見過的輸入——來自特定時間窗的加速度計資料樣本——並告訴您這位運動員正在進行哪項活動。這個過程就稱為推論（*inference*）。

能夠理解全新輸入的能力稱為一般化（*generalization*）。在訓練過程中，模型已經學會了用於區分跑步和游泳的特徵。然後，您可以在健身追蹤器中使用該模型去理解新的資料，做法就像先前提到的條件邏輯一樣。

機器學習演算法種類繁多而且各自有其優缺點，再者，機器學習不一定都是最佳的工具。本章後續會討論機器學習最適用的情境。有一個不錯的經驗法則指出，其實蒐集到的資料越複雜時，機器學習的效果也就越好。

邊緣 AI

恭喜，第一個複合式術語來了！不意外啦，邊緣 AI（Edge AI）就是邊緣裝置和人工智慧的結合。

正如先前所述，邊緣裝置是連接數位與真實世界的嵌入式系統。它們通常都配有感測器，可以提供其所處環境的相關訊息。這使它們可以存取大量高頻資料，多到好比是那種從消防栓噴出的水柱也不誇張。

我們常聽到，資料是現代經濟的命脈，在基礎設施間流動才讓組織得以運作。這個說法千真萬確，但並非所有資料都是均等產生的。感測器所擷取的資料往往數量非常大，但資訊含量卻相對低很多。

回想前一段的加速度計手環感測器。加速度計每秒可以讀取幾百筆讀數。但每筆讀數對於可否理解目前所進行的活動幾乎沒有任何幫助——只有在累積成千上萬筆讀數之後，我們才能開始理解發生了什麼事情。

一般來說，可將物聯網裝置視為可蒐集感測器資料並將其傳輸到某個中央位置來處理的簡易節點。這種做法的問題在於，發送如此大量卻又低價值資訊的成本極其昂貴。不只連線成本高，而且傳輸資料會消耗大量能源，這對於電池供電的物聯網裝置來說是一個大問題。

正因如此，物聯網感測器所蒐集的大多數資料下場，通常都是被丟棄。我們蒐集了大量的感測器資料，卻無法對其進行任何處理。

邊緣 AI 正是解決這個問題的方法。與其把資料發送到遠端處理，為什麼不直接在裝置端，也就是在資料生成的地方，就把事情做好？現在，我們可以在本地端做出決策，而不需要仰賴某台中央伺服器——因此不再需要網路連線了。

如果還是想把資訊傳回上游伺服器或雲端，我們只需要傳輸重要訊息就好，而不必傳送每一筆感測器讀數。這應該可以節省大量成本和能源。

要將智慧應用部署到邊緣有許多不同的方式。圖 1-7 說明了從雲端 AI 一路到完全於裝置端運行的 AI。正如本書稍後所述，邊緣 AI 可以出現在整個分散式運算架構中的任何地方——包括一些位處極端邊緣的節點，其他則可在本地端閘道器或雲端上。

眾所周知，人工智慧可以有很多不同的含義。它可以非常簡單：把些許的人類洞察力編碼在簡易的條件邏輯中。但它也可以基於最新的深度學習發展而變得非常複雜。

邊緣 AI 也完全相同。在其最基本的層面上，邊緣 AI 是指在網路的邊緣，也就是接近資料產生的地方，來做出一些決策。但它也可以運用一些非常酷的東西，這剛好能讓我們很順暢地進入下一段！

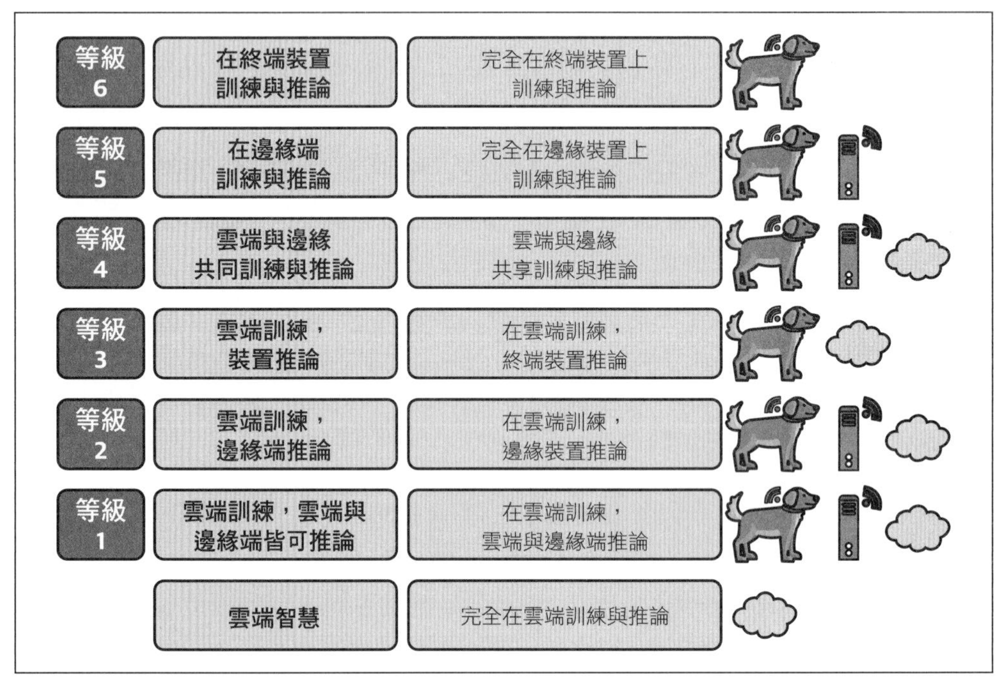

圖 1-7　從雲端 AI 到完全於裝置端運行的 AI；這六個等級是在〈Edge Intelligence: Paving the Last Mile of Artificial Intelligence with Edge Computing〉（*https://oreil.ly/8uWK-*）（Zhou et. Al., Proceedings of the IEEE, 2019）這篇文章所提出的

嵌入式機器學習和微型機器學習

嵌入式機器學習是一門在嵌入式系統上執行機器學習模型的技術。微型機器學習或稱 TinyML[5]，是指這件事必須在資源極為有限的嵌入式硬體上完成，例如微控制器、數位訊號處理器和小型現場可程式化邏輯閘陣列（FPGA）。

當談到嵌入式機器學習時，通常指的是機器學習推論——也就是根據輸入來產生一個預測結果（例如根據加速度計資料來猜測正在做哪一種運動）。訓練這一段通常還是在傳統電腦上進行。

5　*TinyML* 一詞是 TinyML 基金會的註冊商標。

嵌入式系統記憶體通常非常有限，這對想要執行許多類型的機器學習模型來說是一項挑戰，因為這些模型通常對唯讀記憶體（ROM，用於儲存模型）和隨機存取記憶體（RAM，用於處理推論過程中生成的中介結果）都有相當高的要求。

它們通常在運算能力方面也受到限制。由於許多類型的機器學習模型需要相當大的運算量，這也可能產生一些問題。

幸運的是，最佳化方案在過去幾年中已有諸多進展，使得即便是一些低功耗的小型嵌入式系統上也得以運行複雜的大型機器學習模型。接下來幾章就會學到這些技術！

嵌入式機器學習通常會與它可靠的夥伴：**數位訊號處理**（*Digital signal processing, DSP*）一起部署。在繼續之前，先來定義這個術語吧。

數位訊號處理

在嵌入式的世界中，我們經常會以數位格式來處理各種訊號。例如，加速度計會提供一段對應於三軸加速度的數位數值串流，而數位麥克風則會提供我們一段對應於特定時間中音量的數值串流。

數位訊號處理是指運用演算法來處理數位訊號的技術。而結合嵌入式機器學習之後，我們通常會先用 DSP 技術來修改訊號，再將其送入機器學習模型。這麼做的原因有幾個：

- 清理充滿雜訊的訊號
- 刪除可能因硬體問題引起的尖峰或異常值
- 從訊號中擷取出最重要的資訊
- 把時域資料轉換為頻域[6]

DSP 已經普遍用於許多嵌入式系統中，其中的內嵌晶片已針對常見的 DSP 演算法具備高速的硬體實作，這邊簡單說明一下。

我們現在已經能大致掌握一些本書中最重要的術語了。圖 1-8 是它們彼此間的脈絡關係。

6 第 97 頁的「頻譜分析」中會詳細說明。

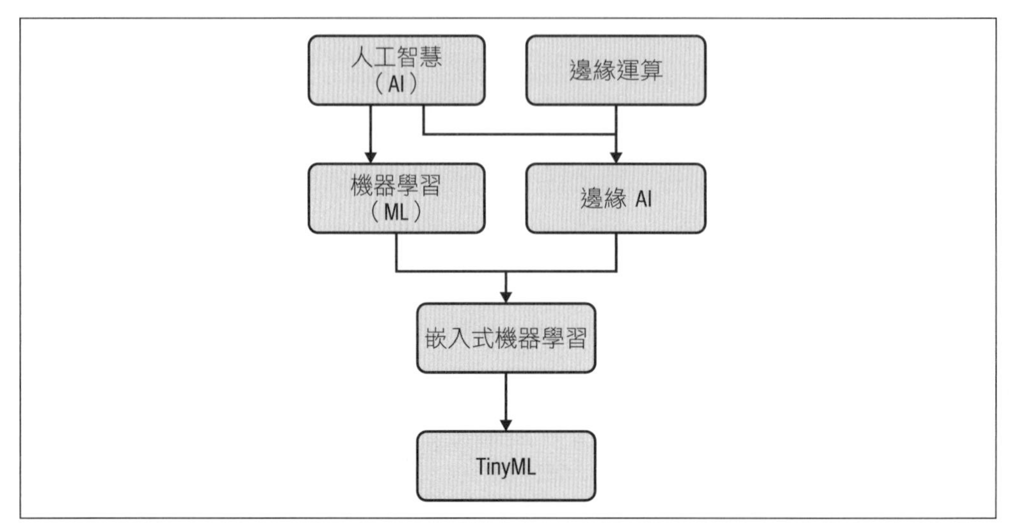

圖 1-8　本圖說明了邊緣 AI 中一些最重要的概念，從最上面的一般化名詞到最下面的最具體名詞

下一段就會深入探討邊緣 AI 這個主題，並開始分析它之所以成為一項重要技術的原因。

為什麼需要邊緣 AI？

假設今天早上您在約書亞樹（Joshua Tree）國家公園跑步，這裡是位於美國南加州沙漠中一望無際的曠野。您整路都在聽著透過毫無間斷的手機資料連線串流而來的音樂。到了深山裡的某個超美景點，您拍了一張照片並傳送給另一半，幾分鐘後就收到了回覆。

身處在一個即使是與世隔絕之處都能有某種形式的資料連線世界中，為什麼還需要邊緣 AI？如果強大的網路伺服器只有一步之遙，那麼能夠自行決策的小型裝置還有什麼意義？加進這些額外的複雜考量之後，難道不會讓自己的生活變得更加艱困嗎？

正如您可能猜到的那樣，答案是否定的！邊緣 AI 解決了一些非常實際的問題，否則這些問題將阻礙那些增進人類福祉的技術持續發展。我們最喜歡用來解釋邊緣 AI 優點的框架是一個聽起來粗魯但很好記的詞：BLERP。

運用 BLERP 口訣來了解邊緣 AI 的好處

BLERP 是什麼意思？Edge AI and Vision Alliance 公司創辦人 Jeff Bier 推出了這款出色的工具（*https://oreil.ly/UY-DG*），並充分表達邊緣 AI 的好處。它包含了五個詞：

- 頻寬（Bandwidth）
- 延遲（Latency）
- 經濟效益（Economics）
- 可靠度（Reliability）
- 隱私（Privacy）

掌握 BLERP 口訣之後，任何人都可以輕鬆記住並說明邊緣 AI 的優點。它也可以作為一個篩選器，幫助您決定邊緣 AI 是否適用於某個特定應用。

現在來一一介紹它們吧。

頻寬

物聯網裝置擷取的資料量通常會超過它們的傳輸頻寬。這代表它們所擷取的絕大多數感測器資料甚至還沒使用就被丟掉了！想像一下，有一個用於監測工業機台振動情形的智慧感測器，可透過簡單的門檻值演算法來理解機器的振動何時太大或太小，然後藉由低頻寬連線來傳送這些資訊，以判斷機台是否正常運作。

這聽起來已經很有用了。但如果您可以辨識出資料中的不同樣式，而這些樣式可以提供機器是否即將故障的線索，聽起來如何？只要頻寬充足，我們確實可以把感測器資料發送到雲端並分析，藉此了解是否即將發生故障。

然而在許多情況下，可動用的頻寬或能源預算都不足以持續地將大量資料流發送到雲端。這代表大部分的感測器資料只能被迫丟棄，即使它包含的訊號再有用也一樣。

頻寬受限是非常普遍的狀況。這不只與可用的連線速度有關——還牽涉到能源問題。網路通訊一般來說都是嵌入式系統所執行任務中最耗電的一項，代表限制因素往往來自於電池壽命。某些機器學習模型可能需要大量運算，但相較於傳輸訊號所需的能源其實還是比較少的。

邊緣 AI 這時候就登場啦。如果物聯網裝置本身就能分析資料而無需上傳，事情會不會不一樣？這樣一來，如果分析結果顯示機器即將故障，我們依然可透過有限的頻寬來發送通知。這會比把所有資料串流出去要可行多了。

當然，裝置完全沒有（或無法進行）網路連線功能也很常見！在這種情況下，邊緣 AI 會讓以往根本不可行的諸多案例成為可能。稍後就會深入探討。

延遲

傳輸資料需要時間。就算可用的頻寬超級充足，從裝置到網際網路伺服器來回還是需要數十或數百毫秒。某些情況下的延遲會高達數分鐘、數小時或甚至幾天——想一下那些衛星通訊或儲存 / 轉發通訊就知道了。

某些應用還需要更快有所回應。例如，使用遠端伺服器來控制移動中的車輛可能是不切實際的。控制車輛在環境中導航時，需要不斷回饋方向盤轉動程度和車輛位置。在高延遲的情況下，控制方向盤轉多少變成了一個大挑戰！

邊緣 AI 藉由完全消除來回時間來解決這個問題，自駕車就是最好的例子。車輛的 AI 系統是運行於車載電腦上，這使得它能夠對各種變化快速做出反應，例如前方駕駛猛踩煞車。

邊緣 AI 作為克服延遲的武器，最具吸引力的例子之一就是機器人太空探索。火星距離地球非常遠，即使以光速傳輸也需要數分鐘的時間才能到達。更糟糕的是，由於行星的排列方式，直接通訊通常是不可能的。這使得控制火星探測車非常困難。美國國家航空和太空總署（NASA）就透過邊緣 AI 來解決這個問題，他們的探測車使用非常先進的 AI 系統（*https://oreil.ly/iQr8t*）來規劃任務、環境導航，並在另一個世界的地表尋找生命。如果您有空的話，甚至可以通過標註資料來改善演算法，藉此幫助火星探測車日後的導航任務（*https://oreil.ly/RATTg*）！

經濟效益

建立網路連線需要花很多錢。連網產品使用起來自然更為昂貴，且其所仰賴的基礎建設也需要製造商投入資金。所需頻寬越多，成本就越高。對於部署於天涯海角而需要通過衛星進行長距離連線的遠端裝置來說，情況尤其糟糕。

透過在裝置端直接處理資料，邊緣 AI 系統減少或避免了以網路傳輸資料和在雲端處理資料的成本。這使得許多以往無法實現的案例變為可能。

在某些情況下，唯一可行的「連線」方式是派出一批人去親自執行任務。例如，保育研究人員通常會使用隱藏式相機在偏遠地區中監測野生動物。這些裝置會在偵測到動作時拍攝照片，並將其儲存到 SD 卡中。由於透過衛星網路來上傳所有照片的成本實在太高，因此研究人員必須親自前往相機安置地蒐集影像，並清除儲存空間。

傳統的隱藏式攝影機因為一有動作就會觸發，不管是風吹樹枝還是登山者經過等，所以會拍下許多無關緊要，或研究人員不感興趣的生物照片。但是現在有些團隊已運用邊緣 AI 來辨識出他們感興趣的動物，其他無關的影像就能直接捨棄。這意味著他們不再需要「那麼」頻繁地進入深山荒野去更換 SD 卡了。

在其他情況下，連線成本可能不是問題。然而，對於依賴伺服器端來提供 AI 功能的產品來說，維護伺服器基礎架構的成本可能會使您的商業模式更為複雜。如果您必須支援一批需要「打電話回家」才能做出決策的裝置，就可能會被迫採用訂閱模式。您還必須承諾長期維護伺服器——冒著顧客因為您決定不再支援而讓裝置「變磚」的風險[7]。

不要低估經濟效益的影響力。藉由降低長期支援成本，邊緣 AI 實現了許多以往視為不可行的應用案例。

可靠度

由裝置端 AI 所控制的系統有機會比那些仰賴雲端連線的系統更可靠。當您為裝置加入無線連網功能時，實際上是加入了一個巨大且高度複雜的相依網路，包含了連接層通訊技術，到運行您應用程式的網路伺服器。

這團謎霧的許多地方都超出了您的可控範圍，因此即使所有決定都是正確的，還是會面臨與您所用的分散式運算堆疊相關的可靠度風險。

7 由於有必要去監控裝置並推送演算法更新，因此並非所有的邊緣 AI 都能躲過這個狀況。儘管如此，許多情況下，邊緣 AI 的確可因此減輕維護負擔。

對於某些應用，這也許還可以容忍。如果您正在開發一個可以回應語音指令的智慧音箱，當使用者家中的網路連線中斷時，他們應該可以理解為什麼裝置無法辨識指令了。但不論如何，這件事還是令人洩氣！

但在其他情況下，安全性就至關重要了。想像有某個基於 AI 的系統，用於監測工業機台以確保機台是否在安全參數範圍內運作。如果它在網路斷線時就無法運作的話，這可能會危及人類生命。如果 AI 可以完全在裝置端運行的話，就算它在連線出狀況的時候也能夠運行，這樣就更安全了。

可靠度往往是一種妥協，而所需的可靠度等級則根據使用案例而有所不同。邊緣 AI 可作為提高產品可靠度的強大工具。雖然 AI 本質上相當複雜，但它實際上代表了另一種有別於全球網路連線的複雜性，在許多情況下反而更容易管理風險。

隱私

在過去幾年，我們都不得不在便利和隱私之間有所妥協。理論上，如果希望各種科技產品更具智慧也更能提供幫助，我們就必須放棄自身資料。由於智慧產品以往都是在遠端伺服器上來做決策，因此它們通常會持續把感測器資料回傳到雲端去。

對於某些應用來說，這可能還好——例如，我們不太需要擔心物聯網恆溫器把溫度資料回傳給遠端伺服器會發生什麼大不了的事情[8]。但對於其他應用來說，隱私就是大問題了。很多人會猶豫是否要在家中安裝一台可連網的監控攝影機。它確實能提供一些令人安心的保障，但代價是最私密空間的即時影音資訊會傳播到網路上，這似乎不值得。即便攝影機的製造商完全值得您信賴，資料仍有可能因為各種安全性漏洞而曝光[9]。

---

8 即便是這樣無害的例子中，惡意者只要有辦法存取您的恆溫器資料，也能藉此判斷您是否外出度假來闖空門。

9 這個真實情境發生在 2022 年，當時 Ring 居家安全系統出現了可能遭受攻擊的漏洞。〈Amazon's Ring Quietly Fixed Security Flaw That Put Users' Camera Recordings at Risk of Exposure〉, TechCrunch, 2022：*https://oreil.ly/Mf2LH*。

邊緣 AI 提供了一種替代方案。與其把即時影片與聲音串流到遠端伺服器，安全攝影機可運用板載的智慧應用來辨識當屋主外出時是否有入侵者闖入。它能以適當的方式來通知屋主。如果資料能在嵌入式系統上處理，而不會送到雲端的話，使用者的隱私就能得到保護，也更不會有遭到濫用的機會。

邊緣 AI 對於隱私保護的能力使得更多令人振奮的應用案例變得可行。這對於安全、工業、幼保、教育和醫療等領域的應用尤其重要。實際上，由於這些領域中多數都有著對於資料安全性的嚴格規範（或客戶期望），因此隱私保護程度最高的產品就是徹底避免去蒐集資料。

使用 BLERP

第二章即將談到，BLERP 可以是一個用來決定某個問題是否適合使用邊緣 AI 來解決的好用工具。不必符合這個縮寫中的每個字母，只要符合其中一兩個條件，就有足夠說服力，表示這個案例值得一試。

邊緣 AI 的好處

邊緣 AI 的獨特優點提供了一系列的新型工具，可用於解決世界上許多棘手的問題。舉例來說，保育、醫療保健和教育等領域的技術人員，都已經開始使用邊緣 AI 並產生重大影響。以下是特別讓我們感到振奮的一些例子：

- Smart Parks（*https://www.smartparks.org*）運用了可執行機器學習模型的項圈（*https://oreil.ly/nyVIm*），以便進一步了解全球野生公園中各處的象群行為。
- Izoelektro 公司的 RAM-1 智慧裝置（*https://oreil.ly/hR-US*），運用了嵌入式機器學習來偵測即將發生的故障，從而有效於防止因電力傳輸硬體所引起的森林火災。
- 許多像是沙烏地阿拉伯哈利德國王（King Khalid University）大學 Mohammed Zubair Shamim 博士這樣的研究員，都在使用平價裝置來訓練各種模型，藉此來篩檢出口腔癌等致命疾病（*https://oreil.ly/ktZq_*）。
- 世界各地的學生都針對在地產業著手研發許多解決方案。來自巴西 UNIFEI 的 João Vitor Yukio Bordin Yamashita 建立了一個能運用嵌入式硬體來辨識咖啡株疾病的系統（*https://oreil.ly/gSv-J*）。

邊緣 AI 的特性使其非常適合應用於全球性問題。由於穩定連線的成本高昂且並非唾手可得，因此許多當前的智慧技術只能讓那些生活在工業化、富裕和高度連網地區的人們受惠。藉由免除對於穩定網路連線的需求，邊緣 AI 讓能夠造福人們和地球的技術得以更加普及。

當機器學習成為其中一部分時，邊緣 AI 通常會用到一些小型模型——這些模型在訓練上通常可以更快更便宜。由於不再需要維護昂貴的後端伺服器基礎建設，就算是資源有限的邊緣 AI 開發人員也能針對自身最為了解的本地市場來打造最佳的解決方案。想深入了解這些可能性的話，建議看看 Pete Warden 在 TinyML Kenya meetup 的精彩演講「TinyML and the Developing World」（*https://oreil.ly/csz6p*）。

如先前「隱私」這一段所述，邊緣 AI 也為改善使用者隱私打開了一扇窗。在網路世界中，許多公司將使用者資料視為一種值得擷取與挖掘的珍貴資源。消費者和企業主常常需要對隱私妥協才能使用一些 AI 產品，因此也把他們的資料交到未知的第三方手中。

有了邊緣 AI，資料就不再需要離開裝置了。這讓使用者和產品之間的關係更為互信，也讓使用者對於自己的資料擁有自主權。這對於那些旨在服務弱勢人群的產品來說尤其重要，因為這些人對那些有可能蒐集他們資料的服務總抱持著不少疑慮。

TinyML 應用於開發中國家

如果您對邊緣 AI 的全球效益感興趣，TinyML for Developing Countries（TinyML4D, *https://oreil.ly/Bd2np*）倡議正在建立一個由研究人員和實踐者所組成的網路，專注於使用邊緣 AI 來解決開發中國家的挑戰。

後續章節會看到建立合乎道德的 AI 系統所需克服的許多潛在障礙。但是，這項技術確實提供了一個讓世界更為美好的重大機會。

如果您正考慮使用邊緣 AI 來解決您所在社群的某些問題，我們非常樂意聽聽您的想法。我們已經為許多有影響力的專案提供支援，並且希望可以多方接觸。請寫信到 *hello@edgeaibook.com* 與本書作者聊聊。

邊緣 AI 與一般 AI 的主要區別

邊緣 AI 是常規 AI 的一個子集，因此許多相同的原則也適用於邊緣 AI。然而，在談到邊緣裝置上的 AI 應用時還有一些獨特的考量點。以下是一些重要的觀點。

很少會在邊緣端訓練

大多數 AI 應用都由機器學習所驅動。多數情況下，機器學習都需要**訓練**一個模型，使其能預測一組已標註的資料。一旦模型訓練完成，它就可以用於**推論**：預測從未見過的資料。

當談到邊緣 AI 和機器學習時，我們通常是指**推論**（*inference*）。訓練模型需要比推論更大量的運算量與記憶體，且通常需要已標註的資料集。這些事情到了邊緣都變得難以企及，因為這類裝置的資源有限，而且資料是原始和未過濾的。

因此，邊緣 AI 所用的模型通常會在部署到裝置之前訓練好，會用到較其更強力的運算裝置，與已經清理並標註完成的資料集（通常是手動完成）。在邊緣裝置上訓練機器學習模型就技術上來說是可行的，但這種作法相當少見——主要是因為訓練和評估所需的標註資料不足。

有兩種實際上更為普遍接受的裝置端訓練方式。其中一種通常用在智慧型手機上的臉部或指紋驗證等任務，將一組生物性指標對應到特定使用者。第二種則是用於預防性維護，其中裝置端演算法會去學習機器的「正常」狀態，以便在發生異常狀態時採取行動。有關裝置端學習會在第 126 頁的「裝置端訓練」這一段中詳述。

邊緣 AI 的重點在於感測器資料

邊緣裝置令人感興趣的地方就是它們非常靠近資料生成的源頭。通常，邊緣裝置都會具備某種感測器來與環境保持立即性的連接。部署邊緣 AI 的目標是讓這些資料變得更有意義、辨識其中樣式並根據這些樣式來做出決策。

由於其本質，感測器資料往往會非常大量、充滿雜訊且難以管理。資料抵達的頻率非常高——每秒鐘可能高達數千次。運行邊緣 AI 應用的嵌入式裝置需要在有限的時間區段內蒐集這些資料、處理後送入某種 AI 演算法，並根據結果來執行某些動作。這是一個重大挑戰，特別是考慮到大多數嵌入式裝置的資源都極為受限，且不具備足夠的 RAM 來存放如此大量的資料。

原始的感測器資料不處理可是不行的，這項需求使得數位訊號處理成為大多數邊緣 AI 部署的關鍵所在。在任何講求效率與效益的實作中，訊號處理和 AI 元件必須視為單一系統來設計，並在效能和準確率之間仔細拿捏。

許多傳統的機器學習和資料科學工具都鎖定在表格式資料——例如公司財務報表或消費者產品評論。相較之下，邊緣 AI 工具是為了處理不斷流入的感測器資料而生的，也就是說，建置邊緣 AI 應用需要完全不同的技能和技術。

機器學習模型可以非常小

邊緣裝置的設計宗旨通常是低成本和低功耗，這代表與個人電腦或網路伺服器相比，這類裝置的處理器都會更慢，記憶體也更小。

目標裝置的種種限制代表著當使用機器學習技術來實現邊緣 AI 時，機器學習模型必須非常小。中型微控制器中用於儲存模型的 ROM 可能只有 100KB 左右，而有些裝置的空間則更小。由於較大的模型所需的執行時間會更長，因此這類裝置的低速處理器也促使開發人員傾向於部署更小的模型。

讓模型變小必定有些取捨。首先，較大的模型學習能力會更好。因此當您把模型變小時，它會開始喪失某些呈現訓練資料集的能力，因而不如原來準確。因此，開發嵌入式機器學習應用程式的開發人員必須在模型大小和所需準確性之間小心拿捏。

有各種技術可用於壓縮模型、降低檔案大小，使其可適用於更小的硬體並達到更短的運算時間。這些壓縮技術非常有用，但它們也會以微妙但危險的方式影響到模型的準確率。第 124 頁的「壓縮和最佳化」這一段將詳細談論這些技術。

不過，並非所有的應用都必須用到龐大又複雜的模型。會用到大型模型的應用通常與影像處理這類任務有關，因為解釋視覺資訊需要處理非常多細節。對於更簡單的資料，幾千 KB（或更小）的模型通常就很夠了。

從回饋中學習是有限的

本書後續就會談到，AI 應用是藉由一連串的迭代回饋迴圈所完成的，先有成果，再評量成效，然後找出改進所需的方法。

例如，假如推出了一款健身監測器，可以根據從板載感測器蒐集的資料來估算跑步 10 公里所需的時間。為了測試它是否能良好運作，我們可以等到您真的跑完一趟 10 公里，再來檢查預測結果是否正確。如果不正確的話，也可以把您的資料加入訓練資料集中，並試著訓練出更好的模型。

只要有可靠的網路連線，這件事應該不難——把資料上傳到伺服器就好。但是，邊緣 AI 神奇的地方就在於我們可以將智慧應用部署在連線能力受限的裝置上。一般情況下，所具有的頻寬都不足以上傳新的訓練資料；甚至多數情況下，可能根本無法上傳任何東西。

這對應用程式開發工作流程來說是項巨大的挑戰。當存取系統變得不易時，如何確保系統在現實世界中的表現是良好的呢？當難以蒐集更多資料時，又要如何改進系統呢？這是開發邊緣 AI 的核心議題，也是本書所要深入探討的內容。

運算的多樣性和異質性

大多數伺服器端的人工智慧應用都是運行在常見的 x86 處理器上，有時會搭配圖形處理單元（GPU）來協助深度學習推論。Arm 最近推出了一些伺服器級 CPU，而 Google 的 TPU（張量處理單元）這類獨特的深度學習加速器帶來了些許的多樣性，但大多數工作負載仍然運行在相對常見的硬體上。

相比之下，嵌入式世界的裝置類型可說是五花八門：

- 微控制器，包括微型 8 位元晶片和高階的 32 位元處理器
- 運行嵌入式 Linux 的 SoC 裝置
- 基於 GPU 技術的通用加速器
- 現場可程式化邏輯閘陣列（FPGA）
- 固定架構加速器，可以極高的速度來執行某個模型架構

上述每個類別都包含了許多製造商所生產的無數裝置，每個裝置都各自有一套獨特的建置工具、開發環境和介面選項。這可能會讓人眼花撩亂。

硬體的多樣性如此之高，代表任何一個案例都可能有很多種適合的系統，而選出最適合的系統，正是挑戰之處！本書就會帶您完成這項挑戰。

目標通常是「夠好就好」

傳統 AI 的目標通常是盡可能達到最佳的效能——且不計成本。用於伺服器端應用程式中的產品級深度學習模型，其大小可能高達好幾 *GB*，因此需仰賴強大的 GPU 運算能力才能在滿足時間需求下執行。當運算能力不是問題時，最準確的模型通常就是最好的選擇。

然而，邊緣 AI 的好處也伴隨著嚴格的限制。邊緣裝置的運算能力較弱，要在裝置效能和準確率之間拿捏出一個平衡點也是相當困難的。

這確實是一個挑戰，但並非障礙。在邊緣端運行 AI 應用的好處多多，而對於大量的案例而言，這些好處明顯勝過犧牲一些準確率。裝置端哪怕只有一點點的智慧，也比完全沒有來得好太多了。

目標則是轉為建立出能夠充分利用這種效能「夠用就好」的應用程式——Alasdair Allan 幫這種方法取了個相當優雅的稱呼：適足運算（Capable Computing, *https://oreil.ly/W4gDl*）。成功做到這件事的關鍵在於使用了正確的工具，好讓我們了解一旦納入了任何效能罰則之後，應用程式在現實世界中的效能究竟好不好。後續就會深入討論這個主題。

工具和最佳實踐仍在不斷發展

由於各種嶄新的科技才剛開始進入大量採用的階段，邊緣 AI 還是得仰賴原本針對大型伺服器端 AI 所開發的各種工具和方法。事實上，大多數 AI 研究還是集中火力在如何針對巨型資料集上建置超大型模型。這確實造成了一些影響。

首先，正如第五章即將談到的，我們通常會使用來自資料科學和機器學習領域的現有開發工具。往好處想，這代表著我們可以取用那些已證實有效的函式庫和框架所構成的強大生態系。然而，現有工具中卻很少優先去考量與邊緣有關的重點——例如模型得小一點才行、運算效率和使用少量資料就能訓練的能力。我們經常需要額外做一些事情才能聚焦於此。

其次，由於邊緣 AI 研究相對較新，我們可能會看到各方面的高速演進。隨著領域的發展，會有越來越多的研究人員和工程師開始關注它，為了提高效率而出現新的方法——並搭配為了建置高效應用所需的最佳實作和技術。這種快速變化的前景，使得邊緣 AI 成為一個令人滿心期待的領域。

總結

本章探討了定義邊緣 AI 的一些術語、學到了一套有用的工具來考量其優點，也探討為何將運算轉移到邊緣就能提升科技的可用性，並概述了讓邊緣 AI 有別於傳統 AI 的各種因素。下一章就會深入介紹這些內容。準備好的話，就讓我們來學習那些推動邊緣 AI 的案例、裝置和演算法吧。

第二章

真實世界中的邊緣 AI

在上一章中，我們已初步理解邊緣 AI 的定義，以及至少就理論上來說，它能夠成為一門實用技術的原因。本章會接續討論當這個理論與現實世界碰撞之後會發生什麼事。我們首先會看看一些現在仍存活在市場上的真實產品，接著再介紹邊緣 AI 產品的主要應用領域。最後，我們將深入探討讓任何一款產品成功所需的道德考量因素。

邊緣 AI 的常見使用案例

正如上一章所學，邊緣 AI 尤其適用於那些具備豐富感測器資料但缺乏運算或連網能力的裝置。對我們來說算是幸運，這些條件幾乎隨處可見。

現代城市中，我們似乎永遠不怕找不到電源插座或無線網路熱點。但即使有了高頻寬網路和穩定的電源，降低裝置的通訊量與能耗也是好處多多。正如上一章「運用 BLERP 口訣來了解邊緣 AI 的好處」該段所述，追求可攜性、可靠度、隱私和成本的目標，確實可以推動產品開發方向朝著降低連線程度與能源使用量為主要目標。

儘管網際網路好像唾手可得，但地球上仍有許多地方在連網或能源上是受限地。本書編寫期間，人為開發程度較低的地球陸地還有 50%（*https://oreil.ly/ASced*）。地表更是只有一小部分是在行動基地台或無線網路的涵蓋範圍中，且有數十億人無法穩定取得電力（*https://oreil.ly/kly86*）。

但除了一些顯而已見的偏遠地區外，既便是最發達的地區中也有許多屬於以上情況的隱藏死角。在現代的工業供應鏈中，有些地方實際上無法對嵌入式裝置提供直流電源插座——因此高效的電池供電裝置便成了首選（圖 2-1）。

圖 2-1　地球上有很多地方都只能由電池供電

同時，感測器也變得更便宜、更複雜且更加節能。就算是簡易的嵌入式裝置也常常搭載了高效能的感測器，但由於面臨了從系統取得資料再從遠端處理的挑戰，大部分資料是無法充分運用的。例如，想像一款使用加速度計來計算步數的簡易健身手環。即使是這麼簡易的裝置也可能配備一個高靈敏度的多軸加速度計，具備相當高的抽樣速度來記錄最細微的動作。除非裝置上的軟體能夠解讀這些資料，否則大部分資料都會丟棄：無法將原始資料全部傳送到另一個裝置來處理，因為這樣做實在太耗電了。

綠地專案與棕地專案

上述條件對於部署邊緣 AI 所衍生出的機會可說是無窮無盡。在實際應用中，將這些可能性分為兩類更有助於您了解它們：綠地（*greenfield*）專案與棕地（*brownfield*）專案。這些術語來自都市規劃，綠地專案是指在尚未開發的案場上執行的專案，該地點仍是一片綠油油的綠地；棕地專案則是指在已經開發的案場執行的專案，可能有一些既有的遺留建物。

在邊緣 AI 世界中，綠地專案是指從頭開始設計所有軟硬體。由於沒有現存的硬體，因此綠地專案可以運用最新最棒的運算與感測技術 —— 本章稍後會深入介紹。開發人員在設計符合目標案例的理想方案上將可擁有更大的自由度。例如，現代手機在設計上已包含專用的低功耗數位訊號處理硬體，可以持續監聽喚醒詞（例如「OK, Google」或「Hey, Siri」）而不會榨乾電池。硬體也可根據特定的喚醒詞檢測演算法來挑選。

相比之下，棕地邊緣 AI 專案則是由原本設計為不同用途的現有硬體開始。開發人員必須在現有硬體的限制下為產品加入 AI 功能。這降低了開發人員的自由度，但避免了設計新硬體所帶來的重大成本和風險。例如，開發人員可以利用現有嵌入式處理器中的閒置週期，將喚醒詞檢測功能加入已上市的藍牙音頻耳機中。這種新功能甚至可以藉由韌體更新而整合到現有裝置中。

綠地專案確實讓人雀躍，因為它們可以搭配最新的邊緣 AI 硬體和演算法來推動技術的極限。另一方面，棕地專案使我們能夠為現有硬體帶來新的功能，滿足客戶需求，並充分利用現有設計。

真實世界中的各種產品

了解一項技術最好的方式就是看看它在現實世界中的用途。儘管邊緣 AI 仍處於萌芽階段，但它已經廣泛使用於諸多應用和產業中。以下簡單介紹三種使用邊緣 AI 來開發的真實系統。也許本書未來的版本中，也會介紹到您的專案喔！

森林防火：利用電力線路故障檢測預防森林火災

電網負責在橫跨歐洲古老森林這類遼闊野地之間傳送電力。往往可能因為裝置故障而點燃植被，導致無情野火燒毀森林。由於廣布數千英里的鐵塔和電線通常都設於相當偏遠的區域，因此更難監控所有電力裝置。

Izoelektro 公司的 RAM-1 裝置（*https://www.ram-center.com*）裝置利用邊緣 AI 來解決這個問題（圖 2-2）。每座電塔會有一組感測器負責監控自身狀況，包括溫度、傾斜程度和電壓，並使用第四章會談到的深度學習分類模型，來判斷是否即將發生故障。技術人員就能提早抵達鐵塔，並在發生火災之前盡早維修。該裝置的結構堅固，在設計上可承受連續數年的極端天候條件。

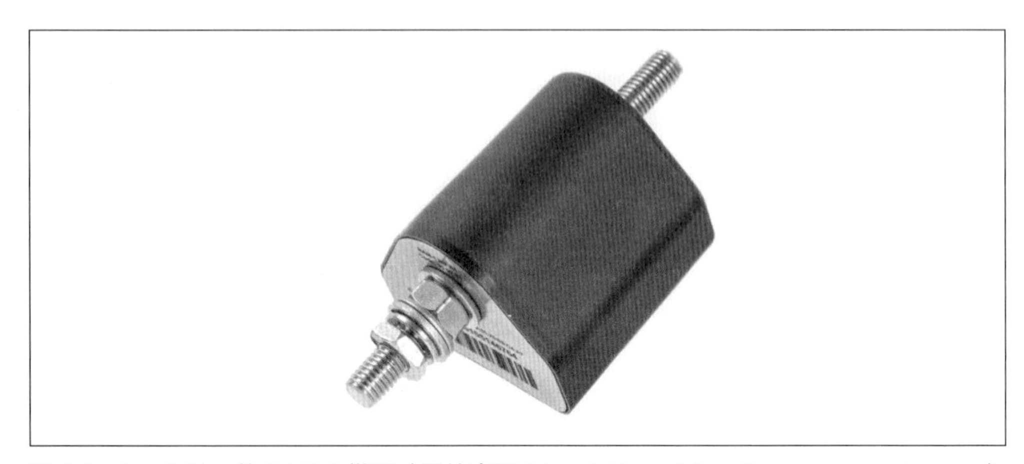

圖 2-2　Izoelektro 的 RAM-1 裝置（圖片來源：Izoelektro，*https://www.ram-center.com*）

本案例之所以是完美邊緣 AI 應用，主要有兩個原因。第一個就是荒郊野外很難找到可用的網路，數千座遠端電塔要即時回傳感測器原始資料將會極端昂貴。反之，相對優雅的解決方案是在源頭處就開始解譯感測器資料，並**只有在預測到故障時才會傳輸資料**——每月最多只會傳輸約 250 KB 左右。該裝置能夠理解哪些資料是需要立即處理的關鍵資料，並把較不重要的訊息定期批量傳送回去。

這種選擇性的通訊方式有助於解決第二個略為違反直覺的因素。雖然 RAM-1 裝置可以安裝在電線桿上，但它實際上是用電池來供電。這確保即使電力線路出現故障，它仍能正常運作，還降低了安裝成本和複雜性。由於無線傳輸需要大量電力，RAM-1 裝置在免除不必要的傳輸之後，還有助於延長電池壽命。事實上在邊緣 AI 的幫助下，其電池壽命可達二十年。

以下是 RAM-1 裝置如何符合 BLERP 模型的說明：

頻寬

在 RAM-1 裝置所部署的遠端位置，該處的連線能力是受限的。

延遲

關鍵是盡快抓出故障，而不是等待週期性資料傳輸。

經濟效益

避免不必要的通訊可以節省成本，也代表著裝置可用電池來供電，藉此降低安裝成本。

可靠度

使用電池供電可提高裝置的可靠度。

隱私

隱私在本案例中並非主要考量因素。

智能穿戴式裝置保護第一線應急人員

消防員的工作本質就是會經常暴露在高溫下，極端高溫環境對他們的長期健康可能產生重大影響。事實上根據 FEMA 的資料，突發性心臟事故是消防員犧牲的主要原因（*https://oreil.ly/lG6Hk*）。

SlateSafety 的 BioTrac 手環（*https://oreil.ly/mAWs1*）是一款專為消防員這類極端條件工作者所設計的穿戴式裝置（圖 2-3）。它提供了一款針對可能導致熱應變和過勞條件來警示個人和團隊的預警系統。BioTrac 手環使用嵌入式機器學習模型和啟發式演算法[1]來分析多個感測器資料（包括佩戴者的生理訊號），並預測何時會發生傷害。這種智慧型應用使得該裝置成為《時代》雜誌的 2021 年百大發明之一（*https://oreil.ly/cUy-b*）。

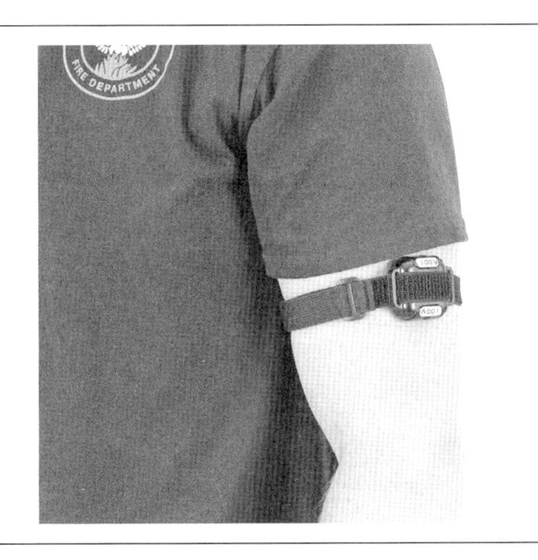

圖 2-3　SlateSafety 公司的 BioTrac Band（資料來源：SlateSafety，*https://slatesafety.com*）

1　第 107 頁的「條件式和啟發式演算法」將會介紹。

由於 BioTrac 手環可在極端環境中運作，這使得它成為邊緣 AI 的一個絕佳案例。藉由直接在裝置端分析資料，即使在緊急情況期間連網能力受限或根本無法連網，手環也可以繼續運作並警示佩戴者。此外，裝置具備資料解譯能力之後也使其能夠避免不必要的資料傳輸——這可以省電並延長電池壽命，還能最小化裝置的尺寸與重量。這當然也能節省成本，讓裝置可以更廣泛地採用。

以下是 BioTrac Band 如何符合 BLERP 模型的說明：

頻寬

消防員身處的極端環境中，連網能力當然有限。

延遲

健康狀況分秒必爭，必須馬上得到辨識結果。

經濟效益

串流所有的感測器原始資料需要昂貴的高頻寬連線。

可靠度

即使連線中斷，裝置仍可繼續警告消防員各種潛在性風險，且只需要小型電池就可以長時間運作。

隱私

生物訊號的原始資料可以保留在裝置上，傳送出去的只有關鍵資訊。

運用智能項圈來理解象群行為

由於野生大象的自然棲息地面臨越來越明顯的開發壓迫，導致牠們與人類的接觸日益頻繁。這些互動往往對動物不利，盜獵行為或與農民和其他民眾發生衝突也容易導致動物受傷和死亡。為了減少這些事件的一再發生，保育工作者和科學家試圖進一步了解象群行為以及導致危險對峙的條件類型。

ElephantEdge（*https://oreil.ly/Hehxr*）是一個開源專案，目標是做出一款能夠幫助研究人員了解象群行為的追蹤項圈（*https://oreil.ly/OHig1*，圖 2-4），安裝在大象的頸部，結合了嵌入式感測器和機器學習模型來提供關於動物位置、健康狀況和活動的進階資訊。這些資料可用於科學研究——也可用於警示人類動物行蹤以避免衝突。

由於智能項圈是裝在野生大象的頸部，更換電池就是高難度的任務啦！邊緣 AI 技術藉由把裝置耗電量降到最低來解決這個問題。相較於把大量的感測器原始資料直接傳送出去，具備機器學習模型的項圈只需要傳輸與動物活動有關的高階資訊就好——例如牠是否在行走，進食，飲水或從事其他行為。設計具備這個功能的模型原型，是來自於一個使用公開資料集的科學家社群。

圖 2-4 在情緒穩定的大象脖子套上 OpenCollar Edge 追蹤項圈（資料來源：IRNAS, *https://www.irnas.eu*）

這些低頻寬需求使得項圈可以運用名為 LoRa[2] 的極低功耗無線通訊技術。這個項圈能夠與裝配了 LoRa 裝置的衛星通訊，衛星每天會通過所在地一次，裝置則會發送自上一次傳輸以來的動物活動摘要。換言之，系統就算是在以往難以連網的地點也能穩定運作，且電池壽命可長達五年。

以下是 OpenCollar Edge 如何符合 BLERP 模型的說明：

頻寬

象群棲息地一定很難連上網路；裝置端分析技術使得低功耗無線通訊技術得以派上用場。

2 LoRa 是一款靈感來自「長距離（long range）」一詞的商標，其本身就是針對長距離的低功耗通訊所設計。

延遲

即使該裝置每天只進行一次傳輸，但與需要手動下載的傳統追蹤項圈相比，這已經快太多了。

經濟效益

該裝置取代了勞力集中的傳統大象監控方法，節省的成本相當可觀。

可靠度

低度傳輸代表只靠電池就能持續運作多年，並使得衛星技術變得經濟實惠，還可增加通訊覆蓋範圍。

隱私

裝設監視動物活動的攝影機也是一種解決方案，但對當地民眾來說，直接追蹤大象更不會侵犯到他們的隱私。

以上三個案例只是諸多可能性的一小部分。下一節將介紹一些通用性的高階應用類別。

應用類型

在現代世界的任一角落，從重工業到醫療保健，從農業到藝術，都有機會去部署邊緣 AI。可能性只能說是無窮無盡啊！後續為了方便討論，邊緣 AI 技術在這些應用中扮演的角色可以分為幾個高階類別：

- 物體追蹤
- 理解和控制系統
- 理解人類和生物
- 生成和轉換訊號

接著依序介紹每個類別並了解邊緣 AI 在其中所扮演的角色。

物體追蹤

從大型貨櫃船到一粒米，人類的文明都仰賴著從一處移動到另一處的各種物體。這件事可能是在可控的倉儲條件下進行，例如從堆貨區小心翼翼地運送到出貨區的物品；也可能發生在最極端的條件下，例如橫跨地球表面的天氣系統運動。

追蹤和解釋物體的狀態，無論是人造還是自然的，都是邊緣 AI 的關鍵應用領域。智能感測器可以把真實世界的狀態編碼成電腦可以理解的形式，讓我們能更妥善地協調各種活動。

表 2-1 是與物體追蹤有關的邊緣 AI 案例。

表 2-1　與物體追蹤有關的邊緣 AI 案例

案例	關鍵感測器
使用智慧包裝技術來監控運送過程中的損壞	加速度計、振動、GPS、溫度、溼度
使用嵌入式攝影機計算商店貨架上的商品數量，以便在缺貨之前補貨	視覺
分析海洋中塑膠垃圾的移動，以便清理	視覺
視覺辨識和追蹤海上障礙物，以避免船隻發生碰撞	雷達
使用地球物理感測器找出埋藏地中的自然資源	電磁、聲學

深入探討：使用智慧包裝監控貨物運輸

製造完成的產品在送交給客戶之前常常要經過數千英里的路程——但這過程並不總是一帆風順。運輸過程中產生的損壞會使企業蒙受財物損失，當一批貨物經過漫長航程終於抵達之後卻發現損壞，想要弄清楚原因絕非易事。

運用邊緣 AI 技術，物流公司可以在高價貨物上加裝某種裝置來辨識昂貴物品是否有損壞風險。例如，如果裝配了加速度計，裝置就能運用機器學習模型來區分正常的顛簸與可能導致損壞的特定粗暴處置行為。任何粗暴處理事件都可以記錄下來，還能搭配時間戳記和 GPS 位置。

當裝置有辦法無線上網時就可以定期上傳這些日誌。到達目的地後，如果有任何損壞，公司就能分析日誌來找出損壞發生的時間和地點，從而找到並解決問題的原因。

這個案例為何適合使用邊緣 AI ？讓我們從 BLERP 的角度來思考：

頻寬

要檢測突然發生的顛簸，加速度計資料必須有相當高的擷取頻率。這使得從低功率無線電發射資料變得非常困難，因為這些裝置所支援的頻寬通常比較低。藉由在裝置上處理資料，我們可以大幅降低頻寬要求。

延遲

對於本案例來說，這並非重要的考量因素。

經濟效益

透過無線通訊來傳輸資料非常昂貴，主要是因為裝置可能位於世界的任何一個角落。使用邊緣 AI 技術將有助於保存資料並降低成本。

可靠度

在貨物運送途中通常不太可能有穩定的網路，因此如何讓裝置在超出網路覆蓋範圍時還能持續記錄是非常重要的。如果不必儲存原始資料的話，就可以在更小量的記憶體中一一記下有趣的事件。

隱私

對於本案例來說，這並非重要的考量因素。

物體追蹤的主要優點

物體追蹤通常運用了邊緣 AI 在連網與成本的相對優勢。世界上有許多東西的所在位置並不總是那麼便利。廉價的邊緣 AI 感測器運用了低成本的臨時性連線方式，針對供應鏈中的缺口提供了高解析度的視覺方案，否則想監控只能說所費不貲。

當然，部署邊緣 AI 的確切好處會根據各專案而有所不同。例如，使用攝影機來監控商店貨架庫存的系統可能因為隱私考慮而使用邊緣 AI。如果使用可連網的攝影機來監控商店貨架，員工可能會覺得總部一直在監視他們。然而，單純考量營運團隊利益且可以離線運作的庫存追蹤系統應該會是一個受歡迎的輔助工具。

理解和控制系統

現代社會奠基於數百萬個複雜的互聯系統之上——從生產線到運輸網路、從氣候控制到智能家電這之間的所有東西。我們的經濟福祉與這些系統密切相關。生產中斷可能會耗費大量的時間和金錢，而提高效率就能節省可觀的成本、勞動力和廢棄物排放。

監控、控制和維護各種複雜系統是邊緣 AI 的絕佳良機。在邊緣端做到快速、可靠的決策能夠提高系統的回應能力和韌性，而仔細審視系統狀態則有助於制定更良好的未來規劃。

表 2-2 是與理解和控制系統有關的邊緣 AI 案例。

表 2-2 與理解和控制系統有關的邊緣 AI 案例

案例	關鍵感測器
監控油井平台是否需要維護，避免停工並減少漏油和溢油	加速度計、振動、重量、溫度、聲音、視覺等
收割機得以自主駕駛，幫助農民快速收割作物	視覺、GPS
理解和疏導繁忙高速公路上的車流，利用浮動速限讓車流保持暢通	視覺、磁力計
根據感測器回饋來引導機械工具	加速度計、振動、負載
使用電腦視覺技術來檢測生產線上的不良品，提升品質並快速識別問題	視覺
使用吸塵機器人來清潔地毯，為屋主節省時間	視覺、近距離、觸碰、電流 [a]
使用機器人在倉庫中取物，降低勞動成本與工作空間	視覺、接近度、觸碰、光線
根據流量分析技術來偵測電腦網路入侵，並根據安全性威脅來自動回應	網路日誌 [b]
根據車輛移動過程中的振動情形來估計輪胎磨損	加速度計

a. 分析馬達電流可用於判斷機器人的輪子或清潔工具是否卡住了。

b. 邊緣 AI 不一定都會用到感測器資料：任何本地端可用的資料流都可作為演算法的輸入。

這類應用的範圍真的非常廣泛，包含了我們對「未來」所期望的許多事物：自動駕駛車、工業機器人和智能工廠。它們的共同之處在於都使用了邊緣 AI 技術來監控複雜系統的狀態，並在需要做出改動時提供回饋與控制。

理解和控制系統的主要優點

各式各樣的自動化監控和系統控制應用都充分使用了邊緣 AI 的大部分優點。對許多商用案例而言，經濟效益和可靠度特別重要，而低頻寬、低延遲解決方案的優勢則提供了進一步的理由，否則可能會採用伺服器端系統。

深入探討：油井的預防性維護

如果工業設備的某一部分突然失效，所造成的停工時間和對生產流程的中斷可能會造成極大的損失。在某些情況下，這也可能對人類健康和環境造成威脅。預防性維護是知道何時可能發生故障的辨識系統技術——以便在它真的故障之前採取措施。

油井是一種在極端環境下運作的超複雜機械裝置。由於架設在海中央的危險位置，故障所導致的不只是昂貴的停工，還可能危及油井工作人員的生命以及漏油污染海洋環境。

利用邊緣 AI 技術，配有感測器的裝置就能監控油井的關鍵元件，測量振動、溫度和噪音等因素。這類裝置可以學會系統每個零件的「正常」狀態來建立系統健全運作時的模型。如果裝置運行狀況開始發生偏差時，系統可以警示維護團隊來進一步調查。某些更複雜的預防性維護系統甚至可以對機台進行某些控制，如果偵測到危險情況可以自動停止運作。

這個案例為何適合使用邊緣 AI？讓我們一樣從 BLERP 的角度來思考：

頻寬

大多數油井都仰賴衛星連線，因此要把數千個油井元件的大量感測器資料串流到雲端是極具挑戰性的任務。此外，鑽探作業中有一些位置想要連網是非常困難的，例如位於海床下方數英里深的鑽頭！裝置端的預防性維護應用可以把充滿雜訊的大量資料串流轉換成輕量的事件序列，這樣要傳輸就容易多了。

延遲

派遣專業人員前往油井來檢查裝置是很昂貴的。這代表檢查只能定期進行，因而限制了找出問題的速度。藉由邊緣 AI 系統的持續監控，問題可以在剛發生的時候就找出來並順利解決。

經濟效益

預防性維護可以節省因停機而可能損失的大筆金錢。此外，由具備 AI 功能的智能感測器監控，會比人工親自檢查重型機械這類危險任務來得更加便宜。

可靠度

在極端的離岸環境中，無法期待能有穩定的運輸或通訊方式。使用邊緣 AI，即使正常作業中斷了還是能持續監測裝置的健康狀態。

隱私

對於本案例來說，這並非重要的考量因素。

理解人類和生物

生物世界是複雜、混亂與快速變化的。能對這個現象做到即時理解和反應，有著極高的價值。這個領域包括以人類為本的技術，如健身追蹤手錶和教育玩具，以及用於監控自然界、農業和微觀世界的各種系統。

這些應用有助於拉近生物和科技之間的差距，使生硬的電腦系統能夠與地球上各種生氣蓬勃且高度靈活的生態系進行互動。隨著我們對生物學的理解不斷提高，這個領域也將繼續發展下去。

表 2-3 是有助於人們與電腦彼此理解的邊緣 AI 案例。

表 2-3 與人類有關的邊緣 AI 案例

案例	關鍵感測器
在危險環境中對未佩戴防護裝備的工人發出警報	視覺
辨識人類手勢來控制電玩遊戲	視覺、加速度計、雷達
辨識重症患者健康狀況是否惡化並通知醫護人員照護	生物訊號、醫療設備

案例	關鍵感測器
辨識是否有小偷闖入屋內並通知屋主	視覺、聲學、加速度計、磁力感測器等
利用智慧手錶上的感測器來分類身體活動	加速度計、GPS、心率感測器
辨識使用者的語音指令並控制家電	聲音
計算在公車站等公車的人數	視覺
當駕駛人開車打瞌睡時發出警告	視覺

我們的世界充滿了各種植物、動物和其他生物。表 2-4 是幫助我們理解它們的邊緣 AI 案例。

表 2-4　與生物有關的邊緣 AI 案例

案例	關鍵感測器
當遠端野外攝影機偵測到感興趣的野生動物時，通知研究人員	視覺、聲音
在無手機訊號的偏遠農村地區診斷農作物疾病	視覺、揮發性有機化合物
辨識海洋哺乳動物所發出的聲音，藉此追蹤牠們的行動並了解其行為	聲學
當象群接近時警告村民，以避免人類與動物的衝突	熱影像、視覺
使用智能項圈來辨識農場動物行為，以了解其健康狀況	加速度計
監控和控制具備感測器的廚房裝置，煮出一盤好菜	視覺、溫度、揮發性有機化合物[a]

a　揮發性有機化合物（VOC）感測器可以檢測各種氣體。

理解人類和生物的主要優點

與人類和生物相關的應用是另一個大範疇，運用了 BLERP 模型的所有面向。然而，隱私在這個類別中特別重要。有許多應用使用了伺服器端的 AI 技術，這在技術上雖然是可行的，但只有完全在裝置端上執行時才能得到社會的全面接受。

其中最廣泛的例子是數位個人助理，例如蘋果的 Siri 或谷歌的 Google 助理。如前所述，個人助理的運作方式是透過裝置上的模型來持續聆聽喚醒詞。只有在偵測到喚醒詞後，才會把聲音串流到雲端。如果沒有這類裝置端元件，助理就會一直把聲音串流到服務提供商。這無法滿足大多數人對隱私的期望。

藉由把許多功能搬移到裝置上並避免資料傳輸，我們開啟了更多的可能性——特別是在視覺方面，這直到最近都必須仰賴只能在雲端執行的大型模型才能運作。

深入探討：使用野外攝影機探索稀有野生動物

野外攝影機，或稱隱藏式攝影機，是一種專門設計用於監控野生動物的特殊攝影機。它具有堅固的防水外殼、高容量電池和動作感測器。將其安裝在合適的野外地點後，只要它偵測到動作就會自動拍攝照片。

監控特定物種的研究人員會在偏遠地區中安裝隱藏式攝影機，並將它們留置數月之久。後續人員會回來從相機下載照片，並藉此進一步了解目標物種；例如，他們可能會試著去估算個體數量。

隱藏式攝影機有一些需要花費大量時間和金錢的明顯問題，說明如下：

- 拍攝到的大多數照片中並不包括目標物種。反之，許多照片都是由非目標物種或視野內的隨機動作所觸發的。
- 由於假警報（偽陽性）的情況非常普遍，因此透過網路發送拍照通知沒什麼意義。相反，研究人員必須親自前往偏遠地區來蒐集照片。這麼做非常昂貴，如果儲存卡滿了還可能遺失重要的資料，再者如果沒有拍攝到有趣的照片，更可能白跑一趟。
- 研究人員需要處理數千張無用的照片才能找到幾張有用的。

使用邊緣 AI 技術，隱藏式攝影機就能搭配深度學習視覺模型，這些模型能訓練來辨識目標物種並排除不包含牠們的影像。這代表研究人員不再需要擔心記憶卡內塞滿無用影像的問題。更棒的是，這也意味著這類攝影機有機會可以搭配低功率或行動無線電發射器來回報動物目擊事件，而不需要任何人員前往現場。這可以大大降低研究成本，並提升可以完成的科學工作量。

BLERP 模型可以說明為什麼這是邊緣 AI 技術的一個絕佳案例，原因如下：

頻寬

隱藏式攝影機通常部署在連網能力較差的偏遠地區——昂貴的低頻寬衛星連線應該是唯一選項。使用邊緣 AI 技術，可以把拍攝照片數量降低到一個可以全部傳送出去的數量。

延遲

如果沒有邊緣 AI 技術，派遣一名研究員親自去隱藏式攝影機蒐集照片可能耗費好幾個月！使用邊緣 AI 技術和低功耗無線網路，可以立即分析照片並獲得有用的資訊，過程中無需等待。

經濟效益

避免前往當地可以節省大量的費用；避免不必要的昂貴衛星通訊當然也可以省錢。

可靠度

如果可以自動捨棄無用的照片，記憶卡就能存放更多照片。

隱私

邊緣 AI 攝影機可以捨棄拍攝到人類的照片，保護野外使用者（例如當地居民或登山者）的隱私。

轉換訊號

對於電腦來說，我們的世界是由訊號組成的：感測器讀數的時間序列，每個序列各自描述了某個情況或環境的小片段。我們先前的應用類別大多集中在解釋這些訊號並做出合適的回應。但也可以在整體性理解一個或多個感測器的資料之後組合成一筆簡單的輸出，既方便人類解讀，也可以作為自動系統的控制訊號。

最後一類略有不同。有時候不會把原始訊號轉換為即時決策，而只是單純把一種訊號轉換為另一種訊號（表 2-5）。如第 13 頁的「數位訊號處理」段落所述，數位訊號處理是嵌入式應用的重要一環。以下案例會有比傳統 DSP 管線更加深入的應用，訊號轉換是最終目標而非只是過程中的副作用。

表 2-5 與訊號轉換有關的邊緣 AI 案例

案例	關鍵感測器
過濾背景噪音以提高手機通話品質	聲音
消除智慧型手機相機所拍攝照片中的影像雜訊	視覺
音樂家練習時自動生成伴奏音樂	聲音
模糊處理遠端工作會議期間的視訊串流背景	視覺
從文字生成逼真的人類語音	聲音
使用智慧型手機的相機將一種語言的文字翻譯成另一種	視覺、文字
採樣低解析度音頻，讓人耳的聆聽體驗更好	聲音
使用深度學習技術壓縮影片，使其可透過低頻寬連線來傳輸	視覺
為視力障礙者產生關於視覺場景的口語敘述	聲音
將口語對話轉錄為文字以便筆記	聲音
使用廉價感測器的資料來模擬高價感測器的輸出結果	時間序列

轉換訊號的主要優點

由於數位訊號需搭配時間來呈現，因此這個領域的應用也通常可得益於邊緣 AI 的低延遲優勢。頻寬也是另一個重點，因為需要取得原始訊號，因此轉換之後的訊號通常需要同等的頻寬才能傳輸，甚至更高。

深入探討：在遠端工作會議期間模糊背景

隨著遠端工作和視訊會議日漸普及，員工必須習慣將自己的私人空間暴露在同事面前。為了盡可能的維護隱私，現在許多視訊會議工具都支援串流影片的背景模糊處理，但同時保持影片主體清楚完整。

這些工具是基於一種名為**分割**（*segmentation*）的技術，其中使用了深度學習模型來把串流影片中的所有像素歸類到各自的類別。以本應用來說，能訓練該模型區分人物與其背景。輸入是來自攝影機的原始影片串流。輸出則是相同解析度的串流影片，只是背景像素已模糊處理，因此很難看清楚人物的所在位置。

為了保護隱私，這種技術能否使用邊緣 AI 就很重要了，否則未經模糊處理的影片將傳輸到使用者住家之外。反之，分割和模糊處理應該在資料傳送出去之前就必須在裝置端完成。

以下是本案例與 BLERP 模型的對應關係說明：

頻寬

希望最佳轉換效果的話，最好是在高解析度的原始串流影片而非在壓縮後的低解析度版本上進行，因為後者可能有一些視覺上的瑕疵。傳輸高解析度影片通常是不可行的，因此轉換必須在裝置端完成才行。

延遲

相較於直接將串流影片發送到接收端，在遠端伺服器上轉換的延遲可能會更久。在裝置上轉換可以消除這類可能的額外步驟。

經濟效益

在負責發送影片的裝置上進行必要的運算，這麼做比在雲端進行更經濟實惠，因為需要支付相關費用給服務提供者。

可靠度

使用雲端伺服器作為中介，這會讓串流影片管道更加複雜，且故障機率也更高。改為在裝置端處理，管線會更為簡單，故障機會也更低。

隱私

在裝置端轉換資料的話，使用者就能確保不會有其他人看到原始影片。

另一個有趣的資料轉換應用是*虛擬感測器*（*virtual sensor*）的概念。在某些情況下，工程或成本限制可能讓您無法裝配所有想要用到的感測器。例如，也許您的設計案需要一款特別精確的感測器，但這種感測器對於產品來說太貴了。

為了解決這個問題，可能的做法是建立一個虛擬感測器——提供和真實感測器訊號幾乎相同品質的人造資料串流。為此，邊緣 AI 演算法就能先處理其他訊號（例如結合多個較為平價的感測器讀數），並根據它們包含的資訊來試著重建所需感測器的訊號。

例如，在單眼深度估計（monocular depth estimation，*https://oreil.ly/LMBbU*）中，會訓練一個模型來估算物體與簡易影像感測器之間的距離。這通常會需要更昂貴的解決方案，例如立體攝影機或基於雷射的距離感測器。

多數邊緣 AI 應用所屬的四個高階類別已經介紹完畢。隨著邊緣 AI 技術的不斷發展，我們將看到更多潛在的案例浮上檯面。然而，技術可行並不會讓某件事自動成為一個好主意。下一節將討論負責任設計的重要性，並了解一些可能導致邊緣 AI 應用對社會造成負面影響的陷阱。

以負責任的態度來開發應用

本章的第一部分介紹了一些最有趣的邊緣 AI 相關應用，下一章將提供一個可用於拆解問題，並判斷邊緣 AI 是否為解決該問題之合適選項的框架。

但是，正如在第 xxii 頁「負責任、倫理與有效的 AI」中所談到的，任何專案的每一步驟都必須分析，以確保其設計和使用都是負責任的。這不是一個可以輕輕鬆鬆、得過且過的過程，打幾個勾檢查一下，自我感覺良好之後就能繼續工作。設計不良的技術產品可能是傷害人命、斷送職涯的大災難——對產品的最終使用者、銷售產品的企業與製作產品的開發人員來說都是。

其中一個例子是 Uber 的自駕車部門（*https://oreil.ly/UMkXa*）。這家共乘公司發起了一個野心勃勃的自駕車開發計畫，聘請業界翹楚並投資了數十億美元。在趕鴨子上架進行街道系統實測時，該公司漏洞百出的安全程序和無效的軟體導致一名行人的悲劇性死亡。這場災難導致 Uber 自駕車計畫立刻喊卡，數百名員工被資遣，而自駕車部門則大砍價之後拋售給另一家企業[3]。

自駕車如果研發成功的話可以讓交通更安全、減少廢氣排放。這似乎是一個高尚的使命。但邊緣 AI 的複雜環境可能會帶來許多困難重重的潛在陷阱。考慮到這些風險，一個意圖良好的科技專案就極有可能變成致命地雷區。

3　該部門負責人 Anthony Levandowski，後續因知識產權盜竊罪而被判入獄 18 個月，這表明倫理問題已屬於系統性問題。

在 Uber 的案例中，其自駕車碰到了機器學習系統非常常見的故障模式：它無法理解不屬於自身訓練資料集中的情況。根據美國國家交通安全委員會的報告，Uber 的自駕車缺少了「將物體歸類為行人的能力，除非該物體靠近人行道」（*https://oreil.ly/A-URg*）。

造成這種災難性失敗的因素有很多。對於開發人員來說，在開放道路上開自駕車時，如果它連幾乎是最普通的作業條件都測試不過的話，這只能說是無能和疏忽。在 Uber 的情況下，這直接導致了一名路人死亡和公司部門倒閉。我們可以假設 Uber 的自駕車軟體的幕後團隊是一群聰明能幹的傢伙——他們想必是業界好手才會在這工作。那麼在當建置和部署這類技術時，為什麼這些好手會忽略這麼顯而易見的問題呢？

不幸的事實在於想要打造優質的科技產品真的很難，而要使用那些本質上只能反映出片面考量的科技來解決複雜問題時，就更加困難了。除了基本的技術挑戰外，作為一名專業人士，您有責任去了解技術限制、審查流程，並近乎無情地評估自己的工作，甚至願意中止一個似乎走錯方向的專案。無論設計團隊有多麼優秀，即便是無意但導致人們受傷的產品就是糟糕的產品。

身處商業戰場中，您可能需要對抗組織慣性，後者更關心的是推出產品而非確保產品安全。但是請銘記於心，您的生計、聲譽和自由最終都取決於是否忽視了自身專業責任的那條線。更糟糕的是，您可能會做出一個毀了他人生活的產品，並因此懊悔終身。

負責任的設計和 AI 倫理學

負責任的設計（*Responsible design*）對於能否做出有效的產品至關重要。為了確保它得到應有的關注，本書作者邀請了 *Wiebke (Toussaint) Hutiri*（*https://wiebketoussaint.com*）來編寫以下段落。她是荷蘭代爾夫特理工大學（*Cyber Physical Intelligence* 實驗室）的博士研究生，主攻應用機器學習和邊緣運算的跨領域研究，專注於為物聯網設計可信賴的機器學習系統。

如本章先前所述，可能造成損害的 AI 失敗案例已讓大多數公司在整合 AI 到其產品時，將 AI 倫理學視為一項重要考慮因素。對於開發人員而言，倫理學當然很重要，但是往往很難知道究竟為何以及如何實踐。仔細檢視產品開發過程時所蘊含的價值觀（請見下面的側欄）是實務性結合倫理學與邊緣 AI 開發的一種方式，以價值觀作為基礎之後，下一步是實踐負責任的設計。

設計中的價值觀

產品不能與它們的使用脈絡脫鉤。換言之，只有當產品有效地完成其設計任務時才能談得上有用。當然，產品可以重新設計以延伸出超越原始設計意圖的預期之外應用。但對於開發人員來說，不去把產品工程做好，反而對無法預測的重新設計滿心期待是非常冒險的行為。

就現實情況來說，產品光是有用還不夠。有用只是使用者對產品的最低要求。根據其使用脈絡，產品還需要做到操作安全、使用年限長、低製造和營運成本，並在生產、使用和產品生命週期結束時都能避免產生有害廢棄物。這些只是一些非技術性需求（與技術效能無關的需求），但與技術效能同等重要，也是產品成功的關鍵。

開發者的工作相當艱鉅，因為通常無法同時滿足多個需求，因而一定需要取捨。如何解決和排序這些取捨正是工程設計的關鍵所在。一般來說，個人會根據自身價值觀來取捨。價值觀，例如永續性、民主、安全、隱私或平等，是指您在日常生活中做決定時，經常在無意識情況下就完成的原則。例如，如果隱私是您的核心價值之一，您應該不會希望將個人資料分享給第三方，因此會非常積極去了解邊緣 AI 才對。

開發者自然會在邊緣 AI 設計過程中加入他們的價值觀。但這麼做有一個重大的警訊。價值觀因人而異，不同的人們和文化之間都有所不同。因此，您不能依賴自身的決策既有經驗或一群生活觀完全相同的開發團隊，期待這樣就能開發出一個能夠滿足不同使用者需求的成功產品。具備一個能夠達成共識的流程是很重要的，藉此確定哪些價值觀以及它們應該如何引領您的設計決策，這應該成為您的開發過程的一部分。

本文只是一個引子，請由荷蘭代爾夫特科技大學網站上的「Design for Values—An Introduction」（*https://oreil.ly/Y7BHu*）一文中了解更多有關設計價值觀的介紹。

要負責任地設計，開發者需要知道他們用來「搭建」材料的限制並熟悉相關工具。此外，他們還要對產品進行測量和評估，確認是否滿足預先設定所要達到的功能性與非功能性需求。這就是機器學習與您之前所開發過的各種軟硬體應用所不同之處。

資料是您的「磚頭」：對於邊緣 AI 應用中的機器學習模型而言，訓練資料是打造模型的磚頭，資料品質對於產品好壞有著直接的影響。簡單來說，如果訓練資料未包含某筆訊息，那麼就無法預測出這個結果；如果某些訊息在訓練資料中占比過低，那麼預測結果將會不可靠；如果某些訊息在訓練資料中占比過高，那麼模型的預測結果將偏向該訊息而非其他。在考量資料占比時，重點在於各個目標標籤的子族群分布情形，而不只是各個子族群的占比。另外也需要注意各子族群的目標標籤品質，因為標註錯誤的訓練樣本會影響模型的品質。

資料是您的「溫度計」：如果訓練資料是磚頭的話，用於評估的資料就是衡量模型表現的「溫度計」，使用無法充分代表應用場景的評估資料集，就像使用未校正的溫度計來測量溫度一樣。擁有高品質的評估資料是非常重要的。在統計學中，如果樣本數不足就需要特殊的處理方式。用於評估機器學習模型的常見指標都假設樣本數夠大。因此在評估資料方面，所有類別在各目標標籤的樣本數都應該足夠，這樣評估結果才有統計意義。如果某個類別並未針對所有目標標籤來評估，就無法得知模型的限制在哪裡了。

使用資料來建立和評估模型有許多層面的意涵。例如，資料是歷史性的，代表的是過去而非未來。資料只代表了某個時間點的快照，但同時世界正在變化著。資料是在特定地點所蒐集，並且是針對特定實體所測量的。以上所有說明都意味著資料只是一筆樣本而絕非整體。資料不完整是 AI 中發生偏見和歧視的主要原因，這已經傷害了人們並造成了許多醜聞。

第七章將深入探討資料集，從頭開始解釋所有這些概念。

負責任設計中的重要概念

以下是關於機器學習公平性的一些關鍵術語，這些術語對於能否做到負責任設計而言非常重要：

偏見

在最一般的意義上，偏見是指特定偏好或扭曲的觀點。換成 AI 這類演算法系統，偏見是指系統有系統性地產生有利於某些人並對其他群體或類別具有特定成見的結果。除非您的應用是針對特定的群體或類別，否則偏見通常不是一件好事。

歧視

歧視是指基於受保護或敏感屬性，對個人或群體進行差別待遇的決策結果。法律對於在哪些應用中應該保護哪些屬性提供了正式的定義。當社群或社會認為值得保護來確保平等性時，也可以非正式地定義一些敏感屬性。

公平性

公平性是最難定義的概念。這是因為它沒有普遍適用的定義，反之，公平性與其使用脈絡高度相關，也會受到應用與背景、失敗可能產生的風險和傷害，以及利益相關者的價值觀所影響。人們通常會同等看待公平性與其他價值觀（如公正、平等和包容性）。偏見可能導致不公平，許多人也認為歧視是不公平的。

為了減少偏見、避免歧視並評估潛在的不公平，就需要了解您的設計會用在怎樣的情境中：

- 誰會使用您的設計，如何使用？
- 您的設計填補了哪些空缺？
- 您的設計會在怎樣的環境條件下運作？
- 有沒有企圖破壞您產品運作的對手？
- 如果您的設計未能按預期運作，會發生什麼事情？

打個比方，您建立邊緣 AI 的方式是在一年下雨高達兩百天的城鎮中使用未燒制的黏土磚嗎？還是您已經仔細考量環境背景，蒐集了可搭建適用於該環境的訓練資料？您的評估資料是已經壞掉的儀器，還是經過精心校正過的溫度計？

總結一下這段對負責任設計和 AI 倫理的簡介，負責任的開發者可視為擅長使用工具，將材料塑造成可填補利益相關者想要填補差距的某種形式，並使其價值觀符合所有受專案影響者都一致同意的人。

負責任的設計很容易入門。了解資料限制、了解模型限制，並與會使用您產品的人聊聊。如果把本段濃縮成一個要點，就是這句話：「對那些開發負責任邊緣 *AI* 的人，當務之急就是了解您的資料（*KUDOs, Know Ur Data, Obviously*）。」

— Wiebke（Toussaint）Hutiri，荷蘭代夫特科技大學

黑箱和偏見

實作邊緣 AI 時有兩個方面特別容易造成意外傷害：黑箱和偏見。

黑箱（*black box*）是比喻那些分析和理解不透明的系統。資料輸入之後就丟出一個決策結果，但導出這些決策的過程是無法理解的。這是對於現今 AI 的一個常見批評，尤其是因為難以剖析而惡名昭彰的深度學習模型。其他像是隨機森林這類演算法都相當容易解釋——如果您可以取得模型，就能得知其內部資料來了解它做出某些決策的原因。但這件事到了裝置端就完全不同了。

設計上，邊緣裝置通常是隱形的。它們的目標是融入我們的環境背景中；它們會嵌入在建築物、產品、車輛和玩具中。它們是真正的黑箱；它們的內容是不可見的，通常還會有多層安全保護來避免任何詳細檢查。

一旦 AI 演算法——無論多簡單——部署到邊緣裝置之後，它對於任何使用它的人來說就是黑箱了。如果該裝置部署後的真實世界條件與其原始開發者所預期的不同，即使是開發者也可能搞不清楚裝置為什麼會這樣運作。

根據您的身分，這在幾個方面都可能造成危險。裝置使用者——購買並安裝它的人——現在必須仰賴一個他們不完全了解的系統。他們可能相信該裝置能夠做出正確的決策，但對於這種信任其實沒有任何保障。

以 Uber 的自駕車為例，測試駕駛員應該能夠介入危險情況。但無論如何，期待人類操作員能夠有效補正某個故障的自動化系統，不論其訓練素質高低都是不可行的。該實驗居然仰賴人為干預來避免悲劇，這就是一個不負責任的設計決策。

那位行人，只是剛好正在過馬路的無辜旁觀者，成了模型黑箱特性的受害者。如果他們有收到警告：正在接近的車輛是一輛不可靠的原型自駕車，可能就不會選擇過馬路。但是，隱藏在普通外觀汽車中的邊緣 AI 系統並沒有發送警告，行人自然沒有理由認為這輛車的行為與人類所駕駛的有所不同。

最後，邊緣 AI 的黑箱特性也會為其開發人員帶來風險。例如，想像一下使用邊緣 AI 隱藏式攝影機來監控某個外來入侵物種的族群數量。攝影機可能會碰到偽陰性的問題——所經過的外來動物每三隻就有一隻識別錯誤。如果隱藏式攝影機是部署在偏遠地區，則可能無法驗證攝影機的輸出是否符合實際情況。研究人員將低估該物種的數量——但由於原始資料可能不再存在，因此他們也無從得知。

不同於 AI 應用可與其處理之原始資料同時監控與部署的伺服器端 AI，邊緣 AI 通常是專門部署在無法擷取原始資料的情況下。實務上，這代表開發人員有時不具備邊緣 AI 應用是否是在現場正確運行的直接評估方式。

解決這個困境的實際做法是在對系統建立信心之前，先由保育研究人員手動蒐集記憶卡、儲存所有拍到的照片並一一檢查——但這勢必耗費時間和金錢。如果缺少監控應用的等效機制，或者在可用預算範圍內無法實施該機制，就可能無法負責任地部署該應用。

黑箱和可解釋性

黑箱系統的相反是**可解釋**的系統。如第 110 頁的「傳統機器學習」所述，某些 AI 演算法比其他演算法更容易解釋。即使是使用了相對不透明的演算法，系統也可以設計成更容易解釋的方式——但代價可能是效能降低或複雜度增加。每個應用的取捨點都不一樣。

可解釋性逐漸成為特定專案的法定需求[4]。您的監管環境中是否符合這個情況值得好好探討。

4 如 Adrien Bibal 等人在〈Impact of Legal Requirements on Explainability in Machine Learning〉（*https://oreil.ly/jNZ6m*）論文所述（arXiv, 2020）。

黑箱所帶來的危害通常會隨著偏見危害而變得更糟糕。邊緣 AI 系統中的偏見會使得系統的應用領域模型無法呈現出真實的世界。如果開發人員未注意到已知的偏見來源，系統很可能會出現偏見。最常見的偏見來源包括：

人類偏見

所有人類都會受其自身經驗所形成的世界觀所影響而產生偏見（例如，相信所有行人都會遵守交通規則[5]）。

資料偏見

資料集只能反映資料蒐集過程而非現實情況（例如，資料集可能只包含了行人從人行道過馬路的例子）。

演算法偏見

所有 AI 演算法都有其既有的限制[6]，因此它如何選擇與調整就可能產生偏見（例如，所選擇的演算法可能無法辨識遠處夜晚行人這類小而模糊的物體）。

測試偏見

由於要在現實世界測試更加困難與昂貴，通常只能涵蓋常見情況，導致測試所涵蓋的範圍也會存在偏見（例如，在人造測試場地進行大規模測試相當昂貴，開發人員可能會因為希望降低成本而未測試某個關鍵場景）。

AI 系統中要避免偏見真的很難做到。一般講到偏見這個字時，想到的是應徵時的性別歧視等蓄意歧視定義，但在技術專案中，偏見通常指的是對應用背景的理解不足，而且會因為資源受限而更加嚴重。

為了減輕偏見，開發團隊需要請教相關領域的專家、仔細蒐集資料集（即使無法反映真實世界的確切情況也要這樣做）、挑選適合任務的演算法和有足夠的真實世界測試預算。但事實上，許多開發團隊只有在經歷慘痛的偏見失敗後才會關注這些問題。

5 包含 Uber 實驗地在內的許多美國地區，不走人行道過馬路都是非法的。

6 機器學習模型有稱為歸納偏見（*inductive bias, https://oreil.ly/TiRok*）的特性，這反映出它們對世界運作方式的內在假設。這種歸納偏見對於模型運作來說是必要的——因此選擇適當的模型就更顯重要了。

與具備黑箱特性的邊緣 AI 產品結合之後，偏見會產生一個危險情況。如前所述，使用者可能會認為系統*能有效運作*。他們相信產品會正確、安全和合理運作。由於沒有辦法檢查運作機制，他們無法自行測試這個假設。滿足和管理使用者期望的責任因此完全落在開發人員身上了。

成功的 AI 專案必須注意到自身的局限性，並提供必要的結構來保護使用者和大眾免受其潛在失敗的影響。對於產品開發團隊來說，定義產品運作的相關參數，並確保使用者知道這些參數非常重要。

我們在本書中將學會一個框架，用來確保真的能察覺到上述各點，並對無法安全部署的專案踩煞車。這是一個產品從概念化直到生命結束都必須做到的持續過程。許多專案會在揭露真實效能之後陷入道德泥沼——但有些專案打從一開始就是個錯誤。

造成傷害而非幫助的科技

監控系統已經在現代社會中全面普及，一般民眾只能在未經同意之下被迫適應其存在。將 AI 用於監視是一個複雜的議題。雖然邊緣 AI 也有機會用來保護隱私，但它也能侵犯人權。

2019 年 11 月，監控攝影機主要供應商海康威視（Hikvision）遭人揭露，正在銷售一款能夠辨識個人種族的監控攝影機（*https://oreil.ly/06M6r*），其中包括了維吾爾族，這個少數民族持續遭受中國政府的殘酷壓迫。*紐約時報*報導說，中國政府當局正試圖使用邊緣 AI 技術以外觀辨識維吾爾族人，並「記錄行蹤以便搜查和檢查」（*https://oreil.ly/u2vfr*）。

Uber 的自駕車實驗結果是一場差勁工程而引發的悲劇，而海康威視的種族歧視技術則是徹底的錯誤——本書作者堅信民主社會應該促進個人自由和平等。

當這個系統完美運作時，它在設計上就是針對一群人進行社會性歧視。系統的偏見是無法限制的，事實上，偏見就是設計的一部分。即便可以進一步爭論道德是主觀想法，且不同社會的價值觀也不同等等，但事實上，這套系統追蹤的數百萬維吾爾人根本沒有選擇權，如果有問過他們的話，他們絕對不會答應。

明顯違反道德期望的行為非常明顯，但人類的心理因素——天真、傲慢或貪婪——使得一群聰明人很容易越過道德界線而不考慮可能造成的傷害。其中一個例子是 HireVue 這項服務。這項服務旨在減少公司面試求職者所產生的成本，公司可用 HireVue 的產品來分析錄製影片中求職者所回答的特定問題。該公司聲稱使用了 AI 演算法來評估求職者可否勝任特定職位的可能性。

HireVue 的開發人員居然天真到忽略了人、資料、演算法和測試偏見對其工作所產生的影響。他們的產品原意是使用聲音與影像資訊做出招聘決策，但在決定是否要聘用求職者時則無可避免地會把聲音、口音和外貌列入考量。這種明顯的歧視風險導致了訴訟和公眾反彈，最終迫使 HireVue 刪減了該產品的部分功能，並對其演算法進行了第三方審核（*https://oreil.ly/R7Dy3*）。

還有一個需要考慮的方面是，客戶可能將邊緣 AI 技術用於原設計目的之外的用途——並且這些用途可能是不道德的。例如，有一款設計用於發現瀕臨絕種物種的邊緣 AI 隱藏式攝影機。雖然原意是用於科學研究，但盜獵者很容易重新利用這類裝置，來幫助於他們定位想捕捉到黑市販售的動物。在設計應用程序時，考慮到這些可能的「偏差」用途非常重要，因為風險可能會高到抵消了產品原本的潛在優點。

疏忽所造成的代價

運用了 AI 的科技通常設計來與世界深度整合，重塑了我們與家庭、工作場所、企業、政府和彼此之間的日常互動方式。這代表了這些系統的失敗可能會對人們產生深遠的影響。

本書篇幅有限無法完整討論，但以下列出一些例子：

疏忽導致的侵害行為

　醫療硬體可能會誤診患者，影響其治療。

　監控裝置可能會針對某些群體推行更為強硬的執法，導致司法不公。

　教育性玩具可能會在某些兒童的操作下表現得比其他兒童更好，降低了後者的學習機會。

　安全裝置可能缺乏對不同使用者群體的測試而失效，導致身體受傷。

　未經安全認證的裝置可能會被犯罪分子攻擊從而促成犯罪。

蓄意的倫理侵害行為

大量普及的 AI 監控可能影響個人隱私。

盜獵者可能以智慧感測器鎖定瀕危野生動物。

具備邊緣 AI 的武器可能提高衝突死亡率，並破壞全球強權平衡。

緩解社會危害

本書提供的框架意在鼓勵您在開發過程中花時間去了解正在製作的產品對社會的影響，並根據所發現的結果來做決定。負責任的設計端看其使用脈絡，並且應該有系統地持續進行來確保方向正確無誤。

負責任的 AI 應用的最佳做法是成立一個產品團隊，這個團隊具有技術專業和生活體驗上的多樣性。人性偏見會放大技術偏見，而具備多樣性的團隊較不容易在所有人的世界觀中造成盲點。如果您的團隊很小，那麼重視多樣性需要妥善規劃時間和金錢，還要廣為聯繫更多社群，從中找到願意評估您的想法並提供回饋的人，並納入他們的觀點。

心理安全和倫理 AI

您的團隊所具備的洞察力對於能否找出潛在風險來說極為關鍵，因此讓他們感到能夠在整個開發過程中暢所欲言非常重要。即使在最一流的工作環境中，只要員工認為他們的提出回饋有可能讓自己處於劣勢時，發表意見就是一件冒險的事。

例如，想像有位員工注意到了某個潛在風險，但因為不想拖垮一個重要專案而感到手足無措。實際上，員工指出某個重大問題反而更有可能挽救公司的時間、金錢和聲譽。但如果員工害怕對其職業生涯、聲譽或團隊士氣造成任何可能的負面影響，他們也許就會選擇沉默直到無力回天為止。

心理安全是指在無需擔心負面後果的前提下，得以自由發表意見並討論問題的感覺。這件事，連同強調 AI 倫理重要性的一股文化，是打造成功 AI 專案的必要條件。關於這個主題的寶貴資源請參考第 132 頁的「多樣性」。

系統的「道德性」並沒有可用於進行基準測試的方法[7]。反之，我們需要了解隱藏在建立系統之下的價值觀——包括這些價值觀是什麼、屬於誰以及在哪種情況下會應用這些價值觀。這種覺察讓我們能夠將工作塑造成有益，而非有害的有用產品。

已有許許多多的公司和服務來幫助團隊開發負責任的 AI 應用，或者審查現有應用來找出潛藏的危害。如果您擔心自己的工作內容可能變成任何有害的「偏差」用途，還有一些法律工具可以派上用場。負責任的 AI 許可證（Responsible AI Licenses, RAIL, *https://www.licenses.ai*）是一張科技執照，其設計目的是幫助開發人員去限縮 AI 產品在可能造成傷害之應用中的合法用途。

對產品附加 RAIL 之後，開發人員就能建立法律基礎來防止其在某些特定應用情境中被誤用，這分清單還可以擴充到開發人員想要涵蓋的任何類別。一些預設禁止的選項包括監控、犯罪預測和生成假照片。當然，這只限於讓那些認為自己受到法律約束的個體或單位來預防合乎情理的用途。

最後，還有許多免費的優質線上資源可供您學習更多關於合乎道德和負責任的 AI，並評估您手邊的工作。以下清單供您參考：

- 美國柏克萊大學哈斯商學院的「減輕 AI 中的偏見」指南（*https://oreil.ly/8uXGZ*）
- Google 推薦的「負責任 AI 實踐」（*https://oreil.ly/SBP-3*）
- 微軟的負責任 AI 資源包（*https://oreil.ly/ZOvEm*）
- PwC 集團的負責任 AI 工具包（*https://oreil.ly/zZl1N*）
- Google Brain 的「人 +AI 研究（PAIR）」（*https://oreil.ly/bco24*）

想深入理解目前 AI 中各種作法到原則的高角度總覽，推薦您閱讀〈Principled Artificial Intelligence: Mapping Consensus in Ethical and Rights-Based Approaches to Principles for AI〉一文，（J. Fjeld et al., Berkman Klein Center Research Publication, 2020）（*https://oreil.ly/8BM54*）

7 Travis LaCroix and Alexandra Sasha Luccioni, "Metaethical Perspectives on 'Benchmarking' AI Ethics"(*https://oreil.ly/RS4p1*), arXiv, 2022.

總結

本章對於邊緣 AI 如何融入所處的世界有了扎實的理解，介紹了最佳使用案例、關鍵的好處以及需要實行的重要道德考量因素。

現在，我們已經準備好深入了解一些技術細節了。下一章就要來學習邊緣 AI 的運作技術。

第三章

邊緣 AI 的各種硬體

現在是時候來認識各種支援邊緣 AI 應用的裝置、演算法和最佳化技術了。本章將介紹本領域最重要的技術元素。到本章結束時，您將掌握邊緣 AI 產品所需的各種高階規劃的重要基石。

感測器、訊號與資料來源

感測器是讓裝置得以測量其周圍環境並偵測人類輸入的各種電子元件。它們從非常簡易（可靠的老式開關和可變電阻）到令人驚嘆的複雜（光學偵測和測距儀 [LIDAR] 和熱成像攝影機）都有。感測器為邊緣 AI 裝置提供了可用於決策的資料串流。

除了感測器之外，裝置還可以利用其他的資料來源。這些包括數位裝置日誌、網路封包和無線傳輸訊號等。儘管來源不同，這些次級資料串流對於 AI 演算法來說同樣是相當不錯的資訊來源。

不同款式的感測器所提供的資料格式也不盡相同。邊緣 AI 應用中常見的資料格式簡介如下：

時間序列

時間序列資料是指隨著時間變化的一個或多筆數值。時間序列可能包含來自同一個真實感測器的多筆數值——例如可能由單一感測器元件來提供溫度和溼度讀數。時間序列資料的蒐集方式通常是以特定速率（例如每秒幾次）去輪詢感測器以產生一筆訊號。輪詢速率稱為抽樣率或頻率。通常，單筆讀數（稱為樣本）是在固定時間長度中蒐集的，因此兩筆樣本之間的時間間隔都是相同的。

其他時間序列則可能是非週期性的，代表樣本並非以固定速率所蒐集。這可能是用來偵測特定事件的感測器——例如當有物體進入一定距離時所觸發的接近度感測器。這種情況的常見做法是一併擷取事件發生的確切時間與感測器數值本身。

時間序列可以呈現摘要訊息。例如，一筆時間序列可能包含某個事件從上一次數值以來的發生次數。

時間序列資料是邊緣 AI 中最常見的感測器資料形式。這類資料尤其有趣的地方在於除了感測器數值之外，訊號還包括了該數值相關的時間資訊。當我們試圖了解某個情況如何變化時，它提供的資訊相當實用。除了包含了有用的時間資訊之外，時間序列資料之所以寶貴是因為它包含了來自同一顆感測器的多筆讀數，減少了瞬時異常讀數的影響。

時間序列資料沒有標準頻率——從每天一筆樣本到每秒數百萬筆樣本都有。

聲音

聲音是一種特殊的時間序列資料，它代表了聲波在空氣中傳播時的震盪情形。聲音的擷取頻率一般來說都非常高——例如每秒數千次。由於聽覺是人類的感官之一，因此已經進行了大量的研究和開發，使得在邊緣裝置上處理聲音資料變得更加簡便。

這些技術包含了讓處理聲音資料更加容易的特殊訊號處理演算法，會以極高的頻率來擷取原始形式的聲音。後續就會談到，由於聲音訊號處理太常見了，因此許多嵌入式硬體都內建了可有效執行這件事的功能。

邊緣 AI 聲音處理最廣泛的用途之一是語音偵測和分類。也就是說，聲音甚至不必在人類聽覺範圍內。邊緣 AI 裝置使用的感測器甚至有機會擷取到超音波（高於人類聽覺範圍）和次音波（低於人類聽覺範圍）資料。

影像

影像是由可擷取完整場景的感測器所採集量測資料的呈現結果，而不是單一點的資料。相機這類感測器使用微型元件所組成的陣列來一次性擷取整個場景的資料。其他感測器，例如 LIDAR，則是在一段時間內藉由機械式掃描單個感測器元件來建立場景影像。

影像具有兩個或兩個以上的維度。就其一般形式來說，它們可以被看作由「像素」組成的網格，其中每個像素的值代表了對應相應空間點上的某個場景屬性。圖 3-1 左側是一個簡單範例。網格大小（例如 96 x 96 像素）則稱為影像的解析度。

一個像素中可能具有多筆數值，或稱通道。例如，灰階影像的每個像素只有一筆數值，代表該像素的明暗程度，而彩色影像的每個像素則可能有三筆數值（RGB 模型），代表混合之後用於呈現可見光譜中任何顏色的三種色光（紅色，藍色和綠色）。這種結構如圖 3-1 右側。

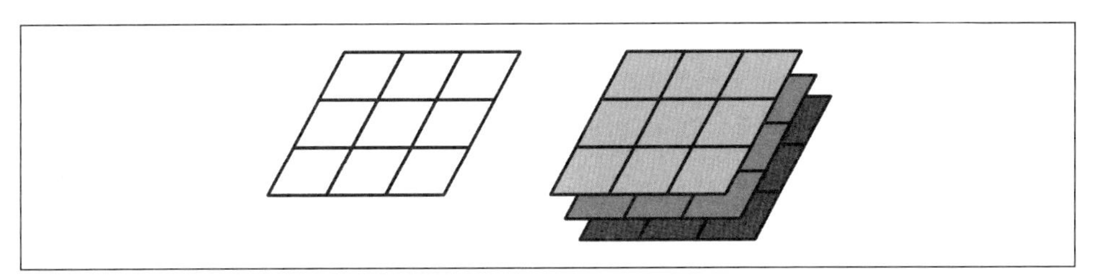

圖 3-1　左側代表單通道影像的像素；右側代表三通道影像的結構，例如 RGB 彩色照片

影像通常是以 *n* 維網格來呈現，其中包含了場景中不同面向之相對接近程度的空間資訊。這些資訊對於理解場景內容來說非常有用，各式各樣的影像處理和電腦視覺演算法都可運用這些資訊。

影像不一定代表可見光，甚至不必代表光。它們可以代表紅外線（常用於測量場景中部分區域的溫度）、來回時間（例如 LIDAR，用來測量光線從場景中的每個地方反彈回來所需的時間），甚至是無線電波（想想無線電望遠鏡所蒐集的資料或雷達螢幕上的資料）。

影片

技術上來說，影片是另一種特殊的時間序列資料 ，由於其特殊用途所以自成一格。影片是一連串的影像，每張影像都代表某一時間點的場景快照。作為時間序列資料 ，影片也有抽樣率的概念——但就影片來說通常稱為幀率，因為序列中的每張獨立影像都稱為一個幀（frame）。

影片是一種資訊非常豐富的格式——每一幀之內都包含了空間訊息，在每一幀之間也都有時間訊息。這樣的豐富程度代表它往往需要占用大量記憶體，因此通常需要更強大的運算裝置。

> **如何表示數值？**
>
> 上述的所有類別都使用單一數值來表示一筆感測器讀數。例如，時間序列是一連串個別的讀數，影像則是由獨立的數值所組成的網格。每筆讀數都是一個數字，可以用各種不同的方式在電腦上呈現。例如，以下是 C++ 語言中用於表示感測器資料的常見數值型態：
>
> - 布林值（1 位元）：具有兩個可能數值其中之一的數字
> - 8 位元整數：包含 256 個可能值的非十進位數字
> - 16 位元整數：包含 65536 個可能值的非十進位數字
> - 32 位元浮點數[1]：可以表示相當大範圍之間的數字，最多可有七位小數，最大值為 3.4028235×10^{38}。
>
> 藉由調整用於表示數值的數值型態，開發人員就可以在數值精度、記憶體用量和運算複雜度之間進行拿捏。

感測器和訊號的類型

市面上有成千上萬種種類各異的感測器。分類它們的一個好方法是依據它們的模態而定。根據卡內基美隆大學的研究指出，模態（modality）是指某件事情發生

1 請參考 IEEE 754 標準（*https://oreil.ly/oGnUz*）。

或體驗的方式（*https://oreil.ly/WaiBM*）。從人類的觀點來看，我們的視覺、聽覺或觸覺都有不同的模態。

感測器模態並沒有嚴格的定義，描述它們的最佳方式也可能因產業和應用而異。下一節將介紹一些從廣義邊緣 AI 的角度來看有意義的類別：

- 聲音和振動
- 視覺和場景
- 動作和位置
- 力量和觸覺
- 光學、電磁和輻射
- 環境、生物和化學

還有許多非感測器的資料來源可供邊緣裝置運用，後續也會介紹。

聲音和振動

「聽」到振動的能力讓邊緣 AI 裝置能在遠處偵測到動作、振動和人類 / 動物之間的溝通。這是透過聲音感測器完成的，它們可以測量由介質所傳導的振動情形，這些不同的介質可能是空氣（例如麥克風，請見圖 3-2）、水（水中聽音器）甚至地面（震波檢測器和地震儀）。還有一些專門針對重型工業機械所設計的振動感測器。

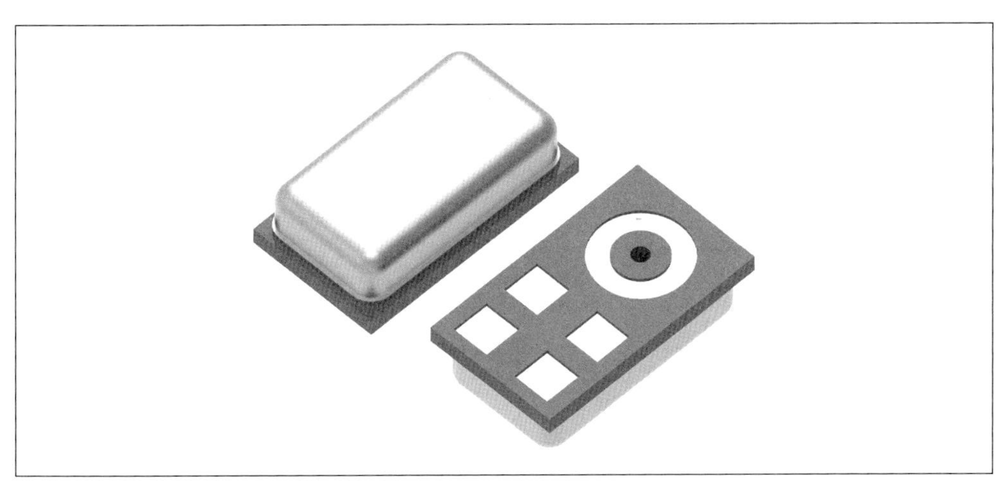

圖 3-2　現代產品中常見的表面黏著微機電系統（MEMS）麥克風的 3D 渲染圖

聲音感測器通常可提供時間序列資訊來描述其介質中的壓力變化情形。聲音訊號包含了各種頻率的資訊，例如唱歌的高音和低音。聲音感測器通常是在某一固定頻率範圍內運作，但即便在該範圍內，這類感測器對於頻率的回應也不一定是線性的。

除了這類非線性頻率回應外，聲音感測器能否準確擷取高頻訊號的能力取決於其抽樣率。為了更準確地擷取高頻訊號，聲音感測器的抽樣率必須夠高才行。在開發聲音相關的邊緣 AI 應用時，請確保您已了解正在測量的訊號特性，並選擇合適的感測器硬體。

視覺和場景

邊緣 AI 應用通常需要以被動且無接觸的方式來了解其周圍的場景。用於此任務最常見的感測器是影像感測器，從迷您的低功耗相機（如圖 3-3）到超高品質的百萬級像素感測器都有。如前所述，從影像感測器所擷取的影像會以像素值陣列來呈現。

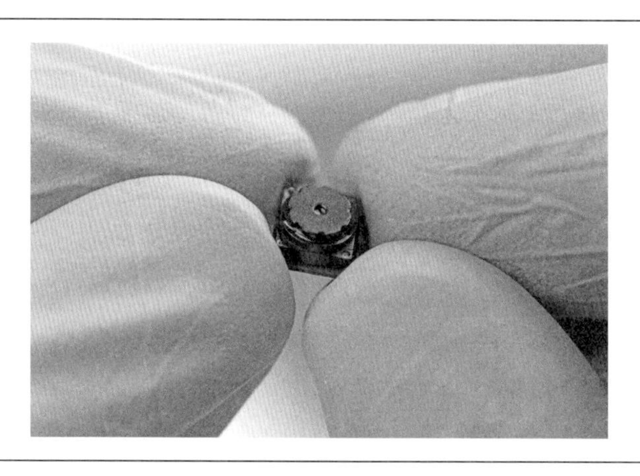

圖 3-3　微型影像感測器，這類板型即可用於嵌入式裝置中

影像感測器藉由多個感測器元件所組成的網格來捕捉光線。在相機中，場景中的光線會透過鏡頭而聚焦到感測器上。相機的成像範圍就稱為視野，其大小則取決於鏡頭和影像感測器的尺寸。

影像感測器常見的規格差異如下：

色彩通道

對於可見光，感測器通常可用灰階或彩色（紅、綠、藍或簡稱 RGB）來擷取資料 。

光譜回應

影像感測器可處理的光線波長能夠超出人眼可見範圍。這可能包括紅外線輻射，使得熱成像相機這類的感測器可以「看到」熱能。

像素大小

較大的感測器，其個別像素可以捕捉更多光線，增加其敏感度。

感測器解析度

感測器所包含的元件數量越多，其所捕捉到的細節也越細緻。

幀率

感測器擷取影像的速度，通常以每秒多少張（幀）來表示。

由於有時需要對場景照明，因此常常會把影像感測器與發光元件搭配使用，包括可見和不可見光譜範圍。例如，紅外線 LED 可與對紅外線敏感的相機搭配使用，用以照亮較暗的場景而不需要發出干擾人或動物的可見光。

尺寸更大且解析度更高的感測器通常也會更耗電。高解析度感測器會產生更大量的資料 ，較小的邊緣 AI 裝置處理起來會更加困難。

有一種運作方式略有不同的新型影像感測器，稱為事件相機。它們並非按照特定幀率來擷取整個視覺場景，而是讓相機的每個像素獨立回應亮度變化，且如果沒有發生任何事情則保持靜止。其結果是個別像素變化的時間序列，相較於大量的整張畫面序列來說，前者更容易由邊緣 AI 裝置來處理。

另一種有趣的影像感測器類型稱為範圍成像（range imaging）感測器。它們讓裝置得以三維方式拍攝其周圍的環境，通常是發射光線並測量其反彈所需時間來實現，這種技術稱為「飛行時間」。一項常見的飛行時間感測技術稱為光達（LIDAR）。LIDAR 感測器使用雷射光束來掃描周圍，並測量有多少光反射回感測器。這使它們能夠以三維立體方式來視覺化某個區域，如圖 3-4。

圖 3-4　來自 PandaSet（*https://pandaset.org*）開源 LIDAR 資料集的典型 LIDAR「點雲」圖片，其中以三維視覺化的每個點都代表了由雷射測量的距離；右上角插圖則是同一個場景改由一般影像感測器所拍攝的照片

相較於標準影像感測器，LIDAR 和其他飛行時間感測器通常更大、更複雜、更昂貴也更耗電。它們所產生的大量資料可能難以在邊緣裝置上處理和儲存，這也限制了它們的可用性。LIDAR 通常用於製作環境地圖，包括自駕車導航任務。

雷達，或稱為無線電偵測與測距（radio detection and ranging），偶爾也會被邊緣裝置用於理解周圍物體的立體位置，使用情境通常以長距離居多。類似於 LIDAR，雷達也是複雜又耗電的裝置，但如果您的案例需要的話，它絕對是選項之一。

動作和位置

對於邊緣 AI 裝置來說，了解自身的位置和可能的前進方向是很有用的。幸好，有許多不同類型的感測器可以幫忙做到這件事。這類型的裝置相當廣泛，從最簡單的機械傾斜開關，到最複雜的衛星定位系統（GPS）都有。整體而言，它們讓裝置得以了解自身在世界中的位置和動作。

以下是邊緣 AI 應用中常見的動作和位置感測器：

傾斜感測器

一種根據自身定向來開啟或關閉的機械式開關。非常便宜也易於使用。

加速度計

測量物體沿著一軸或多軸上的加速度（一段時間內的速度變化）狀態，通常以高頻率來進行。加速度計是動作感測的瑞士萬用刀，可說是功能多多，從辨識某項運動的特徵動作，如應用於智慧手錶；到感測工業機台振動的預防性維護應用。多虧了重力在拉動，它們總是知道哪個方向是朝下。

陀螺儀

用來測量物體的旋轉速率。通常會與加速度計搭配使用來呈現物體在立體空間中的運動狀態。

旋轉或線性編碼器

用來測量一根軸或軸承（旋轉）或線性機構（如噴墨印表機的噴頭位置）的準確位置。常用於機器人來取得自身輪子、手臂和其他附加零件的位置。

飛行時間感測器

這類感測器可運用電磁波（光或無線電）來測量從本體到其直線視線中任何物體之間的距離。

即時定位系統（*RTLS*）

這類系統使用固定於建築物或場地周圍的多個收發器來追蹤個別物體的位置，例如倉庫中的棧板。

慣性測量單元（*IMU*）

這類系統使用了多顆感測器，根據由內部參考坐標系所量測出的自身運動，來算出裝置本體的當前大約位置（與 GPS 使用外部訊號的做法相反）。

全球定位系統（*GPS*）

使用來自衛星的無線電訊號以確定自身位置的被動系統，精確度可到數公尺之內。裝置需與多顆衛星連線才能定位。

運動和位置通常是以感測器讀數的時間序列來呈現。本類別已有多種不同類型的感測器，所以對於不同的成本與能耗考量都有合適的選項。一般來說，對絕對位置的要求水準越高，所需的成本和複雜度也就越高。

力量和觸覺

從開關到荷重單元，力量和觸覺感測器讓邊緣 AI 裝置有辦法去測量其周遭環境的物理性質。它們讓使用者得以操作、了解液體和氣體的流動，或是測量對物體的機械應變。

以下是一些常見的力量和觸覺感測器：

按鈕和開關

傳統的開關可作為人類可操作的簡易按鈕，但也可作為感測器來提供二元訊號，代表裝置是否撞到了什麼東西。

電容式觸控感測器

測量導電物體（如人類手指）與表面的接觸程度。這是現代觸控螢幕的運作原理。

應變計和彎曲感測器

測量物體的變形程度，可用於偵測物體損壞和建立觸覺式人機介面裝置。

荷重單元

測量施加在它們上面的精確物理負荷量。它們有各種尺寸，從小型（測量小型物體的重量）到超大型（測量橋梁和摩天大樓的應力）都有。

流量感測器

用於測量液體和氣體的流速，例如水管中的水。

壓力感測器

用於測量氣體或液體的壓力，無論是環境（例如大氣壓力）還是系統內部（例如輪胎內部）都可以。

力量和觸覺感測器通常都是簡易、低功耗且容易操作。它們的測量結果也很容易以時間序列來呈現。在製作觸覺式使用者介面或讓機器人（或其他移動裝置）偵測是否碰到障礙物時，它們真的很好用。

光學、電磁和輻射

這類感測器可用於測量電磁輻射、磁場和高能量粒子，以及電流和電壓等基本電氣特性。聽起來可能有點妙，但這類裝置也能做到測量光線顏色等常見應用。

以下是一些常見的光學、電磁和輻射感測器：

光感測器

　這類感測器可以偵測不同波長的光線，包括人眼可見和不可見的。它們有許多用途，包括測量環境光線亮度到偵測光束是否被遮斷。

顏色感測器

　這類裝置運用光感測器來精準測量物體表面的顏色，這有助於辨識出不同類型的物體。

光譜感測器

　使用光感測器來測量物體吸收和反射不同波長的光的狀況，這讓邊緣 AI 系統得以理解物體的組成內容。

磁力計

　測量磁場的強度和方向。磁力計的一個子類別就是可指出北方的數位指南針。

近接感測器

　使用電磁場來偵測附近是否有金屬物體。通常用於偵測車輛以達交通監控的目的。

電磁場（*EMF*）檢測計

　測量電磁場的強度，包括工業機台偶然發射，或由無線電發射器有意發射的。

電流感測器

　測量導體中的電流。這在監控工業設備上很有用，因為可透過電流的波動來得知關於裝置運作的資訊。

電壓感測器

測量通過某個物體的電壓大小。

半導體偵測器

測量離子化輻射，這通常是由放射性物質衰變所產生的高速運動粒子所組成。

如同許多其他的感測器，這類感測器也會以時間序列來提供測量值。除了方便測量環境條件之外，這裡介紹的感測器也可以偵測裝備刻意的排放 / 發射狀態。例如，可以將光感測器與走廊另一端的發射器配對，後續有人經過時就能偵測到。

環境、生物和化學

這個類別在定義上較為廣泛，包含了許多不同類型的感測器；環境、生物和化學感測能力，使得邊緣 AI 裝置能夠感知其周圍世界的組成。常見的感測器類型包括：

溫度感測器

測量溫度，可以是裝置本身或遠處紅外線發射源的溫度。

氣體感測器

有多種感測器可用於測量不同氣體的濃度。常見的氣體感測器包括溼度感測器（測量水蒸氣）、揮發性有機化合物（VOC）感測器（測量常見的有機化合物）和二氧化碳感測器。

微粒感測器

測量空氣中的微粒濃度，通常用於監控空氣污染狀況。

生物訊號感測器

可量測生物體所呈現的各種訊號，例如人類心臟（心電圖）和大腦（腦電圖）的電氣活動量測。

化學感測器

有多款感測器可用於測量特定化學物質的存在或濃度。

這類感測器也能夠提供其讀數的時間序列資料 。由於它們需要與環境進行化學性和物理性互動，因此有時候會難以操作——例如通常需要對已知的化學物質進行校正，有些感測器則是在取得可靠讀數之前需要先暖機等等。環境感測器通常會隨著時間而劣化並需要更換。

其他訊號

除了從真實世界蒐集訊號外，許多邊緣 AI 裝置還可以存取豐富的虛擬資料。這大致可分為兩類：關於裝置本身狀態的內部監察資料，以及其所連接系統和網路有關的外部監察資料 。

根據不同的裝置，所取得的內部狀態也不同，說明如下：

裝置日誌

追蹤裝置自開機之後的生命週期。這可以提供相當多資訊：修改配置、工作週期、中斷、錯誤或其他任何您所要記錄的事情。

內部資源使用

這類資訊包括可用的記憶體、耗電量、時脈速度、作業系統資源以及周邊介面的使用情況。

通訊

裝置可以追蹤其實體連線、無線通訊、網路設定 / 活動與對應的耗電情況。

內部感測器

某些裝置具有內部感測器。例如，許多系統單晶片裝置會有一個負責監控 CPU 的溫度感測器。

內部監察資料的有趣用途之一是保護電池壽命。如果在接上電源之後又長時間保持在 100% 滿電的狀態，充電鋰電池的容量可能會下降。蘋果的 iPhone 手機透過名為「最佳化電池充電」（Optimized Battery Charging, *https://oreil.ly/rWJbA*）的邊緣 AI 功能來避免這個問題。它運用裝置端的機器學習模型來學習使用者的充電習慣，然後讓此模型把電池充飽所需的時間縮到最短，同時還能確保使用者要用時電池仍然有電。

外部監察資料則是來自裝置外部，也包含了相當豐富的資訊。以下是一些可能的來源：

來自所連接系統的資料

邊緣 AI 裝置通常部署於某個網路中，而相鄰裝置轉發的資料就可作為 AI 演算法的輸入。例如，物聯網閘道器可運用邊緣 AI 技術來處理其節點所蒐集的資料，並以此做出決策。

遠端指令

邊緣 AI 裝置可能會收到來自另一個系統或使用者的控制指令。例如，無人機使用者可能要求機體移動到立體空間中的指定坐標。

來自 API 的資料

邊緣 AI 裝置可以向遠端伺服器請求資料，並送入自身的演算法。例如，具備邊緣 AI 功能的家用暖氣系統可能會對某個線上 API 請求天氣預報資料，並使用這些資訊來決定何時開啟暖氣。

網路資料

這類資訊可能包括網路結構、路由資訊、網路活動，甚至是資料封包內容。

有些最酷的邊緣 AI 系統會用到上述所有的資料流。想像一套可以幫助農民照顧作物的農業科技系統。它可能包含了布建於田地中的遠端感測器、連接到重要的線上資料來源（例如天氣預報或肥料價格）以及可讓農民操作的控制介面。作為邊緣 AI 系統，它有機會在無法取得網路連線的情況下運作——但如果有辦法上網的話，它可以運用這些寶貴的線上資訊。

在更複雜的系統架構中，邊緣 AI 也很適合與伺服器端 AI 搭配使用；本章後續會更深入談到這一點。

邊緣 AI 處理器

邊緣 AI 最令人興奮的一個地方就是，可供應用程式差遣的那些為數龐大又不斷茁壯的硬體陣容。本段將介紹一些高規格的硬體，並了解每個類別適用於特定專業領域的原因。

我們正處於邊緣 AI 硬體的寒武紀大爆炸！在本書出版之後，選項非常有可能比這裡列出的還要多更多。從便宜的低功耗微控制器（或稱「薄邊緣」裝置）到基於 GPU 的超高速加速器和邊緣伺服器（稱為「厚邊緣」），開發人員針對各種應用幾乎都能找到合適的完美硬體。

邊緣 AI 硬體架構

硬體系統的**架構**端看其元件彼此連接方式而定。圖 3-5 是邊緣裝置的常見典型硬體架構。

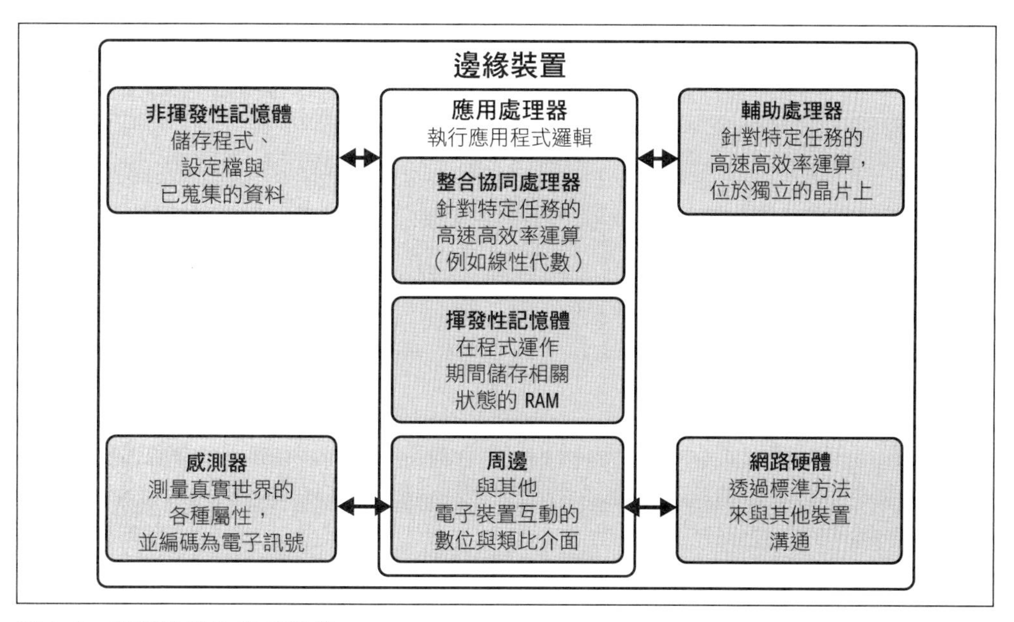

圖 3-5　邊緣裝置的常見架構

這類裝置的核心是*應用處理器*（*application processor*）。這是一種用於協調應用程式，但在多數情況下也負責運行組成該應用所有演算法和邏輯的通用處理器。

在許多情況下，應用處理器還具備了*整合輔助處理器*（*integrated coprocessor*）：這是一種負責高速執行特定運算的額外內建硬體。例如，許多處理器都有內建的浮點數運算單元（FPU），設計來高速執行浮點數運算。中高階的微控制器（MCU）也逐漸整合了用於加速邊緣 AI 相關功能的硬體，例如數位訊號處理和線性代數。

應用處理器還整合了**揮發性記憶體**（例如 *RAM*），用作程式執行期間的工作記憶體。話雖如此，通常還會有額外的 RAM，這些 RAM 位於處理器外部並配置於獨立的晶片上。

片內和片外

電腦系統通常包含了為數眾多的積體電路（IC），這些電路是由加裝在印刷電路板（PCB）上的矽晶片所組成。例如，應用處理器就是一個 IC。矽晶片由一塊矽製成，上面蝕刻了形成處理器所需的一系列複雜圖案。這塊矽就稱為**晶粒**（*die*）。

當提到處理器與其他整合元件時，通常會聽到**片內**（*on die*）和**片外**（*off die*）這兩個詞。片內元件位於與處理器同一片矽晶片上，而片外元件則位於附加在同一片 PCB 上的另一顆 IC 上。

因為片內元件與主處理器實體上更接近，所以它們通常速度更快，能源效率也更好：它們彼此傳送資料所需的時間和能耗也更少。但是，要把更多元件放在同一顆晶粒的話，就會需要更大的晶粒，而越大的晶粒，也會越昂貴且耗電。

各種嵌入式硬體在設計都必須在片內和片外之間取得平衡。舉例來說，如果效率優先的話，選擇具有片內功能的處理器就是合理的；但如果成本更重要的話，就要選擇片外了。

許多設計都同時使用了片內和片外元件。例如，系統可能具有少量的片內 RAM 用來執行程式，再加上大量的片外 RAM 來緩衝後續要處理的感測器原始資料。

RAM 是一種非常高速的記憶體，但它也非常耗電，而且在裝置關機時，RAM 的內容就會遺失。RAM 相當昂貴並占用大量實體空間，因此它通常是一個相當受限的資源。

應用處理器會連接到**非揮發性記憶體**，通常稱為 ROM（唯讀記憶體）或快閃記憶體[2]，它同樣可以位於片內或片外（圖 3-5 是位於片外）。非揮發性記憶體可用於儲存不需要經常更改且需要在系統關閉後還要保留的內容。這可能包括軟體程式、使用者設定和機器學習模型等等。它們的讀取速度很慢，寫入速度當然就更慢了。

許多設計上還有另外的**輔助處理器**。與整合輔助處理器類似，這些輔助器是針對特定目的進行高速且高效率的數學運算，但整合輔助處理器的不同之處在於它們位於片外。它們可能比應用處理器更強大（但也更耗電）：例如，低功耗的 SoC 與強大的 GPU 就能結合起來使用。

處理器的**周邊**則藉由各種標準[3]來作為它與外部世界的介面。最常見的周邊就是用來連接**感測器和網路硬體**。

微控制器和數位訊號處理器

我們可以大膽地說，微控制器是現今世界的基礎。它們是微型的平價電腦，可驅動從汽車引擎到智慧家電等所有裝置。微控制器的產量驚人，預計到 2022 年的出貨數量可達 268.9 億個（*https://oreil.ly/d4KPy*），也就是地球上每人平均擁有三個半。

MCU

微控制器通常也稱為 MCU，就是微控制器單元（microcontroller unit）的首字母縮寫。

微控制器通常用於單一用途的應用程式，如控制機械裝置的某部分。這意味著它們可以比其他需要運行多個程式的電腦來得更簡潔，例如，它們通常不需要作業系統。

2 儘管快閃記憶體可以重複寫入程式，但以嵌入式系統的角度來說，它仍然稱為 ROM。

3 周邊介面，例如 GPIO、I2C、SPI 和 UART，在設計硬體時是非常重要的考量點，但超出了本書範圍所以不予介紹。現今大多數嵌入式處理器都有良好的周邊支援。

反之，微控制器的軟體（稱為**韌體**）是直接運行在硬體上，並包含驅動任何周邊[4]所需的低階指令。這讓微控制器的軟體工程變得相當有挑戰性，但也使得開發者更能掌控程式執行時會發生的狀況。

微控制器的一個明顯特點是，它們的大部分元件都實作在同一片矽晶片上；這是它們的成本之所以相對低廉的關鍵所在。除了處理器之外，微控制器通常還具備快閃記憶體（儲存程式和其他有用的資料）、RAM（在程式執行期間儲存狀態）以及使用數位或類比訊號與其他裝置（如感測器）進行通訊的各種技術。

微控制器的世界非常多樣化，它們之如此有價值的原因之一在於，它們有各種變體來適用於各種想像得到的狀況。以本書目的來說，我們會把它們分為三個主要類別：低階、高階和數位訊號處理器。

低階 MCU

許多 MCU 是特別針對低成本、小尺寸和節能而設計，代價是其運算資源和功能都更為受限。以下是一些常見的規格：

- 4 位元到 16 位元的架構
- 時脈速度 < 100 MHz
- 2 KB 到 64 KB 的快閃記憶體
- 64 位元組到 2 KB 的 RAM
- 支援數位輸入和輸出
- 消耗電流：於 ~1.5 – 5 伏特之間的電壓運行時，只需要個位數到十幾毫安培，而在休眠等待輸入時則低到微安培
- 成本：大量購買時，每個價格約為一或兩美元

4 不同於作業系統，韌體的另一個特點是它通常不希望終端使用者去修改。

> **有關電力的注意事項**
>
> 微控制器的耗電量取決於許多因素，其中大部分可由開發者掌握。一些降低功耗的方法包括讓處理器降速、在未使用時關閉指定功能以及讓微控制器在不處理資料時進入閒置模式等等。
>
> 這種彈性再加上微控制器市場的多樣性，使得要得知精確的功耗變得相當棘手。如果您的設計方案在功耗上有嚴格要求的話，就需要評估硬體並自行測量其用電情況。

現今許多低階 MCU 都是採用一套自 1980 年代[5]以來沿用至今的設計架構。雖然科技不斷進步，但對於簡易、低成本和低功耗硬體的需求始終存在，因此這些晶片也就保留到了今天。它們在許多產業中都極為普遍。

然而到了邊緣 AI 時，低階 MCU 就有一些明顯的缺點。由於它們記憶體和運算能力不足，因此不適合處理大量資料或複雜的訊號。它們通常也不具備任何能實作浮點數運算的硬體，代表與有理數相關的計算可能慢到不行。這些特性限制了它們所能運行的邊緣 AI 演算法種類。

低階 MCU 的常見應用則充分運用了其優點：可靠度極高的車用電子、醫療設備、低成本家電、小玩具和基礎設施等等。其中一款熱門的低階 MCU 就是 Atmel 8 位元 AVR 平台（*https://oreil.ly/Buwcj*）。雖然它們是 MCU 領域的重要角色，但其運算限制也說明了低階 MCU 不應該是您的邊緣 AI 應用首選。

儘管如此，正如本書先前所述，邊緣 AI 程式不一定會進行大量運算。低階 MCU 已完全能夠勝任複雜的條件式邏輯，這應該就能滿足您的需求了。它們也可以成為運用邊緣 AI 的連網裝置網路的一部分——例如，低階 MCU 可以擷取感測器資料並將其轉發到更複雜的裝置來做出決策。

5 Intel 8051（*https://oreil.ly/5DV2e*）最初發表於 1980 年，現今仍在使用。

高階 MCU

在 MCU 光譜的另一端則是現今最強大的微控制器，它們的運算能力可與上世紀 90 年代的個人電腦比肩。在許多情況下，它們仍然可做到高能效。以下是一些常見的規格：

- 32 位元架構
- 時脈速度 <1000 MHz
- 16 KB 到 2 MB 的快閃記憶體
- 2 KB 到 1 MB 的 RAM
- 支援更快數學運算的額外硬體
- 浮點數運算單元（FPU）
- 單指令多資料（SIMD）指令
- 可選的多處理器核心
- 支援數位 / 類比的輸入與輸出
- 消耗電流：於在 1.5 - 5 伏特之間的電壓運行時，只需要個位數到數十毫安培；休眠時則低到微安培
- 成本：每個價格從數美元到數十美元不等

藉由更快的時脈速度和 32 位架構[6]，高階 MCU 的效能有極大的提升。此外，許多型號的 MCU 還支援了能夠提升運算速度的聰明硬體。其中之一就是 SIMD，它讓處理器能夠平行處理多筆運算——這在執行訊號處理和機器學習程式時非常有用，因為它們都需要大量運算。

有越來越多的高階 MCU 已針對邊緣 AI 應用所設計。廠商通常會提供軟體和函式庫來最佳化邊緣 AI 程式碼，使其能夠在裝置上高效運行。另一個重要的優點是快閃記憶體和 RAM 越來越大——這對於處理資料和儲存大型機器學習模型來說，非常有幫助。

6 32 位元處理器單次可處理的資料比 16 位元處理器來得更多（足足多了 16 位元），這代表可以更快處理資料並支援更大的 RAM。

高階 MCU 已用於從感測和物聯網到數位產品、智慧家電和穿戴式裝置等大量案例中。在本書編寫期間，它們已代表了嵌入式機器學習成本、能耗與運算能力之間的最佳平衡點。它們的運算能力已足以執行一定程度以上的深度學習模型，其中也包括了可以處理視覺資訊的深度學習模型，但它們依舊保持簡潔才能以非常便宜的方式嵌入到各種應用中。

基於 Arm 的 Cortex-M 核心（*https://oreil.ly/nuhBH*）的微控制器非常受歡迎，例如 Nordic nRF52840（*https://oreil.ly/uZfax*）和 STMicroelectronics STM32H743VI 等（*https://oreil.ly/SGkdC*）。其他熱門選項還有基於 RISC-V 架構（*https://oreil.ly/YpH2r*），例如 Expressif ESP32（*https://oreil.ly/OzsLd*）。

隨著邊緣 AI 日益重要，將一般用途的高階微控制器與專門用於加速深度學習工作負載的特定輔助處理器來搭配使用，可說是越來越普遍。後續第 82 頁的「深度學習加速器」會詳細說明。

效能指標

一般而言，高階微控制器使用深度學習技術來處理音訊的速度已可接近即時，低解析度影片則大約每秒 1 幀。

數位訊號處理器（DSP）

這是一個有趣的子類別，DSP 是專門設計用於轉換數位訊號的特殊微控制器。並非用於通用運算，其架構是盡快執行特定的演算法和數學運算——包括乘積累加和傅立葉變換等，第四章就會談到。

碰巧的是，許多這些數學運算在邊緣 AI 中非常有用，不但可以用於處理資料，也可以用於執行機器學習模型。這使得 DSP 成為一個有價值的工具。DSP 的缺點是它們並非針對通用運算所設計，代表它們可能不適合執行程式中的非邊緣 AI 部分。

今天的高階 MCU 通常已具有一定程度的 DSP 功能，例如可以提升訊號處理任務吞吐量的 SIMD 指令——事實上，這類裝置有些會稱為「數位訊號控制器」來凸顯其特色。然而，專用的 DSP 還是很有用的。例如，許多具備語音助理（如 Google 助理）功能的智慧型手機都整合了 DSP 晶片，在不影響電池壽命的前提下，專門負責執行一個常時啟用的關鍵詞偵測模型。

異質運算

面對單一應用時，硬體設計者並非只能選用一種微控制器。在單一產品中結合多個微處理器實際上是相當常見的。例如，一個邊緣 AI 裝置可能是用一個小型的低功耗微控制器來負責基本運作，再搭配另一個大型且較強力的微控制器來進行偶發性的訊號處理和機器學習工作負載。

這種設置稱為異質運算（Heterogeneous Compute），因為它可以實現真正的平行處理：也就是同時執行多個任務。異質計算的一個重要挑戰是如何分配運算工作負載來實現最大效率。如果能夠做到這一點，將會有明顯的好處。

一些邊緣 AI 應用的架構，例如使用級聯模型（請參考第 298 頁「級聯流程」），特別適合異質計算。隨著深度學習加速器的崛起（請參考第 82 頁的「深度學習加速器」），異構運算的重要性也與日俱增。

系統單晶片

除了微控制器，另一個最常見的邊緣運算類型是系統單晶片（syetem-on-chip, SoC）裝置。如果說微控制器是一種經過刪減並最佳化之後的電腦，其所有冗餘的地方都已被削減掉，那麼 SoC 裝置則試圖將整個傳統電腦系統的所有功能都塞到一個晶片中。

與可直接與硬體互動的微控制器不同，SoC 裝置可執行大量硬體抽象化的傳統作業系統，以便開發人員全心專注於所要開發的應用程式。開發者可用同一套工具和環境來編寫伺服器和桌面應用，包括像 Python 這樣的高階語言（現代微控制器通常使用 C 或 C++ 來開發）。

這樣的易用性導致了兩個代價：效率和複雜性。SoC 裝置的能源效率通常比微控制器來得差，這限制了它們的應用領域。雖然它們的效率仍比具備獨立周邊的電腦系統高出一個數量級，但還是遠不如微控制器能把耗電維持在最低水準來得厲害。這種額外的耗電可能也會帶來熱管理問題。

作業系統所帶來的額外複雜性是 SoC 裝置的另一負擔。由於要同時執行龐大的作業系統程式碼與開發人員的應用程式，要在現場保證可靠度就更加困難了。

SoC 一般來說都會比微控制器更加強大，功能也更多。以下是常見規格：

- 64 位元架構
- 時脈速度 >1 GHz
- 多個處理器核心
- 外部 RAM 和快閃記憶體（通常高達數 GB）
- 2D 或 3D 圖形處理單元
- 支援無線網路
- 高效能的數位輸入和輸出
- 消耗電流：在 ~5 伏特電壓運行時，約數百毫安培
- 成本：每個價格約數十美元

效能指標

一般規格的 SoC 已可使用深度學習技術近乎即時地處理音訊和高解析度影片。

儘管效率比不上微控制器，但 SoC 裝置已經帶來了革命性的變化。它們讓通用型電腦的運算能力得以部署在極小的板型中。SoC 在現代社會中已是無所不在一它們推動了手機、電視、汽車娛樂系統、工業硬體、安全系統、物聯網閘道器等幾乎任何需要在小型封裝中實現靈活運算能力的裝置。

它們的功能、彈性和易用性使它們用於邊緣 AI 領域尤其有價值。開發者可以使用熟悉的現成工具來開發運行於 SoC 上的應用程式，並且它們的記憶體和運算能力也足以負擔複雜的演算法，例如大一點的深度學習模型。SoC 可說是幾乎沒有跑不動的邊緣 AI 演算法。即使最終目標是轉移到更便宜或更有效率的硬體上，這樣的易用性使 SoC 成為開發邊緣 AI 應用原型的絕佳選擇。

著名的 SoC 產品包括高通 Snapdragon（*https://oreil.ly/b0Va-*）和博通 BCM58712（*https://oreil.ly/ZbqES*），後者已用於 Raspberry Pi 開發板（在第 84 頁的「開發板與裝置」會談到）。許多熱門的 SoC 都是以 Arm Cortex-A（*https://oreil.ly/GyNNz*）處理器核心為基礎。

嵌入式 Linux

Linux 已成為 SoC 裝置的常見作業系統選項。Linux 是開源的，代表它可免費使用，並且有強大的社群支援。能夠使用熟悉的 Unix 開發工具使得具備相關經驗的人能夠更快上手嵌入式 Linux 系統。

深度學習加速器

微控制器和 SoC 一般來說都是通用型電腦——設計上越靈活越好。然而，如果願意犧牲一些彈性的話，就有機會針對某些運算設計出極高速的積體電路。

隨著深度學習（參見第 113 頁的「深度學習」）在嵌入式裝置嶄露頭角，半導體公司開始生產可與微控制器和 SoC 搭配使用的加速器，可使深度學習模型執行得更快更有效率。深度學習的數學基礎是線性代數，因此深度學習加速器——也稱為神經處理單元（neural processing unit, NPU）——就是設計來以極高的效率來處理線性代數。

市面上有多款深度學習加速器，各自在能耗與彈性上有取捨。在光譜的一端，像 Syntiant 的 NDP10x 系列（*https://oreil.ly/XDxoQ*）就具備特定深度學習模型架構的硬體實作（稍後再詳述），可以在極低的能耗下高速運行。由於已將演算法燒入晶片中，使得這些裝置的彈性不高——但效率可以超級高。

在光譜的另一端，基於圖形處理單元（GPU）技術的裝置，例如 NVIDIA 的 Jetson（*https://oreil.ly/MVga8*）和 Google 的 Coral（*https://coral.ai/products*），就提供了極高的彈性，基本上可以執行所有類型的深度學習模型。這種彈性的代價使得它們的能源效率遠不及其他裝置。

在光譜兩端之間還有許多不同種類的裝置，其彈性和能源效率各有高低，例如 Syntiant 的 NDP120（*https://oreil.ly/Y9ZeL*）或 Arm 的 Ethos-U55（*https://oreil.ly/KS_Dv*）設計。某些加速器已不再採用傳統的深度學習數學方法。

例如，BrainChip 的 Akida（*https://oreil.ly/JgaIv*）就稱為神經形態處理器（neuromorphic processor），這款裝置運用脈衝神經網路（請參閱第124頁的「壓縮和最佳化」）來找出唯一的權衡結果，其中包括更高的能源效率。

效能指標

深度學習加速器的運作速度都非常快——您可預期運算能力絕對足以即時處理聲音和影片。某些裝置甚至可以平行處理多個串流。

深度學習加速器通常會與微控制器或 SoC 搭配使用。傳統的處理器負責執行應用程式邏輯，加速器則負責執行深度學習工作負載。許多設計會把微處理器和加速器放在同一個封裝中，並提供特殊工具讓開發人員得以分配處理作業給兩者。

早期的深度學習加速器在所支援的深度學習模型類型方面，自由度可說極為有限，但隨著該領域的成熟，裝置就變得更加靈活了。目前仍然是非常早期的階段，因此您可以期待其運算能力與效率會隨著時間有巨大的進展。長期而言，在超低能耗前提下還能滿足強力運算的裝置是可預期的——可以即時處理影片或語言轉錄，並且只要透過小型電池供電就可持續運作好幾年。

FPGA 與 ASIC

為了把效能和效率優勢發揮到極致，自行設計處理器電路確實是選項之一。這是一個困難、耗時且昂貴的過程，因此不應等閒視之，但對於某些應用來說可能相當值得。

現場可程式邏輯閘陣列（Field Programmable Gate Arrays, FPGA）是可以根據需求重新編寫程式來實現客製化硬體設計的一種積體電路。工程師藉此能夠自行設計處理器來盡可能高效率地實作某些演算法，然後將其載入到裝置上完成部署。這些設計是用名為硬體描述語言（Hardware Description Languages, HDL）的特殊程式語言所完成的。

應用特定積體電路（Application-Specific Integrated Circuits, ASIC）則是為了特定應用而客製化的積體電路。與 FPGA 不同，它們無法重新燒錄程式——邏輯會一次性永久寫入。您可以購買已針對特定目的設定完成的 ASIC，例如 Himax 的 WE-I Plus（*https://oreil.ly/oI4bv*），或者自行設計 ASIC。

與 ASIC 相比，使用 FPGA 來開發可讓總成本大大降低，但每個裝置的成本則會變高，功耗也變高了。公司通常會使用 FPGA 製作原型或小規模生產，後續再使用 ASIC 大量生產。製作 ASIC 的工程成本對大多數公司來說都是難以負擔的。

FPGA 開發工具逐漸變得更簡單使用也更容易取得，但它們在邊緣 AI 中仍然是相對小眾的選項。研究人員正在開發能把深度學習模型自動轉換為高效率 FPGA 實作的工具，因此應該只要再一段時間之後，FPGA 就會在邊緣 AI 領域中扮演更加重要的角色。以下是一些本書編寫時所看到的一些有趣專案：

- Google 的 CFU Playground（*https://oreil.ly/Fhf-9*），幫助開發人員使用 FPGA 來製作深度學習加速器
- Tensil.ai（*https://www.tensil.ai*），一款機器學習模型編譯器和 FPGA 硬體生成器

開發板與裝置

單獨一顆處理器的用處並不大——它需要與其他元件一併安裝在板子上來構成一個完整的裝置——例如電源、感測器、周邊介面與接頭等等。多數的邊緣 AI 量產產品會採用根據自身特定用途所設計的客製化印刷電路板。

由於這些客製化電路板也需要時間設計和生產，因此很多工程作業的早期階段都會用開發板完成的。這些是由硬體製造商銷售的隨插即用裝置，上面除了處理器之外，還有連接和開發軟體所需的所有東西（如圖 3-6）。

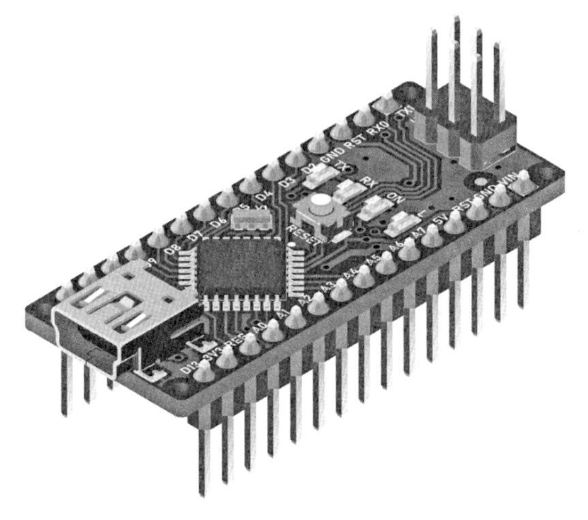

圖 3-6　常見的開發板，具有處理器、電源、輸入和輸出腳位、接頭，通常還有一些接到處理器來直接使用的感測器

開發板讓嵌入式工程師得以評估不同處理器在特定案例中的效能，並快速做出原型。

邊緣 AI 演算法的運算需求意味著硬體和演算法的選擇之間存在一定程度的交互作用，這使得開發板非常有價值。只要使用一些開發板，開發人員可以快速在實際處理器上測試其演算法，找到效能、耗電和成本之間的理想平衡點。

開發板以往只會用在早期的原型製作階段，但某些製造商已經知道開發板用在生產上的潛在優勢。如果您要做的硬體數量很少，那麼自行設計印刷電路板的額外成本和時間可能不太划算——這要大量生產才會有經濟效益。反之，您可以選用 Arduino Portenta（*https://oreil.ly/_ezK6*）這類已經設計好的現成平台，它具有 MCU 和彈性的輸入輸出腳位，讓您輕鬆將其整合到其他系統中。

這類裝置也提供 SoC 和加速器的樣式，例如 Raspberry Pi（*https://www.raspberrypi.com*）就是一系列基於強大 SoC 的高度整合單板電腦（SBC，圖 3-7），而 Nvidia 的 Jetson 加速器（*https://oreil.ly/t0—j*）可讓開發人員得以快速在加速器硬體上運行各種程式。這些平台大多都會提供一系列的相容裝置，因此您可以使用單板電腦來開發原型，然後部署到後續會整合到您所需硬體中的系統模組（SOM）上，過程中無需修改任何程式碼。

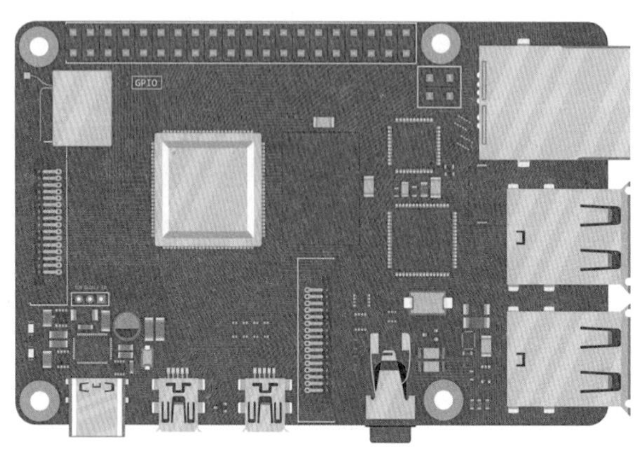

圖 3-7　單板電腦，包括了處理器、記憶體、電源、輸入和輸出腳位、網路接頭，以及所有隨插即用所需的東西

開發板通常是沒有任何外殼的裸露電路板，因此至少要進行一些設計作業才能用於現場。如果您想要一個功能完整的現成裝置，工業級物聯網閘道器會將 SoC 放在堅固的外殼中並配有標準 I/O 埠、網路硬體和電源。它們可能相當昂貴，但相較於從頭設計和製造整套硬體，它們還是有機會節省相當程度的時間和金錢。

到目前為止，最常見的預先建置邊緣 AI 功能的裝置就是智慧型手機。有許多專書在介紹如何將 AI 整合到智慧型手機應用程式中，例如 Laurence Moroney 的《從機器學習到人工智慧》（AI and Machine Learning for On-Device Development, O'Reilly, 2021），所以在此就不討論了。我們會更專注於探討如何使用微控制器和數位訊號處理器來驅動某些智慧型手機功能，例如在偵測到特定關鍵詞時喚醒數位助理。

除了整合邊緣 AI 功能之外，智慧型手機對於進行應用程式原型開發的邊緣 AI 開發者來說也是一個相當方便的工具。由於手機是由電池供電並且具備非常好的連網功能，因此當證明可行性是最重要的事情時，就能用它們來蒐集初期資料或在早期開發階段中測試機器學習模型的萌芽版本。

邊緣伺服器

相較於客製化矽晶片，另一種極端的作法是在網路邊緣端來運行傳統的伺服器硬體——這類硬體可能與在資料中心的硬體同級。這些強大的電腦可執行完整的伺服器級作業系統（通常是 Linux 或 Windows），操作方式如同任何其他的雲端伺服器。如果它們具備 AI 專用的加速功能的話，通常是以 GPU 的形式來達成。某些邊緣伺服器會以較堅固的板型來銷售，會比其在資料中心的同級品更適用於工業環境（如工廠地面）。

邊緣伺服器的優勢在於它們可以提供許多雲端運算的好處，同時又可以把資料留在現場來確保安全性、隱私性和便利性。對於某些應用來說，它們集結了兩家之長——高效能硬體、低延遲、降低資料洩漏風險和有效運用頻寬。

邊緣伺服器的另一個好處是，它們基本上可當作標準 IT 基礎設施。這代表它們可以與現有 IT 部門的流程與技能良好搭配。實際上也不過是不久之前，所有的商業運算都是用本地端伺服器進行的，邊緣計算曾經是每家企業的常態呢。

邊緣伺服器有兩個主要的缺點：它們非常耗電且體型巨大。如果您需要在現場進行大量運算的話，上述代價應該是值得的。但是，它們通常僅限於固定位置，例如有額外空間和穩定電源的建築物和工廠中。

如果全功能的邊緣伺服器對您的應用來說大材小用，而且很有可能的確如此，Linux SoC 就提供了很好的折衷方案。作為標準的 Linux 電腦，IT 部門就能把它們與其他伺服器一視同仁來處理——但它們還能做到更微型且更節能。

多裝置架構

邊緣 AI 應用並非都是以搭配實體感測器的裝置來實作。有時，使用多裝置的架構是合理的做法。例如，位於航運棧板上的感測器可能會使用低功率無線電將資料回傳給安裝在卡車上的閘道器。閘道器由於其用電限制較少，並能夠取得來自多個棧板的資料，因此可以運行複雜的邊緣 AI 邏輯並根據資料來做決策。圖 3-8 即為本架構。

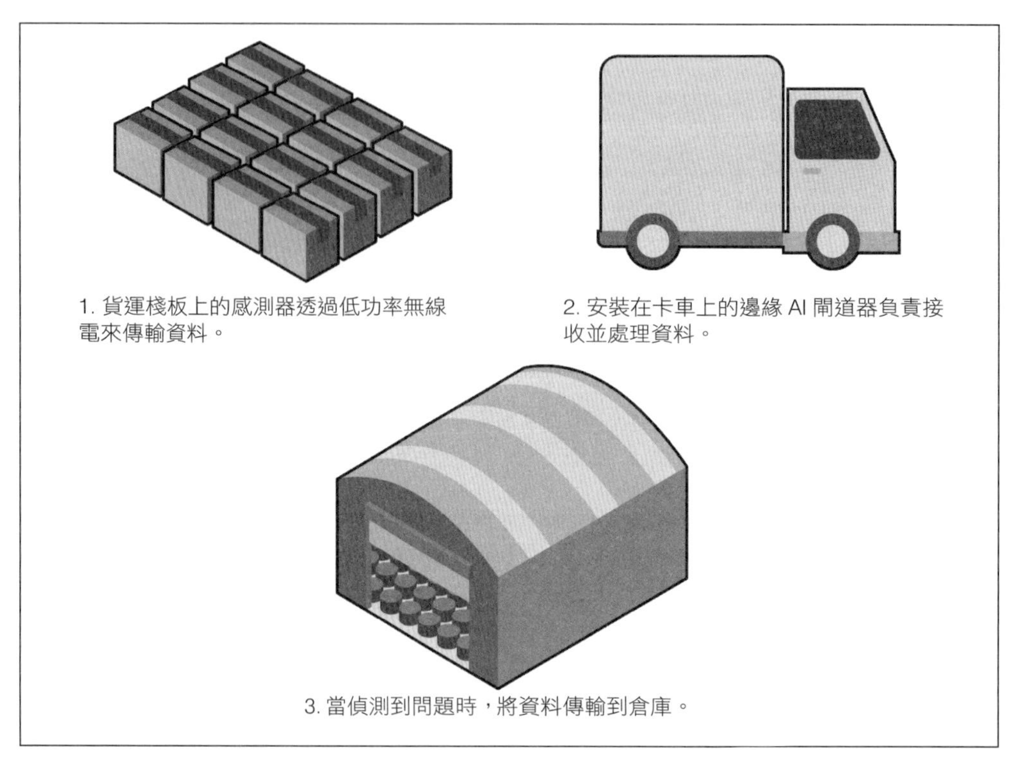

圖 3-8　常見的多裝置架構

牽涉到異質運算（請見第 80 頁的「異質運算」）之後，事情還會變得更複雜。單一裝置中有時候就包含了多種類型的處理器：例如，一個用於執行應用程式碼，另一個則負責機器學習演算法。一個完整的系統可能由多個裝置組成，其中一些還具有多個處理器，根據所需的 BLERP 優勢來決定在許多不同的點上蒐集和處理資料。這種解決方案甚至可能用到雲端運算。

具備語音助理功能的智慧音箱就是這種架構的經典例子。它們一般來說至少會有兩個處理器。第一個是低功率的常時啟動晶片，負責運行 DSP 和機器學習模型，以便在不會太耗電的前提下監聽喚醒詞。

第二個就是應用處理器，當常開晶片偵測到喚醒詞時，就會喚醒它。應用處理器可以運行更複雜的模型，試著捕捉任何常時啟動晶片可能遺漏的偽陽性狀況。這兩個處理器搭配使用，就可以在不需要把私人對話串流到雲端的情況下辨識喚醒詞，因此不會侵犯到使用者隱私。

一旦確認喚醒詞之後，應用處理器就會把聲音串流到雲端伺服器來進行語音識別和自然語言處理，以便得出適當的回應。常見的流程如圖 3-9。

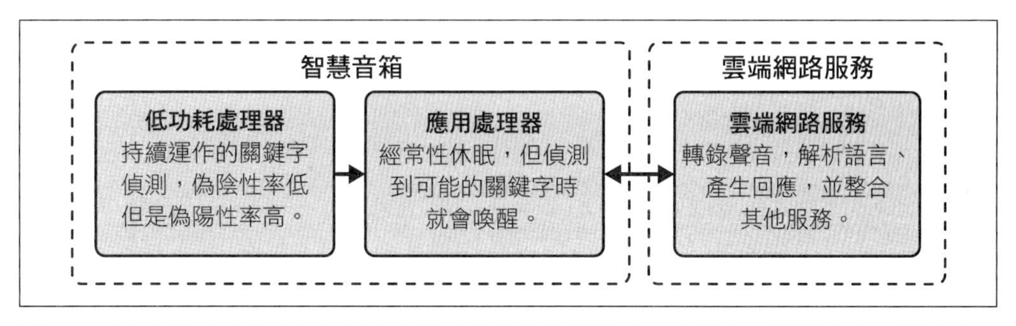

圖 3-9　低功耗處理器的目標是擷取盡量多的潛在關鍵字；應用處理器則會在喚醒時來評估任何可能的匹配，如果確認到匹配的話就呼叫雲端網路服務

在設計系統時，不要害怕多個裝置所造成的不同類型裝置之間的取捨。多裝置可能派上用場的常見情況包括：

- 監測大量個體：如果所有個體都使用高階 AI 硬體，事情會變得非常昂貴。
- 減少耗電：感測器可由電池供電以達長時間使用。
- 保護隱私：直接將資料傳送到大型裝置或雲端伺服器可能會侵犯隱私。
- 整合既有裝置：現有的感測器或閘道器有機會與邊緣 AI 裝置互補，而非直接替換掉。

裝置與工作負載

了解各類裝置的能耐是非常重要的。表 3-1 是一份快速參考，方便您理解哪些類型的裝置能夠處理哪些類型的資料。本表說明了各類裝置對於不同資料型態的支援程度：完整支援、有限支援或不支援。

然而請記住，每個類別都非常廣泛，並且每個裝置都是獨一無二的。並非所有高階 MCU 都相同。另外值得注意的是，尖端技術的發展速度真的超快，這分參考可能馬上就過時了！

表 3-1　資料型態和裝置

裝置類型	低頻率時間序列	高頻率時間序列	聲音	低解析度影像	高解析度影像	影片
低階 MCU	有限	有限	不支援	不支援	不支援	不支援
高階 MCU	完整	完整	完整	完整	有限	有限
具有加速器的高階 MCU	完整	完整	完整	完整	完整	有限
DSP	完整	完整	完整	完整	有限	有限
SoC	完整	完整	完整	完整	完整	完整
具有加速器的 SoC	完整	完整	完整	完整	完整	完整
FPGA/ASIC	完整	完整	完整	完整	完整	完整
邊緣伺服器	完整	完整	完整	完整	完整	完整
雲端	完整	完整	完整	完整	完整	完整

總結

本章介紹了在邊緣端實作 AI 的關鍵硬體，以及其用於持續取得資料的各種感測器。下一章會介紹實現 AI 所需的許多演算法。

第四章

邊緣 AI 演算法

邊緣 AI 中重要的演算法主要有兩大類別：特徵工程和人工智慧。兩者各自有許多子類別；本章將探索它們的交會之處。

本章目標是從工程師的角度來簡述各種類型的演算法，強調它們的一般用途、優缺點以及是否適合部署在邊緣硬體上。這應該可讓您在規劃真實專案時提供一個不錯的起點，並在後續章節中進一步介紹。

特徵工程

在資料科學中，特徵工程是將原始資料轉換為各種統計工具可用輸入的這段過程，我們可用這類工具來描述各種情況和過程並加以建模。特徵工程需要您的領域專業知識來理解原始資料中的哪些部分包含了相關資訊，然後從諸多雜訊中把這段訊號擷取出來。

從邊緣 AI 的角度來看，特徵工程就是把原始感測器資料轉換為可用的資訊。您的特徵工程做得越好，AI 演算法就越容易解譯它。當處理感測器資料時，特徵工程很自然會用到數位訊號處理演算法。這也可能需要把資料進一步細分成方便管理的小塊。

處理資料流

如前所述，多數感測器都能夠產生時間序列資料。邊緣 AI 應用的目標是處理這些時間序列資料流並理解其中意涵。

管理資料流最常見的方式是將時間序列資料切割成多個小塊，通常也稱為窗（window），然後逐一分析[1]。這樣可以產生其結果的一連串時間序列，並加以解譯來理解其內容。圖 4-1 說明如何從資料流中取得一個窗。

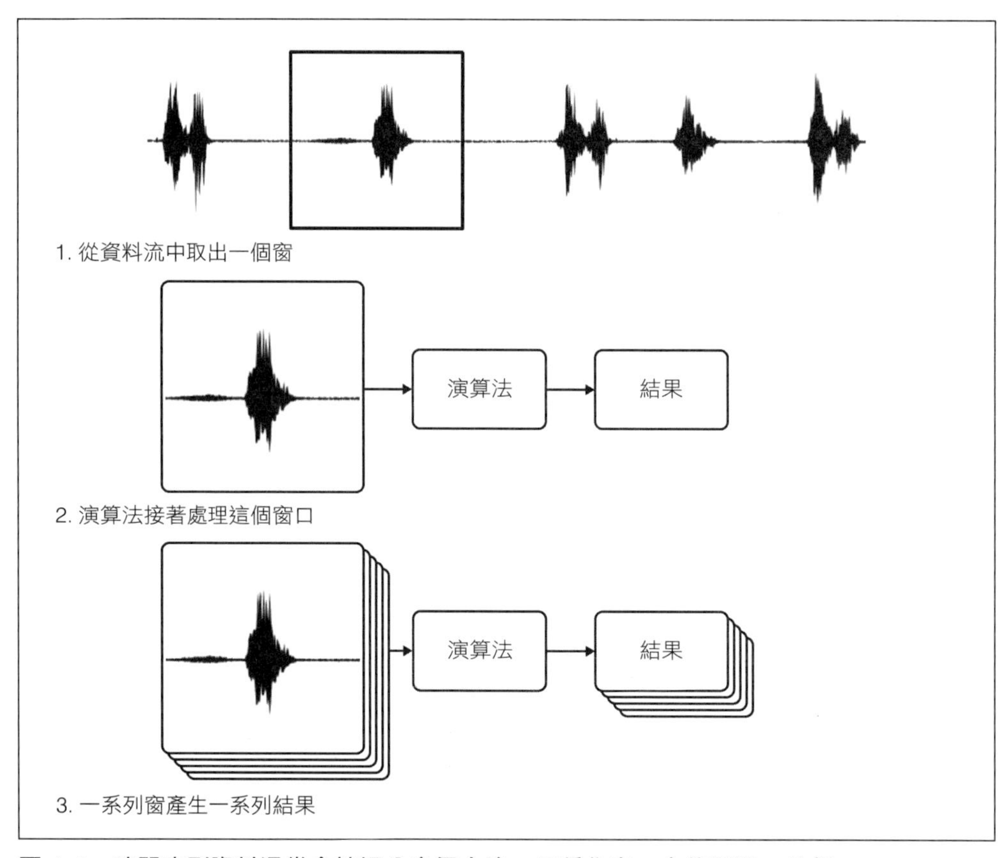

圖 4-1　時間序列資料通常會被切分多個小塊，又稱作窗，之後再逐一分析

1　這些一塊塊的資料可為不連續、重疊或彼此有間隙。

一塊資料需要一段時間才能處理完成，這段時間就稱為系統延遲時間（latency）。這限制了取出和處理一個窗的資料可以做到多快，這稱為系統的幀率（frame rate），通常以每秒可處理的窗數量來表示。這些窗口可以是連續的，也可以彼此重疊，甚至彼此之間有間隙也可以，如圖 4-2。

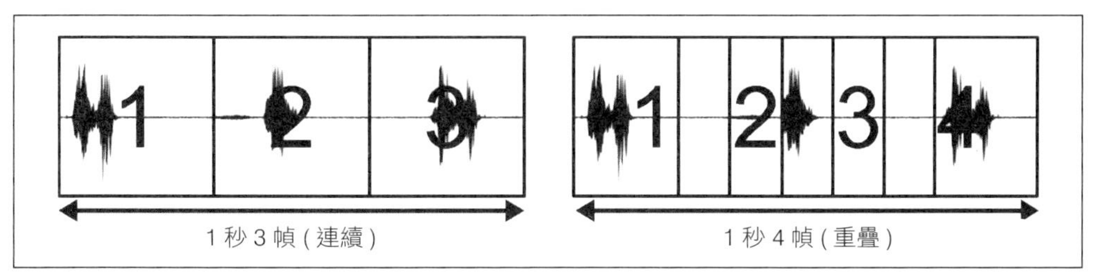

圖 4-2　根據不同的幀率，窗與窗之間有可能重疊；重疊對於包含事件的資料來說是必要的，因為這樣可增加事件整個落在單一窗內的機率，而不是被截短

延遲越低，在同一段時間可分析的資料窗數量就越多。分析的資料越多，結果就越可靠。例如在使用機器學習模型來辨識指令時，如果窗口彼此之間的時間間隔太長，就可能錯過語音指令的關鍵部分而無法識別，如圖 4-3。

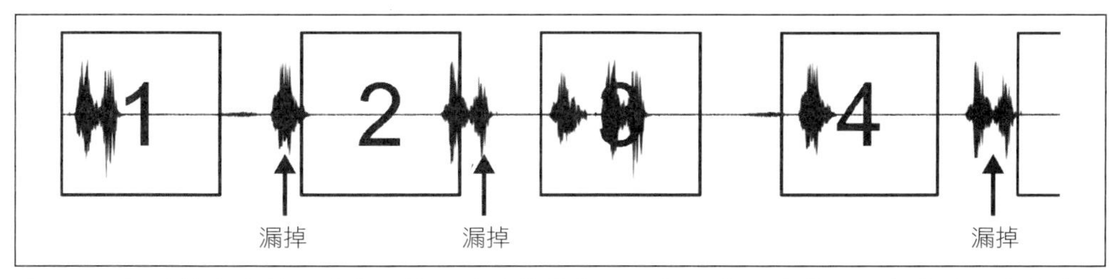

圖 4-3　如果幀率太低，就會漏掉訊號的某些部分；如果您正在偵測短暫事件，有些事件可能就這樣忽略掉了

決定合適的窗大小非常關鍵。窗越大，處理其中資料所需的時間就越長。然而，較大的窗當然會包含更多訊號的相關資訊，代表訊號處理和 AI 演算法會更好做。窗大小和幀率之間如何拿捏是開發系統時要仔細探索的重點之一。

正如稍後即將說明的，AI 演算法的種類繁多——其中一些對窗大小更為敏感。有些演算法（通常是把訊號內容保留在內部記憶體的演算法）能夠妥善處理非常小的窗，而其他演算法則需要較大的窗才能正確解析訊號。演算法的選擇還會影響到延遲，這也會限制了窗大小。這個系統需在窗大小、延遲和如何挑選演算法間巧妙找到一個平衡點。

窗化也適用於影片串流：在這種情況下，影片的每個「窗」都是固定數量的靜止影像——通常是一張，但有些 AI 演算法已可以同時分析多張影像。

更高階的資料串流處理技術已進入數位訊號處理的範疇了。這些技術可以與窗化作業搭配來產生用於送入 AI 演算法的資料 。

數位訊號處理演算法

有數百種五花八門的訊號處理演算法來處理感測器所產生的訊號。本段將介紹一些最重要的邊緣 AI 訊號處理演算法。

重抽樣

所有時間序列訊號都要指定一個抽樣率（或稱頻率），通常以每秒抽樣的資料樣本數（Hz）來表示。抽樣率常常需要調整。例如，如果訊號產生的資料速度比您可以處理的速度快，就希望降低訊號速率（稱為下抽樣）。另一方面，您可能希望增加訊號速率（上抽樣），以便與另一個更高頻率的訊號搭配分析。

下抽樣方法藉由「拋棄」一些樣本來達到目標頻率。例如，如果把 10 Hz（每秒 10 個樣本）訊號中每個幀每隔一個丟棄掉，它就會變成一個 5 Hz 訊號。然而，由於一種稱為混疊（aliasing）的現象，以這種方式來降低頻率可能會導致輸出失真。為了幫助解決這個問題，在進行下抽樣之前必須從訊號中刪除一些高頻資訊。這裡會用到低通濾波器，下一節就會談到。

上抽樣的運作方式剛好相反——建立並插入新的樣本來提高訊號的頻率。例如，如果在 10 Hz 訊號中的每筆樣本之間多插入一筆樣本，它就會變成一個 20 Hz 的訊號。困難的地方在於您是否知道要插入什麼！兩個樣本之間究竟發生了什麼其實無法得知，但是可用名為插值法（interpolation）的技術，使用近似值來填空。

不只是時間序列資料，影像也可以進行上抽樣和下抽樣。這種情況下要調整的是空間解析度（每張影像的像素數量）。與時間序列重抽樣一樣，調整影像大小也會用到抗混疊或插值技術。

下抽樣和上抽樣兩種技術都很重要，但下抽樣則更常用於邊緣 AI 中。感測器通常會以固定頻率來輸出訊號，開發人員只能進行下抽樣來取得某個最適合後續訊號處理管線作業的頻率。

在邊緣 AI 應用中，上抽樣主要是用來把兩個不同頻率的訊號合併為同一筆時間序列。然而，也可以對高頻訊號進行下抽樣來達到相同效果，這可能更節省運算資源。

調整大小和裁剪影像

不同型號的影像感測器所輸出的大小和形狀都不同，而邊緣 AI 演算法（例如深度學習視覺模型）通常會嚴格規定影像尺寸。裁剪和調整大小是用於調整影像來符合模型的常見作法，可能會用到下抽樣、上抽樣或丟棄一部分的影像。

圖 4-4 顯示了調整大小和裁剪影像以適應所需輸入形狀的一些常見方法。

原始影像

符合短邊（裁剪）

符合長邊

擠壓以符合尺寸

圖 4-4　將長方形影像裁剪為正方形輸入形狀的三種不同做法

濾波

數位濾波器是一種以不同方式來轉換時間序列訊號的函數，它可運用不同的方式來改變訊號。有許多不同類型的濾波器，它們在準備邊緣 AI 演算法資料的時候非常有用。

低通濾波器在設計上只允許訊號的低頻元素通過，同時去除高頻元素。濾波器的*截止頻率*（*cutoff frequency*）描述了超出高頻訊號所影響的頻率，而*頻率響應*（*frequency response*）則描述了這些訊號受影響的程度。

高通濾波器則相反，只允許截止頻率*以上*的頻率通過，並減弱（降低）以下的頻率。帶通濾波器結合了以上兩者，允許某個特定*頻段*的頻率通過，並同時減弱頻段外的頻率。

在邊緣 AI 中使用濾波的用意是把訊號中有用的部分抓出來，並把對於解決問題無關的部分刪除。例如，語音辨識應用可透過帶通濾波器來取得人類正常語音範圍（125 Hz 至 8 kHz）內的頻率，同時排除掉其他頻率中的資訊。這讓機器學習模型更容易去解譯語音訊號，而不會被訊號中的其他資訊所干擾。

過濾雜訊

所有來自感測器的訊號都包含了一定程度的雜訊：由於測量的些許不精確而產生的資料隨機波動。錄音中的背景嗡嗡聲，或是數位相機夜拍的照片斑點都是常見的雜訊。

如果雜訊是發生於特定頻率上（這很常見），則用濾波器來消除雜訊是非常有效的做法。這可讓某些 AI 演算法更容易去解譯訊號。然而，有些類型的演算法，例如深度學習模型，天生就能夠處理雜訊，因此不一定都需要進行濾波。

濾波器可以應用於任何類型的資料。例如，如果對影像應用低通濾波器，它會產生模糊或平滑效果。如果對同一張影像應用高通濾波器，它則會「銳化」細節。

移動平均濾波器是一種低通濾波器。對於給定的時間序列資料，它可計算一定窗數量內的移動平均值。除了用於平滑資料之外，它還能使單一數值得以代表一段時間範圍中的資訊。

如果能算出不同窗長度的多筆移動平均值並將它們疊加起來，那麼這筆訊號的瞬時快照，包含數筆不同的移動平均值，就涵蓋了在一段時間窗口和多筆不同頻率中訊號變化的相關資訊。這是一項實用的特徵工程技術，讓 AI 演算法可透過相對較少的資料點來觀察一段較長的時間窗口。

濾波是一種非常普遍的訊號處理作業。許多嵌入式處理器針對某些類型的濾波器已有硬體支援，用以降低延遲與耗電。

頻譜分析

一筆時間序列訊號可稱為在**時域**（*time domain*）之中，也就是說它代表了一組變數隨著時間的變化情形。運用一些常見的數學工具就能將時間序列訊號轉換為**頻域**（*frequency domain*）。轉換之後的數值描述了訊號在不同頻段和頻率範圍內的能量分布，稱為頻譜。

將訊號分割成多個較窄的時間窗口，然後將每個窗口轉換為頻域，如圖 4-5，這樣就可以建立一個描述訊號頻率如何隨著時間而變化的映射結果。這稱為頻譜圖（spectrogram），是許多機器學習模型都可接受的有效輸入。

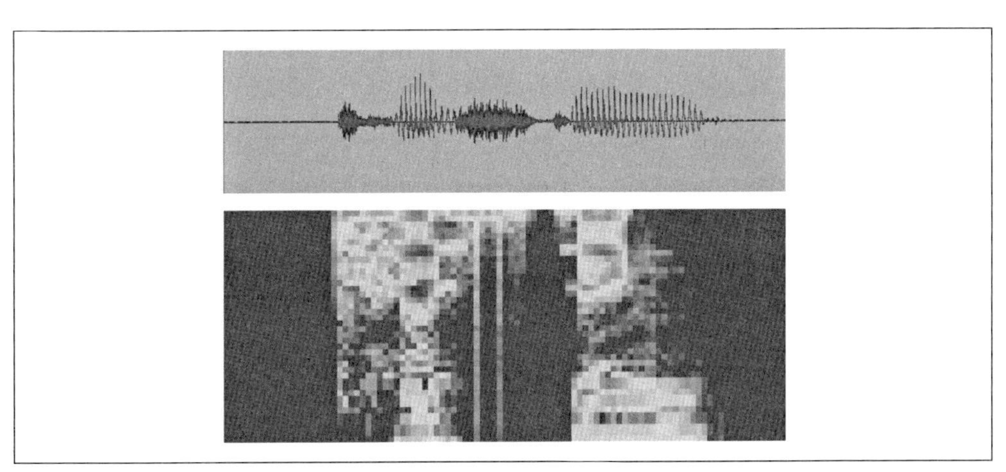

圖 4-5　同一段聲音檔在時域中的波型表示（上），以及頻域中的頻譜圖表示（下）

頻譜圖在實際應用中很常見，特別是在聲音方面。將資料切分成一窗窗的頻段，較小型的簡易模型就能解譯[2]。甚至能讓我們人類可透過頻譜圖來區分不同的單詞——有些人甚至已經學會如何判讀了呢。

有很多演算法可以將訊號從時域轉換到頻域，但最常見的方法是傅立葉轉換。這是一個極為常見的運算，並且在嵌入式裝置上實作傅立葉轉換通常也已有硬體支持（或至少是最佳化）。

用於數位訊號處理和時間序列分析的演算法和技術有非常多；這是工程研究的主要領域。相關主題的絕佳資源如下：

- *The Scientist and Engineer's Guide to Digital Signal Processing (https://oreil.ly/jo0UJ)*, by Steven W. Smith (California Technical, 1997)
- *Practical Time Series Analysis*, by Aileen Nielsen (O'Reilly, 2019)

影像特徵偵測

訊號處理演算法中有一整個子集在研究如何從影像中擷取出有用的特徵[3]。它們通常被稱為電腦視覺演算法，常見應用如下：

邊緣偵測

　偵測影像中的邊界（圖 4-6）

角點偵測

　尋找影像中有趣的二維結構點

斑點偵測

　偵測影像中具有共同特徵的區域

脊偵測

　偵測影像中的曲線

---

2 原因之一是因為圖 4-5 中的原始音訊是由 44,100 筆樣本組成，而等效的頻譜圖只有 3,960 個元素。較小的輸入代表模型也會較小。

3 在影像處理中，特徵是指關於影像的特定資訊，例如某些視覺結構的位置。「Feature (computer vision)」維基百科頁面列出了許多常見的影像特徵（*https://oreil.ly/-EC-T*）。

圖 4-6　邊緣偵測演算法可找出不同顏色或不同顏色濃度區域之間的邊界

影像特徵偵測作業可將一張大而雜亂的影像簡化為由其中視覺結構所組成的簡易呈現結果，這會讓後續接手的任何 AI 演算法更加輕鬆。

處理影像時並非都會用到特徵偵測。一般來說，深度學習模型能夠自行學會一套擷取特徵的方法，連帶減少了預處理的作業量。然而，當使用其他類型的邊緣 AI 演算法來解譯影像資料時，特徵偵測仍然是常見的作法。

OpenCV 專案（*https://opencv.org*）提供了一套用於特徵偵測（以及其他影像處理任務）的函式庫，並可在大多數 SoC 裝置上運行。論到微控制器的話，OpenMV（*https://openmv.io*）已針對各種特徵偵測演算法實作提供了一套開放原始碼函式庫，以及可運行它們的硬體。

結合特徵和感測器

將多筆不同的特徵和訊號結合起來作為 AI 演算法的輸入是極其自然的。例如，您可以計算時間序列資料在幾個不同窗之間的多筆移動平均值，並將它們全部送入機器學習模型。這裡沒有什麼硬性規定，所以請隨意嘗試，以自己喜歡的方式來切割和分析資料。本章後續會提供一個方便您實驗的框架。

除了結合相同訊號中的多個特徵，**感測器融合**（*sensor fusion*）這個概念是整合來自多個感測器的資料。例如，邊緣 AI 健身追蹤器可以結合加速度計、陀螺儀和心率感測器的資訊，以試著偵測佩戴者正在進行哪種運動。

在更複雜的邊緣 AI 場景中，感測器甚至不需要整合在同一個裝置中。想像一套智慧氣候控制系統，它利用分布在整個建築物中的溫度和人員感測器來最佳化空調的使用狀況。

感測器融合有三種主要的類別：

互補

不只使用單一感測器，而是結合多個感測器，進一步全面性的分析周遭狀況——例如上述健身追蹤器上的各種感測器。

競爭

為了減少錯誤測量的可能性，使用多個感測器測量相同的事物——例如使用多個重複的感測器來監測設備中重要零件的溫度。

合作

從多個感測器的訊息中結合出原本不存在的訊號——例如使用兩個相機來產生具備景深資訊的立體影像。

感測器融合延伸出的挑戰在於如何結合多筆速率彼此不同的訊號。您應該考慮到以下事項：

1. 將訊號根據時間對齊。對於許多演算法來說，重點在於所要融合的所有訊號都是相同的頻率來抽樣，使得數值可以反映同時測量的值。重新抽樣的方法可以做到這一點——例如，對低頻訊號進行上抽樣就可讓它具備與所要融合之高頻訊號相同的速率。
2. 縮放訊號。訊號數值的尺度是否相同是關鍵所在，這樣做可讓數值較大的訊號不會蓋過數值較小的訊號。
3. 數值性組合這些訊號。運用加法、乘法或平均值等簡單運算，或較複雜的演算法，例如稍後會介紹的卡爾曼濾波器來完成——或單純把多筆資料連接為一個矩陣之後送入演算法中。

在操作其他特徵工程之前或之後都可以進行感測器融合。舉個例子：如果想要融合兩筆時間序列資料，您可能會先對其中一個進行低通濾波，然後將它們縮放到相同的尺度並透過平均法來結合兩者，最後再把結合後的數值轉換為頻域。

別怕！多多嘗試就對啦！

特徵縮放

來自感測器的資料流，其數值範圍可能相當大。例如，如果感測器將測量結果以 16 位元無號整數來回傳，則數值就會落在 0 到 65,535 之間。

這麼大的範圍可能會讓某些 AI 演算法難以處理。例如，當輸入值的數值非常大時，深度學習模型可能很難訓練。

此外，當送入的特徵彼此的尺度差異極大時，要想從機器學習模型取得良好的結果也很困難。較大的值會壓過較小的值，從而沖淡了多個輸入特徵所帶來的好處。這也是感測器融合碰到的問題之一。

為了解決這個問題，在結合輸入值或將其送入 AI 演算法之前，最好先對其進行縮放。常用的方法之一稱為**正規化**（*normalization*）。正規化的作法其實也不少，其中最簡單的就是**重新縮放**（*rescaling*），也就是自行決定代表性樣本，如輸入資料中某個特徵的最大值和最小值；如果您正在操作機器學習模型的話，通常會使用訓練資料。請用以下公式來計算正規化後的數值：

```
normalized_value = (raw_value - minimum) / (maximum - minimum)
```

這會得出一個介於 0 和 1 之間的值，以便與其他在相同尺度上的正規化數值比較和結合。

一些常見的縮放方法還包括**均值正規化**（*mean normalization*）和**標準化**（*standardization*）。相關概述請參考「特徵縮放」（*https://oreil.ly/hhzyc*）這篇維基百科文章。

還有一點要注意，您在現實世界中所要處理的數值可能與訓練資料的數值範圍是不同的。為避免節外生枝，您應該排除任何超出預期範圍的數值。

我們現在擁有一些用於處理資料的正式工具了。下一段要介紹可幫助我們理解資料的 AI 演算法。

AI 演算法

AI 演算法有兩個思考面向。一種基於功能：設計它們的用途為何？另一種是基於實作方式：它們如何運作？這兩個方面都很重要。功能對於您正在建立的應用程式來說當然是關鍵，而實作方式則在考量種種限制時需要謹記在心——限制通常是指您的資料集和所要部署的裝置。

根據功能區分演算法類型

首先，讓我們從功能觀點來看看最重要的演算法類型。將您試圖解決的問題對應到某個類型的演算法稱為**框架**（*framing*），第六章會深入探討各種框架。

分類

分類演算法會試著去解決區分各種**類型**（*type*）或**類別**（*class*）的問題。例如：

- 具備加速度計的健身監控裝置，可區分走路與跑步
- 具備影像感測器的安全系統，可區分空房間與有人的房間
- 野生動物攝影機，可區分四種不同的動物物種

圖 4-7 中的分類器範例可根據加速度計資料來判斷堆高機是閒置還是正在移動。

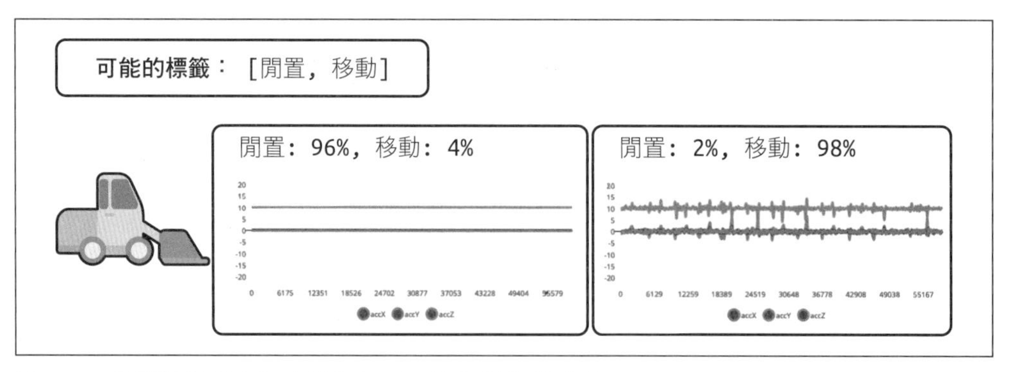

圖 4-7　分類器通常會輸出針對各個可能類別的機率值

根據所要進行的任務，分類演算法還可細分如下：

二元分類

輸入屬於兩個類別的其中之一。

多類別分類

輸入屬於兩個以上類別的其中之一。

多標籤分類

輸入屬於任意數量類別中的零個或多個。

最常見的分類演算法就是二元和多類別分類。對於這些分類形式，您至少會用到至少兩個類別。即便只關心一件事情（例如房間裡的人），您也需要另一個類別來代表所有不關心的東西（例如沒有人的房間）。多標籤分類相對比較少見。

迴歸

迴歸分析演算法會試著去處理數值，例如：

- 可預測一小時後溫度的智慧型恆溫器。
- 使用攝影機來估計食品重量的虛擬秤。
- 根據聲音來預測馬達轉速的虛擬感測器。

如同後續兩個範例，虛擬感測器是迴歸分析中一個特別有趣的案例。它們可運用既有的感測器資料來預測來自不同類型感測器的測量值——被預測的那些感測器甚至不需要實際存在。

物件偵測和分割

物件偵測演算法可接受圖片或影片，並辨識出其中特定物體的位置，通常是在物體周圍畫出邊界框（*bounding box*）來標註。這類演算法結合了分類和迴歸，可辨識出特定類型的物體並預測其坐標位置，如圖 4-8。

圖 4-8　常見的物件偵測模型輸出會在偵測到的物體周圍畫出邊界框，每個邊界框都有各自的信心分數

針對特殊形態的物體還有專用的物件偵測演算法。例如，姿勢估計模型就是設計來辨識人體部位，並在影像中標註其位置，如圖 4-9。

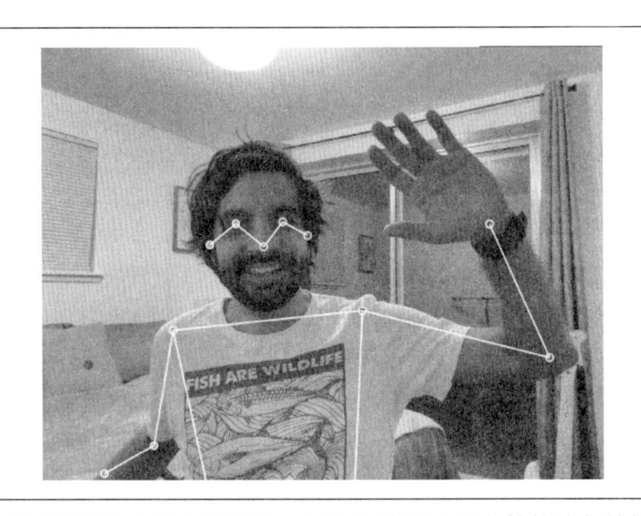

圖 4-9　姿勢估計可辨識出人體的關鍵點，這些點位置可作為其他流程的輸入

分割演算法與物體偵測演算法類似，但前者是以像素等級來進行影像分類。這樣做會產生一個分割圖（*segmentation map*），如圖 4-10，試著根據影像內容來標註輸入的不同區域。

圖 4-10　這個街景已標記成分割圖。不同的區域，例如人和路面，會以不同的色調來顯示。分割演算法是用來預測哪些像素屬於哪種類型的物體

以下是一些物件偵測和分割的使用案例：

- 使用攝影機計算田野中動物數量的農場監視器
- 在運動時提供姿勢回饋的家庭健身系統
- 可測量容器中產品填充量的工業攝影機

異常偵測

異常偵測演算法能夠判斷訊號是否偏離了正常的行為。它們在許多情境中都非常有用：

- 工業級預防性維護系統可以根據馬達的消耗電流來判斷是否即將故障
- 掃地機器人可透過加速度計來判斷它是否正經過與平時不同的地面
- 隱藏式攝影機可以知道何時有一隻種類不明的動物走過

異常偵測演算法在預防性維護方面也非常有用，與機器學習模型配對使用之後也是助益多多。如果收到了不屬於訓練資料集中的輸入，則許多機器學習模型可能會產生虛假的隨機結果。

為了避免這種情況，機器學習模型可搭配另一個分辨資料是否位於**機率分布之外**（*out of distribution*）的異常偵測演算法，以便在其產生虛假結果時捨棄該筆輸入。某些類型的模型也可以進行**校正**，使其輸出能呈現出真實的機率分布，這可以用於辨識模型何時存在不確定性。

叢集演算法

叢集演算法試著根據輸入彼此之間的相似性來分組，並且可以辨識某筆輸入是否與之前看到的不同。當邊緣 AI 裝置需要從環境中學習時就會常常用到叢集演算法，其中也包括了異常偵測。例如：

- 可學習每位使用者說話狀態的語音助理
- 學習「正常」運行狀態，並可以偵測偏差的預防性維護應用程式
- 可根據使用者先前選擇來推薦飲料的自動販賣機

叢集演算法可以在部署後再學習，也可以事先設定好。

降維演算法

降維技術演算法會接收一筆訊號來產生一個包含相等訊息但占用更少空間的表示，接著要比較兩個訊號的表示就很輕鬆了。以下是一些範例應用：

- 壓縮聲音，從遠端設備傳輸聲音更便宜
- 辨識指紋，檢查指紋與裝置所有者是否符合
- 辨識臉部，檢查影片中的個別面孔

降維通常會與其他 AI 演算法搭配使用，而非單獨使用。例如，它可以結合叢集演算法來辨識複雜資料型態（例如聲音和影片）中的相似訊號。

轉換

轉換演算法可接收一個訊號並輸出另一個訊號。以下是一些範例應用：

- 可以辨識和消除訊號中特定噪音的降噪耳機
- 可在夜晚或降雨環境中增強影像的車用倒車鏡頭
- 可接收聲音訊號並輸出轉錄文字的語音辨識裝置

轉換演算法的輸入和輸出可以截然不同。以文字轉錄來說，輸入是聲音資料串流，輸出則是一串單詞。

結合多個演算法

在同一應用中混合不同類型的演算法也是顯而易見的作法。本段稍後將介紹結合各種演算法的技巧（第 120 頁的「結合多種演算法」）。

根據實作方式區分演算法類型

從功能來區分演算法當然有助於了解它們的用途，但從工程的角度來看，了解這些功能的不同實作方式也是很重要的。例如，建立分類演算法有數百種不同的做法，這是電腦科學數十年來的研究成果。每種方法都各自有其優缺點，並且這些限制會因為邊緣 AI 硬體所帶來的限制而再放大。

後續段落將探討邊緣 AI 演算法一些最重要的實作方法。請注意，這分清單並不完整——由於本書聚焦於邊緣 AI，因此只會介紹能在裝置上良好運作的技術。

條件式和啟發式演算法

最簡單的 AI 演算法是以條件邏輯為基礎的：運用最簡單的 `if` 條件語句來進行某個決策。讓我們回顧一下第 7 頁的程式碼片段：

```
current_speed = 10 # 每秒移動 10 公尺
distance_from_wall = 50 # 與牆壁的距離，單位公尺
seconds_to_stop = 3 # 車輛停止所需最短時間，單位秒
safety_buffer = 1 # 踩下煞車踏板前的安全緩衝時間，單位秒

# 計算撞上牆之前還有多少時間
seconds_until_crash = distance_from_wall / current_speed

# 如果即將撞上，就踩煞車
if seconds_until_crash < seconds_to_stop + safety_buffer:
  applyBrakes()
```

這個簡易演算法使用一些人為定義數值（`seconds_to_stop` 等）來進行基本計算，並決定是否要讓汽車煞車。這算得上是 AI 嗎？這可能會引發一些爭論——但答案絕對是肯定的[4]。

人們對於 AI 的普遍理解是做出能像人類一樣思考的機器。工程上的定義就務實多了：AI 讓電腦能夠做到通常需要人類智慧介入才能完成的任務。在這種情況下，控制汽車煞車來避免碰撞通常是絕對需要人類智慧的一件事。如果是在二十年前，這件事會令人印象極為深刻，但自動煞車早已是現在汽車的常見功能了。

在嘲笑 `if` 語法居然也可以歸類為 AI 之前，別忘了最流行也最有效的機器學習演算法：決策樹，實作上也不過就是一堆 `if` 而已。時至今日，即使已可透過深度學模型來實作二元神經網路，但本質上仍屬於條件邏輯。智慧來自於應用，而非實作方式！

汽車煞車演算法中的條件邏輯實際上就是一種分類的實作方式。給定一筆輸入（車速與離牆距離），該演算法會把情況分為兩種類型：安全駕駛或即將碰撞。由於條件邏輯的輸出是類別式的，所以它用於分類是極其自然的結果；`if` 語法會給我們兩個輸出的其中一個。

條件邏輯與**啟發式**（*heuristics*）思考有關，是指可應用於某個狀況的手工設計規則，用於理解該狀況或做出反應。例如，上述的汽車煞車演算法就運用了這樣的啟發：如果離撞牆的時間不到 4 秒鐘，就應該踩煞車。

啟發式是由人類使用領域知識所設計的。而領域知識是建立在所蒐集到與真實世界情況有關的資料。這樣看來，看似簡單的汽車煞車演算法實際上可能代表了某些對於真實世界的深刻且深入研究的理解呢。也許 `seconds_to_stop` 的數值是經歷了價值數百萬美元的碰撞測試才找出了這個常數的理想值。考量到這一點，就算是一個 `if` 語法也足以呈現出大量的人類智慧與知識，如何擷取和精煉為一段簡單優雅的程式碼。

---

4 有一個廣為人知的現象叫做「AI 效應」（*https://oreil.ly/hcR8Q*），當 AI 研究人員找出如何讓電腦完成某項任務的方法時，批評者就會主張這件事本來就用不到什麼智慧。

汽車煞車範例非常簡單——但與訊號處理結合之後，條件邏輯就能做到一些相當複雜的決策。例如，想像您正在製作一套預防性維護系統，它可根據工業機台所發出的聲音來警示工人該機器的健康狀況。當機器即將故障時，它也許會發出一種特殊的高音尖銳聲。如果您擷取了這段聲音再透過傅立葉轉換將其轉換為頻域，就可以使用簡單的 `if` 語法來辨識這個聲響並通知工人。

除了 `if` 語法，您還可以使用更複雜的邏輯來根據已知規則解讀情況。例如，工業機台可能會運用某些手動設定的演算法，根據機台內部溫度和壓力測量值來調整自身速度以避免損壞。這類演算法可能會採用溫度和壓力來計算轉速，將人類的智慧結晶嵌入程式碼中。

如果這樣做對您的情況來說是可行的話，條件邏輯和其他手動設定的演算法會是非常優秀的選擇。這類做法容易理解、除錯簡單而且方便測試。未指定的行為也不會有任何風險：程式碼不是引導到這個方向，就是另一個方向，所有路徑都可以透過自動化測試來驗證。這類做法的執行速度極快，並可在任何您想得到的裝置上執行。

啟發式演算法有兩個主要的缺點：第一，開發過程可能需要大量的領域知識和程式開發經驗。領域知識並非總是唾手可得——例如，小公司可能沒有資源來推動理解系統基本數學規則所需的昂貴研究。此外，即使具備領域知識，也並非所有人都具備了設計和實作啟發式演算法所需的專業知識。

第二個主要的缺點就是*組合爆炸*（*combinatorial explosion*）。在某個情況中存在的變數越多，想用傳統的電腦演算法來建模就越加困難。西洋棋就是很好的例子：棋子的數量與種類太多，可能的棋步也太多了，因此需要大量的運算才能決定下一步該怎麼走。即使是用條件邏輯所打造的最厲害西洋棋電腦程式，也很容易被熟練的人類棋士打敗。

某些邊緣 AI 問題可比西洋棋這類遊戲複雜*太多*了。例如，想像手動打造一套能判斷相機影像是橘子還是香蕉的條件邏輯。透過一些技巧（「黃色等於香蕉，橘色等於橘子」），可能會成功搞定某些類別的影像，但是只要場景稍微複雜一點，它就沒辦法了。

對於手動設定邏輯來說，有個很棒的經驗法則就是：所要處理的資料數值越多，要得到令人滿意的解決方案就越困難。幸好，當手動設定方法失敗時，還有很多其他演算法可以派上用場。

傳統機器學習

機器學習是一種特殊的演算法產生方式。在啟發式演算法中，人們根據已知規則來親自設定邏輯，藉此來產生一套演算法，而機器學習演算法則是在探索大量資料之後自行找出規則。

以下描述摘自 *TinyML* 一書，介紹了機器學習的基本概念：

> 為了建立一個機器學習程式，程式開發者會把資料送入一種特殊的演算法中，並讓它去自行探索規則。這代表著身為程式開發者，我們無需完全理解所有複雜性，就能根據這些複雜的資料做出預測。機器學習演算法會根據我們所提供的資料來建立系統的**模型**，這個過程稱為**訓練**。這個模型其實也是一種電腦程式，我們對模型送入資料以預測，而這個過程則稱為**推論**。
>
> —*TinyML*（O'Reilly, 2019）

機器學習演算法可以執行本章先前所述的所有任務，從分類到轉換都沒問題。使用機器學習的關鍵需求是必須具備一個**資料集**。這是指用於訓練模型的大型資料儲存庫，通常是在真實世界條件下所蒐集的。

一般來說，訓練機器學習模型所需的資料是在開發過程中蒐集的，並且要盡可能整合越多來源越好。後續章節就會談到，大型而多樣化的資料集對於邊緣 AI 來說相當重要——對於機器學習則可說是關鍵中的關鍵。

由於機器學習高度仰賴大型資料集，而且**訓練**機器學習模型所需的運算成本很高，因此訓練階段通常會早於部署階段，並讓邊緣端來執行**推論**。在裝置上直接訓練機器學習模型也不是不行，但由於缺乏資料加上運算能力不足，這件事就會更有挑戰性。

在邊緣 AI 領域中，處理機器學習資料集有以下兩種主要的方式：

監督式學習

該資料集已由專家標註完成，好讓機器學習演算法理解它。

非監督式學習

演算法可在不需人類協助的情況下辨識出資料中的各種結構。

機器學習具有一個肇因於資料集的主要缺點。機器學習演算法如何回應各個輸入可說是完全根據其訓練資料而定。只要收到的輸入與訓練資料類似，它們就能運作得不錯。但是，如果收到了與訓練資料集差異極大的輸入，稱為**分布外**（*out of distribution*）輸入，它們將產生完全無用的輸出結果。

麻煩的地方在於，沒有哪個方法可以明確由輸出結果來判斷某筆輸入是否為分布外。這代表機器學習模型有一定程度的風險會給出無用的預測結果。如何避免這個問題正是進行機器學習時的焦點所在。

機器學習演算法的種類相當繁多。傳統的機器學習方法已涵蓋了大部分的實務應用，唯一的例外是**深度學習**（下一節就會談到）。

可判讀性與可解釋性

當機器學習模型進行預測時，如果我們也能理解它為什麼會做出某個特定的預測而非其他結果的話，那就很棒了。能夠做出人類可理解的決策，這個特性稱為**可判讀性**（*interpretability*）或**可解釋性**（*explainability*）。

有些機器學習演算法會比其他演算法更容易判讀。這件事是否重要取決於您的案例。以協助醫學診斷的機器學習模型為例，如果其預測結果無法解釋的話，醫生是不會信任它的。

可判讀性高的演算法處理起來會更輕鬆，因為對它們除錯相當直觀——如果它們產生錯誤的輸出，您可以直接了解原因並試著去解決它。

以下是針對邊緣 AI 最為實用的一些傳統機器學習演算法，標題會說明它們是屬於監督式或非監督式演算法：

迴歸分析（監督式）

學習輸入和輸出之間的數學關係來預測一筆連續值。這類方法易於訓練、執行速度快，只需少量資料且可判讀性高，但只能學習簡單的系統。

邏輯迴歸（監督式）

一種以分類為導向的迴歸分析，邏輯迴歸可學習輸入值和輸出類別之間的關係——也只能適用於相對簡單的系統。

支援向量機（監督式）

使用高等數學方法來學習比基礎迴歸更複雜的關係。這類方法只需少量資料量、執行速度快且可以學習複雜系統，但缺點是訓練難度高且可判讀性低。

決策樹和隨機森林（監督式）

使用迭代過程來建構一系列 `if` 語法來預測輸出類別或數值。這類易於訓練、執行速度快、可判讀性高還可以學習複雜系統，但可能需要大量的訓練資料。

卡曼濾波器（監督式）

根據歷史測量值來預測下一個資料點。可以考慮多個變數來提高精確度。這類方法通常是在裝置端訓練、只需少量資料、執行速度快且可判讀性高，但只能對相對簡單的系統來建模。

最近鄰法（非監督式）

根據與已知資料點的相似度來分類資料。通常是在裝置端訓練、只需少量資料且可判讀性高，但只能對相對簡單的系統來建模，並且在處理大量資料時會變得很慢。

叢集（非監督式）

根據相似性將輸入資料進行分組，但不需要標籤。叢集運算是在裝置端訓練、只需少量資料、執行速度快且可判讀性高，但也只能對相對簡單的系統來建模。

傳統的 ML 演算法對於解釋特徵工程流程的輸出和如何使用資料來決策是非常好的工具。它們從高效率到高彈性可說是無所不包，還能執行各種功能的任務。另一個主要的好處是，它們通常都很容易解釋——很容易理解它們是如何做決策的。根據不同的演算法，資料需求量甚至可以很低（深度學習通常需要非常大的資料集）。

對於邊緣 AI 而言，傳統 ML 演算法的多樣性（高達數百種）既是福音也是詛咒。一方面，有許多演算法來處理各種不同的情況，因此理論上所有案例都應該能找到最理想的演算法。但另一方面，如此海量的演算法也難以一探究竟。

scikit-learn（*https://oreil.ly/EI2MV*）這類函式庫讓試用多種演算法變得更簡單，但想要好好調校每個演算法來達成最佳效能與可解釋性的話，這不僅是一門藝術，更是一門科學。此外，如果希望部署到微控制器上的話，您可能需要自行實作該演算法的高效率版本——目前還沒有太多開放原始碼工具可用。

傳統機器學習演算法的主要缺點之一在於，它們對於複雜系統的建模能力相對較低。這意味著為了獲得最佳結果，它們通常必須搭配繁重的特徵工程——而這可能難以設計且運算成本高昂。即使做了特徵工程，傳統機器學習演算法對於影像分類這類任務的表現也不會好到哪裡去。

儘管如此，傳統機器學習演算法依然是在裝置端做出決策的絕佳工具。如果已經碰到它們的限制了，深度學習可能幫得上忙。

深度學習

深度學習是一種以神經網路為核心的機器學習方法。這類方法已證實為是一種非常有效的工具，使得深度學習已成為一個極其龐大的領域，並且深度神經網路也已應用於各種不同類型的應用中。

本書是從工程的角度來探討深度學習演算法的重要性質。深度學習的基本原理很有趣，但就算不理解其運作方式還是能做出很棒的邊緣 AI 產品。使用一些現代化工具，任何工程師都可以在不具備嚴謹的機器學習基礎知識情況下，順利部署深度學習模型。後續章節就會介紹一些工具。

深度學習和傳統機器學習有一些原則是相同的。兩者都會運用資料集來訓練模型，然後在裝置上推論。模型本身並不神奇——它只是演算法和一組數字的組合，這些數字搭配模型的輸入之後就可以輸出所要的結果。

模型中的這些數字稱為**權重**（*weight*）或**參數**（*parameter*），它們會在訓練過程中生成。**神經網路**（*neural network*）一詞是指模型將其輸入與其參數結合的方式，而這受到了生物大腦中神經元彼此連接方式的啟發。

過去十年來，許多最令人驚嘆的 AI 工程成就都用到了深度學習模型。以下是一些熱門亮點：

- AlphaGo（*https://oreil.ly/ynHNq*），使用深度學習的電腦程式，擊敗了最厲害的圍棋（*https://oreil.ly/LZOWt*）棋士，圍棋一度認定為是電腦永遠無法贏過人類的一款古老遊戲
- GPT-3（*https://oreil.ly/fADs3*），這個模型可以生成與人類所用近乎一致的書面語言
- 核融合反應爐控制（*https://oreil.ly/7r9_5*），使用深度學習來控制核融合反應爐中的電漿形狀
- DALL · E（*https://oreil.ly/Gw5gq*），這個模型可根據提示文字來生成各種逼真影像和抽象藝術
- GitHub Copilot（*https://copilot.github.com*），幫助軟體工程師自動撰寫程式碼的軟體

除了這些令人目眩神迷的東西之外，深度學習對於先前在演算法類型那一段（第 102 頁的「根據功能區分演算法類型」）中的所有任務上都表現出色，已證實為是高彈性且適應性強的超好用工具，能讓電腦進一步去理解和影響世界。

深度學習模型之所以有效，是因為它們可以作為**通用函數近似器**（*universal function approximator*）。已經由數學證明，只要能用連續函數來描述某個東西，深度學習網路就可以對其建模（*https://oreil.ly/4xX1m*）。

這件事基本上代表了，對於各種不同類型輸入和期望輸出的任何資料集，都存在一個可以將其轉換成另一種型態的深度學習模型。

這種能力的一個令人振奮的結果是，深度學習模型在訓練期間可以自行完成特徵工程。如果需要特殊的轉換方式來幫助解譯資料，深度學習模型也有機會學會如何做到。這並不是說特徵工程變得沒必要了，但確實減輕了開發人員去精準取得特徵的工作重擔。

深度學習模型之所以能把函數近似做得這麼棒，是因為它們的參數量非常大。每加入一個參數都會讓模型再增加一些彈性，使其能描述更加複雜的函數。

這種特性導致深度學習模型的兩個主要缺點。首先，找出所有參數理想值的過程非常困難。它需要使用大量資料來訓練模型。資料通常是一種珍貴且難以取得的資源，因此這可能是一個主要障礙。幸運的是，有很多技術可讓我們充分利用有限的資料，本書後續就會談到。

第二個主要缺點是**過度擬合**（*overfitting*）的風險。過度擬合是指機器學習模型對於某個資料集學得太好了。模型不僅僅是對資料集中輸入如何導出輸出的一般性規則來建模，而是把整分資料集強記下來。這代表它對於未曾見過的全新資料時的表現不會太好。過度擬合是所有機器學習模型都會碰到的風險，但對於深度學習模型來說尤其具有挑戰性，因為它們的參數太多了。每多一個參數都會讓模型對於資料集的記憶能力變得更好。

深度學習模型的種類多如繁星，以下是一些對於邊緣 AI 來說最重要的模型：

全連接模型

全連接模型是最簡單的深度學習模型，由堆疊的**神經元層**（*layer of neurons*）組成。全連接模型的輸入可以直接送入一長串的數字。全連接模型能夠學習任何函數，但如果要理解輸入之間的空間關係（例如，輸入中的哪些數值是彼此相鄰的）則幾乎完全做不到。

就嵌入式領域來說，這代表這類模型有辦法妥善處理離散數值（例如，輸入特徵是關於某筆時間序列的一組統計量），但對於原始時間序列或影像資料就沒那麼適用了。

全連接模型在嵌入式裝置上已有良好的支援，硬體和軟體最佳化都做得不錯。

卷積模型

卷積模型的設計目的是充分運用其輸入中的空間資訊。例如，它們可學會如何辨識影像中的形狀或時間序列感測器資料中的結構。這使它們對於嵌入式應用來說超級好用，因為空間資訊在我們所要處理的各類訊號中都很重要。

如同全連接模型，卷積模型在嵌入式裝置也有很完善的支援。

序列模型

序列模型最初是設計來處理時間序列訊號或書面語言這類序列資料。為了能夠辨識出時間序列中的長期樣式，這些模型通常會具備一定程度的「記憶」。

事實上，序列模型的彈性非常好，越來越多的證據顯示它們在處理任何空間資訊至關重要的訊號上都非常有效。許多人認為它們最終將取代卷積模型。

目前，嵌入式裝置上對於序列模型的函式庫支援程度還是略差於卷積模型和完全連接模型，提供最佳化實作的開放原始碼函式庫也不多。這主要是因為組織慣性而非技術限制，這種情況可能會在未來幾年內發生改變。

嵌入模型

嵌入模型是一種用於降維運算的預訓練深度學習模型，它可接受一個複雜的輸入，並用一組較小的數字來呈現，目的是在特定脈絡中描述該輸入。它們的使用方式類似於訊號處理演算法：它們生成的特徵可以由另一個機器學習模型解譯。

嵌入模型可用於許多任務，從影像處理，如將複雜影像轉換為其內容的數值描述；到語音辨識，如將原始聲音檔轉換為其內部聲音的數值描述等，都可以。嵌入模型最常見的用途是**遷移學習**（*transfer learning*），這是一種減少訓練模型所需資料量的方法。後續會深入介紹。

嵌入模型可以完全連接模型、卷積模型或序列模型，因此它們在嵌入式裝置上的支援程度各有不同，但卷積嵌入模型是最常見的。

模型架構

深度學習模型的特點為高彈性與模組化，它們由**層**（*layer*）和**運算**（operation，也稱為 *ops*）組成，彼此堆疊和組合的方式可說是無窮無盡。

不同的排列方式稱為**架構**（*architecture*），並且針對不同任務已經誕生了許多最佳化架構。在各類網路文章和科學文獻中，您經常會看到各種深度學習模型架構的引用。

值得注意的一些邊緣 AI 架構包括：

- MobileNet 和 EfficientNet，設計可在行動裝置上高效率執行的一系列架構。

- YOLO，設計用於執行物件偵測的一系列架構。
- Transformer，設計用於轉譯不同資料序列的一系列架構。

直到近年來，深度學習模型才導入到邊緣 AI 硬體上。由於模型通常很龐大且需要大量運算才能執行，因此直到具備相對強大的處理器和大量 ROM 與 RAM 的高階 MCU/SoC 問世之後，才跨越了這道鴻溝。

迷您型的深度學習模型只需要數 KB 的記憶體就能運行，但對於要執行聲音分類和物件偵測這類複雜任務的模型，最低需求通常會拉高為數十或數百 KB。

這真的已經很厲害了，因為傳統伺服器端的機器學習模型大小可從數十 MB 甚至高達 TB 不等。藉由巧妙的最佳化和範圍限縮，嵌入式模型就能變得更小巧——很快就會談到這些技術。

在嵌入式裝置上執行深度學習模型有許多方法，簡述如下：

解譯器

TensorFlow Lite for Microcontrollers（*https://oreil.ly/4Q7xN*）這類的深度學習解譯器，會運用解譯器來執行已存為檔案的模型。它們彈性高且容易操作，但會帶來額外的運算和記憶體，而且不支援所有類型的模型。

程式碼生成

EON（*https://oreil.ly/SmT-s*）這類的程式碼生成工具，可將訓練好的深度學習模型轉換為最佳化的嵌入式原始碼。這比基於解譯器的方法更有效率，並且程式碼保有一定的可讀性，因此仍然有辦法除錯，但這種作法尚未支援所有可能的模型類型。

編譯器

microTVM（*https://oreil.ly/0JTaR*）這類的深度學習編譯器可將訓練好的模型轉換成最佳化的位元碼，以便進一步將其整合到嵌入式應用中。它們可以生成非常高效率的實作，但無法像原始碼那樣方便除錯與維護。編譯器可支援那些編譯器和程式碼生成器尚未明確支援的模型種類。一般來說，嵌入式硬體供應商會提供自定義的解譯器或編譯器，好讓各種深度學習模型能順利在自家硬體上執行。

手動設定

> 親自手刻程式碼並帶入已訓練模型參數值來實作深度學習網路，實際上是有可能做到的。這個過程艱難又耗時，但有辦法完整掌握最佳化過程，並支援所有種類的模型。

SoC 和微控制器用於部署深度學習模型的環境彼此可說截然不同。由於 SoC 可執行最新且功能完整的作業系統，它們也支持大多數伺服器用於執行深度學習模型的工具。這代表絕大多數類型的模型都可以在 Linux SoC 上執行。儘管如此，模型的延遲時間還是要根據模型架構和 SoC 處理器規格而定。

另外還有專為 SoC 裝置所設計的解譯器。例如，TensorFlow Lite（*https://oreil.ly/pNs5W*）提供了執行深度學習模型的工具——這類模型通常是跑在智慧型手機上。這類解譯器包含了深度學習運算的最佳化實作來運用某些 SoC 的可用功能，例如 GPU。

市面上也有已預先整合了深度學習加速器的特殊 SoC。一般來說，硬體供應商會提供特殊的編譯器或解譯器好讓模型能透過硬體加速。加速器通常只會加速某些運算，因此速度的實際提升程度還是要看模型架構而定。

由於微控制器無法執行完整的作業系統，因此當然無法執行深度學習模型的標準工具。相反，TensorFlow Lite for Microcontrollers 這類框架提供了模型支援的基線。它們在可支援的運算子來說通常比標準工具遜色一點，也就是說它們無法執行某些模型架構。

運算子與核心

在邊緣機器學習中，運算子或核心（*operator, kernel*）是指執行深度學習模型的特定數學運算實作。這兩個名詞在其他領域各自有不同的含義，包括深度學習中的其他分支也是如此。

常見的高階微控制器具有 SIMD 指令等硬體功能，可以大幅提高深度學習模型的效能。TensorFlow Lite for Microcontrollers 框架已針對多家供應商推出運算子的最佳化實作，以便充分運用這些指令。就像在 SoC 中一樣，基於微控制器的硬體加速器供應商通常會提供自定義的編譯器或解譯器，好讓各類模型能順利在自家硬體上執行。

深度學習的核心優勢在於其彈性高、對特徵工程的依賴性低，以及由於模型的大量參數而能運用大量資料。深度學習以其針對複雜系統的絕佳近似能力而聞名，不僅能夠進行簡單預測，還能夠生成藝術作品和準確辨識出影像中的各種物體。深度學習提供了極高的自由度，研究人員才剛開始探索其無窮潛力。

深度學習的核心缺點是它需要大量資料、容易過度擬合，且深度學習模型的模型大小、運算複雜度以及訓練過程複雜性都比其他技術再高出一級。此外，深度學習模型可能難以解譯——很難解釋它們為什麼做出了這個預測，而不是另外一個。儘管如此，還是有許多工具和技術來處理這些缺點。

為什麼不通通交給深度學習就好了？

由於深度學習如此強大，您可能會好奇，為什麼還需要使用其他機器學習演算法？深度學習是一個強大的通用性工具，可以對輸入和輸出變數之間的幾乎所有關係來建模。然而，它可以做到這一點並不代表它永遠是最好的選擇。根據實際情況，傳統的機器學習演算法在以下方面可能會比深度學習來得更好：

可解釋性

　如果案例適合的話，決策樹的可解釋性絕對是最棒的啦。

效率

　傳統機器學習演算法的運算量通常比深度學習模型來得更低。

可攜性

　傳統機器學習演算法由於本身更為簡潔，因此可以部署到最基本的裝置上（如低階微控制器）。

有效性

　某些傳統演算法在特定情況下比深度學習更有效，尤其是在沒有太多資料可用的時候。

裝置端訓練

　深度學習訓練很難在裝置端訓練，但某些傳統演算法相較之下更容易在現場訓練完成。

這一切都端看您的個別案例而定。也就是說，如果您只想深入研究邊緣 AI 演算法的某項技術，那麼選擇深度學習應該是合理的。

結合多種演算法

在同一個邊緣 AI 應用中可以運用多種不同類型的演算法，常見的做法如下：

集成

集成（*ensemble*）是指多個接受相同輸入的機器學習模型。它們的輸出經由數學方式組合來作出決策。由於每個機器學習模型各自有其優缺點，因此模型在集結成一個整體之後，通常會比其個別構成部分更準確。集成的缺點是複雜度更高，且需要更多記憶體和運算資源來儲存和執行多個模型。

級聯

級聯（*cascade*）是多個依序執行的機器學習模型。例如，智慧型手機內建的數位助理會不斷執行一個用於偵測任何人類語音的輕量化小模型。一旦偵測到語音的話，就會啟動另一個更厲害但也更耗費運算資源的模型來辨識到底說了什麼。

級聯是省電的好方法，因為它們可以省去不必要的運算。在具備多種類型處理器的異質運算環境中，級聯的個別組成部分甚至可以在不同的處理器上運行。

特徵擷取器

如前所述，嵌入模型可將影像這類的高維度輸入轉化為描述其內容的一組數字。嵌入模型的輸出可接著送到另一個模型，該模型即可根據嵌入模型對於原始輸入的描述來做出預測。在這種情況下，嵌入模型的角色就是**特徵擷取器**（*feature extractor*）。

如果使用了預訓練的嵌入模型，這種技術稱為**遷移學習**（*transfer learning*），就可以大大減少訓練模型所需的資料量。模型不需要學習如何解譯原始的高維度輸入；反之，只要學習如何解譯特徵擷取器所回傳的簡單輸出即可。

例如，如果想要訓練一個能從照片中辨識不同鳥類品種的模型。您可以使用某個預訓練特徵擷取器的輸出作為模型的輸入，而不是從頭開始訓練整個模型。這樣不但能減少訓練所需的資料和時間，結果還相當不錯。

許多預訓練的深度學習特徵擷取器都是根據開放原始碼授權的。它們通常用於影像相關的任務，因為已有大量的公開影像資料集可用於預訓練。

多模態模型

多模態模型（*multimodal model*）是指能夠同時接受多種不同類型輸入資料的單一模型。例如，某個多模態模型可以接受聲音和加速度計資料。這種技術可做為感測器融合的機制，使用單一模型來結合不同類型的資料。

後處理演算法

邊緣 AI 裝置通常需要處理串流型態的資料，例如連續的聲音時間序列資料。當我們對這筆資料串流執行邊緣 AI 演算法時，它會產生第二筆時間序列，代表演算法隨著時間的輸出結果。

問題來了，要如何解譯這個衍生的時間序列來做決策呢？例如，如果我們正在分析聲音來偵測何時有人說了一個關鍵詞，以便觸發產品的某些功能。我們**真正**想知道的是：什麼時候聽到了關鍵詞？

不幸的是，推論結果的時間序列就這個目的來說並不理想。首先，它包含了許多不代表有偵測到關鍵字的事件。為了清除這些事件，我們可以忽略任何信心分數低於某個閾值的事件，代表沒有偵測到關鍵字。

再者，模型偶爾（而且是短暫地）會在實際上沒有人說出關鍵字時「認為」偵測到了關鍵字。我們需要過濾掉這些偶發短狀況來清理輸出結果。這相當於對時間序列資料來執行低通濾波器。

最後，原始時間序列是以固定速率來表示**當下**是否正在說出關鍵字，而不是**每次**說出關鍵字的時間點。也就是說我們需要對輸出設定某些條件，才能取得真正想要的資訊。

清理原始輸出後，現在終於取得一個能藉以判斷出何時真正偵測到關鍵詞的訊號了，應用程式邏輯已可透過這個訊號來控制裝置。

這類後處理方法在邊緣 AI 應用中相當常見。至於要使用哪一種後處理演算法與其特定參數（例如判斷是否符合門檻值）還是要根據案例而定。Edge Impulse 的 Performace Calibration 工具（第 351 頁的「效能校正」會介紹）就能針對開發者所需應用去自動搜尋理想的後處理演算法。

故障安全設計

邊緣 AI 應用中可能出錯的地方還真不少，因此必須要設置防範措施來保護意外問題所造成的影響。

例如有一台野生動物攝影機，運用了深度學習模型來辨識何時拍到了感興趣的動物，並透過衛星連線來上傳動物影像。在正常運作下，它每天只會發送幾張照片，因此資料傳輸費用不會太花錢。

但在野外環境中，相機硬體本身的物理問題，例如鏡頭上的灰塵或反光，可能導致拍攝到的影像與原始訓練資料集中的影像彼此極為不同。這些分布外的影像可能會讓深度學習模型產生未指定的行為——代表模型會不斷回報偵測到了有興趣的動物，但實際上並沒有。

這類由分布範圍之外輸入所引起的偽陽性結果，可能會讓數百張影像透過衛星連線傳送出去。這不只會讓相機產生毫無意義的照片，還會帶來高額的資料傳輸費用。

在真實世界的應用中，感測器損壞或演算法之非預期行為等問題是無法避免的。反之，重點在於如何設計應用程式來做到故障安全。如果系統某部分故障的話，應用程式也可將損害降到最低。

實現這一目標的最佳方法因情況而異。以野生動物相機來說，如果照片的上傳速率發生異常，建議設定速率限制。而換成另一個應用中，做法則可能是徹底關閉系統，而不是冒著造成損害的風險。

如何讓您的應用做到故障安全屬於負責任 AI 的面向，當然也是良好工程的重要一環。這是在所有專案的最初階段就需要考慮的事情。

針對邊緣裝置進行最佳化

在機器學習模型中，尤其是深度學習模型，通常會在模型執行任務成效與其所需的記憶體和運算量之間找到一個平衡點。

這個平衡點對於邊緣 AI 來說是非常重要的。邊緣裝置的運算能力通常都有一定程度的限制，它們的設計目標是為了把成本和耗電降到最低，而非運算能力最大化。同時，它們還必須即時處理高頻率的感測器資料，並對資料串流中的事件立即做出回應。

較大的機器學習模型通常在處理複雜任務時會有更好的表現，因為它們的容量更大，這有助於學習輸入和輸出之間的各種複雜關係。這種額外的容量代表它們需要更多的 ROM 和 RAM，運算時間也會更久。額外運算時間也會消耗更多電力，後續會在第 347 頁的「工作週期」深入介紹。

不論是哪一種應用，**找出任務和運算之間的效能平衡點**都是關鍵所在。這是一個與各類限制不斷奮戰的故事。一方面，對於特定任務一定會要求效能的最低標準。另一方面，在挑選硬體時則會受到可用記憶體、延遲和耗電的嚴格限制。

拿捏這種折衷是開發邊緣 AI 中困難但迷人的部分之一。這是讓這個領域如此獨特又有趣的原因，也是為什麼自動機器學習（AutoML）這類工具需要針對邊緣 AI 重新設計的原因，後續會在第 157 頁的「自動機器學習（AutoML）」深入介紹相關內容。

以下是在運算需求最小化的過程中，還能滿足任務效能最大化的一些考量點。

選擇演算法

邊緣 AI 演算法的記憶體使用和運算複雜度上都略有不同。目標硬體的限制會影響到如何挑選演算法。一般來說，傳統的機器學習演算法會比深度學習演算法來得更小巧，效率也更好。

然而，多數案例中特徵工程演算法所需的運算量遠高於這兩者，那麼選用傳統機器學習或深度學習反而沒那麼重要了。這個規則的例外是影像資料分析，這個任務通常不需要大量的特徵工程，但更大的深度學習模型的表現明顯會好很多。

以下是一些減少您所選用演算法的延遲和記憶體需求的常見方法：

- 降低特徵工程的複雜度，更多數學運算等同於更高的延遲。
- 減少送入 AI 演算法的資料量。
- 使用傳統機器學習方法，而非深度學習。

- 根據所選裝置上的執行效率，藉此來拿捏特徵工程和機器學習模型之間的複雜度。
- 減少深度學習模型的大小（權重和層數）。
- 選擇在所用裝置上能夠支援加速器的模型類型。

壓縮和最佳化

有許多最佳化技術旨在減少給定演算法所需的資料量和運算量，幾種最重要的方法說明如下：

量化

減少演算法或模型所需的記憶體和運算量的方法之一，就是降低其數值表示的精度。如第 62 頁的「如何表示數值？」所述，有許多不同的方式可在運算中表示數字，其中有些會比其他來得更精確。

量化是指取出一組數值、降低其精度並同時保留它們所包含重要訊息的過程，可用於訊號處理演算法和 ML 模型。對於預設使用 32 位元浮點數權重的深度學習模型來說尤其有用。把權重降為 8 位元整數之後，模型就能瘦身到原本大小的 1/4，而且模型準確性不會犧牲太多。

量化的另一個優點在於執行整數運算的程式碼會比執行浮點數運算來得更快且更方便移植。這代表在許多裝置都能透過量化技術來大幅提高速度，並且量化演算法也可以在不具備浮點數運算單元的裝置上執行。

量化是一種失真的最佳化技術，意思是它通常會讓演算法的任務效能變差。ML 模型可透過低精度訓練來讓模型學會補償，藉此減輕這類影響。

運算融合

運算融合技術會用到某種運算感知演算法來檢查在執行深度學習模型時所用到的運算子。當某些運算符一起登場時，可以用另一個運算效率最大化的單一融合實作來替換它們。

運算融合是一種無損技術：它可以提高運算效能，而不會犧牲任務效能。缺點是，融合實作僅適用於特定的運算符組合，因此它的實際效果很大程度上取決於模型架構。

剪枝

剪枝是一種應用於深度學習模型訓練的有損最佳化技術。它會把模型的許多權重值強制設為零，藉此建立所謂的*稀疏*（*sparse*）模型。由於任何與零權重的相乘都必然為零，這理論上就可以提高運算速度。

然而到目前為止，有辦法充分運用稀疏權重優勢的邊緣 AI 軟硬體還不太多。這個現象未來幾年內就會改變，但目前剪枝的主要優點是在於稀疏模型更容易壓縮，因為它們有大量具備相同數值的區塊。這在需要透過網路來傳送模型時非常好用。

知識蒸餾

知識蒸餾是另一種有損的深度學習訓練技術，其中會藉由較大型的「教師」模型去幫助訓練另一個較小的「學生」模型來複製其功能。它利用了深度學習模型通常存在著大量重複權重的這項事實，代表著有可能找到一個比原本模型更小且表現幾乎相同的等效模型。

知識蒸餾實作上有一定的難度，所以它還不是一種常見的技術，但它可能會在幾年之內成為最佳方案之一。

二元神經網路（*BNN*）

BNN 是指所有權重都是二進位數字的深度學習模型。由於電腦執行二進位運算的速度極快，二元神經網路的效率也因此可做到非常好。但是，這個技術相對比較新，使用 BNN 來訓練和推論的工具尚未普及。二值化的運作原理與量化類似，因此也是屬於有損技術。

脈衝神經網路（*SNN*）

脈衝神經網路是一種類神經網路，在網路中傳輸的訊號包含了時間成分。作為「神經形態」系統，它們在設計上更接近生物神經元的運作方式。它們相較於傳統的深度學習模型各有好壞，並針對某些任務提供了更好的效能和效率。然而，它們需要專用硬體（例如加速器形式）才能享受所帶來的效益。

SNN 可以直接訓練，也可由傳統深度學習模型轉換而來，這個過程可能會產生損失。

模型壓縮有兩個主要的缺點，第一個是執行壓縮模型通常需要特定的軟硬體，或兩者都要。這明顯限制了模型在壓縮後可部署的裝置範圍。

第二個缺點則更加危險。壓縮技術的有損本質往往會造成模型預測效能的微幅下降，而這可能很難察覺。精確度降低可能會讓模型在一般情況下表現良好，但對不常見的輸入（統計上的「長尾」）的效果就沒那麼好了。

這個問題可能會放大資料集和演算法中的既有偏見。例如，如果某個訓練 ML 穿戴式健康裝置的資料集中對於少數族群的樣本數偏低的話，模型壓縮可能會讓模型對於該族群的表現變得更差。由於這些人已經是少數，對模型整體準確度的影響可能很難發現。因此，評估系統對於資料集各群組的個別表現是非常重要的（請參考第 234 頁的「蒐集元資料」）。

Sara Hooker 等專家有兩篇關於這個主題的優秀科學論文，一篇是〈What Do Compressed Deep Neural Networks Forget?〉（*https://oreil.ly/v3Bvl*），另一篇是〈Characterising Bias in Compressed Models〉（*https://oreil.ly/V_cTk*）。

裝置端訓練

多數情況之下，邊緣 AI 會用到的機器學習模型都是在部署到裝置之前訓練好的。訓練需要大量標註正確標籤的資料，並需要大量運算——每個資料點相當於數百或數千次推論。這限制了在裝置端訓練的實用性，因為邊緣 AI 應用本質上已受到記憶體、計算、耗電和連網能力上的嚴格限制。

儘管如此，直接在裝置端訓練在以下情況是說得通的，說明如下：

預防性維護

在預防性維護中常見的裝置端訓練案例是指監控某個機台來判斷它是否正常運作。在此可用代表「正常」狀態的資料來訓練小型的裝置端模型。如果機台所產生的訊號開始偏離指定基線，應用程式可以注意到並採取行動。

只有在能夠假設異常訊號是相對稀有，並且機台在任何時間點都應該是正常運作時，才可能出現這種情況。這使得裝置能夠把所蒐集的資料視為隱性的「正常」標籤。如果異常狀態常常發生，則無法對任何時間點的狀態做出假設。

個人化

另一個要在裝置端訓練的案例是需要使用者自行提供標籤的情況。例如，有些智慧型手機採用臉部辨識作為安全控管的方法。當使用者在設定裝置時，系統會要求採集多張臉部影像，接著把這些影像的數值表示結果儲存起來。

這類應用程式通常會採用專業設計的嵌入模型，將原始資料轉換為其內容的精簡數值表示結果。這些嵌入的設計方式是讓兩個嵌入值[5]之間的歐式距離可以對應到彼此的相似度。在上述臉部辨識範例中，就很容易藉由這個方法來判斷新面孔是否符合裝置設定時所儲存的表示了：計算新面孔與登記面孔之間的距離，如果距離夠近則視為同一人。

這種形式的個人化的效果很不錯，因為用於判斷嵌入相似性的演算法可以非常簡易，例如計算距離或最近鄰演算法。所有的粗重工作都已經由嵌入模型做完了。

隱藏關聯

另一個裝置端訓練案例是當標籤可透過聯想或關聯的方式得到。例如，蘋果公司的最佳化電池充電功能（Optimzed Battery Charging, https://oreil.ly/OzgdM），這類電池管理功能會在裝置上訓練模型，用來預測使用者操作裝置的時間。方法之一是訓練一個預測模型，模型在取得前幾個小時的使用日誌之後即可輸出特定時間的使用機率。

在這種情況下，在單一裝置上蒐集和標註訓練資料很簡單。蒐集使用日誌可在背景進行，再根據某些指標，例如螢幕是否啟動來標註。藉由時間和日誌內容之間的隱含聯想來標註資料，藉此訓練出一個簡易小模型。

聯邦學習

在裝置端訓練的障礙之一是缺乏訓練資料。此外，裝置上的資料通常是私有的，用戶不希望將它傳輸出去。聯邦學習（federated learning）是一種在跨裝置之間做到保護隱私的分散式模型訓練方式。相對於把原始資料傳輸出去，經過部分訓練的模型會在裝置之間（或在各裝置和中央伺服器）傳遞。部分訓練後的模型也可以在準備好後結合起來，再分送回各個裝置。

聯邦學習看起來吸引力十足，因為它似乎提供了一種能讓模型在現場學習和改進的方法。然而，它有一些嚴重的限制。它需要大量運算和資料傳輸，這與邊緣 AI 的核心優勢背道而馳。並且這個方法的訓練過程非常複雜，還需要用到裝置和伺服器等硬體，也因此提高了專案風險。

5 嵌入可視為多維度空間中的坐標，兩個嵌入值之間的歐式距離代表兩者坐標的距離。

由於資料並不是全域儲存，因此沒有辦法驗證訓練好的模型在全面部署之後的表現到底如何。另外，由本地端上傳模型也會造成安全性攻擊缺口。最後而且最重要的是，它沒有解決資料標註問題。如果沒有可用的標註資料，那麼聯邦學習就無計可施。

遠端更新

雖然這實際上不算是裝置端訓練技術，但在現場更新模型最常見的方法是透過遠端更新。新模型可先在實驗室中透過現場蒐集的資料來訓練，然後藉由韌體更新來發送到裝置端。

這需要用到網路而且同樣無法解決標註資料的取得問題，但這是讓模型保持在最新版本的最常見方法。

總結

我們在本章學會了讓邊緣 AI 成為可行的各種關鍵 AI 演算法，以及可執行它們的硬體。下一章將介紹把所有內容結合起來所需的工具和技能。

第五章

工具和專業知識

邊緣 AI 開發流程涵蓋了許多高技術性的工作，且多數專案都仰賴專業團隊的技術與經驗。

本章第一段是一份幫助您夢想成真的團隊建立指南。即使您仍處於早期階段，了解不同類型的技能和可能遇到的挑戰也是很有幫助的。AI 說穿了就是把人類的洞察結果自動化，因此您的團隊是否具備這樣的洞察力至關重要。

本章的第二段從第 142 頁的「產業工具」開始，希望能幫助您掌握與邊緣 AI 開發有關的關鍵技術工具。如果您還在產品早期開發階段的話，可以略過一些細節，後續有了具體想法且準備好開始時，再回頭使用本章作為參考。

建立邊緣 AI 開發團隊

邊緣 AI 是一套非常完整的技術。作為一門學科，它運用了從半導體電子學的物理特性，一路涵蓋到跨裝置和雲端的高階架構工程知識；它也需要 AI 和機器學習的最新穎方法，到最古老的裸機嵌入式軟體工程技能等專業知識。它橫跨了電腦科學和電子工程的整段歷史，可說是一脈相傳。

世界上找不到單一個人可掌握邊緣 AI 每個子領域的專業知識。相反，這個領域的核心工作者仰賴著許許多多的專家網路，好讓他們得以一窺整片拼圖的其他部分。如果您正在製作一款邊緣 AI 產品，就可能需要為自己做同樣的事情。

最棒的邊緣 AI 開發團隊是擁有廣泛的跨學科知識、對於問題領域具備直接工作經驗，以及習慣於開發過程不斷迭代重複的一群人。到目前為止，運作得最好的產品都是來自於那些對於所碰到問題具備直接經驗的團隊：他們能夠運用現有知識來引導整個邊緣 AI 產品的開發過程。

單個團隊不需要針對邊緣 AI 的每個子領域都去找一名專家。但最低要求應該是以下兩個角色：

- 領域專家，對於要解決的問題有深入的了解
- 嵌入式工程師，對於類似於開發目標的裝置具備開發經驗

這兩個角色可以是同一人，但是如果不具備機器學習或其他 AI 演算法工作經驗的話，他們在演算法建立過程中，就會高度仰賴用於指引非機器學習專家的各類端對端平台。

如果您是不具備嵌入式開發經驗的獨立開發者，可以藉由在目標硬體上製作一些與 AI 無關的專案來提升自己的技能。SoC 等級的硬體可以讓您有個基本概念，因為嵌入式 Linux 開發要比裸機容易得多。如果您採用端對端邊緣 AI 平台，部署模型應該會更簡單。

決心和一些臨場應變能力可以讓您走得更遠：我們已看到許多科學研究者使用相對簡單的嵌入式技術，來自行製作具備 AI 功能的硬體。

雖然最精簡的團隊已足以解決許多問題，但更複雜的問題就需要更多人一同努力。本章使用了額外的篇幅來介紹一些重要的角色和責任，希望能讓您了解自身團隊的需求，還會談到招募邊緣 AI 人才所面臨的挑戰。

領域專業知識

如後續在第 215 頁「資料集和領域專業知識」中所討論，領域專業知識是目前您團隊中最重要的組成成分。如果您只具備領域專業知識和預算，仍然可以聘請開發人員來做出產品。但是，如果團隊中沒有人對於所要解決的問題有深入了解的話，路就很難走下去了。事實上，您最後很可能會發現，您以為的問題根本沒問題，或是您想出來的解決方案沒有人要用。

沒有領域專業知識的話，想要做出的產品不論品質高或低都已經十分困難，但如果牽涉到了 AI 則幾乎是不可能的。邊緣 AI 的目標是將專業知識淬鍊成一段軟體，並將其用於流程自動化。正如本書先前所述的，智慧代表著在正確的時間做出正確的事情。但是，如果我們自己都不知道怎麼做，又如何作出一個能夠做到這件事的系統呢？

如果您本身並非領域專家，首要之務就是找到一位。第二件事情就是請他們驗證您正打算要製作的解決方案。以下是一些可以向他們徵詢的問題：

- 您想解決的問題是否真的存在？
- 如果存在，解決這個問題是否有用？
- 這個問題是否已經有解決方案了？
- 您提出的解決方案是否真的有助於解決問題？
- 您提出的解決方案是否可行？
- 如果您的解決方案順利完成，這個領域中的任何人都會想要購買嗎？

您應該可以向某人提出這些問題而不必支付太多的費用：如果您打算招募他們的話，這些問題是任何真材實料的領域專家都會想到的基本問題。請確保您自己真心聆聽他們的答案，即使您不同意也要這麼做。如果有位正牌專家告訴您某件事情不可行，其中或多或少會有一些事情是真的。

領域專業知識應該是您的組織核心，更應該是您核心開發團隊的一部分。專家們將參與專案的許多面向，而非把他們當作邊緣游離分子。不過，理想情況是您的組織在各個層面都具備相關領域的專業知識。例如，除了核心專業知識外，您可能還會有工程師、董事會成員和顧問等不同人員，他們在各自領域都是經驗十足。他們攜手之後所展現的洞察力將可幫助團隊預測和減輕風險。

如果找不到具有所需專業知識的人，您應該在專案開工之前就放棄；因為不具備適當的知識，就無法讓您的工作符合道德規範。您的專案可能會違反該領域的某些基本規則──而您根本無從得知。在客戶端測試不合格的功能是絕對不允許的，如圖 5-1。由於難以在現場取得關於系統成效的回饋，因此您很可能根本無法得知出了什麼問題。

圖 5-1　使用客戶來驗證您的解決方案絕對是超級壞主意（Twitter, 2022, *https://oreil.ly/jl6HJ*）

如果您堅信自己有一個絕妙點子，請花點時間來累積開發所需的專業知識吧。

多樣性

除了領域專業知識之外，您的團隊應該追求的另一個重要特質是多樣性。正如第 55 頁「緩解社會危害」中所述，防止社會問題的最佳方法之一是建立具有多元觀點的團隊。

以下四個核心領域[1]將有助於您考量工作場所的多樣性：

內部

　內部多樣性反映了一個人與生俱來且不具選擇項目的特質，包括年齡、國籍、種族、民族、性向、性別身分、體能和個性。

外部

　外部多樣性包括成長過程中所獲得的事物，包括外部因素的影響以及有意識的選擇。其中一些例子包括社會經濟地位、生活經驗、教育、個人興趣、家庭狀況、居住地和宗教信仰。

1　更多關於這四個核心領域的資訊請參閱〈What Are the 4 Types of Diversity?〉（*https://oreil.ly/SQ-P9*）。

組織

組織多樣性與個人在組織中的角色有關。這可能包括他們的工作場所、職能、層級高低、薪資水平、資歷或就業狀態。

世界觀

世界觀上的多樣性與個人對世界的看法有關。它可能包括道德框架、政治信仰、宗教信仰、個人哲學和對生活的一般看法等方面。

由於在這四個方面的差異，每個人所擁有的不同經驗使得他們的觀點與眾不同。這種獨特的觀點代表他們會以不同的方式看待同樣的情況。作為技術產品的製作團隊，多樣化觀點的價值是與日俱增的，因為這能讓組織以不同的角度來審視問題和提出的解決方案。

這個優勢之於多樣性不足的組織來說非常明顯。您將更有辦法去辨別某個狀況的所有細微之處，這在勾勒出可能解決方案的範圍時可說是好處多多。也許某人的個人經驗就能轉化成一個前所未見的超棒想法呢。

更重要的是，多樣化觀點將有助於您找出產品本身的問題。例如，您可能會發現不同的人很自然就會想到以不同的面向來評估您的產品表現。有孩子的人更可能考慮到產品對家庭生活的影響，而身障人士會先考慮到的可能是與無障礙程度有關。

這並不是說您團隊的成員就應該是某個領域的專家：僅僅因為某個人是身障，並不代表他們自動就變成了您的官方無障礙專家，這個角色可能並非他們想要或有資格擔任的。然而，您的團隊具備多樣化觀點這一事實，希望能讓他們更積極去考慮到引進無障礙專家的需求。

團隊僅僅具備多樣化觀點還不夠，個人必須能夠自在舒坦地抒發自身意見，而且組織的其他成員必須真實去聆聽他們的意見。建立這類環境的工作已超出了本書範疇，但已有許多文獻可供參考。一個好的起點是 Google 的心理安全簡介（*https://oreil.ly/rZYFL*），其中指出，能讓成員自由發表意見的團隊運作起來會更有效益（*https://oreil.ly/2LD_i*）。

另一個重要的想法是，您應該善用組織的整體性觀點。除了直接參與產品開發的人員之外，任何願意提供回饋的人，他們的意見您都應該重視──從高階主管到基層員工都要。這有助於避免一些盲點。許多大型科技公司會鼓勵員工去註冊一些尚未開發完成的新產品以測試[2]，好讓開發團隊能取得整個公司的各種看法。

和迭代開發流程的所有事情一樣，這個過程的關鍵在於建立回饋來幫助產品與時俱進。您應該建立某種系統，以便從還在構思想法的最初階段就能持續蒐集多樣化團隊的各種觀點。

期待單一團隊能夠涵蓋所有必要的多樣化觀點不切實際。例如，您可能需要從年幼的孩子身上取得他們對於產品的意見，但這些孩子不太可能是組織的有薪員工！確保將這些觀點納入考量的作法之一，是在專案的整體開發過程中列入一筆預算來與這些人進行焦點小組討論。

擴大觀點的另一種作法是尋求由多樣化群體所組成的顧問團隊來幫助您做出正確的決策。建立起能夠結合關鍵領域專業知識和多樣化意見的顧問委員會，是您能否理解正朝著目標或偏離軌道的有力工具。

無論是否有一個龐大的團隊，您都應該努力去蒐集受您產品影響的人的回饋──這是最多樣化的群體啦。

多樣化所衍生的成本

值得注意的是，為了達到多樣化是需要成本的。除了支付人們付出寶貴時間的實際費用外，多樣化團隊想要在價值觀和目標等方面達成一致性可能更加困難。

專案的領導者需要為此作好準備，而且可能要做出一些意見未完全一致的決策。記錄任何決策背後的原因以及任何異議意見，是確保團隊能否追蹤其決策結果並與時俱進的關鍵。

即便如此，如果在某個問題上存在根本性分歧，這可能是重大風險的警訊。

2 這是「內部測試（dogfooding）」策略的一部分，請參考第 335 頁的「於真實世界中測試」。

利益相關者

專案的利益相關者包括所有可能受其影響的人和社群，包括您的組織內人員、客戶、系統終端使用者，及任何可能直接或間接受影響的人。

為了讓系統能有效運作且避免造成傷害，就必須考慮到利益相關者的需求和價值觀。例如，如果您的系統將與公眾接觸，那麼重點就是將他們視為利益相關者，並以他們為核心來設計專案。

了解利益相關者的需求和價值觀的最佳方式就是直接問他們。他們應該參與產品從構思到終止的整體開發流程中。

stakeholder mapping（*https://oreil.ly/t7Gv0*）這套知名的工具可用來找出各種利益相關者。請確保您的團隊中有一位熟悉這個過程的人。

角色和責任

製作產品需要許多各式各樣的人，本章後續會簡介一些必要的角色。您的專案所需的角色可能沒有列出來；以下只是直接參與邊緣 AI 工作流程中的最常見角色。

您不需要為每個角色都僱用一個人。同一個人當然可在專案中扮演多個角色，而且在早期開發階段可能會出現同一個人搞定所有原型設計的情況。

為了便於理解，接著會根據類型來區分各種角色。

知識和理解

此類別中的角色對於能否理解問題並以正確的方式來解決問題至關重要：

領域專家

　領域專家是主角，他們對於專案所牽涉到的領域有深刻的理解。相對於產品經理的工作是了解專案如何適應其周遭脈絡（例如市場），領域專家則是要去了解整體狀況的來龍去脈。例如，工業自動化專案可能需要熟悉相關工業流程的領域專家，而醫療保健專案則需要醫學和生物學相關領域的專家。

倫理和公平專家

倫理和公平也是必要的角色，以避免犯下可能導致有害或無效產品的錯誤。他們需要對用於解決問題的技術、可能出現哪種陷阱以及所需遵循的流程有深入的理解。領域專業知識也很重要，因為倫理問題也會隨著領域不同而異。

規劃和執行

這些高階角色對於領導專案從構想、啟動能否朝著正確的方向邁進，並獲得長期支援來說非常重要：

產品經理

產品經理負責與產品相關的決策：它應該是什麼、它應該做什麼，以及它應該為誰服務。他們的工作是深入了解問題和市場，與技術人員合作來設計和實作出有效的解決方案。他們以自身影響力來帶領專案，揉合不同的線索來編織出符合正確需求的產品。

專案經理

專案管理的角色需要跨部門來協調執行各種複雜任務。例如，專案經理可能需要去動員規劃如何蒐集製作產品所需的資料集。

計畫經理

計畫經理需要協調由多個專案所組成的高階策略。例如，某間公司正在規劃將邊緣 AI 納入其業務的多個節點來節省成本時，可能會聘請計畫經理來協調該流程。

演算法開發

這些角色需要去探索資料集與設計演算法——還要建立系統評估機制。現在有越來越多的非專業使用者運用了某些端對端平台來完成這類工作，但如果掌握可以閃過地雷的扎實經驗當然是最好啦。

資料科學家

資料科學家負責蒐集、維護和理解用於支持邊緣 AI 專案的資料。他們具有資料清理、分析和特徵工程的專業技術。這個角色通常涵蓋機器學習工作，但也可能需要分開處理。

DSP 工程師

DSP 工程師負責開發並實作 DSP 演算法，他們通常具備演算法開發和低階程式語言開發的強大技能。DSP 對於大多數的邊緣 AI 專案來說都非常重要——唯一例外就是結合深度學習與影像資料的專案，因為在輸入影像時通常不需要太多處理。

ML 從業者

機器學習從業者的時間都集中在試著用機器學習技術來解決各種問題。機器學習從業者會嘗試用不同類型的學習演算法來定義問題，接著再選定資料集並試著開發出能夠解決問題的演算法。他們工作的核心關鍵是決定如何評估演算法在實驗室和現場的表現。

在邊緣 AI 專案中，DSP 工程師會與 ML 從業者密切合作，因為 DSP 是一種形式特別複雜的特徵工程——而這正是 ML 工作流程的重要一環。

產品工程

這類角色負責開發產品，他們負責製作硬體和應用程式碼，並以能在裝置上有效運行的形式來實作演算法：

硬體工程師

硬體工程師設計出能夠驅動產品的硬體。這個設計包括用來擷取原始資料的感測器、嘗試理解資料的處理器，還有印刷電路板的設計和布線。重點在於硬體工程師必須與演算法開發者密切合作，才能讓硬體和演算法互相支援。這是一條雙向道：演算法設計必須考慮到硬體限制，而硬體設計也必須考慮到演算法架構。

嵌入式軟體工程師

嵌入式軟體工程師負責編寫能讓硬體運作起來的低階程式碼。這類程式碼需要介接各種感測器、執行演算法，並解譯其輸出來做出決策。他們就是負責實作嵌入式應用程式的人。

嵌入式機器學習工程師

某些嵌入式軟體工程師會更加聚焦在機器學習，他們的工作是確保機器學習演算法能在特定硬體上有最高的執行效率。他們可能對機器學習背後的數學原理有深入的了解，並具備低階軟體最佳化的經驗。他們不一定是資料科學專家，但可能需要訓練簡易的機器學習模型。

這是一個非常新的角色，但隨著邊緣 AI 領域的發展而快速嶄露頭角。

工業設計師

工業設計師負責產品的實體設計。這在邊緣 AI 領域非常重要，因為實體設計決定了感測器資料蒐集時的現實情況：在產品上更改感測器位置可能會使其輸出結果完全不同，造成資料集無法再次使用。這代表工業設計、電子工程和演算法開發等團隊之間需要密切且良好的溝通。

軟體工程師

很多專案都需要在嵌入式空間以外的軟體工程。例如，許多邊緣 AI 專案包含了伺服器端元件。編寫後端程式碼的技能顯然與開發嵌入式應用不同，因此需要不同類型的工程師。

技術服務

這些支援性的角色有助於確保開發過程的技術層面都能順暢無誤，並管理那些能維持團隊高度生產力和確保安全的工具：

MLOps 工程師

MLOps 工程師負責構思和維護整個團隊會用到的 MLOps 解決方案。這個角色基本上屬於 DevOps（譯註：開發維運，*https://oreil.ly/kEFI-*），但還需要對邊緣 AI 工作流程的過程和需求有深入的理解。

安全從業者

這個角色負責滿足團隊、資料和產品的安全需求。它既是諮詢角色，幫助其他角色了解如何在工作中保持安全；也是積極角色，負責制定相關措施來降低安全性風險。

品質保證工程師

這個角色負責設計和實施各種測試計畫，使團隊能夠了解產品是否已滿足設計目標。第 335 頁的「於真實世界中測試」會深入討論品質保證相關內容。

招聘邊緣 AI 人才

由於邊緣 AI 是一個非常新的領域，因此開發邊緣 AI 的重大挑戰之一就是具備相關經驗的人不多。在編寫本書時幾乎不可能聘到一位具備邊緣 AI 即戰力的工程師：全世界可能只有幾百名，大部分人仍在進行令他們激動不已的首發邊緣 AI 專案，還沒到想要走出去看看的時間。

幸運的是，正因為這個領域太新了，代表著即使是最有經驗的工程師也只有幾年的領先優勢。而且邊緣 AI 工具的最新進展，尤其是端對端平台的形式，已經大大降低了進入門檻。招聘邊緣 AI 人才需要在兩個面向上具備非常扎實的知識：演算法開發和嵌入式工程。

在演算法開發方面，您可能會需要資料科學家和機器學習專家。某些從業者已具備解決實務產業問題的應用工程背景。其他人可能較偏向學術背景，研究各種機器學習原理並提出新技術。

應用專家則在界定問題上經驗老到，這在邊緣 AI 中非常重要。這使得這類角色變成一個值得納入的選項，尤其是在初期階段或獨立招聘。也就是說，學術研究者依然是邊緣 AI 專案的好對象。他們應該不具備常見軟體開發環境的工作經驗，因此可能需要更長時間才能適應。但另一方面，他們比應用專家更容易招聘：他們的人數基本上就是很多。

機器學習研究與應用機器學習非常不同，某些機器學習研究人員可能會對重複應用既有技術而非試著去提出新技術感到無趣。請確保您的口袋名單真的清楚對於角色的期望，以避免雙方期望落空。

困難點之一在於，具備資料科學和機器學習背景，同時又要有豐富的感測器資料處理經驗，這種人真的不多。雖然視覺是常見的模態，但聲音不是，而時間序列感測器資料對大多數從業者來說可能是一團迷霧：雖然時序資料分析在資料科學中很常見，但通常不是來自電子感測器的那種高頻時序資料。

幸運的是，數位訊號處理（DSP）工程師已掌握了類似的工作流程和工具鏈，並且他們已經是感測器資料的特徵工程專家。DSP 工程師的技能和經驗使他們非常適合切入嵌入式機器學習，因此可能的方法之一是招聘 DSP 工程師，讓他們去理解機器學習的基礎知識。由 DSP 工程師和機器學習從業者組成的團隊，總比只找到其中一個人，更容易面對各種挑戰。

就算是同樣在講嵌入式工程，挑戰性也會因工作內容而異。儘管操作深度學習解譯器（或深度學習編譯器所生成的程式碼）通常就只是整合函式庫，但嵌入式工程師有時可能需要在發生錯誤時去深入了解內部運作機制才能搞定。在這些情況下，對深度學習有一定程度的知識和理解肯定是有幫助的。嵌入式工程師還可能需要把模型轉換為適合在裝置端執行的形式，這絕對需要一些機器學習方面的能耐才行。

嵌入式工程師的另一個常見任務是在軟體中實作各種傳統機器學習模型。目前還沒有專門用於嵌入式裝置的優質 C++ 函式庫，但要移植這些模型通常不難：高階程式語言中已有簡單易懂的參考實作。

麻煩的是，要找到已掌握機器學習知識的嵌入式工程師在一段時間之內都不會太容易。然而，各種端對端平台使事情變得更加簡單了，有經驗的嵌入式機器學習工程師人數也會慢慢多起來的。現在，這應該不會是阻礙了：一個能幹的嵌入式工程師應該能夠輕鬆掌握現行的各種工具。

學習各種邊緣 AI 技能

過去幾年內已出現了一些很棒的邊緣 AI 的學習資源。與大多數的領域一樣，分為理論和實務兩個面向。理論內容最適合那些希望投身這個領域並精進的人，而實務內容則對那些想要做出產品的人來說更有幫助。

需要注意的是，不要太深入細節。許多想要製作 AI 產品的人最終會被學習這檔事綁住，汲汲營營去探索所有能找到的兔子洞而不是真的開始推動專案。現實情況是，這個領域太大了，您永遠不可能學會所有的東西。主動積極行動，學到足以跨出下一步的東西就好，然後再重新評估。成功的硬體產品需要團隊才能成事，因此請確實釐清最低程度上至少要了解哪些東西，再去找一些專家吧。

以下是我們對於理論和實務兩個面向的最高指導原則。

實務面向

本書從第十一章開始的最後三章，將透過三個真實世界案例向您完整呈現邊緣 AI 的工作流程：野生動物監測、食品品質保證和消費性商品。

除此之外，還有更多內容推薦給您：

Introduction to Embedded Machine Learning（*https://oreil.ly/ouQyM, Coursera* 課程）

這是一門廣受好評的線上課程，對本主題有相當實務性的介紹。

Computer Vision with Embedded Machine Learning（*https://oreil.ly/LgjmK, Coursera* 課程）

這是上一門課程的延伸，更加深入介紹電腦視覺。

Applied Machine Learning (TinyML) for Scale（*https://oreil.ly/jX-m1, HarvardX* 課程）

這一系列精彩課程聚焦於嵌入式 ML 所需的應用技能和宏觀專業知識。

《TinyML 經典範例集》（*TinyML Cookbook*），作者為 *Gian M. Iodice*（*Packt, 2022* 年）

這本實務導向的書籍中整理了各種好用的「食譜」，示範了嵌入式 ML 中的各種概念。

《TinyML：TensorFlow Lite 機器學習》（*TinyML*），作者為 *Pete Warden* 和 *Daniel Situnayake*（*O'Reilly, 2020* ）

本書是關於在微控制器上進行嵌入式 ML，書中範例都是以 TensorFlow Lite for Microcontrollers 框架為基礎。

《設計機器學習系統》（*Designing Machine Learning Systems*），作者為 *Chip Huyen*（*O'Reilly, 2022*）

本書是關於機器學習開發流程的精彩著作，應用雖然偏向伺服器端應用，但依然相當實用。

Making Embedded Systems，作者為 *Elecia White (O'Reilly, 2011)*

目前關於嵌入式系統開發的最佳實務介紹。

理論面向

此類內容適合想要深入研究嵌入式機器學習理論的人。請記住，這不是成功開發產品的先決條件，因此別被唬住或迷失在學識的兔子洞裡[3]。

3　記住，最佳的學習方式就是去做！不要落入必須先記住所有理論的常見陷阱。這個領域發展如此快速，千萬別以為自己能夠學會所有內容。

Tiny Machine Learning（*TinyML*）（*https://oreil.ly/cZoLK*，*HarvardX* 課程）

這系列課程與先前的 *Applied Machine Learning (TinyML) for Scale* 課程有些重複，但是會從最基本開始講起——如果您想要盡快做出什麼的話，這堂課可能不是必要的。

The Scientist and Engineer's Guide to Digital Signal Processing，作者為 *Steven W. Smith*（*California Technical, 1997*）

本書是貨真價實的全方位數位訊號處理指南，可免費取得電子版也有實體出版的精裝書。這本書對於所有需要深入處理 DSP 演算法的非 DSP 工程師而言是超棒的資源。

《精通機器學習：使用 Scikit- Learn, Keras 與 TensorFlow》（*Hands-On Machine Learning with Scikit-Learn, Keras, and TensorFlow*），作者為 *Aurélien Géron*（*O'Reilly, 2022*）

本書是一本介紹機器學習實務觀念概念和技術的絕佳書籍，對於所有用到 ML 演算法的非 ML 工程師來說是非常好的參考資源。

Deep Learning with Python，作者為 *François Chollet*（*Manning, 2021*）

另一本專門介紹深度學習演算法的優質好書。

TinyML Foundation（*https://oreil.ly/AdXwm, YouTube* 頻道）

TinyML 基金會定期舉辦與嵌入式機器學習有關的研討會。這些內容通常極具技術導向，反映了研究和工程領域的最頂尖成果。

TinyML 相關論文與專案（*https://oreil.ly/P1YbW, GitHub* 文件庫）

整理了這個領域相關論文和資源的大寶庫。

產業工具

邊緣 AI 的故事是一段關於工具的故事。就一項未成熟的技術來說，將 AI 應用於邊緣裝置所需的大部分基本元素已經存在了十年甚至更長時間。然而，這些技術——從功能強大的嵌入式處理器到深度學習模型——往往在最初問世的時候就有著艱難的學習曲線。

然而隨著時間進展，全球技術生態系推出了各種工具，針對最具挑戰性的技術來管理其複雜性並使其更方便使用。豐富的開放原始碼與商用函式庫、框架和產品彼此組合搭配，已經將邊緣 AI 帶入了一般嵌入式工程師的工具箱裡了。

這些工作中有很多是在過去兩三年間完成的，例如 TensorFlow Lite for Microcontrollers（*https://oreil.ly/oowo5*）[4] 這類函式庫，還有 Edge Impulse（*https://edgeimpulse.com*）[5] 這套端對端開發平台，一舉將相關技術越過了大規模採用的門檻。

接下來的段落將介紹本書作者認為對邊緣 AI 來說最為關鍵的工具。成功的團隊至少要對它們有一定的熟悉程度才行。

端對端平台

針對邊緣 AI 的端對端開發平台已納入了許多在下一節會談到的工具，並提供它們之間的自動整合。這些平台專門為了邊緣 AI 專案做到了有意識的整體性設計。它們可以大大降低複雜性帶來的負擔，使開發速度更快、風險更小，還能避免您迷失在陌生的工具堆中。

端對端平台會在後續第 170 頁的「端對端邊緣 AI 平台」段落中詳述。儘管對低階工具有基本的了解確實很有幫助，但建議您還是從端對端平台入手，只有在該平台無法完全滿足您的需求時才嘗試自行開發。在這種情況下，最優質的端對端平台還能整合其他的產業標準工具，既可維持自身優勢還能擴充更多功能。

軟體工程

邊緣 AI 中的大部分工作都是在開發軟體，所以現代化的軟體工程工具非常重要。以下是一些重要的貢獻者。

4 TensorFlow Lite for Microcontrollers 的發起者 Pete Warden 曾在 Google 工作，感謝他為本書寫序。

5 Edge Impulse 讓本書作者大為震撼，甚至足以讓我們從 Google 和 Arm 離職來加入這個團隊。

作業系統

在開發和部署時把作業系統納入考量是非常重要的。您在開發時所選用的作業系統將決定與組成邊緣 AI 生態系統的各種軟體工具能否輕鬆互動。不過，這兩種不同的工程傳統之間有一點小矛盾。在嵌入式工程中，使用 Windows 作業系統是以往相當常見的做法，許多嵌入式工具都是在這種假設下所開發的。相比之下，資料科學和機器學習的工具通常最適合在類 Unix 環境下運行，例如 Linux 或 macOS。

即便如此，這在實際應用上不算是大問題。因為團隊中並不需要每個成員都需要運行所有工具的能力：例如，機器學習工程師可能會在 Linux 機器上訓練和最佳化模型，然後將其移交給使用 Windows 的嵌入式工程師。目前已有許多針對混成環境的工具，例如 Windows Subsystem for Linux（*https://oreil.ly/VYaE6*）。此外，最近的嵌入式工具鏈通常已可在 Unix 環境中順暢執行——雖然嵌入式工程師可能還是會因為熟悉 Windows 環境而偏好使用就是了。Edge Impulse 的整個團隊，包括嵌入式和機器學習工程師，都使用了 macOS 和 Linux 虛擬機器的組合。

在部署方面有時會運用邊緣裝置本身的作業系統。這些通常是嵌入式 Linux（編譯為可運行於 SoC 的簡化 Linux 發行版）或即時作業系統（RTOS），後者是專門設計用於運算輕量化的特殊嵌入式作業系統。這兩種選項加上完全沒有作業系統的選項[6]（對於微控制器而言最為常見）都完全相容於邊緣 AI。

程式設計與腳本語言

在邊緣 AI 中，最重要的兩種程式語言是 Python 和 C++。Python 是目前機器學習的首選語言，這歸功於其豐富的數學和科學運算開放原始碼函式庫，以及機器學習研究社群幾乎一面倒的採用率。由於 Python 也是一般軟體工程的程式語言，它已勝過了例如 R[7] 這樣的特定領域語言。TensorFlow 和 PyTorch 這兩套最重要的深度學習框架都是用 Python 編寫的，而在第 161 頁的「數學和 DSP 函式庫」中所談到的一些超棒工具也是。Python 使用上有其微妙之處，但就開發機器學習到數位訊號處理等邊緣 AI 演算法來說，算是正確的語言選擇。

---

6 稱為「裸機（bare metal）」。

7 一種在統計計算中常用的語言，通常只有資料科學會用到。

C++（發音為「C-plus-plus」，「C 加加」）是現今嵌入式軟體工程中普遍使用的一種語言。雖然有些嵌入式平台只支援 C 語言（比 C++ 更簡單且部分特性相似），但用於邊緣 AI 的高階嵌入式裝置通常都是用 C++ 來開發的。幸運的是，C++ 生態系統中有非常多的工具和函式庫可讓開發更加簡便——因為對於大多數基於微控制器的系統來說，它是唯一的選擇。

C++ 是一種能完整控制底層硬體的低階語言。必須是相當老練的工程師才能寫出高品質的 C++ 程式碼，但是它的執行速度比其他高階語言（如 Python）所編寫的等效程式碼來得更快。

有趣的是，大多數 Python 函式庫所進行的數學運算實際上底層是在 C++ 實作的：Python 只是方便取向的包裝器。這讓開發人員得以享用兩個世界最棒的東西。

您在開發過程中可能還會用到 Bash 這類的腳本語言。它們可串接和自動化用於建置應用程式，並進一步部署到裝置上的各種複雜工具和腳本。

就目標而言，您可以想像只要是用到微控制器，幾乎都在寫 C++。運行完整作業系統的 SoC 通常更加靈活——您可以在其上執行 Python 這類的高階語言。代價是它們比較昂貴，並且也更耗電。由於大多數目標都會用到 C++，因此您需要將任何用高階語言（如 Python）開發的演算法移植以部署您的工作。稍後會介紹一些能讓這類過程輕鬆一點的工具，但總歸談不上簡單就是了。

相依套件管理

現代軟體通常有大量的相依套件，而 AI 開發讓這件事更上了一層樓。資料科學和機器學習工具通常需要大量的第三方函式庫；安裝主流深度學習框架（例如 TensorFlow）會一併安裝網路伺服器到資料庫的所有東西。

事情到了嵌入式系統上只會變得更棘手，因為訊號處理和機器學習演算法通常都需要高度最佳化的複雜數學運算函式庫。此外，在編譯和部署嵌入式 C++ 程式碼時通常還得在機器上安裝一大堆的相依套件。

這些相依套件是場超級惡夢，而管理它們絕對是邊緣 AI 開發中最具挑戰性的一段。幸好已有各種技術能讓事情更簡單，包含容器化（下一節就會談到）到特定語言的環境管理。

在 Python 中最好用的一款工具是 Poetry（*https://python-poetry.org*）。它的目標是簡化在同一台機器的多個環境中指定、安裝和隔離相依套件的過程[8]。其他重要的工具包括作業系統專屬的套件管理系統，例如 aptitude（*https://oreil.ly/aCq1n*，用於 Debian GNU/Linux）和 Homebrew（*https://brew.sh*，用於 macOS）。

管理相依套件最慘痛的地方在於整合系統中的不同部分。例如，使用某個版本深度學習框架所訓練的模型可能不相容於稍晚發布的另一個推論框架。這代表在早期開發階段就必須對系統全面測試，以免後續出現令人不悅的「驚喜」。

容器化

容器化是指運用作業系統層技術，在稱為容器（*container*）的沙箱環境中執行軟體。從內部來看，容器與運行它的機器完全不同。它可以有不同的作業系統和相依套件，並限制其對於系統資源的訪問權限。

邊緣 AI 需要用到許多不同的工具鏈來滿足從機器學習到嵌入式開發的方方面面。這些工具鏈通常各自有互斥不相容的相依套件。例如，兩個工具鏈可能需要同一種語言但是完全不同版本的解譯器。容器化是一種強大的工具，可讓這些不相容的工具鏈在同一台機器上快樂地共存。

容器通常是無狀態且具備高度可攜性。這代表您可以將經過精心配置的機器（以特殊的語法描述）視為一個可執行特定任務的命令列程式。您可以將它們串連在一起來完成許多有用的作業，還能輕易將它們運行於不同的機器來建立分散式運算環境。

容器也有機會在嵌入式裝置上運行，這通常是指在 SoC 上的嵌入式 Linux。就打包各個 Linux 發行版所需的軟體與其相依套件來說，這個做法相當不錯，但也會產生一些間接問題。

最流行的容器化工具是 Docker（*https://www.docker.com*）和 Kubernetes（*https://kubernetes.io*）。Docker 通常用於本地端的開發工作站，而 Kubernetes 則是在分散式運算基礎架構上去運行容器叢集。

8 pip（*https://oreil.ly/fV_w0*）和 Conda（*https://conda.io*）是最常見的 Python 相依套件管理工具。Poetry 是相對較新的工具，但已受到高度推薦。

分散式運算

分散式運算是指在不同機器上執行不同程序的概念，而這些機器可能位於世界上的任何地方並透過網際網路彼此連接。相較於使用單一高效能大型主機或超級電腦，這類運算方式更加靈活，也是現行大多數運算架構底層所採用的方式。

就許多面向來看，分散式運算對於邊緣 AI 都非常重要。首先，邊緣 AI 就是分散式運算的一個例子！運算是發生於邊緣端，也就是資料生成的地方，而結果則會直接使用於本地端或透過網路發送出去。

再者，管理資料集、開發演算法和訓練機器學習模型可能需要大量的運算和儲存。這使得分散式運算非常適合這類過程的對應步驟。例如，常見的做法是租用一台高階的遠端伺服器來訓練深度學習模型，而不是再買一台強大的機器，放在您的辦公室裡來維護。

組織和控制分散式運算基礎架構的任務稱為**編排**（*orchestration*）。目前已有許多針對不同任務的開放原始碼編排工具。Kubeflow（*https://www.kubeflow.org*）是一款專門用於在多台機器上運行機器學習工作負載的編排框架。

雲端供應商

像 Amazon Web Services（*https://aws.amazon.com*）、Google Cloud（*https://cloud.google.com*）和 Microsoft Azure（*https://oreil.ly/zXZeB*）這樣的超大型企業提供了隨選即用式的分散式運散資源給任何願意支付費用的人來使用。這種分散式運算稱為「雲計算」，因為電腦網路示意圖中通常會用雲朵符號來表示位於本地網路之外的資源。

雲端供應商托管了世界上絕大多數的網站。他們負責實體硬體和網路配置，讓開發人員可以專注於打造應用程式而不是管理裝置。他們大量使用了容器化技術，以便讓許多不同的工作負載得以共存於相同的基礎架構中。

邊緣 AI 專案通常會使用雲計算來儲存資料集、訓練機器學習模型，並提供一個方便邊緣裝置收發資料的後端。在某些情況下，例如第 302 頁的「級聯與雲端」中所述，雲端伺服器端所運行的 AI 演算法會與邊緣裝置端的演算法協同工作來提供特定的服務。

處理資料

資料是邊緣 AI 應用的關鍵成分，目前已有許多可用於蒐集、儲存和處理資料的現成工具。

資料擷取

由於偏遠地區要上網通常較為不便，因此現場的資料可能難以取得。兩個有用的工具是資料紀錄器（*https://oreil.ly/0Tl46*）和行動寬頻數據機（*https://oreil.ly/xl0eZ*）。

資料紀錄器是指用於擷取和記錄現場感測器所蒐集資料的小型裝置。它們通常具備用於蒐集感測器讀數的大型永久性儲存空間，還可藉由電池或連接到永久性電源來供電。使用資料紀錄器的好處是可以立即開始蒐集資料，而不需要自行設計和製作任何硬體。缺點是需要實際存取該紀錄器才能手動蒐集資料。

行動寬頻數據機則提供無線網路連接能力，通常是透過行動網路，但也可使用衛星連線。它們從世界上幾乎任何地方都能傳輸資料，但連線品質取決於當地的網路可用性和各種條件。它們提供了讓資料馬上可用的便利性。但是，資料傳輸的費用可能相當昂貴，另外由於無線通訊相當耗電，因此無法適用於所有情況。

物聯網裝置管理

目前已有許多可用於與物聯網裝置通訊的平台，管理其運作並從中蒐集資料。操作這些平台通常需要將函式庫或 API 整合到嵌入式軟體中，然後再透過軟體連接到雲端伺服器，這樣就能運用它來控制裝置。

這些平台用於蒐集感測器資料相當便利，特別是那些可能已具備某些裝置管理軟體的棕地部署情況。

資料儲存和管理

蒐集資料集時總會需要一個地方來儲存它。這可以簡單到存放於硬碟中的 csv 檔，也可以更複雜一點，像是專門設計來儲存和查詢時間序列資料的時間序列資料庫。第 230 頁的「儲存與取得資料」這一段會介紹一些選項。

資料儲存解決方案會根據各種目的來設計。有些希望能在即時查詢資料上做到越快越好，而有些則是設計來盡可能避免資料遺失。邊緣 AI 應用通常是以「批次

（batch）」模式來處理資料，因此效能往往不是首要考量。反之，應該要找到一個適合您正在蒐集資料類型的簡易解決方案。

AI 資料集通常直接存放在檔案系統中，因此完全不需要其他類型的資料庫。檔案系統正是為這類資料所設計的，而檔案系統工具（例如 Unix 的各種命令列工具）則可以幫助您有效地操作它。Python 的科學運算生態系已包含了許多工具，方便您從磁碟讀取資料、探索和視覺化呈現。

雖然說確實用不到華麗的資料庫，但以正確的格式來儲存資料還是很重要的。正如第 258 頁的「處理格式」段落中所述，感測器讀數本身應該以高效且緊密的二進位表示方式來儲存，例如 CBOR（*https://cbor.io*）、NPY（*https://oreil.ly/FdGWo*）或者是 TFRecord（*https://oreil.ly/5HZPO*）—— 這是專門針對高效能機器學習訓練所設計的。感測器讀數的相關元資料應該分開存在其他的檔案（稱為清單檔，*manifest file*）或簡易資料庫中。藉由把資料與元資料分開儲存，您無需將大型檔案讀入記憶體就能有效率地探索和操作資料集。

資料管線

資料管線是指將原始資料轉換成例如訓練機器學習模型這類任務可用形式的過程。這是資料工程師用來自動清理和整理資料的方法。常見的資料管線可能包含取得原始感測器資料、過濾、結合其他資料，然後將其寫入正確格式以供機器學習模型訓練使用。

有許多用於定義資料管線的工具，其中有些相當複雜。邊緣 AI 資料管線往往需要處理數量極大但相對簡易的資料，因此應該避免使用針對結構化資料（例如關聯式資料庫中資料）的工具。目標應該是讓執行任意訊號處理演算法能做到更高的吞吐量和足夠的靈活性，而不是更高的查詢效能。

許多雲服務供應商都提供了在其分散式基礎架構中執行資料管道的功能。某些端對端的邊緣 AI 平台甚至將資料管線視為核心功能，並特別針對感測器資料的特性來而設計。

演算法開發

演算法開發是多數工具的複雜性所在，但已有非常多軟體可協助完成此過程。其中某些軟體適用於邊緣 AI，而其他則不適用。

數學和科學計算庫

Python 社群針對數學與數值分析已經做出了許多令人讚嘆的開放原始碼函式庫，其中最重要的幾項如下：

NumPy（*https://numpy.org*）

NumPy 自稱為「Python 科學運算的重要基礎套件」，這句話千真萬確。它為大部分 Python 數值運算任務提供了高效能骨幹，還有能讓您以最輕鬆方式對大型數值陣列進行複雜操作的超棒 API。它的檔案格式為 NPY，是感測器資料的一種便利儲存方式。

pandas（*https://pandas.pydata.org*）

NumPy 之於陣列，如同 pandas 之於資料表單。它針對用於查詢和轉換任何以行列形式呈現的資訊，提供了近乎魔法般的直觀語法。Pandas 經常與 NumPy 搭配使用，所以您可以用它來探索感測器資料；它真的超級快。

SciPy（*https://scipy.org*）

SciPy 針對科學運算所需的各種演算法提供了一套高速實作。開發 DSP 演算法就會大量用到 SciPy，它也是許多其他工具的神奇動力。

scikit-learn（*https://scikit-learn.org/stable*）

scikit-learn 函式庫是以 NumPy 和 SciPy 所建置，提供了大量的機器學習演算法實作，以及送入已處理的資料和評估效能所需之各種工具。其 API 在設計上讓您得以交替插入其不同元件，代表您可以輕鬆比較和結合不同的演算法。它是 Python 中傳統機器學習的黃金標準，即便您採用了其他框架來訓練深度學習模型，還是經常會用到它的資料處理和評估工具。

資料視覺化

視覺化是處理資料時一個必不可少的工具，針對數位訊號尤其好用。圖形和圖表使我們能夠呈現和解釋各種數值資訊，否則它們可能無法理解。Python 生態系已有許多超棒的資料視覺化函式庫。這類工具可能相當複雜，尤其是您想在預設設定之外自定義視覺化效果的時候，但只要掌握了之後就能很快地把一列列數字轉換為清晰的洞察結果。

這類應用最常見的兩個函式庫是 Matplotlib（*https://matplotlib.org*）和 seaborn（*https://seaborn.pydata.org*）。Matplotlib 提供了滿山滿谷的資料視覺化方法；它通常用於產生科學刊物中的各種圖表。它的語法可能有點難，但它真的超級熱門，只要簡單網路搜尋一下通常就能幫助您弄清楚所要嘗試的東西。

Seaborn 則是建立在 Matplotlib 之上，目標是化繁為簡，讓使用者無需身陷困難的 API 就能輕鬆做出漂亮的視覺化呈現結果，如圖 5-2。Seaborn 是特別針對與 pandas 搭配使用而設計的。

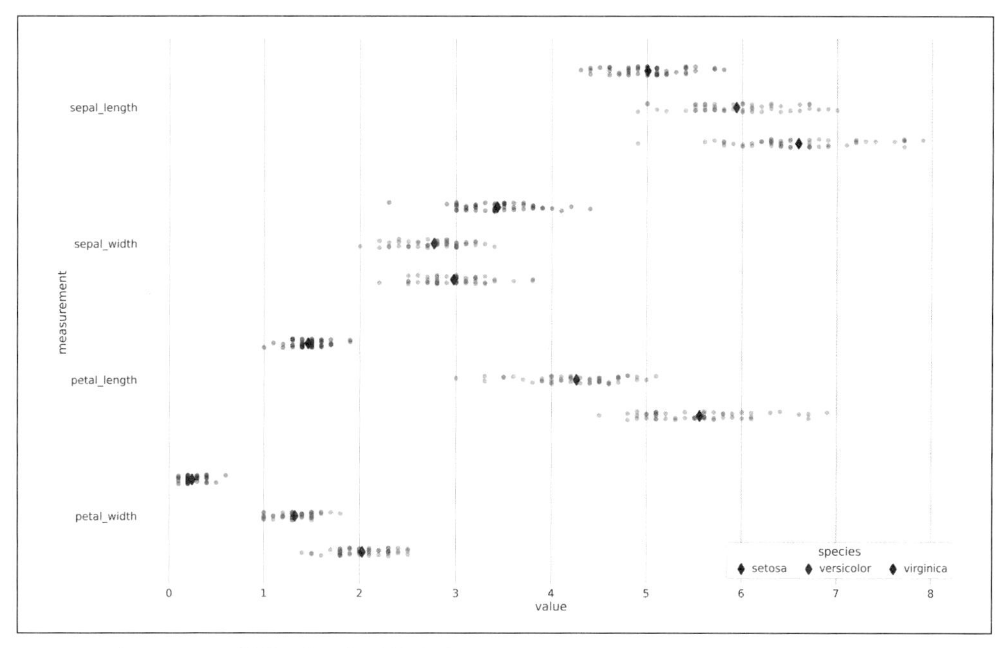

圖 5-2　本圖顯示了植物測量資料集中各欄的範圍和平均值；它是 seaborn 範例（*https://oreil.ly/uPOl0*）中的視覺化效果之一

Seaborn 和 Matplotlib 都可輸出影像檔，但 Plotly（*https://plotly.com/python*）這樣的視覺化函式庫還能產生可以動態探索的互動式視覺效果。

互動式運算環境

邊緣 AI 開發需要大量探索那些已超出常規軟體工程的範疇。探索性質的資料分析、數位訊號處理和機器學習都有各自的工作流程，需要嘗試不同的想法並快速將結果視覺化呈現出來。

針對這個目的，現在已有各式各樣的互動式環境可用了。與其單純執行腳本並將結果寫入檔案，或者必須先搞定整套 Web 應用才能視覺化呈現資訊，互動式運算環境允許程式碼和視覺化結果共存於同一個編輯器中。

對於 Python 來說最重要的互動式環境稱為 Jupyter Notebook（*https://jupyter.org*）。在筆記本中，您可以編寫和執行 Python 程式碼，並且程式碼輸出會顯示在其下。所謂的輸出結果也包括 Matplotlib 等函式庫所生成的各種視覺化呈現，如圖 5-3。

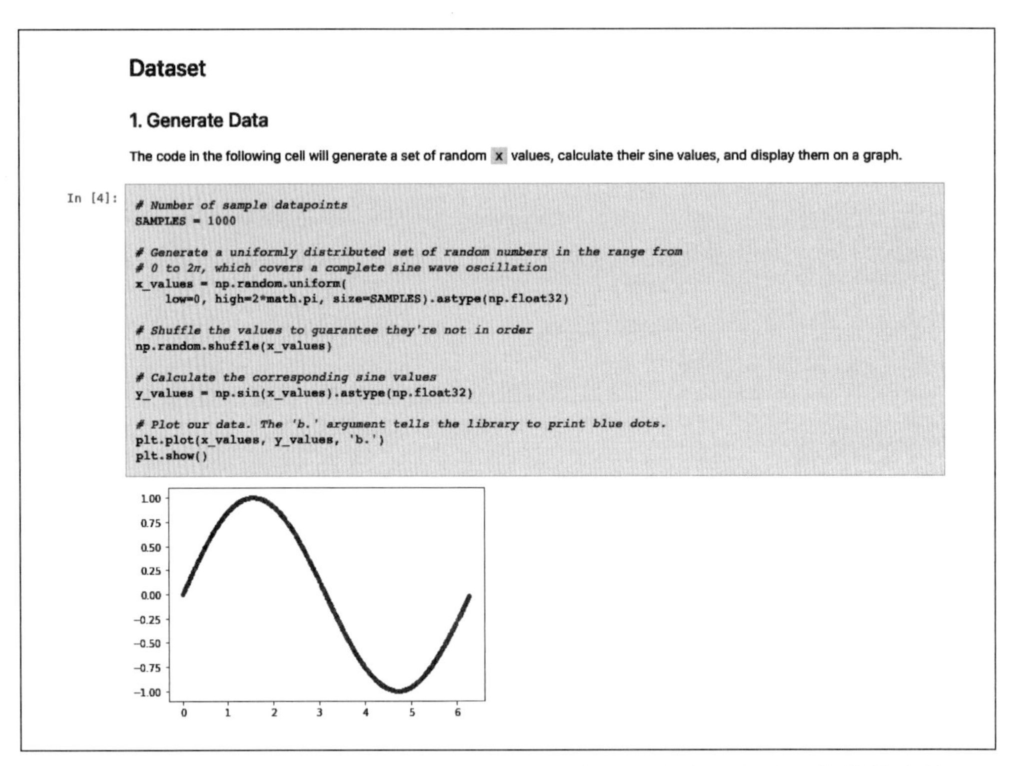

圖 5-3　Jupyter Notebook 的螢幕截圖，可看到豐富的文字、程式碼與其輸出結果；這分筆記本是來自 TensorFlow Lite for Microcontrollers 的 Hello World 範例（*https://oreil.ly/a976F*）

這讓您得以做出可即時互動的文件，其中包含了演算法實作和執行結果。它們的價值在於可作為實驗用的互動工具，也是已完成工作項目的文件證據。常見的工作流程是在筆記本中試驗各種演算法直到找到最佳者，然後在確定它可良好運作之後，再把程式碼移植到一般的 Python 腳本中。

Jupyter 可以在本地端運行，但另外也有基於 Jupyter 的雲端托管環境。其中一個是 Google Colab（*https://oreil.ly/eA4Mb*），另一個是 Amazon SageMaker（*https://oreil.ly/GxOs-*）。兩者都可以免費使用，但如果需要更大的運算資源就需要額外支付費用。

另一個常見的互動式運算環境是 MATLAB（*https://oreil.ly/NJ7Pr*），它結合了類似的互動式環境和自家的程式語言。它在學術和工程領域很常見，但作為一款需要付費授權的封閉商業產品，它在軟體工程師眼中就沒那麼受歡迎。具備電子電機工程相關背景的人很可能已經熟悉 MATLAB，包括 DSP 工程師。

甚至還有針對邊緣 AI 來設計的互動環境。OpenMV IDE（*https://oreil.ly/f0-KB*）是由 OpenMV 團隊所推出的開放原始碼產品，支持各種機器視覺應用的開發流程。它讓測試和實作用於解譯視覺資訊的演算法變得更簡單，這些演算法後續就可部署到 OpenMV 硬體和其他目標裝置上。OpenMV IDE 的特點在於它可以連接已整合攝影機的硬體裝置來即時顯示演算法的結果。

數位訊號處理

DSP 演算法開發通常會在 Python 或 MATLAB 中進行。想用哪一個環境都可以，但 DSP 工程師通常各自有其偏好。

在 Python 中，SciPy 的 `scipy.signal`（*https://oreil.ly/UwJsO*）模組提供了許多重要的 DSP 演算法實作。MATLAB 的訊號處理（*https://oreil.ly/X8umU*）和影像處理（*https://oreil.ly/MYpwC*）工具箱則是超好用的工具。

MATLAB 有一些很不錯的圖形化介面工具，可降低開發演算法所需的程式量，但 Python 的優勢在於與各種訓練機器學習模型的工具鏈直接相容，而且還是免費的。

另一個人氣看漲的第三選擇是 GNU Octave（*https://www.octave.org*），目標是成為 MATLAB 的免費開放原始碼替代方案。

深度學習框架

深度學習工具的生態系是由兩個非常受歡迎的開放原始碼框架所主導，都是用 Python 編寫：Google 的 TensorFlow（*https://tensorflow.org*）和 Meta 的 PyTorch（*https://pytorch.org*）[9]。這兩個框架最初都是企業用來訓練深度學習模型的內部系統，因此會反映出各自贊助商的首要考量。

深度學習框架與典型的軟體函式庫（例如 NumPy 或 scikit-learn）不太一樣，它們會試著在單一框架下提供整套工具。TensorFlow 和 PyTorch 都已涵蓋了用於定義和訓練機器學習模型、處理資料、協調分散式系統以及部署到各類型運算平台等等所需的系統。

範例 5-1　使用 Keras（TensorFlow 的高階 API）定義並訓練簡易的深度學習模型架構

```
from tensorflow.keras.models import Sequential
from tensorflow.keras.layers import Dense

# 定義模型架構
model = Sequential()
model.add(Dense(units=64, activation='relu'))
model.add(Dense(units=10, activation='softmax'))

# 設置訓練流程
model.compile(loss='categorical_crossentropy',
              optimizer='sgd',
              metrics=['accuracy'])

# 訓練模型
model.fit(x_train, y_train, epochs=5, batch_size=32)

# 評估模型
loss_and_metrics = model.evaluate(x_test, y_test, batch_size=128)
```

這兩個工具的歷史使得 TensorFlow 成為業界的主流框架，而 PyTorch 則是深度學習研究員的首選工具[10]。主因之一是 TensorFlow 生態系在模型部署上有更多選擇，這對於邊緣 AI 來說尤其重要。

9　就是以前的 Facebook。

10　這兩款框架的歷史與比較相當精彩，AssemblyAI 的這篇文章（*https://oreil.ly/6c6ta*）對這段故事有很好的總覽。

在本書編寫時，大多數用於提高模型效率並將其部署到邊緣裝置上的工具都已經與 TensorFlow 生態系高度整合了。TensorFlow 與 PyTorch 各自有不同的模型儲存格式，即便彼此有轉換的方式但也談不上直觀[11]。這代表目前多數邊緣 AI 的 ML 工程師都在使用 TensorFlow。

由於 PyTorch 是研究人員的首選框架，許多最新的模型架構最初都是以 PyTorch 格式來發表的。這可能會讓因為部署便利性而選用 TensorFlow 的業界開發者感到氣餒。幸運的是，大多數致力於讓模型更小更高效，以適合部署於邊緣的研究人員，都在 TensorFlow 生態系中從事相關研究。在各種模型不相容性的問題中，最令人頭痛的領域就是視覺物件偵測，因為物件偵測模型的訓練程式碼往往相當複雜，很難從一個框架移植到另一個框架。

在本書編寫時，TensorFlow 是邊緣 AI 開發框架的最佳選項。使用 PyTorch 的開發人員在嘗試部署模型時將會面臨複雜而不可靠的轉換過程。隨著 PyTorch 生態系的日益成熟，觀察這個情況如何演變應該會很有趣。

模型壓縮和最佳化

邊緣裝置通常需要小型而高效率的模型，深度學習的情境尤其如此，其中參數量和運算要求可能快速增加。在第 124 頁的「壓縮和最佳化」中已介紹了各種可提升模型效能的技術。其中某些技術是應用於訓練期間，而其他則是在訓練完成之後進行。

壓縮和最佳化工具通常是以深度學習框架的一部分來提供，或是由支援特定最佳化做法的硬體供應商來提供。TensorFlow Lite 轉換器（*https://oreil.ly/P5VHY*）已成為運算融合和基礎量化的業界標準，而其中的 TensorFlow Lite 模型檔案格式已可說是業界標準了[12]。在 TensorFlow 生態系中，TensorFlow 模型最佳化工具包（*https://oreil.ly/ASl_h*）提供了一系列已涵蓋其他類型的最佳化和壓縮技術的開放原始碼工具。

---

11 事實上，即便經驗最老道的開發者，轉換模型格式依然可能是一場噩夢。

12 其他像是 ONNX（*https://onnx.ai*）這種格式當然還是有人使用，但 TensorFlow Lite 格式是目前最受歡迎的。

值得一提的是，大多數最佳化方法在推論時也需要特殊的工具，在第 164 頁的「推論和模型最佳化」的單元中已經談到過了。在本書編寫時，支援程度最高的最佳化方法就是量化，並且 8 位元量化運算子實作已廣為使用。其他方法的支援程度就比較差了，其中的稀疏性是個超級煙霧彈：它聽起來讓人印象深刻，但目前能支援的硬體卻是少之又少。

實驗追蹤

演算法開發是一種迭代式的探索性質過程，而整個專案期間可能得進行成千上百種不同的嘗試來達到可接受的效果。重點是要堅守科學精神以及系統地測試各種想法，別想著隨意更改就能得到最好的結果。為了實現這一點，您需要某種用於追蹤實驗的系統。

典型的實驗可能包含採用一組特定的資料樣本、應用某一套 DSP 演算法、使用特徵搭配某一組超參數來訓練機器學習模型，然後在標準測試資料集上測試模型。這種情況的變數就很多了：挑選樣本、DSP 演算法、模型和其參數。

實驗追蹤工具的設計目的是記錄實驗的執行情況、如何設定變數與其結果。這類工具會試著去組織起原本只是寫在筆記本上那些不可靠和非正式過程，並盡量不遺漏任何細節。實驗追蹤器還可以儲存由實驗產生的人為產物：訓練腳本、資料集和訓練完成的模型。這對於理解和日後重現您的工作來說很有幫助。

實驗追蹤工具分成開放原始碼軟體套件和托管的商業產品。其中最簡單的選項之一是 TensorBoard（*https://oreil.ly/nOaGP*），它是 TensorFlow 生態系的正式成員[13]。TensorBoard 提供了簡易的網頁介面來視覺化呈現和比較訓練過程中蒐集的日誌，還有一些針對訓練程式碼進行最佳化和除錯的超棒工具。它用來追蹤簡易實驗相當好用，但它並不是設計成可涵蓋整個專案生命週期的永久性資料儲存庫，而且如果您的試驗次數過多的話，它的效果也不是很好。

另一個更複雜的開放原始碼選項是 MLflow（*https://mlflow.org*）。這是一款相當複雜的網路應用，後端是一套可支援實驗追蹤、儲存訓練模型，並將資料科學程式碼打包以便後續能輕鬆重現實驗的資料庫。它比 TensorBoard 更適合長期性操作，並且在擴充之後就能追蹤數以千計的實驗。然而它不具備像 TensorBoard 那

13 TensorBoard 針對 TensorFlow 和 PyTorch 都可使用。

樣的最佳化和除錯功能，因此 TensorBoard 仍然是提升訓練模型之運算效能的首選工具。

市面上已有許多可用於實驗追蹤的商品。值得一提的選項是 Weights & Biases（*https://wandb.ai/site*），它具備簡單好用的 API 和易於使用的網頁介面（以及許多屬於 MLOps 類別的功能，之後在第 158 頁會談到）。商用工具的好處之一就是您不必在自己的基礎架構上托管它們；您只要支付月費就會由某人來完成設置和維護，並確保它們是安全無虞的。

自動機器學習（AutoML）

一旦開始使用軟體來追蹤實驗之後，要想從軟體來執行它們也是相當簡單的。AutoML 工具的目標是將探索設計空間的迭代本質轉為自動化。在給定資料集和某些限制之後，它們就會設計實驗來測試各種變數組合，以找出最佳的模型或演算法。

這個過程稱為**超參數最佳化**（*hyperparameter optimization*）[14]，是一種針對特定資料集找出最佳模型的高效率方法。已有許多不同的超參數最佳化演算法，從簡單的網格搜索（依序嘗試所有每種可能的變數組合）到名為 Hyperband（*https://oreil.ly/OOeNa*）的演算法，後者的目標是智慧化控制整個過程以達最高效率。

AutoML 並非解決問題的萬能魔法棒。它依然需要領域專業知識來界定問題，並以正確的方式來設定設計空間。AutoML 能做的是從機器學習工作流程中省去猜測和枯燥的部分：它是一種自動化的試誤方式，讓您專注於更有生產力的事情。

某些 AutoML 系統只需要輸入指定的設計空間，就可以輸出要執行的實驗清單；而其他系統則更進一步走向 MLOps 領域（請參考下一段第 158 頁的「機器學習運營（MLOps）」），藉由分散式運算技術來協調各實驗的執行過程。有一種特別複雜的 AutoML 技術是神經架構搜索（neural architecture search, NAS），其中已將機器學習融入了設計空間的探索過程中了。

14 也稱為超參數調校（hyperparameter tuning）。

明確而言，我們推薦 Ray Tune（*https://oreil.ly/8eGs9*）這套用於超參數調校的知名開放原始碼框架，能夠在您的分散式基礎建設中協調超參數最佳化任務。Weights & Biases 公司所推出的 Sweeps（*https://oreil.ly/-tRCq*）是一款商用產品，可幫助協調在您指定硬體上所進行的實驗。

AutoML 應用於邊緣 AI 領域尤其強大。這是因為針對邊緣裝置所設計的模型往往相當迷您因此可快速訓練，使得要嘗試更多不同選項就更簡單了。這點也相當重要，因為邊緣 AI 要最佳化的可不只模型準確度而已，還需要找到最小、最快和功耗最低的模型。

傳統的 AutoML 工具不會去考量到這些問題，但有些端對端的邊緣 AI 平台已經涵蓋到了[15]。

機器學習運營（MLOps）

機器學習工作流程包含了許多環節，MLOps 則是管理所有事情的一門藝術，也是科學。它涵蓋了本章介紹到的許多工具，包含資料儲存系統、實驗追蹤和 AutoML 功能等。

作為 ML 專案中的一名工程師，不管是否意識到，其實您都在進行 MLOps。即使是最簡單的專案，追蹤資料集、訓練腳本和得到當下的最佳模型都可能挑戰重重。而在更複雜的專案中，工作流程的每個部分會因為回饋循環的影響而不斷演變，如果無法掌握有效的工具，想要跟上這些變化幾乎是不可能的。

ML 管線

MLOps 解決方案的關鍵功能之一是定義和運行 ML 管線。ML 管線是一個腳本化的過程，可取得資料、進行轉換（包括訊號處理或任何其他特徵工程）、使用它來訓練機器學習模型並評估結果。它也可以是整合了 ML 功能的擴充版資料管線。

雖然最初的實驗可能是在筆記本中或本地端腳本中進行，但只要想把模型訓練過程自動化時，就很常需要定義正式的管線。例如，管線能讓重複執行實

15 本章第 170 頁的「端對端邊緣 AI 平台」就會談到。

驗來嘗試不同的超參數變得更簡單，或者如果要不斷加入新資料，並在自動訓練完成之後來比較新舊模型，運用它們也很方便。

最簡易的 ML 管線可用 Python 或 Bash 這類的腳本語言實作於單一機器上。更複雜的管線則可能設計在分散式基礎建設中運行，並可能平行執行一些步驟來提升效能。複雜到一定程度的 ML 管線常常會運用容器化技術（第 146 頁的「容器化」）：管線的每個步驟都是定義在包含了所有相依套件的獨立容器中，再依序呼叫各個容器。

MLOps 系統可由個別的元件所組成：您可以針對資料集管理選用某套工具，實驗追蹤使用另一套工具，儲存最佳模型又是另一套。使用綜合性框架來處理整個過程也是相當常見的作法。您當然可以把綜合性框架和符合您特定需求的某套工具搭配來使用。

MLOps 這個領域非常大，涵蓋了許多類別的工具，其中也包括本章先前所提到的一些。*ml-ops.org* 網站是了解 MLOps 的絕佳資源，其中談到了 MLOps 是由以下任務所組成[16]：

- 資料工程
- 資料、ML 模型和程式碼的版本控制
- 持續性整合與持續性交付管線
- 部署和實驗自動化
- 模型效能評估
- 監控運作中的模型

由於邊緣 AI 是一個新的領域，大多數 MLOps 系統都是以模型會由網路服務來「服務（提供）」這個前提來設計，而非部署到邊緣裝置端。邊緣 AI 開發的獨特性會涉及一些額外的任務，包括：

16 列於 ml-ops.org 網站的 State of MLOps 頁面。

- 擷取來自裝置和感測器的資料
- 數位訊號處理和規則式演算法
- 估計裝置端效能[17]
- 模型壓縮和最佳化
- 轉換和編譯模型以支援邊緣裝置
- 追蹤模型的現場版本

審視 MLOps 有個不錯的方式，就是將其視為「堆疊（stack）」：一組協同運作來實現邊緣 AI 系統的開發、部署和維護等功能的軟體工具。Valohai 公司推出了 MLOps 堆疊樣板的概念（*https://oreil.ly/MKaon*）：呈現 MLOps 堆疊中所有元件彼此如何搭配的示意圖。該公司最初的堆疊樣板是以伺服器情境為基礎，但圖 5-4 已針對邊緣 ML 來修改。

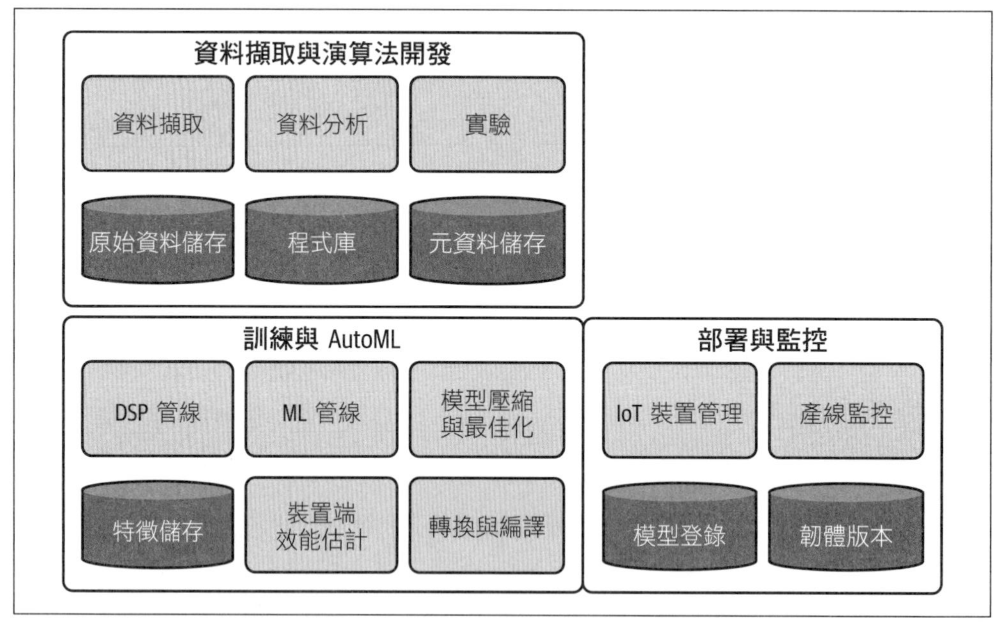

圖 5-4　邊緣端機器學習的堆疊樣板；您需要解決每個框中的問題，根據特定的使用案例可能還需要額外的解決方案

17　包括模型品質和運算效能。

您在開發過程中可能會採取從多個軟體元件逐步拼裝出所要的堆疊。另一方面，您也可選用邊緣 AI 專用的綜合性 MLOps 平台並享受其所帶來的便利，之後在第 170 頁的「端對端邊緣 AI 平台」就會談到。

MLOps 這個主題太大了，一本關於邊緣 AI 的書中當然無法完整介紹。如果您想深入了解，我們推薦以下資源——但請注意，大多數 MLOps 內容是針對伺服器端模型而非邊緣端 AI 所寫的：

- *ml-ops.org* 網站。
- *Introducing MLOps*，作者為 Mark Treveil 等（O'Reilly, 2020）。
- Google Cloud 的 MLOps 介紹（*https://oreil.ly/dng28*），是一篇優秀的技術文章。

於裝置端執行演算法

設計演算法和訓練模型需要一套工具，而想在裝置上高效率運行它們需要另外一套工具。這些工具包含通用的 C++ 函式庫和針對特定硬體架構最佳化的高效率實作。

數學和 DSP 函式庫

各種常用數學運算已有各種實作，提供了 DSP 演算法和深度學習運算的功能——從頭自行實作這些基礎演算法將耗費大量時間。一些著名的函式庫包括：

- 快速傅立葉變換：大量用於 DSP 中，例如 KISS FFT（*https://oreil.ly/BPyFl*）和 FFTW（*https://www.fftw.org*）。
- 矩陣乘法函式庫，例如 gemmlowp（*https://oreil.ly/6hCG3*）和 ruy（*https://oreil.ly/WSrv4*）。

硬體裝置通常具備用於提高這類常見演算法效能的功能。這些功能會在硬體專屬的函式庫中提供，例如 CMSIS DSP 軟體函式庫（*https://oreil.ly/PkVwj*）就是為 Arm 的 Cortex-M 和 Cortex-A 硬體提供許多常用 DSP 演算法的最佳化實作。

深度學習核心也同樣有最佳化實作可用，例如 CMSIS NN 軟體函式庫（*https://oreil.ly/dLOXy*）。對於包含微控制器和 SoC 在內的多數現行處理器架構都有對應的最佳化實作。在挑選硬體時應仔細確認是否有最佳化內核可用，因為它們可大大降低延遲時間（10-100 倍）。

機器學習推論

在邊緣裝置上進行推論的方法之一是自行編寫程式，用於實作已針對目標架構手動完成最佳化的特定深度學習模型。然而，這會耗費大量時間且彈性極差：這分程式碼無法再利用於新的應用程式或不同的硬體，且如果模型後續有任何更改的話，就必須修改整個程式。

開發人員已提出各種解決方案來避免這個問題[18]。常見的方法如下：

解譯器

解譯器，或執行階段（*runtime*），是一段負責讀取描述模型的檔案（包含其運算和參數）的程式，並使用一組預先編寫的運算子來依序執行模型所需的各個運算。解譯器非常靈活：使用解譯器，就能用相同的幾行程式碼來交替執行任何模型。但這樣做的代價是造成模型在讀取和解譯的過程會額外產生一些運算，超出了模型的本身所需。解譯器會耗用額外的 RAM、ROM 和 CPU 周期。

最常用的解譯器都來自於 TensorFlow 生態系。TensorFlow Lite（*https://oreil.ly/vc3-p*）最初是為手機所設計，但也適用於許多流行的 SoC，而 TensorFlow Lite for Microcontrollers（*https://oreil.ly/OHQ9a*）則適用於微控制器和 DSP。它們都是以 C++ 實作，但 TensorFlow Lite 為了方便使用還提供了 Python 和 Java API。它們兩者都受益於 TensorFlow Lite 轉換器（*https://oreil.ly/_ryR8*）所提供的運算融合和量化技術。

解譯器使用的內核可以根據目標裝置來切換，因此只要有得用的話，就能直接改用高效最佳化的內核。這類內核已見於幾種常見的裝置和架構了。

18 Pete Warden 在他的部落格文章中提出了這個領域的各種技術挑戰，相當精彩：*https://oreil.ly/UbDtm*。

程式碼生成編譯器

通過程式碼生成方法，可生成程式碼的編譯器可接受模型檔作為輸入，並將其轉換為實作它的程式。就運算子支援方面來說，這段程式需依賴於一套由預先寫好的運算子所組成的函式庫，並且需要以正確的順序呼叫它們並傳入適當的參數。

程式碼生成具備許多與基於解譯器的方法相同的優點，但進一步減輕了解譯器本身所帶來的大部分額外負擔。程式碼生成甚至可以運用解譯器的各種預先寫好的運算子：例如，Edge Impulse 的 EON 編譯器（*https://oreil.ly/GN5oT*）就相容於 TensorFlow Lite for Microcontrollers 的內核。

位元碼編譯器

對於可充分對應目標的編譯器來說，有機會直接產生出用於實作模型的位元碼，並在此過程中做到專屬於該目標的最佳化。這樣的實作結果具備極高的效率，因為充分運用了晶片上所有的效能增強功能。例如，Synaptics 的 TENSAI Flow 神經網路編譯器（*https://oreil.ly/1bP6V*）就是專門為了編譯可部署到 Synaptics Katana Edge AI 處理器上的模型。

虛擬機器

位元碼編譯器方法的主要缺點在於針對每個目標裝置都要寫一套編譯器，而開發編譯器是一項非常艱鉅的任務。為了解決這個問題，某些編譯器就鎖定了所謂的虛擬機器（*virtual machine*）：這是一個位於硬體上層的抽象層，並提供了對應各種低階處理器功能的指令。

這個抽象層會犧牲一點效率，因為虛擬機器還是要移植到新的處理器上，但絕對是利大於弊。Apache TVM（*https://tvm.apache.org*）就是採用這種方法，它還運用了裝置端執行階段，以便反覆測試不同實作來找到效率最好的那一個。

硬體描述語言

有個新興趨勢是採用特殊編譯器來產生硬體描述語言（hardware descriptoin language, HDL），這段程式碼描述了處理器架構，並可用於 FPGA 和 ASIC。運用這些技術就能直接在硬體中實作模型，應該是非常高效率的做法。

CFU Playground（*https://oreil.ly/SzHbP*）和 Tensil（*https://www.tensil.ai*）都是運用這類方法來讓自行設計加速器變得更簡便的開放原始碼工具。

替代方法

某些加速器晶片採用了超出一般程式碼和編譯工作流程之外的系統來開發。例如，有些具備神經網路核心之硬體實作的晶片提供了一個介面，可由此介面將模型權重直接寫入與任何應用程式碼獨立的特殊記憶體緩衝區中。

> **推論和模型最佳化**
>
> 高效能導向且針對特定裝置的核心最佳化，相較於透過壓縮與其他技術所達成的模型最佳化是不同的。模型最佳化通常需要自身核心，有時是硬體的支援。
>
> 例如在執行量化模型時，必須要有相容於特定量化等級的核心。量化為 8 位元整數精度的模型需要一個支援它的核心，其他量化等級也是如此。事實上，根據使用的資料型態，不論是 `int8`、`uint8`、`int16` 等，都需要特定的核心才能做到。
>
> 其他最佳化技術也是如此。例如，模型經過剪枝之後會產生大量的稀疏：就是許多的零。單獨使用它不會對執行時間產生任何影響——必須使用可藉由稀疏性來縮短運算時間的特殊核心或硬體來執行模型才行。這類核心和硬體尚未普及，因此剪枝在這個領域的實用性還是有限。

裝置端學習

在第 126 頁的「裝置端訓練」中談到了深度學習訓練所需的資料和運算需求讓裝置端訓練的實用性依然綁手綁腳。多數時候，「裝置端訓練」是指一種計算嵌入向量之間距離的簡易方法，例如判斷兩筆指紋的嵌入是否符合。

要在邊緣裝置端進行深度學習訓練實際上非常罕見。如果您找到了一款具備有所需儲存空間和運算能力的裝置（通常是 SoC 或手機），TensorFlow Lite 已經提供了一些很棒的功能（*https://oreil.ly/WDBo7*）。

問題仍然在於，想要判斷所訓練模型在裝置端的表現到底好不好，實際上極難做到。除非您有不得不的理由一定要在需要裝置端做到深度學習，否則能省則省[19]。

聯邦學習對許多人依然相當有吸引力，但正如本書先前所述，它對絕大多數問題來說都談不上是特別好的解決方案。此外，聯邦學習的相關工具也相對陽春和屬於實驗性質[20]。許多人受到引誘後已掉入了聯邦學習的兔子洞，最終感覺只是浪費時間：實際需要用到聯邦學習的專案非常少見。但如果真的有興趣深入了解的話，TensorFlow Federated（*https://oreil.ly/6dxOr*）是一個不錯的資源。

嵌入式軟體工程與電子學

邊緣 AI 是嵌入式軟體工程的一個子領域，與電氣工程和電子學的各種實務性原理密切相關。這些領域每個都需要大量的工具和技術——本書篇幅有限，自然無法一一介紹。

因此，我們只會逐一介紹在邊緣端開發 AI 一些特別重要的地方。

剛開始？

如果您的邊緣 AI 專案還在原型開發階段，且不具備太多的嵌入式經驗的話，Arduino（*https://www.arduino.cc*）和 Arduino Pro（*https://www.arduino.cc/pro*）系列產品是一個很好的起點。Arduino 打造了一個方便初學者使用的嵌入式開發環境，但仍然強大到可以做出實際的應用程式——如果您是位剛入門邊緣裝置的 ML 工程師，或是這兩個領域的新手，這個方案只能說真是完美。Arduino 團隊從最初就了解邊緣 AI 浪潮的潛力，並一路以來推動它的成長。

19 Pete Warden 的另一篇部落格文章〈Why Isn't There More Training on the Edge?〉（*https://oreil.ly/vo7-R*）清楚說明了這個主題。

20 雖然這件事隨著時間也會不斷改進。

嵌入式硬體工具

由於嵌入式裝置本身的特性，開發嵌入式軟體是相當具有挑戰性。當軟體執行於獨立裝置上，尤其是內部狀態顯示方式受限的那類裝置，要對其除錯就相當困難了。嵌入式程式必須從最基本的硬體整合開始（常常需要自行編寫感測器等硬體的驅動程式），一路顧及到低層通訊協定的複雜握手協定。

因此，嵌入式開發需要一些對其他軟體工程師來說可能不太常用的工具，其中一些如下：

- 裝置燒錄器：這是讓開發人員對嵌入式裝置上傳新程式的一種硬體。它們通常專屬於某個裝置。
- 除錯探針：這是一種可連接嵌入式處理器的硬體，可在程式運行時對其分析。它們也專屬於某個裝置。
- USB 對 UART 轉接器：它們可在開發者的工作電腦和嵌入式裝置之間來收發任意資料。它們是通用的。
- 三用電表：它們可以測量電壓、電流和電阻，並可了解嵌入式電路在程式控制下的狀態。
- 示波器：它們可以測量裝置或 PCB 上的訊號，以隨著時間變化的電壓高低來表示。

想要介接、操作和了解嵌入式裝置的狀態，這些工具是不可少的。例如，如果要測試程式是否正確運行，您可能需要讓它在滿足某個條件時去切換處理器的指定腳位，然後在使用三用電表來測量腳位是否已切換。另一種常見的嵌入式裝置通訊方式是藉由序列（UART）傳輸線，它可在相對較低的頻率下（但仍足以在合理的時間內傳輸感測器資料）收發資料。

開發板

單獨一顆嵌入式處理器不過是包裝在塑膠中的一小片晶片，要發揮作用，它需要和其他一小群電子元件連接起來才行。就像第 84 頁的「開發板與裝置」中所述，開發板可作為方便的即插即用平台，其中已整合了嵌入式處理器和各種輸入和輸出，通常還包括了一些感測器。

開發板的目標是讓嵌入式工程師得以評估某款晶片是否適合該專案，並讓軟體開發不受硬體開發流程所攔阻而順利進行下去。一旦產品自身硬體的工作準備就緒，開發就可以轉移過去了。Arduino Pro（*https://www.arduino.cc/pro*）這類的快速原型設計平台算是例外，它是為了小批量生產而設計的。

開發板適用於大多數的嵌入式處理器。在挑選硬體時，最好先取得數款不同的開發板來進行實驗。例如，您可以試著在多款不同的開發板上運行所需的初版深度學習模型，藉此了解它們的效能比較。

有些端對端平台（後續第 170 頁的「端對端邊緣 AI 平台」）與特定開發板深度整合，讓您能夠擷取其上的感測器資料，或在不需要編寫任何程式碼的前提下順利部署和評估模型。這對於開發和測試來說非常有用。

嵌入式軟體工具

對於邊緣 AI 的各種目的來說，嵌入式軟體工程通常代表了要用 C++ 來開發。這可以在您慣用的文字編輯器中完成，但通常嵌入式處理器供應商也會提供整合開發環境（IDE），不但與自家硬體緊密整合，上傳程式和除錯也更加容易。

供應商通常會提供用於自家硬體的 SDK、驅動程式和函式庫，以便您取用各種處理器功能——但這些程式碼的品質不一定都很好，通常更像是可行性證明而非產品等級的程式碼。

為減少需要親自編寫的樣板程式碼，您可以選擇使用即時作業系統（RTOS）。RTOS 提供了簡易作業系統的功能，但它是以一堆函式庫程式碼來呈現，您可以與自己的程式一併編譯。然後，您就能呼叫 RTOS API 來做一些事情，例如控制周邊或進行網路通訊等等。

嵌入式開發常常需要複雜的工具鏈：由硬體供應商提供的程式和腳本，用於把文件檔中的程式碼轉換程式，然後將其「燒錄」到硬體裝置上。

常見的工作流程如下：

1. 修改原始碼。
2. 執行編譯器（由處理器供應商提供）和連結器，將程式碼轉換為二元碼。

3. 執行腳本，將您的程式碼燒錄到嵌入式裝置上。

4. 使用序列連線來與裝置通訊，並測試您的程式碼。

當程式碼運行在裝置端時，通常可用名為除錯探針（debug probe）的硬體工具，直接檢查開發用的機器。這讓程式碼可以像在本地端執行一樣來除錯，還能設置中斷點、檢查變數和逐步執行程式碼。

您的一部分程式碼會是通用的 C++，要在開發用的機器來執行基本上毫無問題，例如以單元測試的形式。然而，開發最後階段還會產生與處理器專屬硬體 API 所整合的大量程式碼。這類程式碼無法在開發用的機器上執行，因此您只能摸摸鼻子，要嘛就是在裝置上測試，或者可以試著使用仿真器。

仿真器和模擬器

仿真器（*emulator*）是一種軟體，目的是以虛擬方式重現一個處理器，並運行在您的開發機器上，這樣不需要將嵌入式程式碼燒錄到裝置上也能執行它了。它永遠無法完美呈現出真實硬體——例如，它不一定能與真實硬體上的程式完全相同的速度來運行——但它可以盡量逼近來成為一套有價值的工具。

例如，如果您需要確定程式的執行速度到底有多快，以便估算 AI 演算法的延遲時間，那麼一套能準確模擬週期的仿真器就能讓您正確判斷出真實硬體上的時脈周期。您可以將這個數字除以時脈速率，以取得對於延遲時間的精確估計值。仿真器無法真的以那種速度來運行，但它可以提供相關資訊好讓您估計。

模擬（*simulation*）則是使用軟體來模擬整個裝置，包括一個仿真處理器以及所有可能連接的其他裝置——包括感測器和通訊硬體。某些模擬器甚至可以呈現出多處理器開發板，或一整個由互聯裝置所組成的網路。

並非所有處理器都有對應的仿真器，但 Renode（*https://renode.io*）是一套功能強大的仿真和模擬環境，支援許多常見的處理器架構，而 Arm Virtual Hardware（*https://oreil.ly/iXED4*）可以讓您在雲端來仿真出某一款 Arm 處理器。

嵌入式 Linux

截至目前為止，我們所提到的大多數專門嵌入式工具都是針對微控制器和其他裸機裝置而設計的。SoC 和邊緣伺服器是另一個故事：它們運算能力和記憶體足以容納完整的作業系統，因此，SoC 的開發方式與個人電腦或網路伺服器非常類似。這是它們的主要優點之一：開發人員的專業技能真的不用太多。

常見的 SoC 都會運行某個 Linux 版本，並已具備所有相關的工具和函式庫。可以使用任何語言來開發程式，並且與其他平台有著相同的取捨：像 C++ 這樣的低階語言快速高效，而像 Python 這樣的高階語言則靈活易用。Google 提供了一個 TensorFlow Lite 執行階段（*https://oreil.ly/VAk82*），已經針對一些常用的平台預先編譯完成，方便您直接使用 Python 運算函式庫來操作：例如，您可以在應用程式中使用 SciPy 的數位訊號處理功能。

嵌入式 Linux 裝置甚至可透過容器化技術來部署：嵌入式應用程式可以打包為 Linux 容器，使其易於安裝和使用。

對於 SoC 而言，在生產安裝中使用現成的開發板是相對常見的作法。有許多供應商專門設計和銷售以 SoC 為基礎的平台，這類平台已針對特定應用所設計。例如，您可以購買專為工業部署而設計的堅固外殼裝置。到了部署階段，只需接上所需的任何感測器並安裝應用程式即可。

操作 SoC 的挑戰之一，在於儘管有熟悉的 Linux 環境，但不總是有預先編譯好的套件包可用。您可能要盡快習慣從原始碼去建置函式庫，好讓應用程式正常運作，而這件事有時候沒想像中容易。

當處理具備完整作業系統的裝置時，考量到安全性是很重要的。運行在 SoC 上的嵌入式 Linux 當然需要像網路上的其他任何機器一樣受到嚴密保護，以避免它成為攻擊的箭靶。安全性低落的物聯網裝置因容易被駭客入侵來攻擊其他系統而惡名昭彰。

自動化硬體測試

現代軟體工程在實務上的最佳做法是鼓勵運用持續性的整合測試：每次修改程式碼都會經過一套自動化測試的考驗。建立嵌入式應用的自動化測試可能更加困難，因為與硬體互動的程式碼無法在開發機器上測試；它只有在目標裝置上才能測試。

然而，嵌入式裝置很容易陷入無法測試的狀態。例如當程式當機的時候，就可能必須要實際拿到該裝置才能重新啟動它。同樣，上傳新韌體可能也需要實體干預。

為了解決這個問題，開發人員會建立自動化的硬體測試系統，以便與嵌入式裝置互動，好讓測試流程更輕鬆。這些系統結合了軟體和硬體，能做到像是燒錄新的程式碼、在測試之間對裝置進行電力循環 ，甚至對 I/O 埠或感測器提供輸入等諸多功能。

自動化硬體測試系統通常是根據不同需求來製作的。它們是以一個主機系統（可能是嵌入式裝置本身）為基礎，該系統連接到團隊所使用的任何持續性整合工具，也會連接到預計用來執行程式碼的裝置。

如果需要測試與感測器的整合效果，例如一款用於偵測關鍵字的麥克風，主機系統甚至需要配備可隨時發出關鍵字的喇叭。

端對端邊緣 AI 平台

在理想的情況下，任何具有特定領域專業知識的團隊都應該有能力去擷取相關知識並將其部署為邊緣 AI。對於各種領域的專家來說，如醫療保健、農業、製造和消費性技術，這些人應該都能運用自身所學做出令人驚豔的 AI 產品。

不幸的是，由於要學習的知識和要注意的細節實在太多，邊緣 AI 開發過程很容易讓人感到不知所措。工作流程的一大部分不是專注在領域知識，反而是要建立橫跨多面向的複雜產品所需的扎實工程技能，這包括機器學習、數位訊號處理和嵌入式硬體上的低階軟體工程。

在早年，只有少數技術人員剛好具備了所有必備技能，才能順利運用邊緣 AI 技術。然而在過去幾年裡，已經出現了朝氣蓬勃的工具生態系，目的是降低進入門檻，好讓沒有機器學習或嵌入式系統背景的人也能做出絕佳的新產品。

各種端對端邊緣 AI 平台目標是在應用程式的整段開發過程都能協助開發人員：蒐集、管理和探索資料集；執行特徵工程和數位訊號處理；訓練機器學習模型；針對嵌入式硬體進行演算法最佳化；生成高效率的低階程式碼；部署到嵌入式系統；以及運用真實資料來評估系統效能。這套流程請參考圖 5-5。

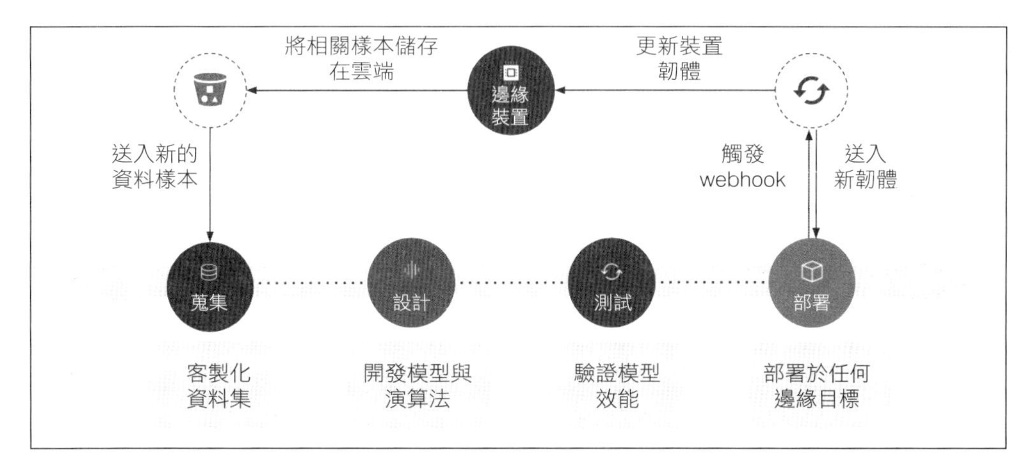

圖 5-5　使用端對端平台的主要優點在於，它包含了迭代、資料驅動回饋迴圈所需的所有元件；也就是說，最靈活的平台提供了與外部工具的最佳整合點（資料來源：Edge Impulse Inc.）

端對端平台在設計上是為了把 MLOps 原則應用在產生嵌入式裝置所需執行之演算法的這段流程上。作為高度整合的工具，它們可減少開發過程中的大部分阻力：省去讓工具鏈的不同部分彼此運作起來所需的大量時間，並且可對整體過程有更全面的了解，可藉此提供有用的導引來大大降低風險。

例如，端對端平台可以分析資料集，藉此幫助使用者選出最適合的機器學習模型類型，或估計裝置端的效能，以便開發者選定演算法或嵌入式處理器。這類平台可以執行 AutoML，目的是找出適用於特定裝置的最佳訊號處理與模型組合，並滿足最大指定延遲時間或功耗上限[21]。目前已有非常多可立即部署的現成演算法或架構，並已針對各種處理器預先最佳化完成了。

這類平台還可以幫助團隊協同作業。例如，基於雲端服務的邊緣 AI 平台可以作為團隊資料集和工作流程產出的中央儲存庫。所提供的 API 和可設定的機器學習管線都可讓團隊將各種例行任務自動化：例如，每當有新資料進來時，就可能需要訓練、測試和部署模型的新版本。視覺化和低程式碼的使用者介面能讓團隊所

21 Kanav Anand 等人的論文：〈Black Magic in Deep Learning: How Human Skill Impacts Network Training〉（arXiv, 2020）（*https://oreil.ly/-TlS9*），談到手動調校 ML 模型時，過往經驗會產生顯著的影響，藉此強調 AutoML 工具的價值所在。

有成員都可以貢獻一己之力，而不是只有那些已具備資料科學或嵌入式工程技能的人才能做到。

開發人員還能藉由雲平台享受到分散式運算的便利，因為無需自行管理系統。例如，資料處理和模型訓練可在由平台所管理的強大雲端伺服器上進行，使用者無需插手管理。這簡化了 AutoML 的執行過程，其中還能平行化進行各種實驗，如圖 5-6。

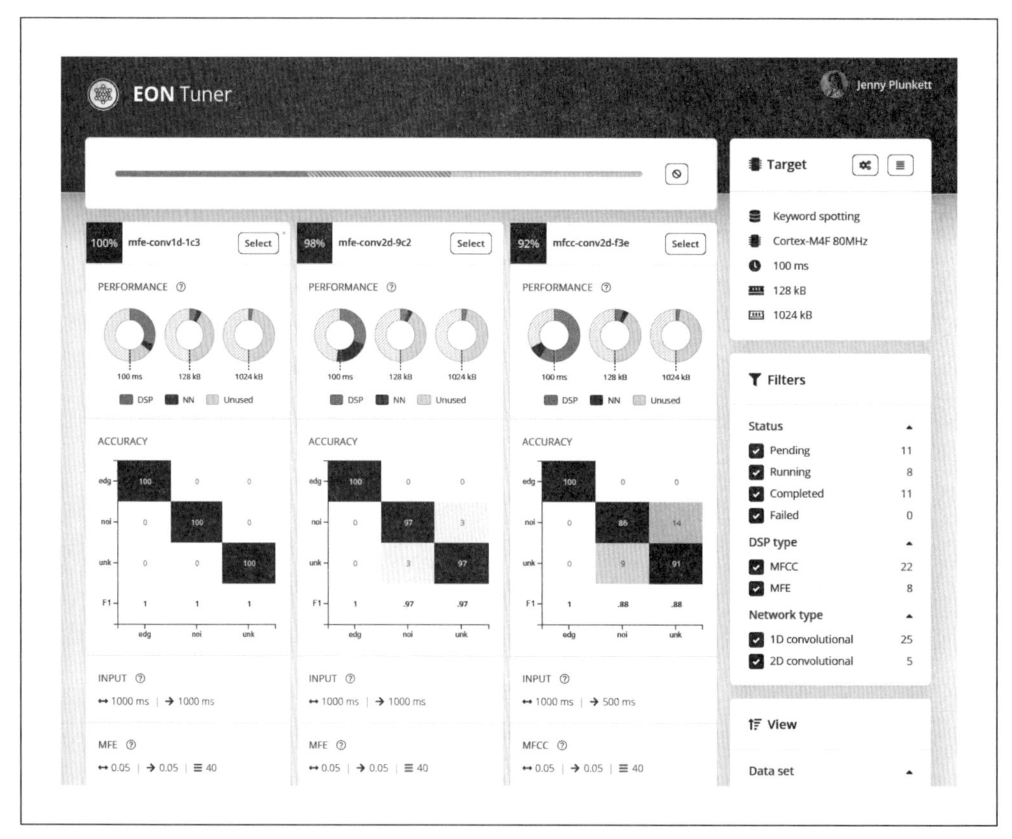

圖 5-6　使用 Edge Impulse 的 EON Tuner（*https://oreil.ly/QP1pZ*）所進行的 AutoML 掃描；藉由端對端平台來同時進行訊號處理和機器學習演算法的最佳化流程，還能估算裝置端的延遲時間與記憶體用量

最棒的端對端平台致力於縮短邊緣 AI 工作流程中的所有回饋循環。它們有辦法做到快速迭代、讓開發和測試之間能在最小衍生成本之下輕鬆地來回切換。因為您可以立即檢測和記錄任何問題並修正，這使得打造成功的產品變得更加容易。

早期，單單是想把演算法首次執行在裝置上（使用真實的感測器資料）就已經是個棘手的過程。有些端對端平台針對常用的開發板提供了預先建置的韌體，讓您無需編寫任何程式碼就能擷取感測器資料，以及部署和測試模型。這使得我們不再身陷模型開發和實際測試之間的無窮迴圈中。

端對端平台的另一個重要好處，就是能更便利地去嘗試各種硬體來找出最合適者。只需要動動手指，同一款模型就能以最佳化形式部署到多種微控制器、SoC 和 ML 加速器上，這讓開發團隊能夠比較效能，並確定是否針對其應用做出了正確選擇。如果土法煉鋼的話，這個過程可能需要好幾個星期。

AI 生態系統建立在開放原始碼工具之上，好的端對端平台能讓您自由使用這些工具；它們還會在整個工作流程中整合了產業標準技術，而非透過供應商來綁住您成為客戶。您應該能夠輕鬆匯出資料、模型和訓練程式碼，而建立混合式 MLOps 堆疊來搭建多個解決方案也要越簡單越好。

端對端，還是自己來？

想知道哪個選項比較好？使用端對端平台，或是從不同來源自行打造所需的工具集？在本書編寫時，很明顯大多數專案都享受到了端對端平台所提供的好處，因為它們提供了生產力、結構和跨工作流程的高度整合。

就算您具備豐富的資料科學、訊號處理或嵌入式工程技能，從頭開始打造自己的工具鏈也是非常困難的事情。根據要達成的目標，您可能會發現甚至無法在不使用容器化技術來區隔相依套件的情況下，安裝完所需的工具。

除了起始成本之外，個別工具本身無法提供建立成功專案所需的即時回饋和順暢的迭代工作流程。您必須在工具之間自行建立所需的自動化流程，這將產生大量的腳本與延伸的相依套件，都需要妥善追蹤、維護和擴充以便服務整個團隊。

此外，端對端平台目標在於提供合適的導引來填補您的盲點。幾乎沒有人有辦法具備打造邊緣 AI 應用所需的全部技能。例如，在某個領域具備扎實專業知識的人，不太可能還能同時掌握哪些深度學習模型架構在某一款嵌入式處理器上有最棒的執行效率。

為邊緣 AI 開發端對端平台的團隊已投入多年來構置和改進，雖然大到一個程度的企業組織可能會自己建置一套內部平台，但這終歸是在時間和資源上耗費數百萬美元的投資。自己做的話，成本效益分析怎麼看都非常不合理，這就是為什麼一些世界上最大最複雜的組織，從 NASA 等政府組織到 Bosch 等產業巨頭，都是端對端平台的用戶。

主要且合理的擔憂之一在於彈性和開放性。如果某家公司決定使用端對端平台，如果他們需要使用平台中不可用的技術，例如某個演算法，會發生什麼情況？

幸好，最厲害的平台已經考慮到這一點並提供易於互通的整合點。新的演算法、資料儲存、部署目標和評估方法都可以彼此無縫連接，並可透過各種 API 來結合其他工具，包括現有的內部系統和替代性的開放原始碼 AI 工具。

另一個考量點是成本。端對端平台通常是由企業的長期訂閱費用所支持，其中包括技術支援和運算時間，但也有許多產品針對個人專案提供免費方案。例如，Edge Impulse 平台就擁有活躍且人數龐大的免費使用者社群，他們做到了彼此支援，包括分享許多範例專案來找靈感並提供技術指導。

如果您沒有預算，還是完全有機會只透過免費方案來打造出成功的專案。如果您有預算，這些平台通常相當實惠，在考量到自行設定與管理環境的時間成本則更是如此。些許的訂閱費用通常就能讓您享用處理大型企業級資料集和大型團隊所需的重磅功能。

只要想到邊緣 AI 工具鏈的複雜性，大家通常會一致推薦，端對端邊緣 AI 平台就是絕大多數專案的最佳起點。就算您需要某個不支援的功能（相當少見），高品質的平台在整合外部工具方面也相當容易，因此您可以使用平台作為基礎，並根據需要來擴充。

此時值得一提的是，本書作者 Daniel 和 Jenny 就是 Edge Impulse（*https://edgeimpulse.com*）設計開發團隊的一分子，這是一個非常受歡迎的端對端邊緣 AI 開發平台。當推薦是來自於利益關係人的時候，總是要抱持著保留態度嘛！由於我們的工作就是開發端對端工具，怎麼可能期待我們推薦其他產品呢？

希望這本書的歷史能提供一些安慰。本書作者之一 Dan 是 *TinyML* 一書的共同作者，該書向更廣泛的讀者群介紹了嵌入式機器學習領域的發展，包括使用開放原始碼工具來製作邊緣 AI 軟體的過程。整本書約 500 頁，當然不能算是簡介——但也只涵蓋了基礎知識，並且讀者需要懂一點 Python 和 C++。直接操作低階工具並非一種有效的方法。

編寫 *TinyML* 的過程啟發了該書兩位作者試著讓開發者的日子好過一點。Dan 受到 Edge Impulse CEO 的某一場現場展出所感召，隨即加入了該公司作為其創辦工程師，當時 CEO 只用了不到十分鐘就建置和部署了可用於分類動作的深度學習模型。*TinyML* 的另一位共同作者 Pete Warden 則致力於盡可能緊密整合感測器和 ML 來簡化機器學習部署。

機器學習感測器

想要做出一款有效的邊緣 AI 產品需要大量苦工與專業知識。另一個有機會簡化這項任務的概念是機器學習感測器（*machine learning sensor*）。由 Pete Warden 所領軍的團隊於 2022 年提出的一篇論文 [22] 中提出了這個概念，機器學習感測器在設計上希望能與一般感測器一樣方便操作，但還加入了一點智能。

例如，「人體感測器」這款機器學習感測器可能會以單一晶片的形式來提供，其中整合了影像感測器、處理器和一個能夠從影像中偵測出人體的深度學習模型。作為介面，機器學習感測器可以提供一個數位腳位，當偵測到人體時切換為高電位，反之在沒有偵測到人體時切換為低電位。

22 Pete Warden et al., "Machine Learning Sensors"(*https://oreil.ly/xOtDp*) , arXiv, 2022.

整合機器學習感測器會比訓練一個機器學習模型（以及所有必要的相依套件）後再將其納入嵌入式應用來得簡單太多了，這使得裝置是否要加入智能變得沒那麼重要了。這種方式的代價是彈性降低，但如果有必要的話，可以透過整合端對端平台來自定義模型。

在本書編寫時，Pete 的公司，Useful Sensors（*https://usefulsensors.com*）已經開始銷售 Person Sensor，這是一款可以偵測和定位人臉的小型低功耗裝置。您可以在 ML Sensors（*https://mlsensors.org*）網站找到更多資訊。

總結

本章已經介紹了成功開發邊緣 AI 專案所需的人才、技術和工具。下一章開始就會依序介紹實戰團隊用於開發應用程式的迭代開發工作流程。

第六章

理解和界定問題

本書接下來的五章提供了進行邊緣 AI 的路線圖。我們將說明以下最佳做法：

- 由邊緣 AI 的角度來審視您想解決的問題
- 建立資料集，讓您能夠訓練模型並評估演算法
- 設計可利用邊緣 AI 技術的應用程式
- 透過迭代過程開發高效率的應用程式
- 測試邊緣 AI 應用程式、部署，並於現場監控

本章首先會介紹高階邊緣 AI 專案的通用性工作流程。這應該讓您更加了解如何將所有內容結合在一起。之後，我們將學習如何評估專案以確保它們是否適用於邊緣 AI，然後檢查哪些類型的演算法和硬體可合理解決問題，最後開始規劃如何實作。

邊緣 AI 工作流程

如同任何複雜的工程專案，常見的邊緣 AI 專案需要多軌進行各項作業，其中一些甚至要同時處理。圖 6-1 為其脈絡。

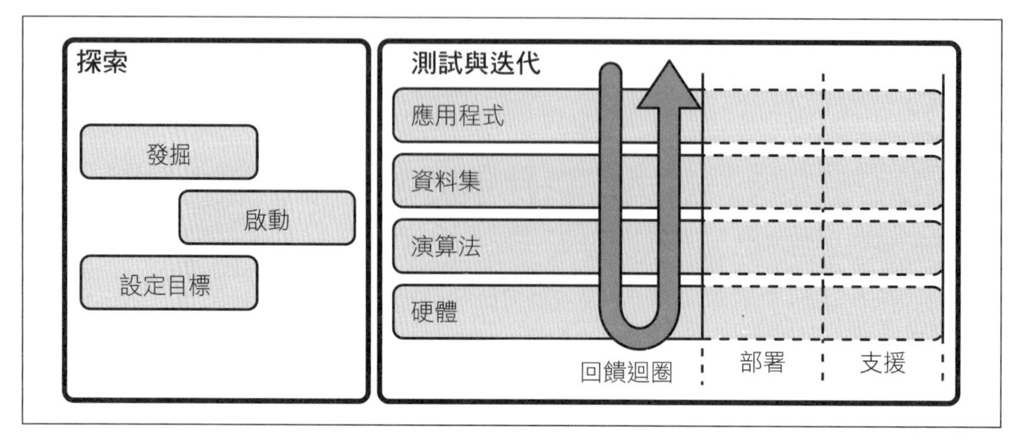

圖 6-1　邊緣 AI 工作流程，可分為「探索」和「測試與迭代」兩大階段

這個過程可以約略分為兩部分——在上圖中標記為**探索**和**測試與迭代**。第一部分**探索**需要深入了解您想要解決的問題、可用資源以及可能的解決方案空間。您這時得先完成前期工作，找出想要完成的目標（和各別的可行性）。

第二部分**測試與迭代**橫跨了從最初原型到產品級應用程式的持續性精煉過程。它的時間軸涵蓋了開發前和開發後——在機器學習中，您的應用程式永遠不會真正完成，而是需要在現場部署後監控、支援和迭代。這個持續性改進過程，會與專案的所有部分，包括應用程式、資料集、演算法和硬體等同步進行。

這個過程中最重要的部分是允許持續性改進的**回饋迴圈**（*feedback loop*），如圖 6-2。您在專案的不同面向上所產生的回饋越多，專案就越成功。例如，模型針對不同類型資料的效能可以回饋到資料蒐集過程，幫助您建置一個更多樣化且更具代表性的資料集，足以涵蓋所有可能的輸入範圍。

接下來的幾章會詳細介紹整個工作流程。**探索**階段會在第六、七和八章中說明，而**測試與迭代**階段——包括部署和支援——則會在第九和第十章中討論到。

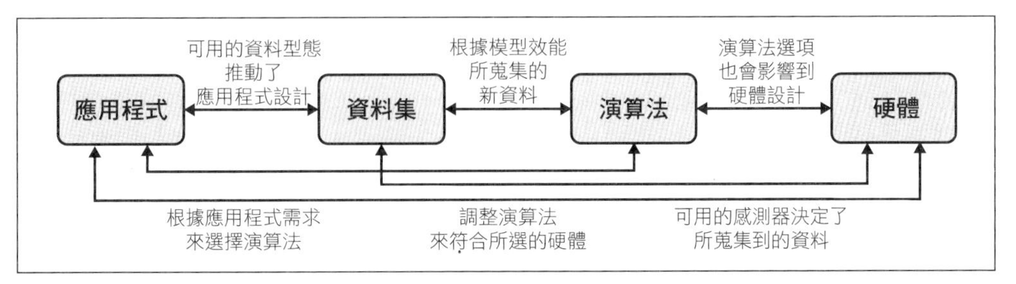

圖 6-2　應用程式、資料集、演算法和硬體之間可能的幾個回饋範例；這四個部分在專案進行中會不斷變化和演進，其中一個方面的任何更改都需要反映在其他方面上

任何技術專案（甚至可以說是任何專案）能否成功的核心在於風險管理。由於邊緣 AI 專案結合了硬體和軟體，並仰賴複雜的演算法和資料驅動開發，因此風險特別高。

工作流程的每個階段中都能學到一些可將風險降到最低並提高成功率的相關技術。

邊緣 AI 工作流程中的負責任 AI

如本書先前所述，AI 應用程式特別容易散布社會性傷害。有許多種問題都可能導致在真實世界中發生意料之外的差勁表現。因此，仔細分析潛在風險以及它們導致損害的可能性，是邊緣 AI 開發工作流程中的關鍵所在。

僅在專案開始時或最後階段才進行倫理審查是不夠的。由於專案過程中會不斷浮現新的資訊，而且許多決策都會產生連帶影響，因此整個過程的每一階段都需要風險分析，讓您有時間來進行必要的調整。

本書將在整個過程的每一步驟中都對倫理設計作出反思。您不應該把這視為可有可無的額外工作——這是成功專案所必需的核心工程和產品管理作業的重要一環。對於邊緣 AI 工作團隊來說，最糟糕的情況是把系統部署到生產環境後才發現問題。沒有人想為產品召回或實際發生的損害來負責。

將社會性因素納入整個開發過程的風險分析流程，才能在產品投入生產之前，培養出應付各種挑戰的最大化能力，並連帶提高工作品質。

我需要邊緣 AI 嗎？

AI 和邊緣運算都是高度複雜的技術，各自有非常廣泛的面向要考量。使用其中任一技術都需要在功能和複雜度之間作出取捨。對於許多專案來說，複雜度的負擔可能蓋過了這些技術所帶來的能力優勢。

因此，理解風險與報酬是否划得來，對於任何即將進行的應用來說都是非常重要的。答案在很大程度上取決於您的應用情境，包括以下元素：

- 應用的具體需求
- 開發團隊所具備的技能
- 工程、資料蒐集和長期支援的可動支預算
- 距離交貨有多少時間

接下來的段落將拆解這些問題，以便決定該專案是否可用邊緣 AI 技術來處理。這是很好的開始，因為過程中也會闡明專案探索階段中的其他更多必要考量點。

雖然嘗試適合邊緣 AI 的新機會很令人興奮，但重點在於以開放的心態來解決問題，而不要假設技術性解決方案就一定是正確答案。與其在一開始就急著把邊緣 AI 塞進去，不如更著重於了解問題來設計合適的解決方案。解決方案可能會用到邊緣 AI，也可能不會。

描述問題

要確定邊緣 AI 技術是否適合解決某個問題時，描述問題是第一步。您應該試著把問題用幾句話和要點來總結——簡單扼要。一個好的描述應該包括：

- 情境的綜觀性摘要，包括任何現有的解決方案
- 目前面臨的問題
- 必須解決的限制

在第 41 頁的「深入探討：使用野外攝影機探索稀有野生動物」段落中，我們討論了邊緣 AI 用於監控野生動物的可能應用。以下例子說明了如何將該案例轉成問題描述。

> **問題描述：野外攝影機**
>
> 描述：野生動物研究員有時需要估計偏遠地區的動物族群數量和活動情況。作法之一是在偏遠地點安裝野外攝影機來監測特定物種。這類裝置通常使用被動紅外線（PIR）動作感測器來偵測有無動作，如果有就觸發攝影機來拍攝照片，並將照片保存在記憶卡中。定期蒐集記憶卡來取得照片，然後由研究人員分析。
>
> 問題：
>
> - PIR 可能被非目標物種或晃動的植物所觸發，造成記憶卡空間不足並減少電池壽命。
> - 在回收並分析記憶卡之前，沒有任何動物的活動資料可用。
> - 派人到偏遠地點回收記憶卡，耗時且費用昂貴。
> - 如果回收頻率太低，記憶卡會因空間不足而錯失重要資料。
> - 如果回收頻率太高，則會產生高額旅外費用。
>
> 限制：
>
> - 野外攝影機須由電池供電，必須具備一定程度的能源效率。
> - 遠端地點的高頻寬資料連線，所費不貲。
> - 研究預算通常較低。

問題描述的精確格式不太重要，重要的是內容。整理好確切的問題和限制，就能在評估可能的解決方案時都納入考量。

我需要部署到邊緣端嗎？

本書走到這裡，我們已經非常熟悉在第 15 頁「運用 BLERP 口訣來了解邊緣 AI 的好處」中所提到的 BLERP 模型了：

- 頻寬
- 延遲

- 經濟效益
- 可靠度
- 隱私

BLERP 是幫助我們分析問題描述，並評估其是否有可能從邊緣架構中獲益的絕佳工具。一種好的方法是為每個 BLERP 術語列出對應的要點。

以頻寬為例來說明吧：

- 由於成本限制，野外攝影機無法取用太多頻寬。這使得在裝置端完成相關作業變得非常重要。
- 如果能在裝置端分析照片，就能把結果資訊（比原始影像小得多）發送到雲端。
- 有助於省去昂貴的野外回收記憶卡之旅。

好好去發掘每個術語的潛在影響，就能初步了解 BLERP 所帶來的好處對這個問題而言是否真的那麼重要。完成發想和總結之後，就能獲得一份如同第 41 頁「深入探討：使用野外攝影機探索稀有野生動物」段落中提到的 BLERP 分析結果，如下所述。

BLERP 分析：野外攝影機

頻寬

野外攝影攝影機通常會部署在網路連線較差的偏遠地區，昂貴且低頻寬的衛星連線有可能是唯一的選擇。使用邊緣 AI 就能減少拍攝的照片數量，從而有機會透過衛星連線傳輸全部照片。

延遲

沒有邊緣 AI，從野外攝影機蒐集照片的延遲時間可能高達好幾個月！使用邊緣 AI 和低功耗無線電連線，就能立即分析照片並取得有用資訊，再也不需要等待。

經濟效益

不必前往現場蒐集照片就能節省大量經費；省去不必要的昂貴衛星通訊也可以省很多錢。

可靠度

如果有辦法捨棄無用的照片，記憶卡就可以使用更久來容納更多照片。

隱私

邊緣 AI 攝影機可以捨棄拍到人類的照片，藉此保護其他路人（例如當地居民或健行民眾）的隱私。

在這種情況下，如果能涵蓋多個 BLERP 要點來部署邊緣運算的好處就非常明顯了。其他情況下也可能沒那麼明顯——例如，可能並不是每個要點都能帶來好處，但這不一定代表不適合部署於邊緣。只要在任一個要點中有足以令人信服的好處，就值得進一步考慮。

在邊緣端表現不佳的事情

在某些情況下，您可能會發現所要處理的問題並不適合 BLERP。以下是另一個問題的範例描述。

問題描述：醫學影像

描述：醫學影像裝置可呈現患者體內的影像，經過專門訓練的醫生可運用這些影像來協助診斷某些醫療狀況。這類裝置體積巨大，通常都出現在大型醫院裡。掃描完患者後，裝置會把影像儲存於可連接電腦網路的硬碟上，必須使用特殊軟體才能檢視這些影像。

問題：

- 透過影像診斷具有挑戰性，且需要醫學訓練。
- 如果找不到受過這類訓練的醫生，病人可能需要等候一段時間才有診斷結果。

- 醫生只能在安裝影像軟體的特定電腦上檢視影像。

限制：

- 影像代表病人的敏感資訊，必須妥善保管。
- 醫學影像裝置非常巨大，無法移動。
- 醫學影像裝置非常昂貴。

從以上描述中很明顯看到了一些值得解決的問題：透過影像資料來診斷醫療狀況有其難度，且根據裝置或專業人員的忙碌程度，病人想要取得診斷結果需要等待。也許 AI 還能幫忙醫生來分析影像呢。

但是我們需要回答的問題是，這個問題是否適合使用邊緣運算來解決。為了解決這個問題，讓我們試著用 BLERP 來挖掘一些潛在的好處，說明如下：

BLERP 分析：醫學影像

頻寬

無法帶來益處。影像裝置通常是安裝在具備良好網路連線的大型醫院內，並已連接到電腦網路。減少頻寬需求沒有任何好處。

延遲

如果能讓病人更快取得診斷結果，是很有幫助的。

經濟效益

使用 AI 分析將減少對醫生時間的依賴程度，醫生的時間超級寶貴。

可靠度

醫生可以使用 AI 分析來提高診斷的成功率。

隱私

AI 分析可以降低病人敏感資料的揭露程度。

乍聽之下，這些理由相當有說服力呢！然而如果深入挖掘，很容易發現這些好處多數可在**不使用**邊緣運算的情況下達成。由於影像裝置位於醫院內，因此在資源可能受限的「邊緣」裝置上分析的好處不大。相反，我們可以使用位於醫院網路中或雲端的某台標準電腦[1]。隱私問題可以使用聯邦學習等技術來解決，這樣就不再需要邊緣 AI 的專門工具了。

這個案例有個明顯的事實——已有可靠的網路連線可用——這使得邊緣運算變得沒必要了。但是，為什麼不使用它呢？運算是否在邊緣端執行到底有什麼不同呢？

邊緣運算的缺點

儘管邊緣運算已有許多明顯的優點，尤其在結合 AI 之後更是如此，但大多數運算在過去十年中已經移至雲端，這有一些非常顯著的原因。如果 BLERP 框架無法突顯出在邊緣端進行作業的絕佳理由，您最好改在雲端伺服器來處理資訊。

以下是讓開發邊緣應用程式具有挑戰性的一些原因：

開發複雜度

　編寫和維護嵌入式應用程式很困難，尤其是一些更小型的目標裝置。儘管確實需要嵌入式裝置來蒐集資料，但為了簡化工程，將較複雜的應用程式邏輯放在雲端應該是合理的。

人員配備

　嵌入式開發需要非常特殊且專業的技能，相較於雲端應用程式可由許多類型的工程師來建立和維護，嵌入式工程人才應該更難尋覓。如果您的組織沒有嵌入式工程人才的話，將運算放在雲端來降低專案風險是合理的作法。

運算能力有限

　就算是最強大的邊緣裝置，其運算能力也遠遠不如具備 GPU 的強大雲端伺服器。某些應用程式所需的運算等級對於現場交付來說相當不合理，例如，某些語言模型的大小為好幾 GB，一定需要 GPU 才能滿足低延遲的要求。

---

1 雖然醫院網路上的電腦也可視為某種形式的邊緣裝置，但許多大型醫院都有現場資料中心，邊緣運算的常見限制與其無關。

部署複雜性

如果您計畫在部署後才更新應用程式，邊緣運算可能會帶來一些問題。更新邊緣裝置韌體是有風險的——裝置可能會在錯誤的時刻因為故障或停電而「變磚」。管理已安裝在許多裝置上的應用程式版本也可能是一個挑戰。當然有辦法去解決這些挑戰，但需要工程時間。在這種情況下，將應用程式邏輯托管在雲端可能更簡單，因為它可在最低變動下完成更新。

硬體和支援成本

部署和支援一個由邊緣裝置所組成的網路的費用相當高。如果要透過高階裝置來加速機器學習工作負載，或者需要針對特定目所設計的自定義硬體，則費用就會再追加上去。根據您的應用需求，使用效能較差的裝置來蒐集資料，再將資料丟到雲端處理可能會更便宜。

彈性

如果您希望做到的工作負載超過了邊緣硬體能力所及，或者您的應用程式經歷了重大修改，那麼可能需要購買新硬體來取代它。相比之下，只要點幾下按鈕就能輕鬆擴充和調整雲端工作負載。

安全性

實作 AI 演算法的裝置如果可被實體存取的話，這存在著一定程度的安全性風險。在某些情況下，雲端運算有助於降低這類風險。本書後續會有更多關於安全議題的討論。

在第 87 頁的「多裝置架構」中談到了可把運算拆分給邊緣裝置和雲端之間來進行。這種作法相當實用，尤其是當裝置是部署在家庭或廠房這類具備穩定連線與可靠電源的受控環境中。例如，智慧音箱可藉由在邊緣端偵測喚醒詞來保護隱私，但同時仍然可透過強大的雲端伺服器來運行大型、高度複雜的轉錄和自然語言處理模型。在工業環境中，邊緣電腦視覺系統可以在呼叫雲端模型來精確分類缺陷並決定如何回應之前，先以極低的延遲時間來盡快辨識出可能的製造缺陷。

我需要用到機器學習嗎？

如第一章所述，AI 並非都會用到機器學習。作為 AI 的一個子類別，機器學習演算法各自有其優缺點，這使得它們會特別適合某些應用，但對其他應用的效用則相對有限。

在開發初期的重點在於確定您的案例是否適合導入機器學習。專案導入機器學習技術之後會有明顯不同的工作流程，這將會影響您的時間規劃和預算。

對於某個邊緣 AI 問題來說，您通常需要在機器學習解決方案和基於規則或啟發式解決方案兩者之間選一個。正如第 107 頁的「條件式和啟發式演算法」中所述，規則式系統是由人類根據領域知識所設計的。它們可運用從基本算術到超複雜物理方程式的任何東西。以下是一些應用於邊緣裝置的啟發式演算法範例：

- 熱水壺，可在溫度達到沸點時可自動關閉
- 糖尿病胰島素泵，可根據血糖值來精確提供胰島素劑量
- 駕駛輔助功能，可運用傳統電腦視覺技術（第 98 頁的「影像特徵偵測」）來辨識車道標記並使車體保持在其中
- 自動飛航系統，可控制國際航線上的大型噴射機
- 導航系統，引領太空火箭飛向火星

這些範例不論從簡單到複雜都依賴於各自的領域知識。例如，胰島素幫浦演算法是基於對人體血糖調節系統的原理，太空火箭導航系統則是基於物理學、空氣動力學（至少火箭升空時會用到）以及載具操控特性的相關知識。

每種案例中的系統都受到諸多嚴謹規則所控制。這些規則可能很複雜，而探索出這些規則可能耗費數千年的人類歷史，但最終可由工程師透過數學公式來準確描述它們。

通常，數位訊號處理演算法會與規則式系統搭配使用。只要稍做處理就能透過簡單的規則對輸入做出回應。例如，駕駛輔助功能就能運用影像特徵偵測做為某種 DSP，以將複雜影像轉換為表示車道標線的一組簡易向量。這樣要判斷車輛要向左或向右轉彎時就更容易了。

規則式系統的優點在於它們的限制已經清楚列出，代表有辦法證明它們是否可確實運作。啟發式演算法則是以可清楚理解的系統為基礎。只要考量到演算法用於建模的那些規則，就能驗證其數學正確性。這使得它們可靠、可信和安全。

如果能找到某個規則式解決方案來解決問題的話，您幾乎肯定會選擇它。許多問題都能使用規則式和啟發式方法來輕鬆解決，並且這類方法相較於機器學習解決方案來說更容易開發、支援和解譯。它們對於運算能力的要求也通常低很多。

機器學習聽起來超酷，但除非需求非常明確，否則使用它是有風險的。啟發式方法已成功讓人類登上月球；您的問題應該有很大機會比登月簡單多了。

糟糕的是，並非所有的問題都可以用規則式演算法來解決。在第 107 頁的「條件式和啟發式演算法」中談到了兩個主要缺點：

規則難以發現

例如，用於處理複雜、高雜訊且高頻率感測器資料的演算法系統可能需要大量的研究和開發才能找出來。就算已可透過數學方式來描述系統，也可能由於預算和時間限制而難以達成。

變數太多

規則式系統很可能單純因為輸入變數太多就使得系統不再可行。這對於影像資料來說是個普遍存在的問題，因為影像資料的維度極高還會充滿許多雜訊。實際上也很難寫個數學方程式來描述狗的外觀。

對於複雜到一定程度的問題來說，規則式演算法的良好實作則須仰賴廣泛的研究、領域知識和相關的工程技能。這些前提對於某些專案並不一定可行。啟發式演算法的這些弱點為機器學習提供了登場的機會。

使用機器學習的原因

規則式系統通常是以它們所互動對象的科學理解為基礎，但機器學習演算法則可以透過資料本身來學習如何去近似出變數之間的關係。

這肯定能讓事情更簡單。以下情況如果改用機器學習來處理應該是合理的，讓我們按照合理性來依序介紹：

- 您的情況和資料過於複雜或充斥太多雜訊，因而無法以傳統方式建模。
- 需要進行大量基礎研究才能找到基於規則的解決方案。
- 無法取得實作規則式系統所需的領域專業知識[2]。

如果您發現自己符合上述情況的其中之一，機器學習就能幫上大忙了。以下就是一個很好的例子。

製作人工鼻

物聯網工程師 Benjamin Cabé 所製作的人工鼻（*https://oreil.ly/f_7_8*）可以辨識不同物體和物質的獨特氣味。他最初的目標是希望能區分不同種類的酒精飲料，例如伏特加、萊姆酒和蘇格蘭威士忌（如圖 6-3，但這款裝置也適用於許多食物和飲料）。

圖 6-3　Benjamin 的人工鼻（圖片來源：blog.benjamin-cabe.com, *https://oreil.ly/f_7_8*）

2　後續就會談到，領域專業知識對於訓練和評估機器學習模型仍然至關重要。然而，基於機器學習的方法有機會讓具備特定區域知識的專家，能夠在無需過於仰賴其他領域（如訊號處理）的情況下取得不錯的結果。

Benjamin 取得了一款可以測量多種不同類型氣體濃度的平價氣體感測器。如果他要建立一個能夠區分不同酒精飲料的規則式演算法，他就必須對各種飲料進行化學分析、了解其組成成分，然後再回頭找出要鎖定哪些氣體。此外，他還要考慮到周圍環境中可能存在的任何氣體，因為這些氣體可能會導致偽陽性結果。

這類研究已超出了本專案的範圍。幸運的是，Benjamin 在機器學習方面有足夠的了解，知道它可能幫得上忙。

Benjamin 使用了這款氣體感測器從幾種不同類型的飲料中取得了一個小型資料集。他使用這些資料訓練出一個簡易的機器學習分類模型，以辨識出哪些氣體讀數與哪種飲料是有關連的。這個專案超成功！ Benjamin 的系統不但能夠區分不同類型的飲料，甚至能夠分出兩種不同品牌的威士忌。

機器學習從資料中提取規則的能力讓 Benjamin 成功完成了這個專案，而無需對飲料進行可能耗時又昂貴的化學分析作業。機器學習還讓他省去了編寫那些高度敏感且須手動調整的邏輯，就能考量到環境中既有的其他氣體，因為他在真實世界中蒐集的資料集已經涵蓋了這一點。

複雜且高雜訊的資料其實相當常見。事實上，大多數真實世界的資料都有些亂！機器學習（特別是深度學習模型）的優勢之一在於如果有足夠的資料，它們就能學會如何處理雜訊。在訓練期間，模型的參數會不斷調整來過濾掉資料中的雜訊而只留下重要資訊，再透過後者來做出決策。

此外，機器學習模型非常擅長於辨識其訓練資料中的隱藏樣式。我們人類無法察覺的關係，或者對於手動編寫規則來說過於複雜的關係，只要機器學習模型能夠取得足夠的訓練資料就可能會變得非常清晰。

這些優勢讓機器學習在處理大量關聯性不明的高雜訊資料時成為了絕佳選擇。然而，機器學習對於資料的使用方式也可能帶來一些風險。

機器學習的缺點

從工程角度來看，機器學習有三個主要缺點：資料需求、可解釋性和偏見。

眾所周知，現代機器學習高度仰賴資料[3]。機器學習系統通常需要大量的資料來訓練和測試。尋找足夠的資料並確保其品質，是機器學習所面臨的最大挑戰和開銷。

資料看起來好像唾手可得，畢竟我們有「資料倉儲」和「資料湖」，裡面存放了數十年來精心擷取和記錄的物聯網感測器資料，不是嗎？然而，光有原始資料是不夠的。如今的機器學習技術大多要求**標註**（*labeled*）資料 ，也就是將其標記為描述其含義的資訊。這項繁瑣的任務通常是由人類完成，反而使其變得昂貴和有風險（因為很容易出錯）。

此外，機器學習模型只能理解它們以前見過的情況。這使得資料集高度依賴自身的脈絡。根據特定型號感測器所蒐集的資料集來訓練的模型，如果送入了由不同型號感測器所擷取的資料，就可能使其表現不佳；某國的常見家用品資料集，在辨識另一個國家的相同資料集時，也可能完全派不上用場。

目前正在進行各樣研究來解決這些問題，並已有驚人的進展，但機器學習需要大量資料的事實依然存在。下一章會更深入地探討這個主題。

機器學習的第二個主要缺點是**可解釋性**（*explainability*），先前在第 111 頁的「可判讀性與可解釋性」中已經提到。儘管已有一些解釋性相當好的機器學習模型，但模型越複雜，想要找出它為何做出某個預測的確切原因也就越困難。

由於許多類型的機器學習模型都起源於統計學，因此無法給出明確的答案，這個事實讓上述問題更加嚴重。對規則式系統詢問問題會得到一個良好且肯定的回答，其運作過程清晰可見以便再次檢查和審核。但如果把同一個問題拿去詢問深度學習模型，您會得到一個指出**可能**答案的模糊機率分配。如果要從答案去回溯系統的話，您會陷入人類無法理解的線性代數謎團。

機器學習模型的機率性本質，代表它們非常適合處理各種模糊情況和不明顯的規則。不幸的是，這也意味著它們的輸出會有部分屬性是相同的。這對許多應用來說會是一個挑戰。

例如一般來說，用於醫療技術、汽車和航空等領域的安全裝置，在通過最佳實踐和政府規範後，都應該具有已證實具有正確性的程式碼。機率模型就很難達到這個標準，因為其內部規則只能經由探索和實驗而得出。

3　減少機器學習演算法所需的資料量，是機器學習研究中最重要也最迷人的領域之一。

ML 的第三個主要缺點是*偏見*，這是前兩個挑戰的直接結果。我們在第 50 頁的「黑箱和偏見」中就討論了這個問題。在建立 ML 模型時，我們仰賴資料集來訓練它們並驗證其效能。我們的目標是做出一個在真實世界中也能良好運作的模型。然而，真實世界太大了，很難在有限的資料集中納入所有可能的變體。

如果資料集只包括了所有可能性的其中某一部分，模型對於其他部分就可能無法正確運作。更糟糕的是，因為資料集中沒有這些其他可能性的任何範例，我們甚至不知道這是個問題。我們的模型可能看起來表現得很不錯，但實際上卻存在一些重大問題。

火上加油的是，模型甚至不會*告訴我們*它有問題[4]。相反，它只會做出最佳猜測，而這可能是災難性的錯誤。如果沒有可用於測試的資料，也沒有分析模型內部規則並理解它哪邊可能出問題的簡便方法的話，我們在應用程式掛掉之前都無法知道到底哪裡出錯了。

機器學習偏見的簡單例子

想像您正在建立一個透過聲音來辨識工業機台是否故障的系統。在您的研發實驗室的運作過程中，您蒐集了一個由數千筆代表正常和故障運作的聲音樣本所組成的大型資料集。當在實驗室中訓練和測試模型時，它運作得非常好，但是在部署到客戶的工廠之後，它辨識出的故障數量竟然遠高於預期。

經過調查，您發現模型偵測到故障時，相鄰機台正在運轉。因為您的資料集只包含來自安靜實驗室的資料，所以模型從未學習到要將工廠的環境聲響納入考量。模型中的偏見只反映訓練時的實驗室條件，因此它在真實世界中的表現不會太好。

4 有一些技術能解決這個問題，比如在第 105 頁「異常偵測」中提到的那些，但是它們的代價是可能會讓複雜性變高。

由於我們永遠無法期待把全世界放到資料集中，因此偏見是不可避免的。然而，我們可以透過徹底並仔細去了解應用程式來管理風險。只是在某些情況下，偏見的後果可能高到您的應用程式根本不適合使用機器學習技術。許多社會普遍的價值觀認為，使用機器學習來做出某些攸關生死的決定是不合適的，例如是否使用自動化武器系統。同樣，關於是否要在自動化司法決策（包括判決）中使用機器學習也存在了諸多爭論。

知道何時使用機器學習

有一個關於解決問題的常見說法：「如果您手上只有槌子，那麼每個東西看起來都像釘子。」機器學習遠比最威風凜凜的錘子更加令人興奮，因此很容易想要把它用在任何地方。遺憾的是，它的複雜性、限制和固有風險讓它在許多情況下都不是一個好的選項。Edge Impulse 的機器學習首席工程師 Mat Kelcey 喜歡這樣說：「最好的機器學習就是根本不用機器學習」。

使用傳統演算法來解決問題一點都不丟臉。正如第 6 頁「人工智慧」所述，AI 的智慧來自於知道「在正確的時間做正確的事情」。對於使用者來說，這個知識是以 `if` 敘述或是深度學習模型的形式來嵌入，根本就不重要。

明白這一點之後，以下清單有助於判斷您的應用是否適合採用機器學習：

- 不存在現成的規則式解決方案，您的資源也不足以再去找一個。
- 在預算內，您可以取得高品質的資料集或自行搜集資料。
- 您的系統可以設計為能夠運用模糊的機率性預測結果。
- 您不需要解釋系統決策背後的確切邏輯。
- 您的系統不會碰到超出其訓練資料之外的輸入。
- 您的應用程式可以容忍一定程度的不確定性。

機器學習模型永遠無法做到完美。之所以使用它們的原因是相對於人類智能而言，它們更加經濟實惠且方便調整規模。其中一個昂貴的交換代價是，它們失敗的方式可能不太直觀。決定是否要使用機器學習，除了涉及到「是否夠好？」，也涉及到「我們能夠處理它可能發生的錯誤嗎？」等問題。

自動化與增強

人們經常認為應該使用機器學習來自動完成各種任務：將人們可以做到的事情以更廉價的自動化方式來達成。然而，針對某項問題，只要方法稍微不同，就能減輕機器學習模型可能失敗的風險。

與其取代人類所扮演的角色，不如**增強**（*augment*）我們的工作能力。不是讓模型全權負責，而是將模型的輸出作為人類的指導——讓這個人能夠結合自己的洞察力、專業知識和常識來決定如何行動。

在像是醫學這樣的複雜領域中，人類和機器智能的組合已證明比單獨使用兩種技術之一更為有效[5]。儘管還是存在一些例如自動化偏見（*https://oreil.ly/QHD74*）這樣的風險，也就是人們過度依賴自動化系統而忽略本身的直覺，但增強技術是一種從不完美系統中展現價值的有效方式。

實務應用

以下是三個可能會用到邊緣 AI 的情境。每個情境都會先提出問題描述，然後決定是否可運用邊緣運算、機器學習或兩者都適用。您可能需要進行一些線上研究來充分了解每個情境：

情境 1：施肥

某家農產品供應商希望能減少對作物的施肥量，藉此節省成本並降低對於環境的衝擊。他們不再對田地均勻噴灑肥料，而是想找出田地中最需要肥料的區域（例如土壤品質的差異），因此只在這些區域施肥。他們可透過視覺技術來檢視生長中的作物來了解是否需要施肥。

場景 2：飯店清潔服務

飯店一般會在客人外出的時候來打掃房間。但客人如果待在房間內，他們可能不希望有人打擾。飯店管理方希望知道客人是否還在房間內，這樣清潔人員就不必敲門以免打擾到客人。

5 請參考 Bhavik N. Patel 等人撰寫的這篇論文：〈Human–Machine Partnership with Artificial Intelligence for Chest Radiograph Diagnosis〉（美國國家醫學圖書館，2019，*https://oreil.ly/147IG*）

場景 *3*：輪胎壽命

汽車輪胎會隨著時間而磨損，而某些類型的磨損則可能代表機械故障，定期保養時通常可找出這種磨損。但車輛製造商希望他們的汽車能夠自動辨識出某些類型的輪胎磨損，以便更早發現問題。

上述情境的答案沒有對錯之分；它們只是提供了一個讓我們運用目前所學分析技術的好機會。

確定可行性

那麼，您有關於邊緣 AI 專案的想法了嗎？您的第一個目標應該是確定它的可行性。要考量的東西還真不少：也許您的專案採用伺服器 AI 會更好，或者也許您的解決方案會用到機器學習，但無法自行蒐集資料集。或者，這剛好是絕配呢！

第一步是試著針對問題描述來提出一個理想的解決方案。如果您先暫時忘卻技術限制並從極高的層面來思考，您希望系統能做到什麼？

預設觀念

理想解決方案的目的是為了給我們一個努力的目標。如果我們只把搜尋範圍限縮於那些能夠做到的方案，那麼很有可能會錯過一些不太明顯但其實潛力無窮的做法。確保理想化的同時，我們還要確保自身的創造力不會因此受限。

理想解決方案還能讓我們避免因為只是對某些新技術感到興奮就採用它。這是一個超級常見的陷阱：我們剛學會了一些迷人的新技術並一直在找機會讓它登場，這樣就很容易忽略了其他可能得到更好結果的方法。

一旦找到了理想解決方案，我們可從以下面向來考慮可行性：

- 道德：這是應該做的嗎？
- 商業：這樣做有價值嗎？
- 資料集：是否擁有必要的原始材料？
- 技術：做得到嗎？

為了讓專案整體可行，它需要在上述四個面向中找到最佳平衡點。現在讓我們來逐一討論，並以一個應用案例來說明。真實世界中的理想解決方案會建立在詳細的問題描述上。但為了讓事情更簡單，在此使用以下簡易情境來說明。

> **倉庫安全的邊緣 AI 應用**
>
> 裝滿高價產品的倉庫可能會成為小偷覬覦的目標。保持倉庫安全的第一步就是全天候 24 小時監控它。
>
> 理想解決方案是有一套系統，能夠注意到在場每一個人，並根據脈絡理解哪些人應該在場，而向管理階層回報其他人位置。

解決方案並沒有非要用到 AI 不可，甚至不運用任何科技也行。根據實際情況，最佳系統可能是一隊由人類組成的保全。我們在可行性調查過程中會開始確定人力和技術能力的適當組合，期待能以優雅的方式來解決問題。

道德可行性

倫理審查是所有可行性分析中最重要的部分之一。因為未考量到的技術風險而導致失敗的專案可能會浪費大量金錢，但由於倫理問題所產生的損害則可能是大到無法想像，它會讓公司一夕間名譽掃地、引發懲罰性監管措施，並對他人造成直接傷害。

第 45 頁「以負責任的態度來開發應用」中介紹了會影響 AI 產品的一些倫理議題。在可行性分析中，嚴謹地去探索和記錄可能出現在應用程式中的任何潛在倫理問題是極為關鍵的。除了產品本身外，還需要了解開發過程中可能出現的風險：資料蒐集、部署和支援。

這個過程需要由倫理和領域專家主導，並需要涵蓋團隊的所有面向。第 132 頁「多樣性」中列出了您所能取得的觀點之所以越多越好的重要性。

一些關鍵問題如下：

- 解決方案可能對誰造成傷害？例如：有些產品（如 *AI* 武器）目的是直接造成傷害，而其他產品則可能因為人類利益相關者的疏忽而間接造成傷害。

- 是否可以在不侵犯個人或社群權益的情況下取得所需資料？例如：在蒐集某些資料集的過程中可能無法避免去侵犯到個人隱私。

- 是否有可能在不損害或侵犯利益相關方的權利的情況下測試產品？例如：如果提供的建議不可靠，一個提供醫療建議的應用程式在測試期間可能會導致傷害。

- 潛在風險有記錄下來嗎？如何降低？例如：如果應用程式產生了錯誤的預測，可能會導致怎樣的傷害？

- 這個應用程式是否適用於所有潛在用戶？例如：一個攸關安全性的語音偵測應用程式可能對某種地方口音的使用者無效。

想要了解專案可能造成的間接傷害是極為困難的。例如，如果某個 AI 專案會取代某些人的工作，或者存在著利潤和環境衝擊之間的權衡，該怎麼辦呢？找齊廣泛的專家顧問團隊將有助於您搞定這些細微之處。

倉庫安全應用的倫理可行性評估

開始進行倫理審查的一個好方法是針對潛在問題來一場腦力激盪。以下是倉庫安全應用的一個腦力激盪範例，但不是完整的清單喔！

- 產品本身符合倫理嗎？如果產品會把無辜的人標記為可疑人士，就可能造成傷害。如果該產品導致保全團隊縮編，也可能會造成傷害。

- 可以合法取得所需的資料嗎？某些現成資料集可能包含了未經照片中人士同意就讓他入鏡的照片。如果是在倉庫蒐集資料的話，員工應該也不願意入鏡。

- 是否可對該產品進行倫理測試？如果一個無辜的人被標記為可疑人士，誤報就可能會產生傷害。測試過程可能會分散保全團隊的注意力，從而導致安全問題。

- 該應用程式是否適用於所有潛在用戶？某個應用程式可能會根據人們外貌而非意圖來將人們分類成不同的可疑程度。不熟悉類似技術的保全人員也可能會覺得這個應用程式相當難以操作。

倫理、人與流程彼此息息相關。降低未預見的倫理問題風險的方法之一是確保倫理審查是由足具代表性的多元化團隊所主導，其中也必須包含對於 AI 系統倫理評估具備直接經驗的專業人士。

除了您自己的團隊外，審查團隊也應該納入會受產品影響的可能利益相關者，如第 135 頁「利益相關者」所述。

雖然可行性分析是從道德可行性開始，但您的長期目標應該是在產品概念發想、開發、部署和支援期間做到持續不斷的倫理審查流程。這個階段所做的工作將會為您的產品在其整個生命周期間帶來可觀的效益。

商業可行性

組織問題對於專案可行性的影響主要有兩個面向。首先，某個 AI 應用程式要成功，它必須提供一些明確的效益。就商業面來說，可能是針對客戶、主管或資產負債表。就科學面來說則可能是指在相同預算下完成更多的工作。在任何專案開始之初，重點在確認所提出的事情如果成功的話，能否帶來實際的價值。

其次，開發 AI 應用會因組織面臨的實際限制而被綁住。例如，預算可能不足以蒐集足夠的資料集，來訓練出一個有效的 ML 模型。其他常見的限制則包括時間、專業知識和利益相關者的長期支持。

證明收益

證明和展示邊緣 AI 應用優點有一種特別有效的方法，稱為*綠野仙蹤原型*（*Wizard of Oz prototype*）。在《綠野仙蹤》這個故事中，巫師這個角色一開始是以讓人印象深刻的超自然存在來登場，但後來才發現他其實只是個藏在布幕後面來遙控各種幻覺的普通人罷了。

在綠野仙蹤原型開發階段會做出一個該 AI 產品的模擬版本。它在表面上是功能正常的，但它的功能實際上是由隱身幕後的人類來操作的。模擬產品可由利益相關者來測試和體驗，讓人們能夠感受到它在真實世界中的工作方式，並將它與其他選項相互比較。

倉庫安全的綠野仙蹤測試

為了測試先前的倉庫安全概念，我們開發了一個簡易的手機應用程式。一名配備了該應用程式的保全會去執行他的正常巡邏任務。另一個測試員會定期向保全發送一則通知，藉此模擬當 AI 系統偵測到入侵者會發生什麼事情。保全會對此做出反應並調查，並記錄了他所需的反應時間。

後續分析發現，從反應時間來看，這個應用程式其實沒什麼用：就大型倉庫來說，保全到達現場所需的時間太長，小偷早就全部跑掉了。花錢開發該應用程式是不划算的，錢拿來雇用更多保全會更好。

另一方面，可能會發現保全能夠迅速應對每個情況，而 AI 應用將有助於提高他們保護場所的能力。這些發現有助於說服管理層投資是值得的。

在任何情況下，綠野仙蹤測試的結果都可以幫助組織節省開支。

這個練習非常實用。即使沒有專案的技術部分，也可以探索、分析和改進用戶體驗。如果體驗令人印象深刻，這可以大大有助於說服利益相關者該專案是值得的。如果事情即使在人工形式下也無法良好運作，這是一個好的訊號，表明您應該回到起點。

任何評估若想要成功，重點是取得利益相關者對於何謂「好」要有共識。在倉庫範例中，這可能等於一位保全對於入侵做出回應的最短時間。測試期間會設定一些儀控方式來幫助我們監測這些指標、部署應用程式的基本版（例如，假的綠野仙蹤應用程式），最後再評估。

在這個過程中，能否同時測試**現有**解決方案和所提出的解決方案是非常重要的。這個訊號非常清楚，可用於指出正在評估的解決方案是否真正有益。這是在整體開發過程中都必須去檢查的重要事項，而不是只有在開始的時候。

由於我們已經確定了所謂「好」的具體門檻，因此有可能發現目前的解決方案已可滿足利益相關者的需求，這樣組織就不必使用 AI 方案並省下許多費用。但如果證明方案是有益的話，就更有信心進行下去了。

了解限制

當然，除了綠野仙蹤原型設計之外，還有許多方式可用來確認新專案的風險、回報和收益。AI 專案當然也適用，您的想法是否符合組織需求對於確保它能否邁向成功至關重要。

其中一部分是界定您的組織限制並確保它們不會造成任何問題。以下是開發 AI 應用時的一些主要限制：

專業知識

儘管 AI 工程已經越來越易用，但找好經驗豐富的 AI 專家當然有助於降低專案風險。請確保您需要的技能在專案開始之前已經是可用的。

時間表

AI 開發是一個資料驅動的迭代過程，想要準確估算時間會比傳統軟體工程更加困難。請確認您有留一點時間以應付意外情況，例如在開發後期發現需要蒐集更多資料。

預算

AI 開發最昂貴的三大方面是薪水、資料蒐集和現場測試。如果您是個人或小型組織，訓練模型所需的運算時間可能會變得很可觀——但由於邊緣 AI 模型的趨勢是小而美，因此通常不會超過幾千美元。

長期支援

正如第十章中所述，AI 應用需要長期支援才能保持有效。隨著它們周遭世界的變化，ML 模型和手動編寫的規則自然也需要更新和改進。如果專案的部署時間會超過數個月，確認您的組織能夠負擔（並且願意）支援它是很重要的。

對於所處組織的運作方式，您就是專家，一切取決於您對於組織能否支援您所開發專案的理解程度。

資料集可行性

除了技術可行性之外，開發邊緣 AI 應用還受限於可用的資料。機器學習對於資料的需求量可是大到驚人，即使是手動編寫的規則式方法也需要相當程度的資料才能開發和測試[6]。

蒐集資料不但困難、耗時，而且還很昂貴，因此在可行性評估階段就能了解專案的資料需求確實有挑戰性，但至關重要。了解資料可行性有兩個步驟：

1. 估計解決問題所需的資料量。
2. 了解是否能夠取得足夠的資料。

這兩個主題都會在第七章詳細介紹。正如後續所述，了解資料需求牽涉到了研究和工程。這代表您得對專案投入了相當時間之後才能知道實際的資料需求。

在這個階段只有初步的想法還不算什麼大問題，也許只是您在研究過程中所找到的一些先例（第七章就會談到）。如果看似無法取得足夠的資料，則您的專案極有可能走不下去。在早期階段排除這一點是非常重要的，可以避免做白工。

倉庫安全的資料集可行性

本安全應用程式的核心在於偵測倉庫中的人員。在著手了解資料需求時，從科學文獻中去找找類似的應用是很有幫助的。例如，網路搜尋一下關於「人員偵測」這個主題，可能會找到視覺喚醒詞（*Visual Wake Words*）這個資料集（Chowdhery et al., 2019, *https://oreil.ly/biJLy*），其中包含了 11.5 萬張人們在各種情境下的影像。

相關文獻顯示，使用本資料集有機會讓模型準確度超過 95%，並可運行於高階 MCU 上。這讓我們對於案例可行性多少有了點把握。此外，這個資料集是公開的，代表我們有機會運用它來自行訓練模型。

6 即使您正在重現某個教科書中的已知演算法，還是需要運用資料來確認應用程式可否順利運作。

在這個階段，這應該已足以肯定這個專案在資料集方面是可行的。當然風險一直都在，例如，我們可能會發現在黑漆漆的倉庫中偵測人員會比在 Visual Wake Words 資料集的常見情況來得更加困難。我們必須自行決定可接受的風險程度，並藉由各種實驗來降低風險。

資料問題是導致 ML 專案失敗的主因之一，因此，如果在可行性檢查時就發現了負面訊號，可別只是雙手合十祈求一切順利而已啊。

技術可行性

第三章和第四章已經深入介紹了各種邊緣 AI 的相關技術。當您想要了解自己的想法是否可行時，這些材料是很好的資源。

第一步是將您的想法去對應邊緣 AI 的各種概念與方法。以下是一些關鍵點，本書先前都已經介紹過了：

感測器

　如何蒐集所需的資料？

資料格式

　感測器會輸出怎樣的訊號？

特徵工程

　處理原始訊號有哪些做法可用？

處理器

　考量到成本和耗電，可以負擔多大的運算量？

連接

　有哪些可用的通訊方式？

問題類型

　需要進行分類、迴歸或其他類型的運算嗎？

規則式或機器學習

是否需要使用機器學習，還是可以使用規則式或啟發式方法？

選擇 ML 演算法

傳統機器學習是否已能做到，或者需要用到深度學習模型？

應用程式架構

需要一台邊緣裝置就好，還是更複雜的配置？

最後也是最重要的，您需要考慮到人。最終的解決方案會是由人和技術所組成的系統，並於其中並肩工作。任何技術決策都需要從人的角度來審視。

此時，想要明確回答所有這些問題還為時過早。反之，合理的作法是提出一些可能的解決方案：先從四到五個粗略的想法開始，但行有餘力的話再多幾個也沒問題。無需全盤考量，但您應該試著去符合上述清單中的部分內容。

接著使用先前的倉庫安全情境來說明。

倉庫安全的腦力激盪

即便只是試著針對邊緣 AI 系統腦力激盪一下，但在大多數情況下，建立最簡單的基線還是很有幫助的。它會提供一個已知的量，以便我們與其他解決方案來比較。您也要把試圖替換的任何現有解決方案考量進去。

解決方案 1：保全團隊

倉庫會駐守著一隊訓練有素、值得信賴的保全人員，人數能夠做到全天候監視倉庫內容。

在某些情況下，非技術性的基線（或非 AI 解決方案）反而可能是最佳方案。對於這個可能性，您應該永遠保持開放立場：我們的工作是提供價值，而不是找藉口使用 AI。

同樣地，由於邊緣 AI 的困難重重，因此也有必要考慮可能的雲解決方案。當然，雲方案在某些情況下可能根本不可行——但還是值得思考。

解決方案 *2*：雲端 *AI*

倉庫配有多個有線式攝影機，每個攝影機都可存取網際網路將影片串流到雲端。雲端伺服器可同時對每個影片串流執行深度學習人員偵測，如果在未經授權的區域檢測到人員的話，就透過應用程式向保全發送訊息。

有了一個基於雲的系統可以思考之後，現在來看看如果把一些運算放回邊緣端發生什麼事。

解決方案 *3*：邊緣伺服器

倉庫配有多個有線式攝影機，每個攝影機都透過網路把影片串流到現場的邊緣伺服器。邊緣伺服器可同時對每個影片串流執行深度學習人員偵測，如果在未經授權的區域偵測到人員的話，就透過應用程式向保全發送訊息。

很有趣對吧！聽起來也似乎可行，並且肯定有一些技術上的優勢——例如，我們不再依賴網路了。現在來看看是否可以把更多運算放到邊緣。

解決方案 *4*：裝置端運算

倉庫配有多個有線式攝影機，每個攝影機都配備了一顆高階的微控制器。微控制器會對攝影機的影片串流上執行深度學習人員偵測，如果在未經授權的區域偵測到人員的話，就透過應用程式向保全發送訊息。

除了邊緣與雲端之外，還有許多其他方向可以去探尋解決方案。例如，換一款感測器類型如何？

解決方案 *5*：使用感測器融合進行裝置端運算

倉庫裡有許多有線連網的裝置，各自配有多個感測器，包括影像、聲音和雷達，還有高階 MCU。MCU 使用感測器融合技術來偵測人員，如果在未經授權的區域偵測到人員的話，就透過應用程式向保全發送訊息。

現在有五種可供探索的潛在解決方案，各自有其優缺點來分析、比較和討論。不一定能一眼看出究竟哪種解決方案最合適；正確的答案會根據企業需求和組織技能等各種因素而異。關鍵在於把這些想法整合起來，以便開始探索各個選項。

界定問題

為了充分探索任何 AI 解決方案的技術要求，我們必須有辦法使用現有工具來界定問題。第 102 頁的「根據功能區分演算法類型」已經介紹了一系列有用的技術：

- 分類
- 迴歸
- 物件偵測和分割
- 異常偵測
- 叢集
- 降維
- 轉換

在解決任何問題之前，首先要把它分解成可用這些技術來解決的諸多小塊。一個問題可能需要多個技術來解決。例如，辨識闖入未經授權地點的入侵者，可能會用到物件偵測（用於尋找有沒有人）和異常偵測（用於辨識做出不正常行為的人，例如晚上在倉庫巷道附近鬼鬼祟祟）等技術。

每種技術還可能用到不同類型的演算法：例如，物件偵測可能需要深度學習模型，而異常偵測則透過傳統機器學習就能做到。藉由把問題分解為這些技術可解決的小塊，就能進一步了解必要工作項目的運算負擔，這有助於迸發出解決方案，還能幫助我們選出硬體。

問題通常能以多種不同的方式來拆解（或界定），每種方式都各自有其技術要求。例如，降維技術也可以用來偵測倉庫中的入侵者：使用嵌入模型來描述視野中的任何人，然後將他們的嵌入與資料庫比較，藉此偵測出非員工者進入倉庫時的情況。

相較於基於物件偵測的系統，這會產生不同的技術、資料、商業和道德考慮。因此，界定問題是另一種探索可能解決方案的工具，期待能找到符合我們特殊需求的解決方案。

裝置效能與解決方案選項

每個邊緣 AI 專案可用的硬體選項只能說數不勝數。例如，上述倉庫安全專案腦力所激盪出的解決方案可以使用 MCU、邊緣伺服器或雲端來實現。每個解決方案的硬體選項都多到不行，例如以基於 MCU 的專案來說，我們必須從囊括了數十家供應商的清單中來選出一款硬體，而且每個供應商還有數十款可自由配置的晶片。

從可行性的角度來看，我們需要根據問題描述所提出的限制來確認有哪些合理的硬體。這些限制可能包括成本、內部專業知識、既有系統（請回顧第 28 頁的「綠地專案與棕地專案」）或供應鏈等考慮因素。理解這些限制會讓硬體選項和潛在解決方案更加收斂。

加入限制之後，我們可能會發現根本沒有相應的解決方案。例如，在棕地專案中唯一可用的硬體，其記憶體規格可能根本無法以預期效能來運行物件偵測模型。

表 3-1 可當作一份參考，用於理解您的應用程式針對可用的硬體選項是否有一定的可行性。請記住，如果需要更好的彈性，您可以把應用程式根據不同類型的裝置來拆分。第 293 頁的「架構設計」會深入探討這個主題。

做出最終決定

截至此時，我們已從倫理、商業、資料集和技術的角度來檢視了專案的可行性。資訊應該已足以做出決定了。如果我們腦力激盪出的解決方案中沒有一個看起來適合的話，就應該進行以下步驟：

1. 使用檢視過程中所找出的新限制來更新問題描述。
2. 再腦力激盪一次，提出考量新限制後的可能解決方案。
3. 對新解決方案重複相同的可行性檢視流程。

如同 AI 的所有內容，這可能是一個迭代的過程。這些步驟可能需要重複執行多次來釐清您對各種限制的理解，並找到一個可行的解決方案。保持耐心和願意重新檢視您的假設是絕對值得的。即使最終的解決方案並不如最初所想像，您還是有可能找到一個潛在的解決方案。

然而在某些情況下，您所想要解決的問題可能就是找不到一個好的邊緣 AI 解決方案。如果發生這種情況，請把原因記下來。這些原因可能是道德上的，代表該專案的道德風險過高而不宜考慮。或者可能純粹是技術上的，這代表隨著新的硬體和技術的演進，該專案可能在日後的某個時間點變得可行。

無論如何，就算您無法找出一個可行的解決方案，從可行性的角度來探索解決方案空間的過程依然非常有意義。您現在應該可以從 AI 的角度來更深入了解某個問題的領域了，而且比任何人都更了解。

如果解決方案沒有通過可行性測試的話，請抗拒讓專案繼續走下去的誘惑。如果已經證明這件事風險過高，試圖開發該專案只是浪費時間並可能產生傷害。

知道某個問題不具備合理的邊緣 AI 解決方案，這個資訊也相當寶貴；光是明白這一點就是競爭優勢了。您可能會看到其他組織浪費時間去追尋某件事，但您已確定他們的努力終將失敗，因此專注於其他方面則會讓您取得更好的成果。

如果您已經一路走到這裡，專案看起來也似乎可行。恭喜，現在是讓它成真的時候了。

規劃邊緣 AI 專案

邊緣 AI 開發是一個多階段的過程，包含了迭代開發和可能數也數不清的任務（例如資料蒐集就是一個永遠無法真正完成的過程）。有了這個想法之後，重點是在開發解決方案之前先制定好計畫。

在第 177 頁的「邊緣 AI 工作流程」中說明了各種工作流程階段，以及它們如何透過多個回饋迴圈串起來。作為一個迭代過程，您想要在哪一階段下多少功夫都可以。規劃的兩個最重要面向是：

- 定義可接受的效能
- 了解時間和資源限制

定義可接受的效能

規劃過程中的第一個階段應該是找出一套關於系統可接受效能的明確標準。這要與利益相關者和道德分析同時進行，因為效能不佳的系統在這些方面也可能會產生風險。

您在開發過程中的任務是透過迭代過程來達到對於可接受效能的各個目標。滿足了這些目標之後，利益相關者對於專案能否運作得夠好就會更有信心。您的目標應該設定得實際可行——它們必須是能夠做到的——但也應該設定為當目標實現時，專案就確實能夠提供價值。

第 336 頁「實用的度量指標」會接續說明一些重要的效能指標。

了解時間和資源限制

了解您擁有多少時間和可用於交付專案的資源——包括資金、專業知識和硬體——是非常重要的。估算開發時間非常困難，對於 AI 專案更是如此。

由於 AI 開發本身的迭代性質，傳統瀑布式開發模型的效果不會太好。反之，您需要在往前推進的過程中同時了解和管理風險。理想的做法之一是盡快使整個系統能夠運作起來。

接下來，您可以迭代整個系統以及其中各個元件。第一個版本可能只是使用現成硬體和簡易邏輯的綠野仙蹤原型。您可能會針對這一點訓練一個簡易 ML 模型來取代其中的綠野仙蹤元件，然後建立一個自定義的硬體設計。

您的整個系統在過程的分分秒秒都應該進行端對端測試，以確定是否符合您所定義的效能標準。這麼做的好處之一是排除了把所有時間花費在專案的某一階段上（例如訓練模型）的風險，導致留給其他階段的時間根本不夠。另一個好處是有時候反而會發現，能滿足您效能目標的系統，根本沒有當初想的那麼複雜。

第九章會更深入討論關於規劃這個主題。

硬體真的很硬

硬體專案有其獨特的挑戰，因此重點在於開發軟體的同時，也要盡早開始進行硬體設計。一旦確認合適的處理器之後，就要盡快取得開發板讓您可以直接進行硬體工作。當您試著把邏輯部署到硬體上時，這麼做有助於降低發生意外摩擦的風險。

考量到硬體供應鏈的真實面，您可能需要在對應用程式需求有完全的把握之前先下訂單，這是主要的風險來源之一，但它可能無法避免。最好的方法是盡快將您的應用程式部署到某些開發硬體上。多數製造商已為此目的提供了許多開發板。

如果您特別擔心這件事的話，選擇一些規格更好的硬體應該有所幫助，這在您低估了程式碼需求時還有一些額外的空間。一旦產品上市並證明演算法運作良好之後，您就可以設計第二個更具成本效益的版本。某些系列的處理器系列甚至是「墊片相容（pad compatible）」的，代表您可以先從某個效能更好的處理器開始，但後續很容易將其改為更便宜的版本，而無需對電路板進行任何修改。

總結

我們現在已經明白了適用於邊緣 AI 專案的一般工作流程，也學會了如何評估各種問題和產生可行的解決方案。

下一章會進入邊緣 AI 工作流程的第一部分——建立有效的資料集。

第七章

如何建立資料集

資料集是所有邊緣 AI 專案的基礎。擁有一個好的資料集，工作流程的所有任務都會更簡單，風險也更低——包含選擇正確的演算法、了解硬體需求和評估其在真實世界的成效。

由於資料會直接用於訓練模型，因此資料對於機器學習專案來說無疑是關鍵所在。然而，就算您的邊緣 AI 應用不會用到機器學習，資料也是非常重要的。想要挑選出有效的訊號處理技術、設計啟發式演算法和在真實條件下測試應用，資料集都是絕對必要的。

蒐集資料集通常是所有邊緣 AI 專案中最困難、耗時且昂貴的部分，也是您最有可能犯下可怕且難以發現的錯誤，從而使專案注定失敗的地方。本章將會介紹目前用於建立邊緣 AI 資料集的最佳方式，這可能是本書最精華的部分呢。

資料集長什麼樣子？

每個資料集由許多獨立項目，又稱為**紀錄**（*record*）所組成，每筆紀錄各包含了一或多個資訊，稱為**特徵**（*feature*）。每個特徵的資料型態可能完全不同：數字、時間序列、影像和文字等等都很常見。這類結構如圖 7-1。

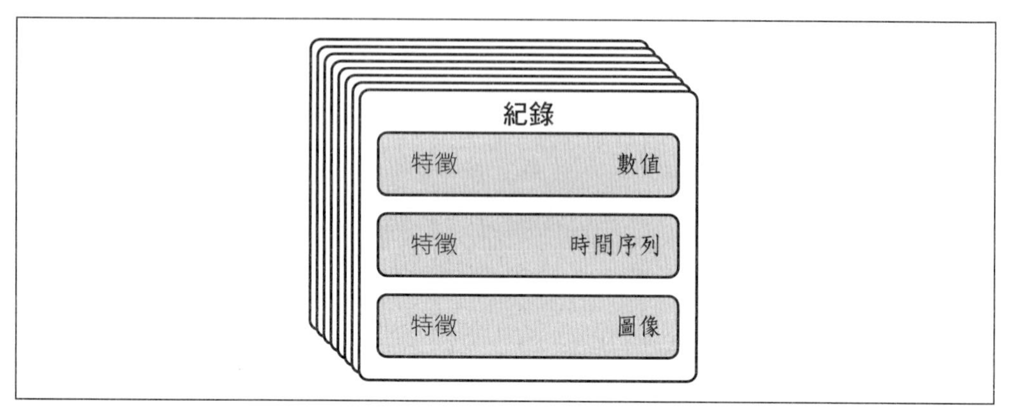

圖 7-1　資料集包含了多筆紀錄，每個紀錄則可能包含多個特徵；特徵可以是不同的資料型態

資料集的組成元件也有許多不同的名稱。紀錄通常也稱為列（*row*）、樣本（*sample*）、項目（*item*）、範例（*example*）或實例（*instance*）。特徵也稱為行（*column*）或欄位（*field*）[1]。

許多資料集還包含了標籤（*label*），這是一種特殊的特徵，代表所訓練模型對於該資料集的期望輸出，例如分類器回傳的類別，或物件偵測模型回傳的邊界框。

資料集也常常包含了元資料（*metadata*），這是一種用於描述資料本身的特殊資料。例如，某筆記錄可能包含元資料來說明用於蒐集該特徵的感測器型號、擷取時間和日期，或是用於組成某筆特徵的訊號抽樣率。

資料集有許多不同的儲存方式：放在檔案系統、資料庫或雲端，甚至可以放在檔案櫃和紙箱裡。

資料集的結構在開發過程中通常會有大幅度的演變，這可能牽涉到其紀錄和特徵所呈現的意涵。例如，假設您正在建立一個由工業機台振動資料所組成的資料集，並希望藉此訓練一個能夠辨識不同運作狀態的分類器。

1　請注意，資料集層級中所談到的「樣本」，不等於任意數位訊號中的樣本。一筆資料集層級的樣本（也稱為紀錄）可能包含了由多個樣本組成的特徵。作為跨學科領域，邊緣 AI 中這樣令人困惑的術語衝突可是多不勝數呢！

您可以先從 10 台不同的機器中連續擷取 24 小時的資料。在這種情況下，每筆紀錄都代表了特定機器的某個時段。您還可以切分這些紀錄來對應不同的運作狀態，並加入對應的標籤。接下來，就可對每筆紀錄進行特徵工程，建立可送入機器學習模型的額外特徵。

理想的資料集

理想的資料集具有以下特性：

相關性

　　您的資料集應該包含對於所要解決的問題有價值的資訊。例如，如果您正在製作使用心率感測器資料來估計運動成效的系統，資料集就需要納入心率感測器資料和一些成效指標。如果想要使用特定類型的感測器，重點就在於您的資料集也要用類似的裝置來蒐集。或者如果想要解決一個分類問題，那麼資料集中的訊息就應該能夠區分出您所在意的類別。

代表性

　　資料集如果希望具備代表性，其中的資訊就必須涵蓋真實世界中可能遇到的所有不同和多樣化狀況。例如，用於健康監測應用的資料集所包含的個體資料範圍就必須夠大，才能涵蓋到可能操作該應用的所有類型的人。代表性不足的資料集將導致偏見，如第 50 頁的「黑箱與偏見」所述。

平衡性

　　理想的資料集不只需要具備代表性，還應包含來自所有相關類型條件的良好平衡訊息。許多類型的機器學習演算法都是在平衡資料集中才會有最好的表現，包括深度學習模型。

　　例如，在美國有 76% 的通勤者開車上班，只有 10% 的通勤者騎自行車[2]。如果要訓練一個模型來計算通過城市的車輛數量，那麼確保汽車和自行車的資料數量相同就非常重要了——就算自行車只占了少數也要這麼做。否則，該模型辨識汽車的能力可能會比辨識自行車來得更好。這是偏見溜進您的系統中的另一種常見方式。

2　資料來源：Statista Global Consumer Survey，2022（*https://oreil.ly/7qzc8*）。

可靠性

理想資料集的準確性是一致的。它應該盡可能讓錯誤越少越好，而如果有錯誤的話，則應該在整個資料集中均勻分布，而不是集中在某些類別[3]。如果資料中有雜訊（對於感測器應用而言很常見），它應該與真實環境條件中的雜訊具備相同的型態與強度。例如，我們可能想要用一個由音樂樣本所組成的資料集來訓練一個分類模型，希望能辨識出不同的音樂流派。在我們的資料集中，每個樣本是否標註為正確的流派至關重要，而且樣本中包含的背景雜訊量應盡量與預期的真實環境條件相似。

格式良好

同一份資料可以用許多不同的格式來呈現。例如，影像可以用無數種不同的格式、解析度和顏色深度來表示。在理想的資料集中，資料格式應該以最適合您的任務為準。最低限度來說，資料集樣本的格式如果能保持一致，也是非常有幫助的。

文件完整

了解資料集來自哪裡、是如何蒐集的，以及所有欄位的含義是非常重要的。如果沒有這些資訊，就無法確定資料集是否符合您的要求。例如，想像一下正要使用某個從網路上取得的感測器資料集。如果文件不完整的話，您就無法得知該資料是否有意義：它可能與您想要使用的感測器不一致。

大小適中

只要資料夠多，機器學習模型幾乎可以學會任何系統中的隱藏規則。例如，您可能想用加速度計資料來訓練一個能夠辨識不同網球擊球類型的模型。如果資料集只包含了每種擊球類型的少量樣本，模型在學習如何區分類型特徵的一般性表示上就會很困難。為了提升一般性，每種擊球類型的樣本數基本上是越多越好。

然而，資料集更大就需要更長的訓練時間，從技術角度來看也會更難處理。此外，要解決不同的問題所需的資料量也不同，因此對於每個專案來說，蒐集更多資料的邊際效益會慢慢消失。您的目標應該是蒐集到足以解決問題的資料量就好。

---

3 請參考第 246 頁的「誤差的不均勻分布」。

如果資料集主要是用於測試（而不是訓練模型），則可以改用較小的資料集——但重點還是資料集必須夠大來滿足代表性和平衡。

應該不難想像，要建置一個能滿足所有理想特性的資料集實際上非常難做到。在建立資料集時，您可能需要做一些加工才能使其合您所用。

用於評估的資料集

在實驗室中建置和測試邊緣 AI 系統會用到某個資料集，但在真實世界條件下評估其效能則可能需要另一個資料集。第十章將介紹多種用於評估邊緣 AI 系統的方法，並說明如何蒐集到適合某項任務的正確型態資料。

每個 AI 專案都需要把領域專業知識從人腦淬鍊到電腦系統中。建置資料集的過程是絕大部分的苦工所在。它必須在仔細、堅定並經過反覆思量之下進行。好消息是如果您做對了，成功的機會也會大幅提高喔。

資料集和領域專業知識

領域專家，也稱為主題專家（subject matter expert, SME），是指對您正要解決的問題有深入理解的人。無論是什麼領域，都會有人已經對該主題徹底研究、體驗和學習了。

重點在於把您的問題所涉及的領域專業知識，與 AI 演算法、訊號處理、嵌入式工程或硬體設計所需的知識視為不同。儘管領域專家也可能具備其他領域的技能，但就算某人是機器學習專家，也不代表他們就一定夠格來設計能夠解決任何問題的 AI 系統。

例如，假設您正在針對醫療保健市場設計一款邊緣 AI 產品。除了硬體和軟體工程師以及熟悉建置 AI 應用的人之外[4]，您的團隊還需要納入對所要解決的醫療保健問題有深入了解的領域專家。否則，您將面臨做出來的產品可能運作不如預期的風險。

4 第九章將更深入討論製作邊緣 AI 產品所需的團隊組成。

資料集和領域專家密切相關。每個 AI 產品都反映出了當初用於開發、訓練和測試它的資料集。當產品運用了機器學習技術時，演算法會直接由資料所決定。但即使是手動編寫的演算法，只有用於測試它們的資料越好，它們才會越好。

這代表您整個專案的成敗都取決於資料集的品質。此外，您的組織中唯一有資格去判斷品質好壞的人就是領域專家。他們對於問題的相關知識必須用於指導如何建立和治理資料集。您團隊中才華洋溢的資料科學專家就算再多，如果缺少了對於問題的正確洞察力，他們的技能也是多餘的。

就本質上而言，您的資料集扮演了領域專家之於產品中和組織中的主要推手。由於它是以領域專家的知識來建置的，它最終自然會以專家知識的數位形式來呈現，好比是用來存取它所擷取觀點的應用程式設計介面（application programming interface, API）。

這類經過編碼後的知識有助於您團隊的其他人來建置應用。例如，演算法工程師將使用資料集來調校或訓練它們，而負責測試應用的人將使用它來確保在需要的所有情況下都能良好運作。

以上所有因素都使得擁有足夠的領域專業知識成為關鍵。此外，由於您的領域專家可能不一定是建置和評估資料集的專家，因此您需要讓他們與具備資料科學技能的團隊成員密切合作。大家必須齊心協力才能建置出有效的資料集。

但如果無法取得領域專業知識該怎麼辦？答案很直接且可能讓人感到不太舒服。如果您的團隊缺乏所要處理問題的領域專業知識，直接去製作產品就是不負責任的行為。您不僅不具備做出有效產品所需的知識，也缺乏了理解是否做出**無效**產品的洞察力。

資料、倫理和負責任的 AI

資料集的品質將比任何其他因素更能左右您的應用程式所造成的社會影響。無論您如何仔細去研究專案所面臨的倫理問題，並精心想要設計出一個既安全又有益的應用，資料集的相關限制都決定了您是否有辦法了解和避免意外傷害。

從負責任的 AI 的角度來看，您的資料集必須提供兩個核心要素：

- 建立所要建立的演算法系統之原始建造材料
- 用於了解系統效能的最強大工具

資料集是您的系統所設計來與真實世界互動的唯一細節呈現方式。整個應用程式的開發回饋循環都將由它所主導。作為原始建材，如果您的資料集在任何方面有所缺乏，它將不可避免讓您的系統成效降低。更糟糕的是，相同的缺陷還會影響您對於系統成效下降時的理解能力，甚至無法發現它已經變差了。

這對邊緣 AI 專案來說格外重要，因為它們部署於邊緣端的本質就代表了往往很難取得它們在現場運作的相關資訊。您的資料集在大部分情況下就是您以任何所需的精確度來評估模型效能的唯一機會。

明白這一點之後，重點就變成您有沒有花足夠的時間來做好這一段。

資料不足導致悲劇性死亡

第 45 頁「以負責任的態度來開發應用」中談到了 Uber 自駕車系統故障導致了一名行人死亡。儘管故障屬於系統性問題，並涉及程序和安全系統的設計不良，但核心問題依然是訓練資料不足。

以下文字引用 *Wired* 對於本事件報導（*https://oreil.ly/p-zWi*）所提供的一些說明：

> 報告指出，由 Volvo XC90 SUV 改裝的 Uber，在自動駕駛模式下行駛約 19 分鐘，以約 40 英里 / 小時的速度撞上 49 歲的 Elaine Herzberg，當時她正推著自行車過馬路。車上的雷達和光達感測器在事故發生前約 6 秒鐘偵測到了 Herzberg，先將其辨識為未知物體，然後辨識為車輛，再辨識為自行車，她每走一段，系統的預期結果也隨之調整……。
>
> 邊走邊推著裝滿塑膠袋的自行車、行走方向與車道呈 90 度、走在行人穿越道之外，而且還是在光線較差的地方，像 Herzberg 這樣的情況對 Uber 系統來說在在都是挑戰。Rajkumar 說：「這表明 (a) 分類並非都是準確的，我們所有人都需要意識到這一點」，「而 (b) Uber 的測試很可能完全沒有，或至少沒有太多這類的行人影像。」
>
> —Aarian Marshall 和 Alex Davies，*Wired*

人類擅長於所謂的「零樣本學習（zero-shot learning）」，也就是基於我們對世界的先前理解來辨識出以前未見過的物體。到目前為止，要建置出能夠做到這一點的 AI 系統依然非常具有挑戰性。如果人類駕駛員在 Elaine Herzberg 過馬路時看到她，他們會立即理解所看到的是一個推著自行車的人，並馬上踩煞車。

在某些地方要看到推著滿載塑膠袋的自行車過馬路的情況相對少見，因此 Uber 的自駕車資料集中可能不會包含太多這樣的實例。然而，正如先前所述，理想的資料集必須是**均衡的**：即使某個情況很少見，資料集仍會包含足夠的實例來訓練模型，或者至少能夠評估模型並指出模型在該情況下是無效的。

由於 Uber 的自駕車演算法無法進行零樣本學習，因此它們必須仰賴資料集來學習 Elaine Herzberg 過馬路這類情況。但由於資料集不平衡使得其中關於這類情況的範例不夠多，因此模型無法學會如何辨識它們。

這場悲劇點出了建立資料集的一項最大挑戰。真實世界的變化程度只能說是瘋狂。人類、自行車、塑膠袋、道路和照明條件的變化近乎無窮無盡。資料集永遠不可能捕捉到這些東西的全部可能組合。

此外，各種變體的組合方式如此之多，就算是領域專家也可能忽略掉某些東西。例如，要求某位城市交通專家去辨識自動駕駛資料集中的關鍵物體時，他們應該沒想到，掛滿塑膠袋的自行車也要算進去。

把未知因素降到最低

如同美國前國防部長唐納．倫斯斐（Donald Rumsfeld）惡名昭彰的一席話，建立資料集有所謂的「已知的未知（known unknowns）」，也有「未知的未知（unknown unknowns）」。建立有效的資料集的唯一方法就是把這兩者降到最低。有兩種主流方法可以做到這一點。

第一個方法，也是最有效的，是限制模型可互動的情況範圍。一個通用的自動駕駛系統基本上可視為建置資料集的噩夢場景。自駕車必須在雜亂無章的真實世界中穿梭，從城市街道到鄉村小徑，您可以想像到的任何事情幾乎都會碰到。要建立一個能夠呈現出所有這類變化的資料集是不可能的。

相較之下，想像一輛只限於在高爾夫球場中行駛的自駕高爾夫球車。儘管它還是有可能在球道上遇到一輛腳踏車，但這種情況是不太可能的，因此就這情境來說，要建立一個足以代表正常使用情況下各種常見情況的資料集就容易多了。對於自駕車來說，限制範圍這項原則，很可能會迫使您將車輛限制在有訓練演算法的地理區域中才能運作。

避免未知因素的第二種方式是提升對領域的專業知識。如果對於某個情況能有更多可供參考的專業知識，「未知的未知」就應該會更少。如果 Uber 當時能夠聘請了一個更厲害的城市運輸專家團隊來協助建立和評估資料集的話，也許有機會避免發生這樣的悲劇。

從這個觀點來看，我們也可以得出一條實用的規則：在沒有相應領域專業知識的情況下，根本不應該開發會供真實世界使用的邊緣 AI 應用。領域專業知識不足會讓「未知的未知」的範圍無限擴大，幾乎可以篤定我們一定會碰到這些未知領域。

確保領域專業知識

現今市面上那些令人驚豔的機器學習模型輔助訓練工具，使得進入門檻大大降低了。但不幸的是，這也誘使了許多開發者在缺乏領域專業知識的情況下去開發各種應用。

在 COVID-19 大流行期間，數以千計的熱心研究者和工程師製作了各種以醫學影像來診斷感染的專案。在 2021 年發表於 *Nature Machine Intelligence*[5] 期刊的諸多作品中，這類研究居然高達了 2,212 個。然而，通過審查的專案只有 62 個，且其中得到推薦有機會進行臨床應用的居然連一個都沒有。其中大部分問題都只要結合臨床和機器學習領域的專業知識就能解決。

針對試圖用 AI 解決問題這檔事，學術界的同儕審查系統已提供了一套分析和評論機制。然而，在產業界中卻沒有這樣的系統。模型部署在黑盒系統中、沒有對應的文件，還允許在未經監控的情況下來與真實世界系統互動。這大大增加了災難性問題進入產品的可能性。

---

5 Michael Roberts et al., "Common Pitfalls and Recommendations for Using Machine Learning to Detect and Prognosticate for COVID-19 Using Chest Radiographs and CT Scans," Nat Mach Intell 3(2021): 199–217, *https://doi.org/10.1038/s42256-021-00307-0*.

在邊緣 AI 領域工作的我們有責任從組織內部以及透過跨組織協作，來確保所建立的系統有一定水準以上的品質。嚴加控管資料集品質以及領域知識的對應部署，必須成為任何嚴謹研究的核心。

以資料為中心的機器學習

傳統上，機器學習從業者的眼光都聚焦在如何選出最棒的特徵工程和學習演算法組合，以在特定任務上取得良好的效能。在此框架之下，會將資料集視為固定元素，除了基本清理作業之外不太會再進行額外改動。資料集是作為輸入，以及對於正確性的參照，但不會有人認為它們是可以調整和微調的東西。

近年來，越來越多人發現不應將資料集視為靜態對象。資料集的組成對於以其訓練的模型效能有很大影響，從業人員已經開始修改資料集以在各種任務上達到更好的效能。

這種新的思考方式可稱為「以資料為中心的機器學習」。在以資料為中心的工作流程中，人們更加著重於如何提高資料集的品質，而非調整演算法參數。

以資料為中心的機器學習遵循了「垃圾進，垃圾出」這句古老的運算原則（*https://oreil.ly/NJ8I2*），也就是說如果提供了品質不佳的輸入，就無法期待電腦程式能做出良好的決策。

以資料為中心的工作流程和工具能幫助開發人員了解資料品質以及如何解決資料中的問題。這可能包括：

- 修正或刪除標註錯誤的樣本
- 刪除離群值
- 加入特定資料來改善代表性
- 重新抽樣資料來提升平衡度
- 加入和刪除資料以解決漂移問題

需要注意的是，上述任務全部都需要領域知識。從某些方面來說，轉向以資料為中心的機器學習，等於認同領域知識對於可否從機器學習系統取得令人滿意的效能之重要性。

漂移（drift）是指真實世界會隨著時間而變化。資料集和模型也必須不斷更新來反應這個狀況。本章稍後會詳細介紹漂移。

以資料為中心的方法會把資料集視為需要定期維護的生命體。進行這種維護是值得的，因為它不但可減少訓練出有效模型所需的演算法工作量，還可以減少所需的資料量。樣本數較少的高品質資料集通常會比樣本數較多的低品質資料集來得更好。

真實世界中的成功專案，通常會結合資料中心化方法，與用於自動探索有效演算法參數的現代工具，例如在第五章第 157 頁「自動機器學習（AutoML）」中談到的 AutoML 系統。只要提供高品質資料，這些工具就能探索設計空間並得出相當不錯的模型。

這也是本書推薦的方法。它使領域專家能夠專注於那些能夠反映其專業知識的資料，同時將調整演算法這類雜事交給自動化系統。這些自動化系統仰賴高品質資料來評估並選擇最適合的模型。藉由更加關注資料集品質，開發人員就能同時改善系統的原始輸入和評估機制。

估算資料需求

在邊緣 AI 專案的早期階段，人們最常問的問題是「我需要多少資料？」不幸的是，這個問題一點都不簡單。不同的專案對於資料需求的差異也極為不同。

一般來說，機器學習專案的資料需求通常比單純仰賴訊號處理、啟發式演算法和其他手工演算法的專案來得更高更多。在後者的情況下，資料主要是用於測試——因此儘管您依然需要足夠的資料才能確保資料集是否足具代表性，但不需要為每個條件都備齊大量範例，不過許多機器學習演算法都必須這麼做就是了。

知道解決問題所需的資料需求最好的方法是尋找先例。是否已經有這類問題的已解決先例，可以讓您知道大概需要多少資料？

網路在這方面是您最好的朋友啦。網路上很快搜尋一下就會找到許多科學論文、基準測試、開放原始碼專案和技術部落格文章，它們可以提供大量的見解。例如，Papers with Code（*https://oreil.ly/P8opj*）網站上有一個「最新技術（State-of-the-Art）」專區，列出了各種任務的基準資料集以及隨著時間進展下的成效。

如果我們正在開發一個關鍵詞偵測應用程式，就一定要看看 Google Speech Commands 資料集（*https://oreil.ly/OuLiV*）的結果，目前的準確率已經達到了 98.37%。深入研究資料集本身（*https://oreil.ly/gLy_i*），就能知道這個任務是對 10 個關鍵詞分類，資料集中針對每個關鍵詞都有 1500 到 4000 筆發音。如果任務夠相似的話，這些數字就能勾勒出大概的資料需求。

另一個好主意是找找在您的問題領域中，專門用來處理最少量資料的工具。深度學習模型的資料需求量特別大：是否有傳統機器學習的替代方案可適合於您的使用案例？如果您的問題一定要用到深度學習，是否有適用於案例的預訓練特徵擷取器？做法可能是透過遷移學習，或使用現有資料集來訓練特徵擷取器。

例如，在關鍵詞辨識領域中，哈佛大學研究團隊所發表〈Few-Shot Keyword Spotting in Any Language〉（Mazumder et al., 2021, *https://oreil.ly/3conT*）論文中已證明，每個關鍵詞只需要五筆範例，再搭配另一個較大的資料集來驗證效能，就能訓練出一個關鍵詞識別模型。

表 7-1 針對機器學習模型之於常見任務所需的訓練資料量提供相對指標。

表 7-1　常見任務的資料需求

任務	相對資料需求	備註
時間序列分類	時間序列分類	時間序列分類
時間序列迴歸		時間序列迴歸
非語音聲音分類	非語音聲音分類	非語音聲音分類
語音聲音分類	低或高	通常需要多達數小時的資料，但新的少樣本學習技術可以降低資料需求。
可見光譜下的影像分類	低	使用已針對公開資料集的預訓練模型來進行遷移學習，讓這個任務相對簡單多了。
可見光譜下的物件偵測	中	可進行遷移學習，但難度比分類更高。
非可見光譜下的視覺模型	高	通常無法使用遷移學習，因此資料需求更高。

請謹記於心，就算這些相對要求再怎麼高度相似——它們根據專案還是可能有極大差異，這就是為什麼很難給出確切需要的資料量。隨著新的工具和技術不斷出現，資料需求也會隨之演進。任務越常見，就越有可能找到能夠降低資料需求的訊號處理或學習技術。

機器學習中最大型的資料集是用於從頭開始訓練語言模型的超大型文字資料集。這通常不是邊緣 AI 所需做到的事情，因為邊緣這件事已經限制了所要處理資料集的上限。

估計資料需求的實務工作流程

初始研究完成之後，下一步看看有哪些工具可用並開始進行一些實驗。核心任務是在資料充足的前提下，確認我們所選擇的特徵工程和機器學習流程可否達到夠好的結果。

這個任務很自然會成為應用程式迭代開發方法的一部分，第九章會深入介紹。現在，我們要簡單介紹一下相關的任務。

為專案定義何謂「夠好的結果」是一個重要的步驟，第 286 頁的「限定解決方案範圍」會談到這件事。

以下是估計資料需求的基本流程：

1. 擷取和精煉出一個小型資料集。為了有效地估計資料需求，這個資料集除了必須大小適中之外，還要符合本章所述關於理想資料集的所有需求。本章後續會繼續談到將資料集整理成良好形式所需的流程。

2. 根據您對於可能採用的模型類型之研究結果來選出一個候選模型。從看似合理的最簡易模型作為起點是個好主意，因為越簡單的模型，通常也越容易訓練。不要在尚未排除簡單優雅的替代方案之前，就落入了想嘗試最新熱門技術的陷阱。

3. 將資料集分成多個大小相同的區塊。每個區塊的平衡和分布應盡可能與原始資料集類似。為了實現這一點，應使用分層隨機抽樣[6]。一開始使用大約八個區塊應該沒問題。

4. 使用資料集的一個區塊來訓練簡易模型，並記錄其效能指標。如第 157 頁「自動機器學習（AutoML）」中所述，使用超參數最佳化工具有助於排除選擇不同超參數所造成的影響。

5. 將另一個區塊加入您的訓練資料中，現在它是由兩個區塊的資料來組成了。再次從頭開始訓練同一個模型（如果您決定使用它，則還是要進行超參數最佳化），並再次記錄指標。

6. 重複這個流程，加入另一個資料塊、訓練模型並記錄效能指標，直到整個資料集都用上了為止。

7. 把效能指標畫成圖表，它看起來會像圖 7-2 中的其中一個圖表。

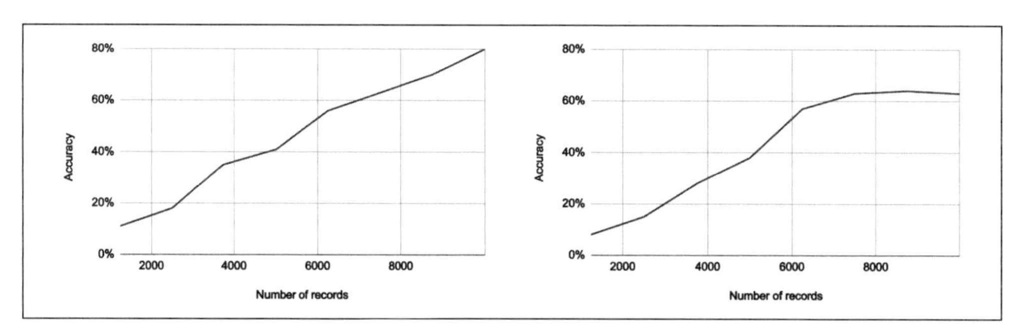

圖 7-2　顯示了各圖表中的效能指標（以本例來說為準確度）隨著紀錄數量增加的變化情形。左側圖表顯示資料更多可能會讓效能更好。右側圖表則是一個高原期：加入更多相同類型的資料不太可能讓效能大幅提升。

在上述兩張圖表中，我們可以看到兩個模型的效能都隨著加入更多資料而提高。但觀察一下曲線形狀就能理解新樣本的影響程度。左側圖表中的曲線表明，如果加入更多資料很可能會讓效能繼續提高。這條趨勢線針對滿足特定效能提供了約略估計所需資料量的方法。

6　這個名詞會在第 271 頁的「如何分割資料？」中介紹。

從右側圖表可看到模型已經達到了效能平穩期。加入更多相同類型的資料可能沒什麼效果。在這種情況下，就值得試試看不同的機器學習模型或演算法，或是改進特徵工程。或者也可以考慮除了擴充之外的方式來改良資料集：說不定其中有許多可降低的雜訊。

當然，這種技術完全依賴於我們的資料集是「理想」的這項假設。但在真實情況中，您的資料集、特徵工程和機器學習演算法很可能有著各種問題，它們所帶來的限制可能會讓模型的真實世界效能與加入更多資料的效能趨勢線更不相符。但不管怎麼說，知道大略的數字還是很有用的——它可讓您準確估計為了蒐集更多資料所需投入的工作量。

這項技術*無法*告訴您資料集是否具有代表性、是否平衡或是否可靠。這些方面完全由您決定。

取得資料

建置高品質資料集的挑戰絕大部分在於取得資料。以下是取得資料的一些常見做法[7]：

1. 從頭開始蒐集全新的資料集
2. 將資料蒐集外包給另一個團隊或第三方單位
3. 使用公開資料集中的資料
4. 從合作夥伴或協作者那裡再利用現有的資料
5. 從內部資料庫中再利用現有的資料
6. 重複使用來自於從先前已成功 AI 專案中的資料

如您所見，各種可能的選項還真不少。然而，對於某個專案來說，不太可能所有的選項都可用。舉例來說，如果這是您的第一個邊緣 AI 專案，很可能根本沒有任何能再利用的現成資料。

每種資料來源都代表了兩個重要項目之間的不同妥協程度：品質問題所造成的風險和工作量（換句話說就是成本）。比較結果如圖 7-3。

7 此外，您可能會發現需要結合來自兩個或多個來源的資料。

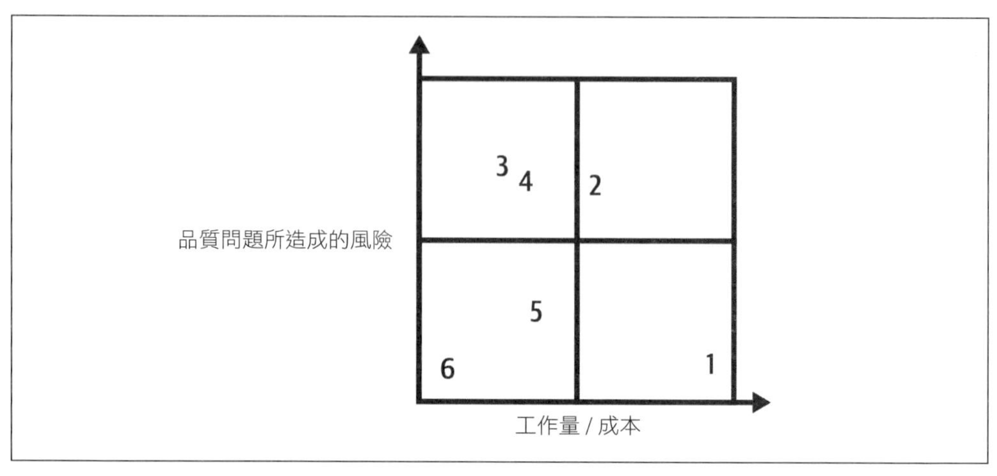

圖 7-3　根據品質風險和工作量 / 成本來分類各種資料來源。

您對資料蒐集過程的掌握度越高，就越能確保品質。到目前為止，最好的選項是能夠再次使用以往已經成功使用過的資料（圖 7-3 位置 6）。如果您運氣好到能夠採取這個選項的話，代表您已經清楚理解資料品質，只要資料還是相關的，您無需額外花太多功夫就能再次使用它。

組織擁有可用於各種 AI 專案的現成資料儲存是很常見的（圖 7-3 位置 5）。在這些情況下由於資料是在內部蒐集的，因此有可能掌握資料的品質。但是，這需要額外的功夫將其轉換為 AI 專案所需的格式。例如，製造商可能已經使用現有的物聯網系統來蒐集機器的資料。在這種情況下，資料來源和蒐集技術是已知的，因此有助於減少風險。然而，資料可能還不是可用的格式，通常多少需要清理一下。現有資料通常缺少標籤，而加註標籤的成本很高。

多數狀況下，資料是來自合作夥伴或協作者（圖 7-3 位置 4）。資料此時是由他人所蒐集，因此無法保證其品質，並且可能需要清理才能使用。

常用於學術研究的公開資料集（圖 7-3 位置 3）也面臨相同狀況。公開資料集的優點是許多人檢查過，可能已有高參考價值的基準可用，但它們往往是從低品質的資料來源拼湊而成，可能錯誤百出或規模很小，需要大量清理才能使用，並且可能包含未記錄或不明顯的偏見[8]。

8　儘管如此，即便是亂糟糟的公開資料集還是有助於評估演算法——它們可以提供一些有趣的冷門案例。

將資料蒐集外包給您組織中的另一個團隊或第三方（圖 7-3 位置 2）也是可行的做法——已經有公司級的單位來協助資料蒐集和標註。儘管理論上您在資料蒐集過程中有相當大的控制權，但這仍然可能有相當大的風險，因為很難保證第三方是否會遵循正確的程序。這通常也是一個相當昂貴的做法。

風險最低的方法是親自去蒐集資料（圖 7-3 位置 1）。當資料集和演算法的設計者同時也是資料蒐集工作的主導者時，如果他們也具備了必要的領域知識的話，就能把溝通不良或找不到錯誤的風險降到最低。但糟糕的是，這也是成本最高的方法。

克服資料限制

取得足量的資料難度相當高。如果碰到了某些資料限制，跨過障礙的好方法是找出可以解決這個問題的最簡單方法。

例如，假設您正在為生產線製作一套預防性維護系統。最初的目標可能是判斷某種故障可能的發生時機，這樣就能安排預防性維修。

開發過程中可能發生的狀況是您所關心的特定故障找不到對應的資料，您也沒有蒐集資料的預算。與其放棄專案，也許可以改變目標試試看。

與其預測某個特定故障的發生時間點，您也許可以考慮做一個更一般化的系統來辨識是否發生了**任何**形式的變化。這個系統可以使用名目尺度資料來訓練，蒐集起來也簡單多了。

這個一般化的系統可能會產生較多的偽陽性案例，但根據情況還是有機會滿足您的維護情境並降低成本。藉由簡化目標，您就能降低資料要求好讓專案變得可行。

在邊緣端擷取資料的獨特挑戰

使用案例越常見，就越有可能找到某個方便取得且品質經過審查的資料集。這對許多邊緣應用來說很困難，因為這類應用包含了大量利基案例和古怪的外部感測器。此外，商業單位通常不樂於分享資料集，因為它們代表潛在的競爭優勢。

如果您需要自行蒐集資料，有幾項特定的挑戰擺在眼前，說明如下：

連線能力與頻寬

邊緣運算通常用於頻寬和連線能力受限的應用中。這代表想要在現場蒐集資料可能很困難。例如，如果您正在製作一個用於監控農場動物移動狀況的 AI 攝影機，您可能想直接從現場蒐集各種動物的影像。然而，這可能無法達成，因為許多農場都位於偏遠地區且無法上網。

為了解決這個問題，您可以在現場暫時安裝某些網路硬體（例如，可用於偏遠地區的衛星連線），或採用 sneakernet 技術[9]。這項技術非常昂貴，但可能只需要在專案初始階段時短暫使用一陣子。

棕地硬體

如第 28 頁的「綠地專案與棕地專案」中所述，將邊緣 AI 應用程式部署在現有硬體上是很常見的做法。糟糕的是，這些硬體不一定都是為了蒐集資料而設計的。為了成功蒐集資料，棕地硬體需要足夠的記憶體來儲存樣本、足夠的連網能力來上傳它們，以及足夠的能源預算來一再重複整個過程。

為了解決這個問題，暫時在現場安裝更適合蒐集資料的新硬體應該是合理的。已有針對這個目的所開發的專用工業資料紀錄器（*https://oreil.ly/3qfG1*），像是 Arduino Pro（*https://www.arduino.cc/pro*）這類的工業級物聯網快速開發平台也很方便使用。

綠地硬體

如果邊緣 AI 專案需要建立新的硬體，那麼要經過一段時間後才能取得可用的硬體。這會是一項重大挑戰，因為資料集和演算法開發必須與硬體開發同時進行。在部分演算法開發完成之前，甚至無法得知需要什麼樣的硬體。

在這種情況下，盡快取得一些代表性的資料非常重要。與棕地案例類似，合理的做法是在產品硬體準備好之前，先採用物聯網快速開發平台來蒐集資料。

---

9 古時候傳輸資料的方式之一是直接把儲存裝置從某地帶到另一地。請參閱這篇維基百科文章（*https://oreil.ly/gqK1e*）。

感測器差異

有時，現場既有的感測器硬體可能與您期望用於新裝置中的不完全相同。在某些情況下，即使只是把感測器放在不同的位置也可能造成問題。

如果您認為感測器差異可能是問題所在的話，就應該盡早開始評估感測器資料，並確定其差異是否足以呈現問題。如果問題確實是感測器差異的話，即可選擇其他方法來處理不適當的棕地硬體。

標籤

處理邊緣 AI 資料時最大的挑戰之一在於是否有可用的標籤。例如，想像一下您正在從農場動物身上的耳標蒐集加速度計資料，目標是分類動物在進食、走路和睡覺的時間分配。就算在一個可以輕鬆蒐集感測器原始資料的情況下，要把這些資料與動物實際活動關聯起來也有一定的難度。如果您已經可以使用資料來辨識出動物活動的話，那麼這個專案就沒有必要做下去啦！

為了解決這個問題，您可以試著額外蒐集一些在裝置正常運作期間可能無法取得的資料。例如，在剛開始蒐集資料時，您可以選擇同時蒐集加速度計資料和顯示動物活動的攝影機影片以及兩種資料的時間戳記。然後，您可以使用影片來幫助標註資料。

合成資料

根據您的應用，可能有機會在您的資料集中加入合成的資料。這類資料是人為創造而非擷取而來。如果夠逼真的話，這些資料就可能滿足您的資料需求。

以下是一些合成資料的類型：

- 基於模擬（例如，來自機台的物理性模擬中虛擬感測器的時間序列資料）
- 程序式（例如，由環境噪音模擬演算法所生成的聲音）
- 生成影像（例如，逼真的 3D 渲染，或直接從複雜深度學習模型輸出的影像）

合成資料通常有助於擴充包含真實資料的資料集。例如，人工生成的背景噪音可以與實際擷取到的聲音混合起來，藉此訓練出能夠區分背景噪音和人類語音的分類器。

完全使用模擬資料來訓練模型，然後應用它來解決真實世界任務的概念稱為 *Sim2Real*[10]。這公認為是機器人技術中最重要和最具挑戰性的任務之一，也是持續投入研究的領域之一。

目前已有各種可用於建立合成資料的軟體工具，或者您可以在領域專家的幫助下自行開發一套。在本書編寫時，各種人工資料生成工具正在高速發展並已有商用支援。

儲存與取得資料

開始蒐集資料之後，就會需要一個地方來儲存這些資料。您還需要一套機制，以便從裝置取得資料後放入資料儲存處，並將資料從資料儲存處傳輸到訓練 / 測試基礎架構。

儲存需求會根據資料集的預估資料量而有大幅差異。資料越多，您的解決方案就會更複雜。儘管如此，邊緣 AI 資料集通常會小得多，不太可能會用到針對大規模運作所設計的那類技術。

選擇解決方案時，要優先考慮您可以輕鬆處理且最簡單的那一個。如果要處理的資料量可以輕鬆放在單一台工作站之中，那就沒必要投資高端技術。越能夠直接存取資料來進行各種探索和實驗就是越好的做法，因此從便利性的角度來看，理想的選擇始終是本地端的檔案系統。

10 在各類 Sim2Real 專案中，會先用合成資料來訓練，再用真實世界的資料來測試。

資料形式

資料通常分散在組織基礎架構中的各處。一些常見（您可能碰過，也可能沒碰過）的位置包括：

- 生產 SQL 資料庫
- 時序資料庫
- 日誌文件
- 資料湖
- 資料倉儲
- 雲服務
- 物聯網平台

在成為資料集一部分的這個過程中，資料往往存在於組織基礎架構中許多不同位置。例如您可能會發現，把原始感測器資料儲存在某處、清理後的感測器資料儲存在另一處，再將標籤放在完全不同的位置，反而是很方便的作法。

為 AI 專案建置資料集時，通常需要從所有這些不同的位置將資料匯集到同一個位置。您還需要重新格式化資料，使其能夠相容於訊號處理和 AI 演算法開發工具所預期的格式：例如 NumPy、pandas、scikit-learn、TensorFlow 和 PyTorch 等基於 Python 的軟體，以及 MATLAB 這類工程軟體（請參閱第五章）。

儘管沒有單一標準，但這些工具通常希望資料能以簡單、高效和基於檔案系統的格式來儲存。即使訓練是在大規模的複雜分散式基礎設施中進行，資料本身通常也要以相對簡單的方式儲存在磁碟上。

因此，您應該事先建立一條能從組織資料儲存提取資料，並將其轉換為簡單格式來訓練和評估的管線。後續就會介紹如何進行。

表 7-2 是各種資料儲存方案的快速參考，包括各自的優缺點。

表 7-2　資料儲存方案

儲存類型	優點	缺點
本地檔案系統	快速、簡單、易用	沒有 API、沒有備分、無法進行分散式訓練；上限為數 TB
網路或雲端檔案系統	可由多台機器存取；可儲存大型的資料集	比本地檔案系統慢，設定掛載也複雜
雲端物件儲存	提供簡易 API 以便讀寫資料；規模可以相當龐大	資料必須先下載才能使用
特徵儲存	資料可以進行版本控制和追蹤；可以儲存元資料；可以查詢資料	資料必須先下載才能使用；比起簡易儲存方式來得更複雜且成本更高
端對端平台	專門為邊緣 AI 所設計；內建資料探索工具；與資料擷取、訓練和測試等作業緊密整合	比起簡易儲存方式來得更昂貴。

儲存在本地檔案系統中的資料使用相當方便，存取速度也非常快。即使選用了複雜的雲端儲存，訓練模型前通常也會先把資料複製到本地檔案系統。

然而，如果將所有珍貴的資料都儲存在同一台機器上而沒有備分，這樣做的風險是非常高的。而且如果資料可以讓很多人存取的話也很不方便。網路共享，例如 Amazon FSx、Azure Files 和 Google Cloud Filestore 這類的雲端檔案系統，可以解決這個問題。但它們會更加複雜，必須在作業系統中掛載為磁碟才能操作。

Amazon S3、Azure Blob Storage 和 Google Cloud Storage 這類的雲端物件儲存服務提供了 HTTP API 讓資料進出變得更容易。甚至嵌入式裝置，只要硬體夠強大的話，也可以運用這些 API 從邊緣端上傳資料。然而，它們的存取速度會比磁碟掛載來得慢，因此常見的做法是把資料下載到本地磁碟後再操作。

特徵儲存是資料集儲存的一個較新的趨勢。它們針對資料存取和儲存提供了簡易 API，再加上其他像是資料版本控制和查詢等功能。一線供應商的特徵儲存產品包括 Amazon SageMaker Feature Store、Azure Databricks Feature Store 和 Google Cloud Vertex AI Feature Store。也有一些同等級的開放原始碼方案，可以部署在您自己的基礎架構上，例如 Feast。

現在已有一些專門為了建立邊緣 AI 應用而設計的端對端平台。其中一些還包括自家的資料儲存方案。這些解決方案的功能通常就是特徵儲存，但還有專門為邊緣 AI 專案設計的額外好處。它們可能內建了用於探索和理解感測器資料的工具，或是提供與嵌入式軟體開發工具的整合點。它們的目標是與深度學習工作流程的其他階段緊密整合起來。第 142 頁的「產業工具」已經深入介紹了這些工具。

資料版本控制

在現代軟體工程中，人們預期所有的原始碼都被版本化——它存在於一個用來追蹤它如何隨時間變化的系統中。重點在於能夠知道是哪個版本的程式碼被部署於生產環境或特定的嵌入式裝置，以便將問題溯源。

除了程式碼之外，建置機器學習系統還會用到資料集。這代表對您的資料進行版本控制是非常有意義的。資料版本控制工具讓您得以記錄用於訓練特定模型的資料。它們還可以幫助您了解資料來自哪裡，好讓您將產品問題回溯到個別資料樣本上。

資料版本控制讓您得以測試資料集的不同版本，並了解哪個版本在現場的表現更好，因此對於以資料為核心的機器學習來說是一個強大的工具。它是機器學習運作的一部分，詳細訊息請回顧第 158 頁的「機器學習運營（MLOps）」。

資料儲存方案

如果您正在為專案擷取感測器資料，要如何把這些資料放入資料儲存呢？答案會根據您的實際狀況而定：

現場的連網狀況良好

如果您的連線條件、頻寬和能耗足以直接從邊緣端發送資料的話，您可以直接從邊緣裝置把資料推送到 API。如果您採用了針對邊緣 AI 的端對端平台，且該平台具備專門針對裝置端操作的 API 的話，這樣就是最簡單的做法啦。

另一個不錯的做法是選用物聯網平台。您可以透過其專門設計的 API 來把資料上傳到平台，然後再用另一套系統把資料從物聯網平台複製到資料集中。

通常不建議嘗試直接從嵌入式裝置把資料上傳到雲端儲存中。由於這些 API 不是為嵌入式裝置所設計，因此它們通常採用了效率較差的資料結構，且其客戶端函式庫也可能無法適用於這類小型裝置。但嵌入式 Linux 裝置就比較不會受到這個問題所限制，因為它們的規格更好並有完整的作業系統。

現場的連網狀況不佳或無法連網

如果連網狀況不佳，或者能源預算不足以從網路邊緣端發送資料，您可能需要額外安裝一些硬體，好讓資料可儲存於邊緣並定期蒐集。

這可能代表需要修改現有硬體來增加更多資料儲存，也可能是要加入另一套位於附近的獨立系統，用於接收和儲存來自產出資料裝置的資料。該獨立系統可以具備更好的連網能力，或者定期親自蒐集也可以。

蒐集元資料

如前所述，理想的資料集必須有良好的文件紀錄。在設計用於蒐集資料的系統時，應該盡可能地納入關於蒐集資料的脈絡資訊。這些額外的資訊稱為元資料（metadata），並可與感測器資料一併納入資料集中。元資料可能包括以下內容：

- 資料擷取的日期和時間
- 蒐集資料的那一台裝置
- 所用感測器的確切型號
- 裝至在資料蒐集現場的位置
- 參與資料蒐集的任何人員

元資料可以與整個資料集有關，也可以只與其記錄的某個子集甚至單筆記錄有關。「Datasheets for Datasets」（Gebru et al., 2018, *https://oreil.ly/8cF1f*）這篇文章定義了用於描述整個資料集——包含其子集——的文件蒐集標準。這篇文章非常有價值且應該視為一種最佳實作方式，但若能以結構程度、粒度（譯註：細緻度）和機器可讀性都更高一層的方式來蒐集元資料的話，還能帶來更多顯著的好處。

在許多情況下，您會需要蒐集與個別實體相關的資料樣本。例如，您可能正在監測某個機台的振動狀況、擷取特定人士所說的關鍵字樣本，或記錄農場動物個體的生物訊號資料。

在這些情況下，盡可能擷取越多與個體相關的元資料越好。以機台來說，您可能要擷取以下資訊：

- 精確的廠牌和型號
- 機器的生產批次
- 機器的安裝地點
- 機器所進行的作業

而如果換成說出關鍵詞的人員，您可能會試著擷取到所有可能影響其聲音的屬性。例如：

- 生理特徵，如年齡、性別或醫療狀況
- 文化特徵，如口音、種族或國籍
- 個人特徵，如職業或收入水準

您應該將這些元資料附加到相關的樣本中。這麼做將能讓您得以根據元資料將資料集拆分為多個子群。藉由這個能力，您可以深入了解兩件事：

- 在演算法開發期間，您可了解資料集如何組成，以及缺少代表性和達到平衡的地方。
- 在評估系統時，您將可了解模型在資料集子群層級的弱點。

例如，假設您正在訓練一個用於偵測機器故障的模型。藉由分析元資料，您可能會發現資料樣本大多數來自於特定生產批次的機器。在這種情況下，您可能希望蒐集來自其他生產批次的資料，好提高資料集的代表性。

在另一種情況下，則可能是使用關鍵詞資料集來評估某個關鍵詞偵測模型。藉由將模型在不同資料樣本上的表現與樣本元資料交叉對照，您可能會發現模型對於年長者樣本的表現更好。如果是這樣的話，您就要蒐集更多來自年輕人的訓練資料來提高效能。

元資料以這個面向來降低風險。如果沒有樣本層級的元資料，您將無法得知資料集如何組成，以及模型對於其中不同群體上的表現好壞。當您擁有關於資料來源的詳細資訊時，才能做出更棒的產品。

確保資料品質

本章先前已經為您整理出理想資料集應具備以下特性：

- 相關性
- 代表性
- 平衡性
- 可靠性
- 格式良好
- 文件記錄良好
- 大小適中

正如第 220 頁「以資料為中心的機器學習」中所述，高品質的資料集不但能夠減少所需的資料量，還能降低所選演算法對於能否建立有效系統的影響程度。當機器學習系統得以用高品質資料來訓練和評估時，就更容易取得有用的結果。

但是，了解資料集品質的最佳方法又是什麼呢？事實上，這還是要回到領域專業知識。如果您對於所處理的問題領域有深入了解的話，就能夠運用這項優勢來評估您的資料。

確保資料集的代表性

在資料集的諸多特性中，最重要的就是代表性。之所以這麼說，是因為 AI 演算法的目標是模擬真實世界的情況並做出決策。它學習真實世界的唯一機制就是透過用於訓練或設計它的資料集。也就是說，如果資料集的代表性不足的話，所產出的演算法也無法代表真實世界。

例如，想像您正在使用染病植物的各種照片來製作一套可以辨識不同種類植物疾病的 AI 系統。如果資料集中沒有包含正確植物或相應症狀的照片，無論演算法再怎麼複雜，您所設計的 AI 系統都不可能有效。

更糟糕的是，由於同一份資料集也會用來評估系統效能，我們直到把模型部署到現場之前都無法得知會不會發生問題[11]。

這就是領域專業知識派上用場的地方啦。如果您是植物疾病專家，就能運用自身所學來判斷資料集是否足以呈現真實世界情況。例如，也許您的資料集剛好缺少了某幾種您所要辨識感染疾病的植物品種照片。

元資料在這個過程中超級有用。如果您的資料集包含了指出各照片中植物物種的元資料的話，領域專家就能輕鬆檢查物種清單，並馬上發現少了某個物種。

元資料的另一種有效使用方式是畫出元資料屬性在整個資料集中的分布情形。例如，您可以繪製各物種的樣本數。如果分布情況相較於真實世界來說不太合理，就可能需要蒐集更多的資料。例如，您手邊某個物種的紀錄可能比其他物種多出許多，如圖 7-4。

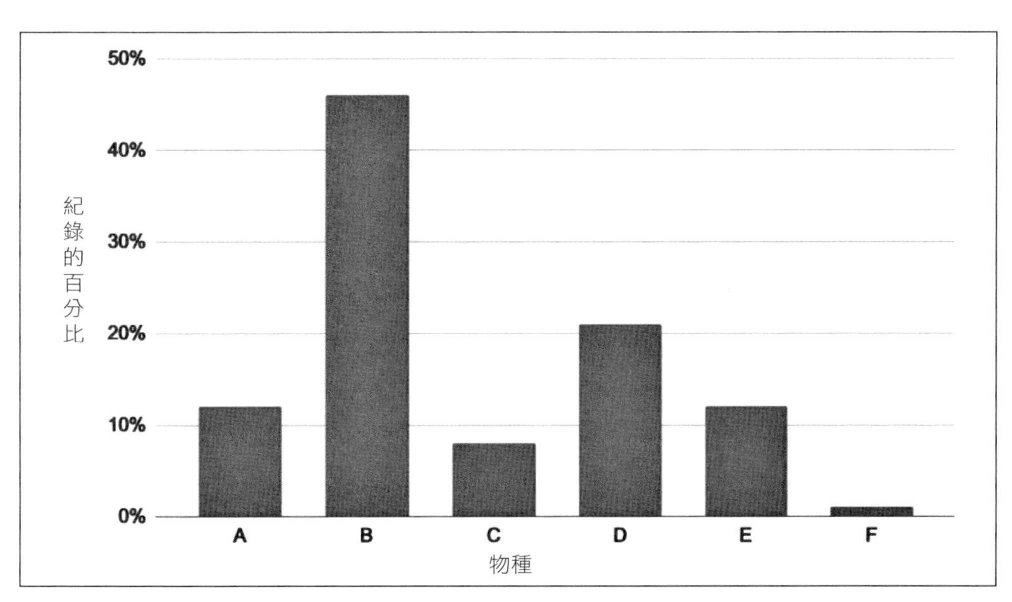

圖 7-4 本資料集中的部分物種紀錄比其他多了很多。這可能會導致公平性問題；例如，您的演算法對於物種 B 上的表現可能比物種 F 好得多。

11 就這個案例來說，問題範疇就可能是字面上的，而非比喻性的！

除了整個資料集外，另一個重點是讓標籤之間也具備一定的代表性。例如，您應該確保在所要辨識的各種植物疾病類別中，每個受影響物種都有相同程度的代表性。如果您的資料集是代表個別的實體，還應該進一步檢查以確保資料集針對這些實體是平衡的。例如，也許某個物種的所有照片都是從單一植栽所拍攝的，而另一個物種的照片則是來自多株植栽。

領域專家應該能夠幫忙找出在這種方式下所需探索的重要資料軸。但是，如果可用的元資料不足的話怎麼辦？當您所用的資料並非為了特定專案而蒐集時，這種狀況非常普遍。在這種情況下，就需要系統性的審查資料集。

代表性與時間

關於資料品質中最重要的一個面向在於：資料集能否捕捉到它所要代表真實世界背景中的所有變異。這就是為什麼我們必須如此關注子群的代表性，例如植物疾病資料集中的植物種類。

植物種類在本範例中就是一個明顯的子群，但另外還有一個幾乎會影響所有資料集的主要屬性，也就是**時間**。我們身處世界的狀態正在不斷地變化，代表在某個時間點所蒐集的系統相關資料不一定能呈現出它在未來的狀態。

例如，假設我們的植物照片是在春天蒐集的。植物的外觀在一年中會自然變化，隨著季節更迭而有所成長與改變。如果資料集只包含了春季的植物照片，那麼以此所訓練的模型到了秋天就可能表現不佳，因為植物外觀已經不再相同。這種資料屬性稱為**季節性**（*seasonality*）。

這類風險需要應用領域專業知識才能妥善處理。領域專家會知道資料中是否可能存在季節性變化，並以此來引導資料蒐集過程——例如確認是否蒐集了一年四季的植物影像。

季節性這個概念對於所有資料集都有影響，可不只是那些植物相關的而已，而所謂的**季節**在意義上可以是任何一段時間。例如，健身穿戴式裝置就需要考慮到人體在一天之間的自然變化。如果資料集都是在早上蒐集的話，那麼它到了晚上也許就不可靠了。

就算您所聘用的領域專家並不特別關注季節性，但檢查一下總是好的。可能存在著其他變數，像是環境溫度變化對感測器雜訊的影響。有許多演算法技術可用於檢查出資料中的季節性問題，您還可以用資料集中不同子群（基於時間）來測試模型，以便抓出任何問題。

透過抽樣來審核資料

審核資料品質的挑戰在於，不太可能逐一檢查每筆資料樣本，尤其是當隨附的元資料有限時。資料集可能非常龐雜，領域專家的時間則更加寶貴（也昂貴）。

幸運的是，*抽樣*為我們提供了一種不必逐一檢查就能審核資料的方法。對於某個資料集來說，足量的隨機樣本即可具備與更大資料集相同的表示和平衡性。領域專家只要仔細檢查這個較小的樣本就能了解資料集的整體品質。

麻煩的地方是如何決定樣本要多大。它必須大到某個程度才能以合理的機率納入我們所關心的特徵，但又必須小到能在合理的時間內審核完成。

例如，想像有位領域專家正試著去了解資料集中是否包含了足夠數量的特定植物物種實例。為此，他們可以計算資料樣本中該植物物種的實例數量，並計算該物種與其他任一物種的比率。但樣本量到底要多大，才能夠假設樣本和整個資料集之間的植物物種比率是相同的呢？

實際上有個估計樣本大小的公式，如下：

$$Sample\ size = \frac{(Z\ score)^2 * standard\ deviation * (1 - standard\ deviation)}{(margin\ of\ error)^2}$$

在這個公式中，*誤差邊界*（*margin of error*）代表我們對於樣本與完整資料集之間比例差異的容忍度。這個值通常會設為 5%，表示可以接受樣本中的該物種比例相較於整個資料集中的比例來得高或低 2.5%。

Z 分數代表信心水準，或者我們需要多大的信心來確保所得數字**真的**會落在容許的誤差邊界內。以正常大小的資料集來說（數萬筆樣本以上），合理的信心水準是 95%，這會讓 Z 分數為 1.96[12]。

最後，標準差表示我們對於資料的預期變異程度。由於沒有什麼好方法可以事先知道這件事，因此可以打個安全牌將其設為 0.5，用於將樣本數最大化。

帶入上述所有數值，可得到以下結果：

$$Sample\ size = \frac{(1.96)^2 * 0.5 * (1 - 0.5)}{(0.05)^2} = \frac{0.9604}{0.0025} = 384.16$$

由於樣本數不會有小數點，可以把它進位取整數到 385。也就是說，我們需要隨機抽出 385 個樣本，這樣才能以 95% 的信心讓其中任一物種與另一種的比率，在隨機抽樣中的正負差異不超過 5%。

事實證明，資料集的大小對這個數字的影響不大，至少機器學習相關的資料集來說是這樣沒錯。它對誤差邊界的變化最為敏感：如果您希望誤差邊界只有 1%，則需要檢查的樣本數就會拉高到 9604 筆。Qualtrics 提供了好用的線上計算機（*https://oreil.ly/wEjUk*），方便您輕鬆實驗不同設定。

這些事情都在在指出，從資料集中隨機選出幾百筆樣本通常就很夠了[13]。這應該是一個可管理的數字，也足以給出一些合理的見解以便您判斷資料集品質是否到了一個可接受的水準。

當然，這是假設您正在搜索的子群數量大到可以滿足誤差邊界。例如，如果某個植物物種相對整體資料的比例不到 5%，那麼想要在大小只有 385 筆的樣本中找到它是不太可能的。但是，如果您正在尋找代表性不足的子群，那麼這個結果還是很有價值的：它將帶領您加入更多資料，最終使得該組在隨機抽樣中都能夠偵測到。

12　Z 分數可由查找而得，例如這個維基百科網頁（*https://oreil.ly/3pKd5*）。

13　為了確保樣本真的是隨機產生，比較好的做法是採用類似 NumPy 所提供的抽樣工具（*https://oreil.ly/fuBiY*）。

標籤雜訊

除了代表性之外，影響資料集品質的另一個問題主要來自於所謂的標籤雜訊（*label noise*）。標籤就是我們嘗試用 AI 技術來預測的值。舉例來說，如果我們正在訓練一個植物疾病分類器，一張不健康的植物照片就需要標註為所患疾病的正確名稱。標籤不一定非得是類別，例如以迴歸問題來說，就會預期資料是標註為一個試圖預測的數字。

不幸的是，附加於資料的標籤並不都是正確的。由於大多數資料都是由人類來標註，因此難免有錯。這些錯誤可能會非常明顯。麻省理工學院的某個研究團隊發現，在多個常用的公共資料集中，平均有 3.4% 的樣本是標註錯誤的[14]—— 他們甚至弄了一個網站來展示這些錯誤（*https://oreil.ly/vrWZI*）。

標籤雜訊並非全然是災難一場。機器學習模型在學習如何處理雜訊方面確實很厲害。但這件事的影響也真的很大[15]，且為了讓模型效能越高越好，就值得我們好好去清理那些受到雜訊影響的標籤。邊緣 AI 的種種限制已使得模型效能成為一個關鍵因素。相較於花更多時間在演算法設計或模型最佳化上，清理雜訊標籤所帶來的投資回報說不定還比較高。

抓出標籤雜訊最簡單的方法之一是檢查隨機抽樣的資料樣本，但對於大型資料集來說這好比大海撈針。與其只是隨機抽樣，更好的方法是以更聰明的方法來搜尋。

一種不錯的做法是在類別中尋找離群值。如果某個樣本被錯誤分類的話，它應該會與被誤植類別中的其他樣本明顯不同。簡易資料可透過標準的資料科學工具來輕鬆處理這個問題，但如果是影像或聲音這類高維資料就會困難一點。

Edge Impulse 所用的端對端邊緣 AI 平台提出了一個相當有趣的方案來處理這個問題。Edge Impulse 的特徵探索器（feature explorer）使用非監督式降維演算法，將複雜的資料映射到簡化的 2D 空間中，並建立接近程度與相似程度之間的關聯性。這種方法讓抓出離群值變得很簡單（*https://oreil.ly/_9-Ny*），如圖 7-5。

---

14 Curtis G. Northcutt et al., "Pervasive Label Errors in Test Sets Destabilize Machine Learning Benchmarks," arXiv, 2021, https://oreil.ly/Zrcu1。

15 要深入探究標籤雜訊的影響，請參考 Görkem Algan 和 Ilkay Ulusoy 的這篇論文：〈Label Noise Types and Their Effects on Deep Learning〉（*arXiv, 2020 , https://oreil.ly/1LZKl*）。

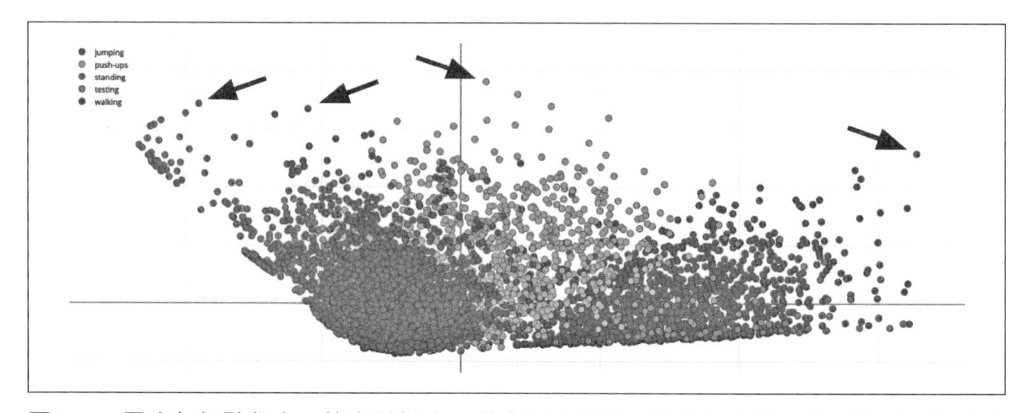

圖 7-5　圖中每個點代表一筆資料樣本，點之間的距離代表其相似度。箭頭所標出的離群值是不尋常的樣本。當某筆樣本太靠近屬於其他類別的樣本時，就值得調查一下它們是否標錯了

另一個找出雜訊類別標籤的簡單方法是假設：以這類資料所訓練出的模型，其對於雜訊樣本的分類信心程度也會比較低。如果訓練樣本是按照某個已訓練模型所分配類別的信心程度排序，那麼被錯誤標註的樣本很可能會出現在清單的最後。

換成分類問題以外的資料集，標籤雜訊也會有所不同。例如，在迴歸資料集中的標籤雜訊會包括與目標值的誤差，而在物件偵測或影像分割資料集中的標籤雜訊則代表邊界框或分割圖，與它們應該涵蓋的對象可能不太吻合。

如何偵測標籤雜訊與減輕其影響依然是一個不斷精進的領域。如果您的資料集中的雜訊特別高，那麼應該研究一下相關科學文獻——在 Google Scholar（*https://scholar.google.com*）中很快找一下「標籤雜訊」應該很有幫助。

避免標籤雜訊

標籤雜訊通常是由於標註資料時的人為錯誤所造成的。就算具備正確的知識，每個人在做重複性的工作，如資料標註時都有可能出錯。此外，有時從資料中無法確定正確的標籤應該是什麼。例如，就算是同一張診斷影像，不同醫學專家也無法達成共識。

在許多情況下，標註錯誤是起因於對於標註任務的誤解。對於需要進行大量且複雜標註工作的專案來說，提供一份「評定者指南」是很重要的，也就是指導資料標註人員進行標註工作的手冊。這分指南應該包含能夠清楚說明相關準則的各種範例。在專案進行過程中，還能納入各種有趣或不清楚的案例來更新它。

為了減少人為錯誤的影響，採用多位資料標註者應該是有用的。如果標註者彼此對標籤存在分歧，可將該筆樣本標註為需要進一步檢查。如果對於某筆樣本沒有明確答案的話，則可透過投票系統來得出一個明確的標籤——或者直接排除該筆樣本。正確的應對方式會因專案而異，且當然需要該領域的專業知識。

常見的資料錯誤

代表性與平衡性問題是反映了資料集設計方式的大型結構化議題。而標籤雜訊則是個別樣本蒐集過程中受影響所導致。與標籤雜訊類似，還有許多可能對資料單一樣本造成影響的常見錯誤。以下是邊緣 AI 專案中常見的問題：

標籤雜訊

如在第 241 頁的「標籤雜訊」所述，由於人為或機器錯誤，資料的標註方式出問題是相當常見的。

數值缺失

由於各種原因，資料集中某些紀錄可能會缺失了某些特徵值。例如，資料蒐集腳本中的錯誤可能造成某個值並未寫入正確的位置。這很常見，而最重要的資料準備任務之一就是找出處理缺失值的最佳方法。

感測器問題

感測器的技術問題可能會造成嚴重的資料品質問題。影響感測器的常見問題包含雜訊過多、校正錯誤、感測器讀數受到環境條件變化所影響，以及裝置隨著時間老舊而使得數值變化。

數值不正確

資料集的數值有時候無法反映實際的測量結果。例如，在從某處傳送到另一處過程中，讀數可能會遭受毀損。

離群值

離群值是指遠超出預期範圍的數值。有時離群值是自然發生的，但通常它們是感測器問題或環境條件意外改變所產生的狀況。

縮放方式不一致

在數位系統中可用許多不同的方式來表示同一個值。例如，溫度讀數可以是攝氏或華氏，感測器值可以標準化或不要這麼做。如果對於同一個特徵的值卻採用了不同的縮放方式就可能產生問題，特別是在結合兩個資料集的時候。

表示方式不一致

除了縮放方式之外，表示方式還有很多其他方面的差異。例如，某筆資料點可能被儲存為介於 0 和 1 之間的 16 位元浮點數，也可以是介於 0 和 255 之間的 8 位元整數。彩色影像中的像素順序可能是紅色、綠色、藍色，也可以是藍色、綠色、紅色。聲音檔可壓縮成 MP3 或是以樣本的原始緩衝區來儲存。表示方式不一致會造成很多麻煩。重要的是要把這些事情充分記錄下來—甚至有必要對每筆樣本附加元資料。

意料之外的速率

表示方式不一致其中有一種特別討厭，就是抽樣速率不一致。例如，一個資料集中可能有些是以 8 kHz（每秒 8000 次）蒐集的樣本，其他則是以 16 kHz 蒐集的樣本。如果兩者處理方式沒有差異的話，它們看起來會包含了差異極大的數值。這個狀況在結合了抽樣速率和位元深度的各自變化之後尤其糟糕——8 kHz 的 16 位元樣本和 16 kHz 的 8 位元樣本乍看之下真的超難分辨啊！

不安全的資料

如果您是從現場蒐集資料，那麼是否有針對蒐集和傳輸資料的安全機制就是關鍵所在。例如，您可以會以某種加密方式對樣本簽名，以保證它們在儲存之前都未被篡改。如果攻擊者有能力干擾您的資料，他們就能直接影響最終的演算法，使系統朝著對他們的有利方向偏過去。

幾乎每個 AI 專案都需要處理某些關於這類的錯誤。在第 260 頁的「資料清理」會說明一些解決這類問題的方法。

飄移與轉移

> 萬物皆在變動，且無物停滯不前。
>
> — 赫拉克利特，古希臘哲學家，公元前 535-475 年

資料集只是時間洪流中的一個快照：它代表了在資料蒐集期間的系統狀態。由於真實世界往往會隨著時間變化，即使是最高品質的資料集也可能慢慢過時。這種變化過程有幾個代表術語，包括*漂移*（*drift*）、*概念漂移*（*concept drift*）、*轉移*（*shift*）。

當發生漂移時，資料集就再也無法呈現出真實世界系統的當前狀態。這代表使用該資料集所開發的任何模型或演算法都是以系統的錯誤理解為基礎，並且部署的表現可能不會太好。

漂移有多種不同的發生方式。在此用擷取工業機台振動資料集為例來探索這些方式：

突然的變化

  真實世界的狀況有時候會突然變化。例如，工人可能會把振動感測器改裝到機台的其他位置，因此它所擷取到的動作就會突然發生了本質上的變化。

逐漸的變化

  訊號可能隨著時間逐漸變化。例如，機器中的可動零件可能會日漸磨損，使得其振動性質也慢慢改變了。

週期性變化

  變化也常常會以週期性或季節性來發生。例如，機台振動可能會根據隨其所處的環境溫度而改變，而環境溫度在夏季和冬季之間當然有所不同。

由於變化在本質上是無法避免的，所以漂移是 AI 專案面臨的最常見的問題之一。從實體配置（如感測器位置）到文化演進（如語言和發音逐漸轉變）的任何事物中都可能發生變化。

管理漂移需要隨著時間不斷更新資料集，第 278 頁「隨著時間建立資料集」這段會更深入討論。並且還需要監控模型在現場的效能，後續章節就會談到。

多虧了漂移，邊緣 AI 專案從來都不會真的「完工」——它需要持續不斷的監控或維護。

誤差的不均勻分布

如前所述，有許多不同類型的誤差都可能會影響資料集。為了實現高品質的資料集，您需要追蹤這些誤差並確保它們在可接受的水準之內。然而，重點不只是要測量誤差是否存在，還要了解它們如何去影響資料的不同子集。

例如，想像您正在使用某個具有 10 個類別的平衡資料集來處理分類問題。在整個資料集中，您藉由抽樣估計出有大約 1% 的標籤雜訊：100 個資料樣本中有 1 個是標錯的。從演算法的角度來看，這應該還可以接受。也許您已經用這分資料訓練出了一個機器學習模型，並且它就準確度來看是有效的。

但如果那 1% 的錯誤標籤並非均勻（或對稱）分布在整個資料集中，而是不對稱地集中在某個類別中呢？現在就不是 100 個樣本中有一個標錯而已了，而是在這個類別中，10 個裡面就有一個可能是標錯的。這已足以嚴重影響模型在該類別上的表現。更糟糕的是，這還會影響到您對該類別效能的量測能力，使其無法比照其他類別一樣來評估。

誤差也可能在子群體之間不對稱，且還不一定是類別之間。例如，您的資料集可能包含了從三款不同型號汽車所蒐集的資料。如果安裝於某款汽車的感測器有問題，從那裡所取得的資料就可能包含誤差。當誤差在類別之間不對稱時，這種情況更加危險，因為常用的標準效能指標很難抓到其所帶來的影響誤差。

錯誤不對稱很可能會讓演算法存在偏見，因為它們會讓系統對於某些子群體的表現造成更明顯的影響。在查找資料中的誤差時，就算整體的誤差水準似乎是可接受的，還是要特別去注意到各個子群體的錯誤率。像往常一樣，領域知識對如何檢查子群體，以及找出最好的檢查方法來說，是非常有用的。

準備資料

從原始資料到高品質資料集的過程是段需要許多步驟的漫漫長路。下一段將帶您走過這條路並開始了解這個過程。以下是途中的一些步驟：

- 標註
- 處理格式
- 清理

- 特徵工程
- 分割
- 資料增強

其中一項，特徵工程，實際上是演算法開發工作的一部分，這在第九章會談到。但由於其結果會用於資料集的精煉過程中，因此值得在此一提。

旅程中的各個里程碑會假設您已經蒐集了一些最早版本的原始資料。您可能還沒有一個具備完整代表性或平衡性的資料集，但已經有一個很好的出發點了。資料準備過程有助於引導您一步步擴充和改良資料集。

標註

典型的邊緣 AI 資料集反映了一組原始輸入（例如時序感測器資料）和這些輸入意義描述之間的映射關係。我們的任務通常是建置或訓練一套可以自動執行這類映射的演算法系統：當看到一組原始輸入時，系統能告訴我們這些輸入的含義。然後，我們的應用就能運用這個假設的含義來做出智慧型決策。

在大多數資料集中，意義的描述通常是以標籤的形式來呈現。如前所述，建立可靠的演算法就需要高品質的標籤。資料可以藉由以下幾種不同的方式來標註，而任何專案都可能會用到其中的一或多種：

使用特徵來標註

有些資料集是用自身特徵來標註的。例如，假設我們正在製作一款虛擬感測器——該系統會運用多個廉價感測器的訊號來預測另一個高品質但也高價的感測器輸出。在這種情況下，我們的資料集就會包含了來自廉價感測器和高價感測器的讀數。高價感測器的讀數就可作為標籤。

特徵也可以在用作標籤之前先行處理。例如，假設我們想用感測器資料來訓練一個能夠預測白天或晚上的機器學習模型，就能透過資料集中每列的時間戳記，以及資料蒐集地點當地的日出日落資訊，來判斷該筆資料的擷取時間是在白天還是晚上。

手動標註

大多數資料集都是由人類刻意標註的。對於某些資料集來說這很好做：如果樣本是在特定事件期間所蒐集的話，則其標籤可能顯而易見。以蒐集車輛振動的資料集為例，就很容易將資料標註為「移動」或「閒置」。在這種情況下，如果您當時正坐在車輛中，就會清楚知道該如何標註每個樣本了。

然而在其他情況下，標註可能是一個繁瑣的手動過程，需由人類去檢查先前未標註資料集中的每條紀錄，並決定正確的標籤應該是什麼。這個過程可能困難重重：例如，人員可能需要經過培訓或具備某些技能才能確定正確的標籤為何。但在某些情況下，就算是訓練有素的專家可能也很難就正確的標籤達成一致——醫學影像資料很常碰到這個問題。

即便任務很簡單，人類還是很容易犯錯。手動標註是資料集品質問題最常見的原因之一，要偵測和更正也最花錢，因此絕對值得確認您有沒有做對。

自動標註

根據您的資料集，說不定有辦法可以自動加入標籤。例如，假設您規劃要訓練一個能從照片中辨識出不同動物物種的微型裝置端 ML 模型。您有機會運用另一個更準確的大型 ML 模型來完成這個任務，但卻因為模型實在太大而無法放進嵌入式裝置中。您可以使用這個大型模型來自動標註資料集來節省一些人力作業。

這種方法可以節省很多時間，但並非總是可行。就算有可能做到，也要假設自動系統難免會犯錯，並且需要某些辨識和修正過程才是明智的做法。

值得注意的是，現成的大型模型和您想要訓練的模型，兩者的標籤之間通常存在差異。例如，假設您正在製作一套能夠識別野生動物聲音的系統。您的目標是部署一個能夠辨識鳥類或哺乳動物叫聲的小型模型。但如果另一個大型模型目標是辨識出個別物種，則必須多做一步把每個物種對應到「鳥類」或「哺乳動物」的標籤中。

輔助標註

另一種做法是介於手動和自動標註之間的混合式方法，這提供了兩者之長：人類的直觀洞察力和繁瑣任務自動化。例如，您的任務是在影像資料集中繪製特定物體的邊界框。輔助標註系統可使用電腦視覺模型來突顯每個影像中的感興趣的區域，您可以進一步檢查來決定哪些需要繪製邊界框。

不是所有的問題都需要標籤

根據所要解決的問題，有時候甚至不需要標籤——雖然多數情況下都是要的。

第 110 頁的「傳統機器學習」中介紹了監督式學習和非監督式學習的概念。在監督式學習中，機器學習演算法會根據一組輸入資料來學習如何預測標籤。但在非監督式學習中，模型則是學習資料的表示方式，以便用於其他任務中。

非監督演算法就不需要標籤。例如，假設我們正在訓練一個用於異常偵測的聚類演算法[16]。該演算法不需要資料事先標註完成；它只是試著去學習某個未標註資料集的固有特性。標籤在這種情況下可以說是隱含（*implicit*）的：由於聚類演算法一定要在代表正常（非異常）值的資料上訓練，因此您的訓練資料集必須細心規劃來確保它只包含了非異常的值。

如果您猜想非監督式演算法說不定可以解決問題的話，就應該在流程初期盡快做一次實驗。您可能會發現有機會不必標註太多資料就能完成，這將節省大量的成本、時間和風險。然而，大多數問題最終可能都得用到監督式學習。

就算您選用了非監督式演算法，通常還是需要一些已標註資料來測試。例如，如果您正在處理一個異常偵測問題，就需要取得一些正常和異常值的案例。這些案例都需要標註，這樣才能使用它們來評估模型效能。

半監督式和主動式學習演算法

標註作業是蒐集資料集過程中最為昂貴和費時的面向之一。這代表多數情況下所取得的大量未標註資料中只有極少量是有標籤的。許多對邊緣 AI 感興趣的組織可能擁有長時間蒐集的物聯網資料庫。它的資料量保證夠，但都沒有標註。

半監督式學習（*semi-supervised learning*）和主動學習（*active learning*）是兩種希望能夠運用這類資料的技術。它們的基礎概念是讓部分由小型已標註資料集所訓練的模型來幫忙標註更多資料。

半監督式學習會從一個未標註的大型資料集開始，如圖 7-6。首先，先標註該資料集的一小部分，然後用這些已標註的紀錄來訓練模型，再讓這個模型針對一批未標註的紀錄做出預測後，將這些預測結果用來標註資料。其中一些可能是錯誤的，但沒有關係。

16 參考第 105 頁的「異常偵測」。

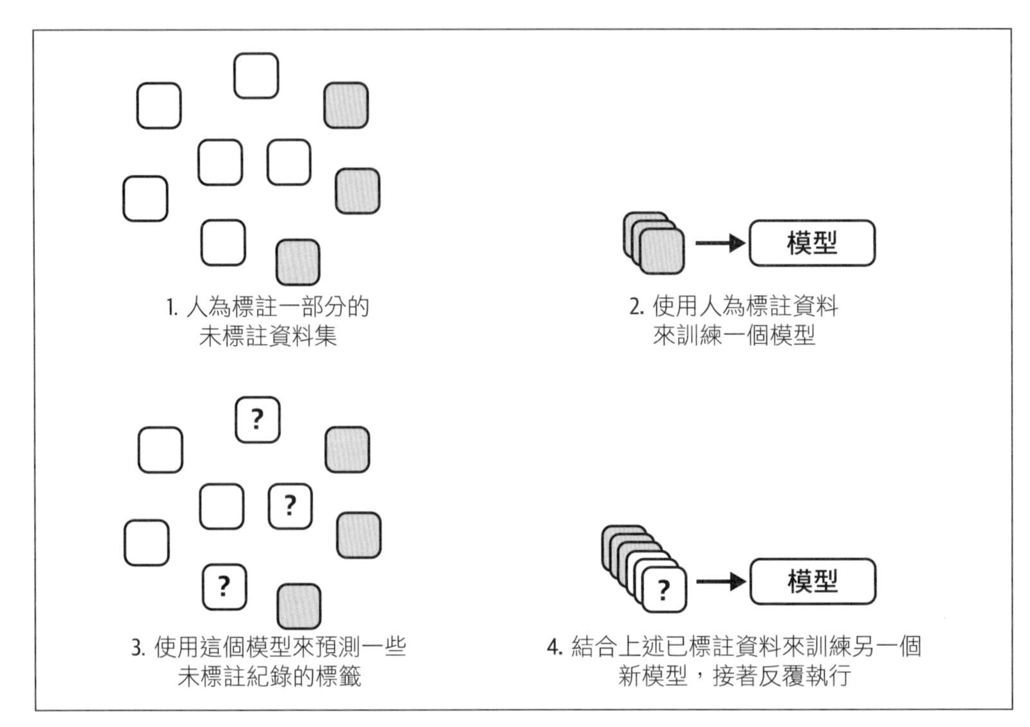

圖 7-6　半監督式學習

這些新標註的紀錄會與原始的已標註資料結合起來，再把這些資料全部用來訓練另一個新模型 [17]。即使是藉由舊模型所標註的資料來訓練的，這個新模型應該怎樣都會比舊模型厲害一點。然後重複這個過程慢慢標註更多資料，直到模型好到足以進入生產為止。

第二種技術，也就是主動學習，則略有不同。這個過程從相同的方式開始，使用少量的已標註資料來訓練一個初始模型。但是下一步就不同了，模型會從資料集中選出一組看起來最有用的紀錄來標註，而非自動去標註一組隨機資料樣本。接著，再請領域專家來標註這些樣本，並使用它們來訓練新模型。

17　我們可能會運用某些機制，讓手動標註的項目在訓練過程中有更高的權重。

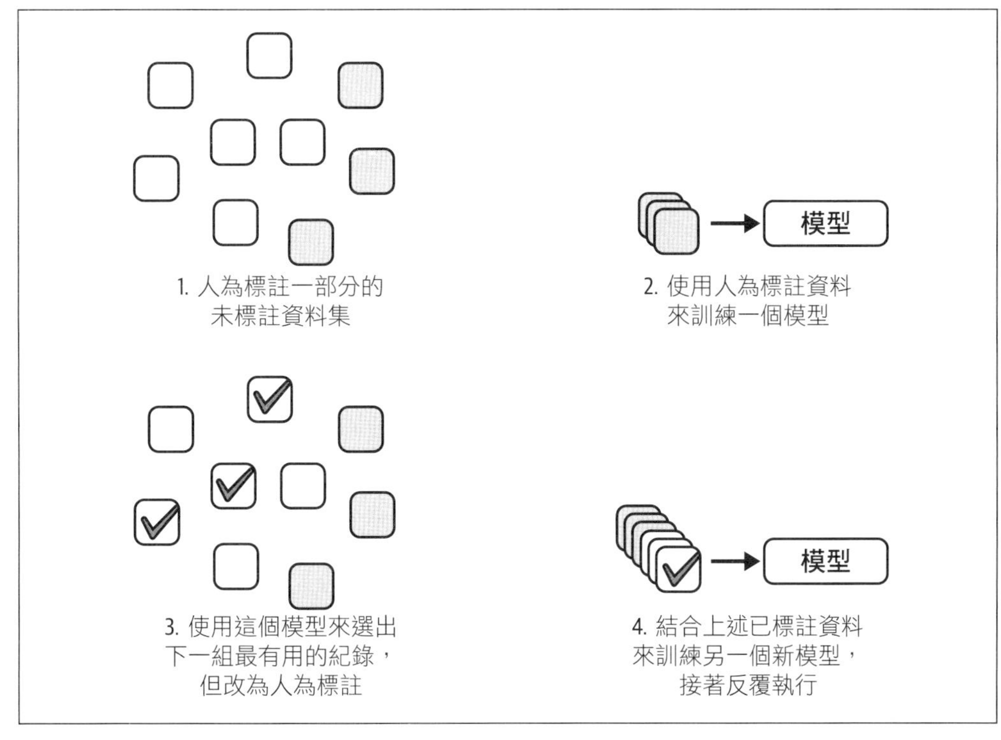

圖 7-7　主動學習

這個選擇過程的目標是最大化訊息增益（*information gain*），作法是辨識出哪些未標註樣本包含了最有助於模型學習的資訊。最常見的兩種選擇策略稱為不確定性抽樣（*uncertainty sampling*）和多樣性抽樣（*diversity sampling*），它們可以單獨或合併使用。

不確定性抽樣是以信心（*confidence*）為基礎。如果初始模型似乎對分類某筆紀錄很有信心的話，就能假設在訓練中使用該筆紀錄無法獲得太多資訊。如果模型對某筆紀錄信心不足的話，則這告訴我們該模型並未看到很多與這筆紀錄類似的樣本，因此不知道如何處理它。這些就是標註並加入到資料集中影響最大的樣本。

多樣性抽樣運用了統計技術來理解哪些樣本最能呈現出資料的基本分布情形。例如，我們可能想要找出一種方法來量化任意兩個樣本之間的相似程度。要選出新樣本來標註時，我們實際上是要找出那些與目前已標註資料集中看起來最不一樣的樣本。

選擇一些樣本來標註、將新樣本與現有的已標註樣本一併納入訓練資料中，並重新訓練模型的這整個過程，將視實際需要重複多次來取得效能良好的模型。

儘管這些技術相對較新，但它們非常有效。第 253 頁的「標註工具」會提供一些如何使用它們的範例。

也就是說，主動學習工具也可能成為標註過程中的偏見來源。為了評估它們，最好將它們的結果與隨機選擇樣本的標註相互比較（而非由您的主動學習工作流程所選出的樣本）。這能讓您更加了解主動學習過程正在建立哪種類型的模型。

標註中的偏見

第 241 頁的「標籤雜訊」中曾討論到，標籤雜訊對於資料集來說是一個大問題。標籤雜訊的主要來源之一就是標註過程中的偏見。當出現這種情況時，資料集最終就會反映出標註人員和工具的偏見，而不是您試圖建模的基本情況。

品質控制系統中的偏見

想像一下，您希望為某家製造公司建立一套工業產品的瑕疵檢測系統。您已經蒐集了一組產品圖片資料集，並希望將它們標註為「瑕疵」或「正常」。您還與一位領域專家合作來遍查整個資料集，並加入對應的標籤。

這在理論上聽起來很棒耶。但是，您的領域專家是新進人員，也只處理過公司最新的工業產品而已。他們當然有能力為這種產品標註出瑕疵品。糟糕的是，您的資料集還包括一些較早期產品的案例。領域專家對這些產品就沒這麼有信心了，所加註的標籤也較有可能出錯。

經過這樣的標註過程，資料集已經帶入了您的領域專家的偏見，他們是新進員工，並且不太熟悉公司的某些產品。這代表您正在建立的系統，對於辨識出這些產品的瑕疵實例應該不會太好。當系統用於生產時，它就可能無法抓出瑕疵品，或是把正常品標註為瑕疵。這兩種狀況都會給公司帶來損失。

這還只是標註偏見去影響資料集品質的方式之一而已。不幸的是，這些問題很常見，常見到甚至無法避免。此外，由於資料集是用於評估系統的最強力工具，因此系統所產生的偏見就會變得很難偵測出來。

避免標註品質問題的最佳方法是建立一套嚴格的程序來評估標籤的正確性。這可能包括：

- 聘用具備主題專業知識和深入經驗的合法領域專家
- 遵循由領域專家建立的明文標註協議
- 採用多位標註者來彼此檢查對方的成果
- 評估已標註資料的一部分樣本品質

這將增加標註過程的成本和複雜性。如果建立高品質資料集的成本超出您的負擔，則專案可能無法在現有預算下實現。比起推出一個可能造成傷害的系統，放棄專案應該會好得多。

標註偏見不僅僅是手動標註資料的特性之一。如果您使用自動系統來標註資料，則該系統中存在的任何偏見也會反映在您的資料集中。例如，假設您正在使用某個大型預訓練模型的輸出來標註新資料集中的紀錄，再用這個新資料集來訓練邊緣 AI 模型。如果大型模型對於資料集中所有子群的效能表現不一致，則標籤也會反映出相同的偏見。

標註工具

用於標註資料的工具有幾種不同的類別，最佳選項會根據專案而有所不同：

- 標註工具
- 群眾外包標註
- 輔助標註和自動標註
- 半監督式和主動式學習

接下來一一介紹。

標註工具。如果您的資料需要人為標註或評估，就必然會用到某種工具。例如，假設您正在建立一套標註了其中所有動物的影像資料集，就需要某種形式的使用者介面，可以顯示每張照片並允許領域專家指定他們所辨識出的動物。

這些工具的複雜度將根據資料而異。用於影像分類的標註介面則相對簡單；它只需要顯示照片並讓使用者指定標籤即可。用於物件偵測的介面就會複雜多了：使用者必須框出他們所關注物件的邊界框。

像是時間序列感測器資料這類更奇特的資料類型就會用到更複雜的工具，好讓領域專家以他們可理解的方式來視覺化呈現資料。

想要以任何有意義的方式來操作感測器資料集的話，標註工具是絕對必要的。除了標註作業之外，視覺化和編輯現有標籤也會用到它們，這是因為標籤評估是這段過程的重點所在。

有開放原始碼和商業軟體的標註工具，一些注意事項如下：

- 是否支援所要處理的資料類型
- 是否支援所要解決的問題（例如分類或迴歸）
- 是否具備協作功能，讓多人可以一起標註
- 是否支援自動化，以及本節稍後會介紹的功能

群眾外包標註。團隊需要標註的資料量通常會超出自身所能負荷。在這種情況下，使用群眾外包的標註工具可能會很有用。這些工具可讓您定義一項標註任務，然後招募一般大眾來幫助完成它。幫助標註資料的人有機會獲得報酬，每標註一個樣本就會得到一小筆費用，或者也可能是無償志工。

群眾標註的強項在於可以幫助您快速標註完成大型資料集，否則可能需要很長時間才能完成。然而，由於標註是由符合最低訓練程度的一般大眾所完成，因此不具備任何可靠的領域專業知識。

這可能會讓某些任務無法完成，例如需要複雜技術知識的任務。就算是較簡單的任務，也可能遇到比領域專家來標註資料更加嚴重的品質問題。此外，要把任務清楚定義到一般大眾也能明白的話，需要相當程度的額外工作。為了有好的成果，您需要教導標註者如何準確地完成任務。

除了品質問題外，還有機密上的考量：如果您的資料集包含了敏感、私人或專利資訊，群眾外包應該就不是選項了。再者，群眾外包所完成的資料集可能會受到惡意操作者的刻意操弄。

輔助標註和自動標註。輔助標註和自動標註工具使用某種自動化方式來幫助人類（無論是領域專家還是群眾外包標註者）快速標註大量資料。在簡單的情況下，這可能會用到基礎訊號處理演算法來凸顯出感興趣區域或建議標籤。更複雜的工具可能會使用機器學習模型來協助標註。以下用 Edge Impulse 的協助標註工具來說明。

首先，這款物件偵測標註工具（*https://oreil.ly/IkzTs*），會讓在多張影像中繪製物體邊界框變得更輕鬆。它採用物件追蹤演算法，可直接在後續的影像幀中辨識出先前已標註的物體，如圖 7-8。

圖 7-8　Edge Impulse 中的物件追蹤標註；可在連續影像幀之間追蹤已標註的車輛

換到更複雜的標註工具，Edge Impulse Studio（*https://oreil.ly/Qxs5j*）中的資料探索器（data explorer）使用聚類演算法來視覺化呈現資料，相似的樣本會彼此更為接近，使用者可以根據樣本的相鄰狀況來快速標註，如圖 7-9。

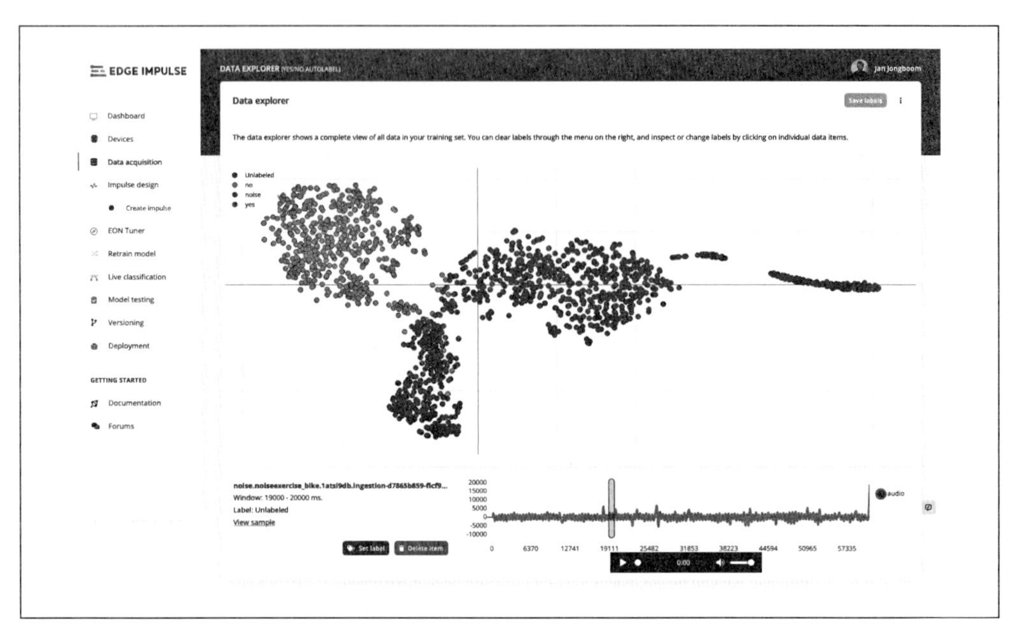

圖 7-9　使用 Edge Impulse 的資料探索器來標註用於關鍵詞偵測的資料集

最後，整個預訓練完成的模型即可用於自動標註資料。例如，圖 7-10 是基於某個公開資料集（*https://oreil.ly/IZMoT*）的預訓練物件偵測模型，並將其用於標註 80 個已知類別的物件實例。

輔助標註藉由把工作從人類標註員轉移至自動化系統來省時省力。但由於自動化系統很難做到完美，因此不應該單獨使用——還是需要人類「參與其中」來確保能有良好的品質。

圖 7-10　資料可藉由預訓練模型來自動標註，如本圖中的 Edge Impulse 畫面

半監督式和主動式學習。如第 249 頁的「半監督式和主動式學習演算法」所述，有許多技術都能透過部分訓練的模型來減輕標註資料集的負擔。這些方法與輔助標註類似，但特別棒的地方在於它們能以更加聰明的方式來減少所需完成的標註量。例如，主動式學習工具可能會建議您親自標註一小部分的資料，以便為其餘的資料準確地提供自動化標籤。

這兩種技術都是關於標註一部分資料集、訓練模型，然後確認下一組資料標籤的迭代過程。在多次迭代後，您就能得到一個有效的資料集。

在 Edge Impulse Studio 的資料探索器中可以找到一個有趣的主動式學習變體。資料探索器可以使用某個部分訓練好的模型，將未標註的資料集視覺化為多個聚類[18]。這些聚類可用於引導後續的標註過程，目標是確保各個聚類都是獨特的，

18　觸發會從模型的某一層開始一直進行到模型末端，功能如同嵌入（embedding）。

並且各自都至少包含了一些已標註的樣本。圖 7-11 是某個資料集經由某個部分訓練模型進行聚類運算之後的結果。

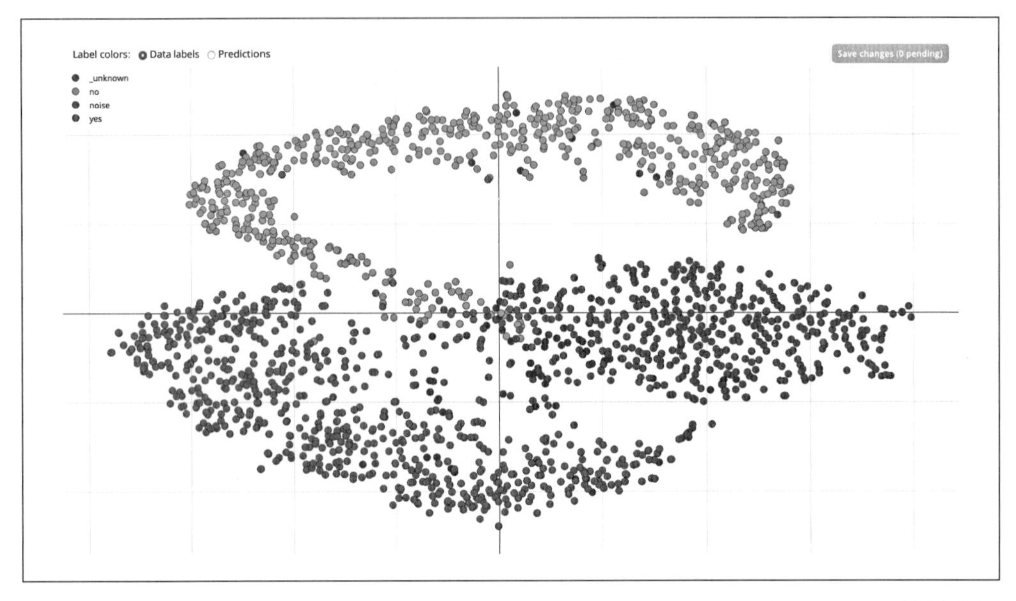

圖 7-11　資料根據某個部分訓練模型進行叢集後的結果；這個視覺化結果可用於引導標註過程，或找出模糊樣本來提升資料品質

如前所述，資料標註對 AI 系統的品質有著重大的影響。儘管已有高度複雜的工具來減輕所需的工作量，但標註作業通常還是占據了 AI 專案中的絕大部分時間。

處理格式

把資料儲存在磁碟上的格式幾乎可說是無窮無盡。這些格式涵蓋了從簡易二進位表示到訓練機器學習模型專用的特殊格式。

資料準備過程的一部分是將來自不同來源的資料匯聚起來，並確保能用某種方便的方式來格式化。例如，您可能需要從物聯網平台取得感測器資料，並將其寫成二進位格式來準備訓練模型。

每種資料格式都各自有其不同的優缺點，以下是一些常見的類型：

文字格式

CSV（逗號分隔值）和 JSON（JavaScript 物件表示）這類格式會把資料儲存為文字。例如，CSV 格式將資料儲存為由分隔子（通常是逗號，也因此得名）或 tab 分隔的文字。它非常容易處理，您可用任何文字編輯器來讀寫這類數值。但是，文字式格式的效率不佳——因為這類檔案占用的空間比二進位格式更多，並且需要更多算力來存取和處理。

對於可以完全讀入記憶體的小型資料集來說，CSV 和 JSON 檔案是很不錯的，但如果是要從磁碟讀取的大型資料集，最好先把資料轉換為二進位格式。

影像和聲音檔

影像和音頻也是常見的資料類型，並且各自有常見的格式（如 JPEG 影像和 WAV 聲音檔）。將影像和聲音資料集以獨立檔案存放於磁碟中是相當常見的做法。雖然這不是最快的解決方案，但在許多情況下也夠好了。以這類方式儲存的資料集的好處在於不需要任何特殊工具就輕鬆讀寫檔案。它們通常會與資訊清單搭配使用（請參考第 260 頁的「資訊清單」）。

某些特殊類型的資料，例如醫療影像，已有編碼元資料的特殊格式，例如位置和方向。

可直接存取的二進位格式

二進位資料格式是將資料以其原生形式（二進位位元序列）儲存，而不是以次要格式（如文字格式）來編碼。例如在二進位格式中，數字 `1337` 會以其二進位值 `10100111001` 直接儲存於記憶體。但如果換成文字格式，同一個數字可能會因為文字編碼的額外負擔而必須用另一個更大的值來呈現。例如在 UTF-8 文字編碼中，數字 `337` 會以 `00110001001100110011001100110111` 之位元形式來表示。

在可直接存取的二進位格式中，會把多筆資料紀錄儲存在同一個二進位檔中。該檔案還會包含元資料，方便讀取這類文件的程式能夠理解該筆紀錄中各欄位的含義。這類格式會設計成可在固定時間中存取資料集中的任一筆紀錄。

一些可直接存取的常見二進位格式包括 NumPy Python 數值運算函式庫所用的 NPY 和 Apache Parquet。不同格式各自有其效能折衷，因此重點在於根據特定情況來選用合適的格式。

序列二進位格式

序列二進位格式，例如 TFRecord，是為了讓某些任務（如訓練機器學習模型）的效率最大化而設計的。它們會按照特定的預設順序來實現快速存取。

序列格式可以非常精簡並有極高的讀取速度。然而相較於其他資料格式，它們就較不容易探索。一般來說，將資料集轉換為序列格式是訓練機器學習模型之前的最後一步。這類格式只會用於大型資料集，所提升的效率可讓成本大幅降低。

資訊清單

資訊清單是一種特殊的檔案，可作為索引來指向資料集的其餘部分。例如，影像資料集的資訊清單就能列出在訓練期間會用到的所有影像檔名。資訊清單的常見格式是 CSV。

由於文字格式的資訊清單簡單易用，因此用它來追蹤資料相當方便。建立資料集的樣本時，只需從資訊清單中隨機選擇幾列就搞定了。

資料集在專案開發過程中通常會以幾種不同格式來存在。例如，您最初可能是從幾個不同的來源蒐集資料，也許是文字和二進位格式混搭。然後，您會想把這些資料聚合起來，接著藉由可直接存取的二進位格式儲存之後再清理和處理。最後在某些情況下，可能是為了訓練，把同一個資料集轉換為序列二進位格式。

資料清理

要把資料集整合成單一共同格式時，您需要確保其中包含的所有數值都符合了一致的品質標準。第 243 頁「常見的資料錯誤」已談到了資料集中常見的主要問題類型。

錯誤可能發生於蒐集和治理資料集的任何步驟中。以下舉例一些在不同階段所發生的錯誤：

- 由於硬體故障所造成的原始感測器離群值
- 從不同裝置聚合資料時，資料格式不一致

- 從多個來源整合資料時所造成的數值遺失
- 由於特徵工程結果不佳所導致的數值錯誤

清理資料集的過程中包含了多個步驟：

1. 使用抽樣來審核資料，藉此辨識出是哪種類型的錯誤（參考第 239 頁「透過抽樣來審核資料」中的相同抽樣方法）
2. 編寫程式來修復或消除已經注意到的錯誤類型
3. 評估結果來證明是否已解決問題
4. 自動化步驟 2，以便修復整個資料集並將相同的修復方式應用於後續加入的所有新樣本

除非您的資料集相當小（例如不到 1GB），否則合理的做法通常是以一部分的資料樣本來操作，而非整個資料集。由於大型資料集需要很長的處理時間，因此只使用部分樣本就可有效降低辨識問題、解決問題和評估解決方案之間的回饋循環。

當您針對某分資料樣本找到了一個滿意的修正方案後，就能更加有信心地將這個方案應用到整個資料集上。不過，在最後一步評估整個資料集時，最好還是再次確認在抽樣時沒有漏掉任何問題。

審查您的資料集

第 243 頁「常見的資料錯誤」中列出了可能會遇到的常見問題類型。但是，要如何確定您的資料集中發生了哪些錯誤？

用於檢驗資料是否乾淨的最強大工具可讓您以總覽方式（或其代表性樣本）來查看資料集。這可能會建立表格，其中會顯示指定欄位的描述性統計量和類型。或是把數值分布繪製成圖表，好讓領域專家評估其分布狀況是否符合預期。

pandas（*https://pandas.pydata.org*）這套 Python 函式庫是用於探索和總覽資料集的絕佳工具。把資料載入為 pandas 的 DataFrame 資料結構（*https://oreil.ly/69vWh*）之後，就能總覽資料集中的各種數值。例如，以下指令會顯示時間序列資料中各數值的統計摘要：

```
>>> frame.describe()
            value
count  365.000000
mean     0.508583
std      0.135374
min      0.211555
25%      0.435804
50%      0.503813
75%      0.570967
max      1.500000
```

檢視相關統計量之後，可以看到這筆時間序列資料的數值集中在 0.5 左右，標準差為 0.13。我們可運用領域專業知識來判斷這些數值是否合理。

更好的是，另一套 Python 函式庫 Matplotlib（*https://matplotlib.org*）讓用於視覺化呈現資料。例如，以下指令可以輕鬆畫出先前的 DataFrame 的直方圖（*https://oreil.ly/nfCXD*）：

```
plt.hist(frame['value'])
plt.show()
```

繪製結果如圖 7-12，可明顯看出感測器讀數形成了一個常態分布。

從直方圖中可以看出資料大部分集中在 0.5 附近，但有一些資料點的值則跑到了 1.5。領域專家可以解讀這個結果來了解這是否為一個合適的分布狀況。例如，也許是因為感測器故障，導致一些無法反應正確讀數的離群值。確認問題之後，我們就能深入探究來找出適當的修正措施。

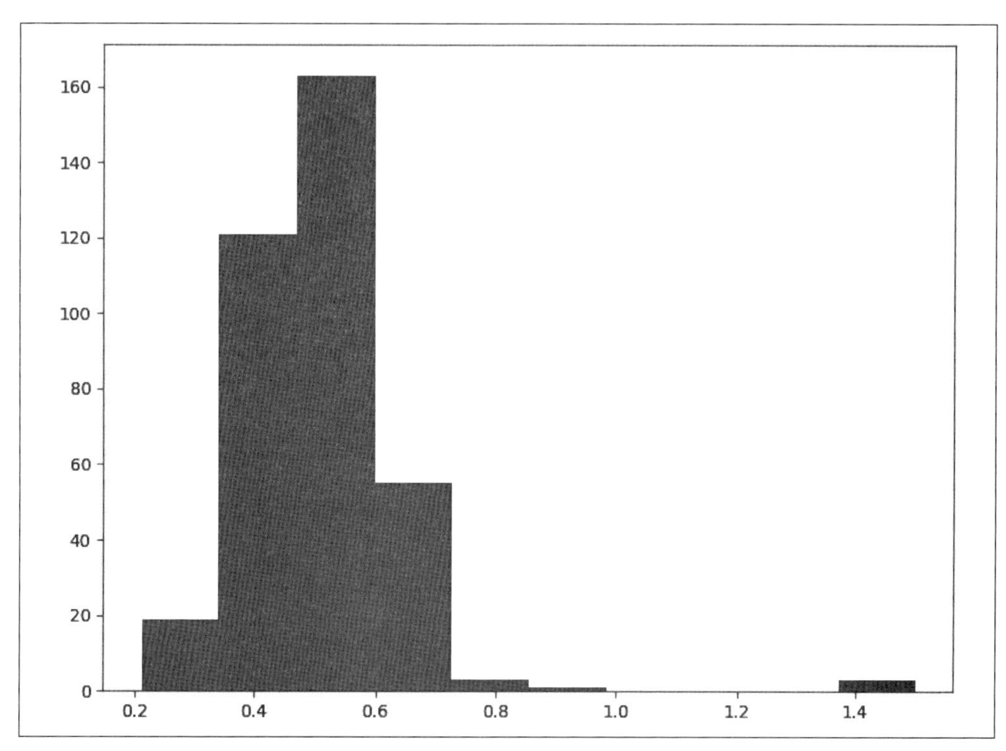

圖 7-12　範例資料集的數值直方圖

Python 和 R 生態系中常見資料科學工具所提供的資料總覽方式可說是五花八門。開發邊緣 AI 專案的工程師或資料科學家必須能夠與領域專家密切合作，才能有效探索資料並抓出錯誤。

修正問題

一旦發現資料集中有任何錯誤的話，您就必須採取一些行動。可採取怎樣的行動則取決於您所發現的錯誤類型以及蒐集資料的整體脈絡。

以下是處理錯誤時可用的主要方法：

- 修正數值
- 替換數值
- 排除紀錄

此外，一旦解決了資料集的任何問題，您可能還需要一併處理導致該錯誤的上游問題。

修正數值。在某些情況下，有機會可以完全修正錯誤，舉例如下：

- 資料格式不一致可藉由轉換為正確格式來解決。
- 如果可由其他來源取得資料，就能找到並填補缺失的數值。
- 由於特徵工程程式碼不佳而導致的數值錯誤是可修正的。

一般來說，只有可取得原始資料的情況下才能完全修正錯誤。其他情況則可能還是無法找到正確數值。例如，如果您的部分資料誤以過低的頻率來擷取的話，就再也無法回復成原始訊號，只能得到近似值而已。

替換數值。如果無法修正錯誤，還是有辦法替換成某個合理值，舉例如下：

- 缺失值可用該欄位之於整體資料集的平均值來取代。
- 離群值可裁切或調整為另一個合理值。
- 低頻率或低解析度資料可透過插值運算來近似出更多細節。

藉由替代數值，就算某筆紀錄缺少了部分資訊仍可使用。然而這樣做也會有代價，它會對您的資料集帶入一些雜訊。有些機器學習演算法對於雜訊的容忍度相當好，但該筆資訊是否值得以額外雜訊作為交換代價，這個決定則需要根據實際應用而定。

排除紀錄。在某些情況下，錯誤可能是無法挽救的，需要從資料集中刪除該筆受影響的紀錄，舉例如下：

- 缺失值可能會讓該筆紀錄無法使用。
- 來自故障感測器的資料可能無法修復。
- 某些紀錄的來源可能不符合資料安全標準。

與其只刪除有問題的紀錄，比較好的做法是把它們標註為有問題的紀錄並另外存放。這將有助於您追蹤發生的問題類型以及有哪些類型的紀錄受到影響。

怎樣才是合適的錯誤處理方式完全取決於您的資料集和應用的脈絡。想要取得良好的結果還是需要應用領域專業知識和資料科學經驗。

寫程式來修正錯誤

用於修正錯誤的程式碼必須是高品質、良好文件化，還要連同其相依套件的部分紀錄一併進行來源管控。這個用於轉換的程式碼不但是資料集的修改記錄，也是日後任何修正措施自動化的方式。

如果沒有良好的紀錄，後續所有使用該資料集的人都無法得知它是如何建立的、有哪些地方不太對，或是為了追求品質所做的哪些修改。

這分程式碼將成為您的資料管線的一部分，第 277 頁的「資料管線」就會討論這個主題。

評估和自動化

在修正了樣本或資料子集中的錯誤之後，您應該再次審核。這將有助於抓出您的苦心所非刻意導致的任何問題，以及您修正問題時所可能掩蓋的任何問題。例如，在刪除資料集中最明顯的離群值之後，您發現其他那些不太極端的離群值仍然是個問題。

驗證了對於資料子集的修正後，就能將其應用於整個資料集了。對於大型資料集，您需要將其作為資料管線的一部分來進行自動化（請參考第 277 頁的「資料管線」）。使用更大一部分的資料集來進行類似的抽樣審核，直到您確信問題已充分解決為止。

將您的資料集保留一份原始且未經改良的副本，以便有需要的時候可以回溯。這麼做有助於您進行各種實驗，而不用擔心犯錯和丟失資料。

重點在於要追蹤哪些類型的紀錄受到了錯誤影響。錯誤對於資料的某些子群的影響程度可能會不成比例。例如，想像您正在使用感測器資料來訓練分類模型。您可能會發現部分感測器讀數有嚴重問題，需要捨棄相關紀錄。如果這些問題對於所有類別其中之一的影響比其他更大，就可能會拉低分類器的效能。

有鑑於此，在修復錯誤之後，您還是要確保資料集仍能符合良好的品質標準（如第 236 頁的「確保資料品質」所述）。

請把資料集中的各類錯誤都記錄下來。如果錯誤紀錄的比例很高，就可能值得在花費過多時間來彌補損害之前，先試著搞定任何更上層的原因。

隨資料集的增長，它也會不斷變化——這可能會導致新問題。為了找出任何問題，比較好的做法是根據最初的評估來建立自動斷言（automated assertion）。例如，如果您正在努力刪除極端離群值來改善資料集，就應該建立一套自動化測試來證明資料集的變異程度合乎預期。每次加入新紀錄時都應該執行一次來確保沒有漏掉任何新問題。

解決平衡問題

到目前為止，我們已經討論了如何修復資料集的數值錯誤。然而，資料集中最常見的問題之一是不平衡：其中各個子群的紀錄數量並非均等。在第 236 頁的「確保資料集的代表性」中，我們以植物疾病的影像資料集為例。在這個情況下，如果資料集中某種植物的影像數量比另一種來得更多，則會認定該資料集是不平衡的。

修正資料集平衡問題的最佳方法是針對代表性不足的子群來蒐集更多資料。例如，我們可以回到野外去蒐集更多那些代表性不足的植物物種影像。然而，這個做法並非總是可行。

如果一定要這麼做的話，您可藉由對代表性不足群體進行**過抽樣**（*oversampling*）來解決平衡問題。做法是複製這些群體中的部分紀錄，直到所有子群的紀錄達到相同的數量為止。您也可以對代表性過高的群體進行**欠抽樣**（*undersampling*），做法是捨棄其一部分的紀錄。

這種技術在建置用於訓練機器學習模型的資料集時非常有用。由於模型的學習過程通常由整個資料集的聚合損失值所引導，因此就算某個子集的數量不足，對模型的學習影響也不會太大。以抽樣來平衡各子集的數量是很好的做法。

然而，如果您的資料不足以呈現出受影響子群在真實世界中的正確變異程度的話，過抽樣也無濟於事。例如，如果植物資料集中某個物種只由同一株植物的影像來代表的話，就算對其進行過抽樣也不會讓模型好到哪裡去，因為真實世界中不同株的同品種植栽之間就已有相當大的差異。

另外，在根據過抽樣的資料來評估系統時要特別注意。評估結果對於已進行過抽樣子集的可靠度會比較低。

另一種等同於過抽樣的技術，是在訓練過程中對子集進行**加權**（*weighting*）。這種技術會對每個子集賦予一個權重──就是用於控制其對於訓練或評估過程貢獻程度的因子。子群可透過賦予不同權重來導正任何平衡問題。例如，某個代表性不足的群體可能會賦予比另一個代表性過高的群體更高的權重。

有些資料集天生就無法平衡。以物件辨識資料集為例，包含物體的影像區域通常會比不包含物體的區域小得多。

重新抽樣在這些情況通常沒什麼用，反之常會透過加權來增加代表性不足資料對模型訓練的貢獻。

異常偵測與平衡

就異常偵測來說，目標是辨識出不尋常的輸入。但在某些情況下，預期的輸入可能不尋常到根本沒有過往的發生案例可循。例如，某個工廠想要使用異常偵測技術來提前警示災難性故障。如果這種故障以前從未發生過，就根本無法取得範例資料。

在這種情況下，您的資料集就只會有代表正常運作的樣本。您的任務是建立一個能夠辨識出狀況何時變得與基線明顯不同的系統。就平衡和代表性來說，您應該努力取得各種正常條件。例如，工廠的作業每日或每季都有可能不太一樣，重點在於讓您的資料集能夠納入所有可能模式的代表性樣本。

如果無法取得真實的異常案例來建置測試資料集，異常偵測系統就可能難以測試。可能需要模擬出各種可能的變化，藉此確定是否可順利偵測出來。在工廠中，可能的作法是讓機台以非常規方式來運行或模擬某種故障。您還可以透過合成資料來產生潛在的異常狀況。例如，您可用某筆正常輸入，並修改它來模擬各種變化。這些操作全部都需要領域專家的意見。

未經真實世界資料來測試的系統，絕不建議去部署它。這類系統只能在預防性維護這樣的嚴格限制範圍中進行，並且利益相關者應該確實明白系統的有效性尚未得到證實。在部署後還需要一段密集的審查和評估，才能確保模型真的能適當運作。

話雖如此，但還是值得找出某種方法來避免這類情境。許多情況下，將問題拆解成較小的部分（例如，辨識可能導致災難性故障的已知潛在故障）可能會更容易取得一個平衡的資料集。

特徵工程

大多數邊緣 AI 專案都需要進行某些特徵工程工作（參考第 91 頁的「特徵工程」）。這可能只是單純進行特徵縮放（請參閱第 101 頁的「特徵縮放」），也可能涉及非常複雜的 DSP 演算法。

由於機器學習模型和其他決策演算法是根據特徵而非原始資料來執行，因此特徵工程是資料集準備的重要一環。特徵工程會由第九章所介紹的迭代應用開發流程所引導，但還是有必要在資料集準備階段先確定特徵的基線。

進行某些早期的特徵工程可讓您從特徵面，而不僅僅是原始資料的角度來探索和了解資料集。此外，在此階段進行特徵工程的其他重要原因包括：

- 縮放數值，使其可作為機器學習模型的輸入
- 組合數值（參考第 99 頁的「結合特徵和感測器」），也許是為了執行感測器融合
- 預先運算完成的 DSP 演算法，好讓訓練更快完成[19]

19 在訓練期間，機器學習模型將多次遍覽整個資料集。預先計算並快取 DSP 結果可避免重複對相同資料執行 DSP 演算法，這樣可節省大量不必要的時間。

幾乎可以肯定，您一定會想在後續開發過程中對特徵工程進行迭代——但這項工作絕對是越早開始越好喔。

分割資料

如前所述，AI 專案的工作流程是演算法開發和評估過程的迭代過程。基於很快會擴大規模的原因，以結構化方式來建立資料集使其能適應迭代工作流程是非常重要的。

常見的做法是把資料集分成三個分割子集：訓練、驗證和測試[20]。以下是各自的用途：

訓練

訓練部分會直接用於開發演算法，通常是以訓練機器學習模型來實現。

驗證

驗證部分會在迭代開發期間用於評估模型。每當開發出新的迭代版本時，都會透過驗證資料集來檢查其效能。

測試

測試部分是「保留的」——它會一直被保留到專案的最後階段。它扮演了最後關卡，藉此確保模型面對從未看過的資料也能表現良好。

我們會運用彼此獨立的資料分割來偵測過度擬合。正如第 113 頁「深度學習」所述，過度擬合是指模型針對特定資料集學習正確答案的方式，無法適用於新資料的現象。

要辨識是否發生過度擬合，首先可用訓練分割來訓練模型，然後再用訓練資料和驗證資料來評量模型成效。例如，我們可算出分類模型對於各個分割的準確率：

```
Training accuracy: 95%
Validation accuracy: 94%
```

20 有些人在此的用詞可能略有不同，但基本原則都是通用的。

如果這些數字相當接近，就能得知我們的模型已可運用從訓練分割中所學到的知識，並藉此準確預測未見過的資料。這就是我們想要的，也就是**一般化**（*generalization*，譯註：或稱泛化）的能力。但是，如果模型對於驗證分割的表現明顯*更差*，則代表模型對於訓練分割已發生過度擬合。模型對它已經看過的資料表現很好，但新資料就不是這樣了：

```
Training accuracy:   95%
Validation accuracy: 76%
```

如果驗證分割的準確度明顯較低，這清楚表明模型對於未見過的資料表現不佳。這是要更換模型的明確訊號。

但如果驗證分割已可用於偵測過度擬合，為什麼還需要測試分割呢？這來自於機器學習中迭代開發的一個非常有趣的特點。正如我們所知，這個迭代工作流程包括進行一輪演算修改、使用驗證分割來測試，然後進行更多演算法修改來試著提高效能。

在迭代性地調整和修改模型來試著對驗證分割有更好的效能時，我們可能會微調模型到某個程度，使其對於訓練和驗證分割都能良好運作——但換成未見過的資料就還是不太好。

在這種情況下，就算模型*並未直接用驗證分割來訓練*，但早已對驗證分割過度擬合了。經由這樣的迭代過程，驗證分割的資訊已經「洩漏」給模型了：我們在修改模型時反覆參考了驗證分割中的資料，因此導致了過度擬合。

這種現象代表我們不能完全信任驗證分割所提供的結果。幸好，測試分割可以解決這個問題。把測試分割保留到流程的最後，也就是所有迭代都完成之後，就能明確得知模型是否真的適用於未見過的資料。

何時使用測試分割

由於評估結果會用於引導模型開發，也就是說迭代式工作流程允許評估分割的相關資訊「洩漏」到模型中。這代表以迭代方式來運用測試分割是很危險的：如果迭代次數太多的話，就算是測試分割也可能會發生過度擬合。

這使得嚴格執行測試分割成為一件非常重要的事。如果測試分割結果也顯示出過度擬合，就不是回頭調整模型來試著搞定它這麼簡單了。

如果測試分割發生了過度擬合，最好的做法是從根本上換一個做法再重新出發。例如，您可以選擇不同類型的機器學習模型，或選擇另一組特徵（或訊號處理演算法）以訓練。嘗試了多種方法之後，就能進一步比較它們的測試分割效能。

這指出測試分割應該要小心保護。在您滿意模型對於訓練和驗證分割的表現之前，不要使用它。否則，您會浪費最珍貴的評估工具，並被迫從頭開始開發[21]。

如何分割資料？

常見的資料分割做法是按比例隨機抽樣。一般標準是先以 80/20 的比例來分割資料，那 20% 就是測試分割。然後，再把那 80% 的資料再次以 80/20 的比例，其中 80% 是訓練分割，20% 則是驗證分割，如圖 7-13。

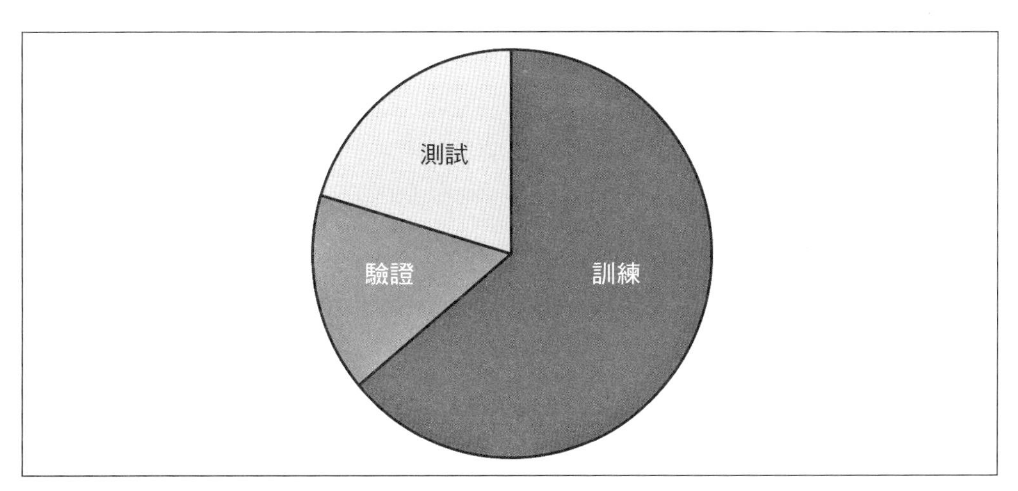

圖 7-13　資料集被分割為訓練、測試和驗證等區塊

21 由於測試分割應該是整個資料集的隨機抽樣結果，因此很難只針對它來蒐集一個新的。如果您的測試分割是在其他資料之後才蒐集的，它可能呈現出稍微不同的狀況並使其評估能力變差。

根據您的資料集，合理的做法是使用較少的資料來驗證和測試，並保留更多的資料來訓練。關鍵是確保每個分割都是整體資料集的代表性樣本。如果您的資料變異程度較低的話，甚至有機會以相對更少量的樣本來實現。

就平衡和多樣性而言，每個分割都應該足以代表整個資料集。例如，植物疾病分類資料集的訓練、驗證和測試分割在不同類型的植物疾病之間都應保持大致相同的平衡性。

如果資料集達到良好平衡，且子群相對於總樣本數的比例也較低，就能透過隨機抽樣輕鬆完成。但如果有許多不同的子群，或者某些子組的代表性不足，就可能要進行分層抽樣。這類技術會對每個群組單獨分割後再結合起來。這代表每個分割的平衡程度都會與整個資料集相同。簡易範例如圖 7-14。

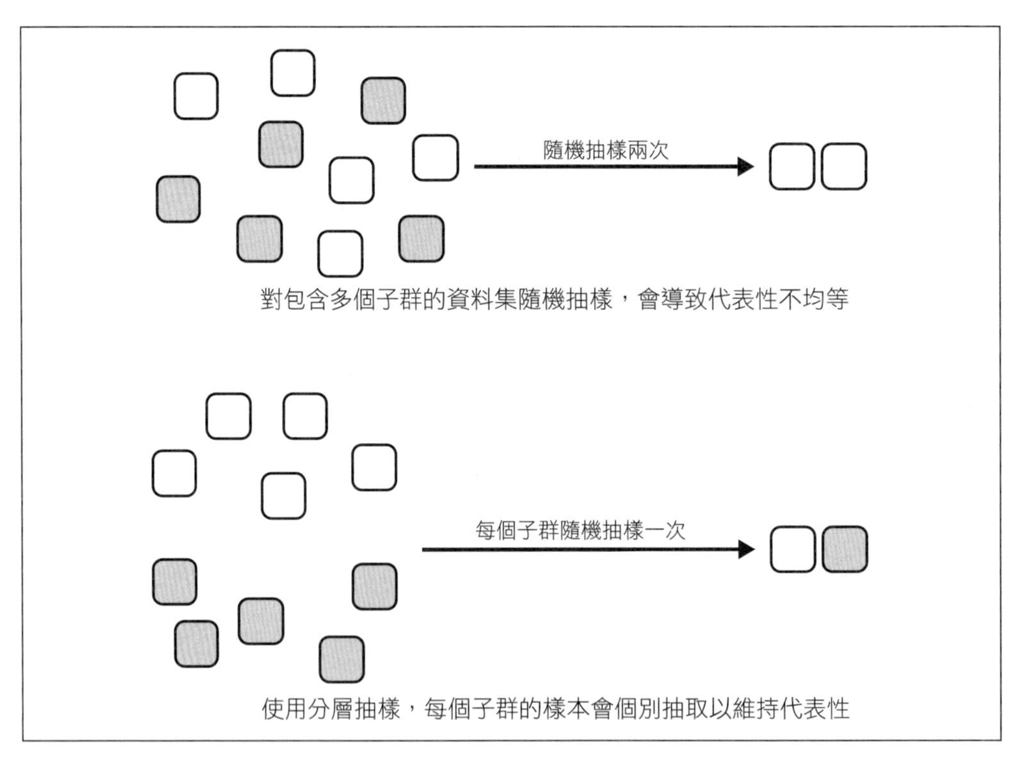

圖 7-14　在分割資料集時，分層抽樣有助於保留子組的分布狀況

交叉驗證

如果您用某個分割來訓練並用另一個分割來評估的話，就只能知道模型對於這些特定分割上的表現好壞。這使得評估結果容易受到您所選擇特定分割之隨機特徵的影響。考量到這個問題，*k-* 折交叉驗證（*k-fold cross validation*）這項技術應該很有用。k- 折交叉驗證會產生多個（*k* 個）不同的分割，各自會再產生一組獨特的訓練和驗證分割。模型會多次訓練和評估，每次都是用一組不同的分割，結果平均起來就是整體效能的公正表示。

交叉驗證可說是衡量驗證效能時的黃金標準。它在處理較小的資料集時尤其好用，因為在建立代表性分割方面可能沒辦法做得很好。這個做法的主要缺點是耗費時間：模型必須訓練 *k* 次。

分割資料時的陷阱

分割資料不當會使您無法測量應用程式對於未知資料的表現，這可能導致其在真實世界的表現不佳。以下是一些需要避免的常見錯誤：

精心挑選分割

驗證和測試分割應該是整個資料集的代表性樣本。絕對不要手動去挑選每個分割中要有哪幾筆紀錄。舉例來說，您已決定要把最具挑戰性的那些紀錄放入訓練分割中——想法是基於這樣做有助於模型學習。

如果這些紀錄沒有納入測試分割的話，您就無法了解模型對於這些紀錄上的表現到底好不好。另一個極端狀況是，如果您把所有最具挑戰性的紀錄都放到測試分割中的話，模型就無法受益於這些紀錄的訓練結果。

如何選擇各個分割要有哪些紀錄是隨機抽樣演算法來完成的工作，而非由您手動完成？scikit-learn 這套 Python 函式庫針對資料集分割已提供了很棒的工具。

平衡和代表性問題

如前所述，重點在於讓每個分割的平衡性和代表性都維持一致。這個原則適用於分類問題的類別以及「非正式」的子組。例如，如果您的資料是來自多種不同類型的感測器，就應該進行分層抽樣來確保每個分割都包含了每種類型感測器的適當比例資料。

預測過去

對於使用時間序列資料來預測的模型，事情會再複雜一點點。在真實世界中，我們總是試著根據過去來預測未來。也就是說，為了準確地評估時間序列模型，我們需要確保它是以較早時間的數值來訓練，再以後續時間的數值來測試（和驗證）。否則，最後可能只是訓練出一個可用當前數值來預測過去數值的模型——這應該不是我們的本意。在操作時間序列資料時，這種資料向時間軸反向「洩漏」的情況值得時時銘記於心。

數值重複

當操作大量的資料時，很容易讓資料紀錄發生重複。原始資料中可能已經有重複值，或根據您採用的任何一種資料分割過程偷偷發生了。分割之間的任何重複數值都會影響到過度擬合的評估能力，因此必須避免這件事發生才行。

更換分割

如果您想要根據測試資料集的表現來比較多種方法，請確保每次都使用了同一份測試分割。如果每次都使用了不同組的樣本，就無法判斷哪個模型更好——因為任何變異都可能只是分割差異所產生的。

增強測試資料

如果您正在執行資料增強（下一節會談到），則應該只增強訓練資料。如果也增強驗證和測試分割的話，您對其在真實世界表現的洞察力會因此變差：您希望它們完全只由真實世界資料所組成。如果您用增強後的資料來評估模型，就無法保證它對於未增強的資料也能有一定水準的表現。

資料增強

資料增強技術的目標是盡一切可能去運用有限的資料，做法是對資料集引入隨機的人為變化，藉此模擬真實世界中自然存在的變化類型。

例如，圖片可以透過調整亮度和對比、旋轉、放大特定區域或各種方式混搭來增強，如圖 7-15。

圖 7-15　作者養的貓，並以多種不同方式來增強

任何類型的資料都可以增強。例如，可對聲音加入背景雜訊，時間。序列資料也有多種不同的轉換方式。在特徵工程的之前和之後都可以增強。常見方式包括：

加入

　加入其他訊號，例如從真實世界中抽樣的隨機雜訊或背景雜訊

減去

　將數值刪除或模糊，或刪除時間或頻帶的一部分

幾何

旋轉、平移、壓縮、拉伸或以其他方式對訊號進行空間操作

濾波器

隨機增減個別數值的屬性

增強可提高訓練資料的變異度。這有助於模型一般化。由於有大量的隨機變異，模型會被逼著去學會底層的一般性關係，而非試著把整個資料集完美地記下來（這會導致過度擬合）。

重點在於，資料增強只能用於資料集的訓練分割。由於我們的目標是評估模型對於真實資料的表現，因此增強後的紀錄不應納入驗證或測試分割。

資料增強通常是藉由函式庫來實現——大多數機器學習框架都提供了內建的資料增強功能，而且許多資料增強協定也已記錄在科學文獻中，並以開放原始碼的形式提供。

資料增強的執行方式包括**連線**（*online*）或**離線**（*offline*）。在連線增強的做法中，每次訓練過程中都會隨機修改所有資料紀錄。這個作法很棒，因為可以產生大量的隨機變異。但是，某些增強方式需要大量運算資源，因此可能明顯拖慢訓練速度。

在離線增強中，每筆資料只會隨機更改某些指定次數，然後更改後的版本會以另一個更大的增強資料集來保存於磁碟中。接著再用這個增強資料集來訓練模型。由於增強已經預先完成，因此訓練過程要快得多。然而，因為每筆資料所產生的變體數量有限（通常也必須有這類限制），這使得離線增強所能引入的變異程度也比較低。

資料集所能進行的增強類型可有諸多變化，且不同變化會讓模型表現得更好或更差。這代表設計增強方案必須成為整體迭代開發工作流程的一部分。這也是為什麼對驗證或測試資料集進行增強是個壞主意。如果這樣做的話，任何對於增強方案的修改也會影響到驗證或測試資料。這會讓您無法比較不同模型對於同一份資料集的表現好壞。

如何設計適當的增強機制是一項需要領域專業知識的任務。舉例來說，根據應用程式的脈絡，專家必須了解什麼是最適合混入聲音資料集中的背景雜訊。

資料管線

綜觀本章，我們已經介紹了一系列應用於資料的任務和考量點：

- 擷取
- 儲存
- 評估
- 標註
- 格式化
- 審核
- 清理
- 抽樣
- 特徵工程
- 分割
- 增強

這一系列的任務，不論以怎樣的順序執行，都可以視為一個資料管線（*data pipeline*）。您的資料管線會從現場開始，也就是由感測器和應用程式產生資料的地方。然後將資料帶入您的內部系統，並在此儲存、組合、標註、檢查、加工以確保品質，然後準備用於訓練和評估 AI 應用程式。圖 7-16 是一個簡易的資料管線示意圖。

圖 7-16　擷取和處理資料的基本資料管線；每個專案的資料管線都不一樣，其複雜度也可能大不相同

您應該將資料管線視為基礎設施的關鍵之一。它應該是以乾淨、設計良好的程式碼來實作、有良好的文件紀錄、版本控制，還需納入重複執行它所需的所有相依套件。

對資料管線所做的任何更改都可能對您的資料集產生重大的連帶影響，因此您必須確切了解正在做什麼——從開發的最初階段與日後過程都是這樣。

最糟糕的噩夢狀況是因為資料管線沒有文件紀錄或無法再次執行，導致建立資料集的過程遺失了。正如先前所述，資料集等同於領域專業知識的精鍊結果，並可用於建立各種演算法。

如果建立資料集的過程沒有留下文件紀錄的話，就無法了解建置過程中所做的決策或工程內容。這會使得要對最終的 AI 系統排除問題和實質性改進變得非常困難——就算有新的可用資料也一樣。

對於常常要處理高度複雜感測器資料的邊緣 AI 來說，妥善追粱資料管線尤其重要。不幸的是，上述的噩夢居然常常上演！只有到了近年來隨著實行 MLOps 重要性的觀念抬頭，從業人員才開始正視資料管線原本就應得的重要性。

MLOps 是**機器學習運營**（*machine learning operations*）的縮寫，是指與機器學習專案的運營管理有關的工程領域。我們會在第九章和第十章來全面且深入探討這個主題。考量到 MLOps 的最重要原因之一是，透過加入新資料和訓練出更厲害的模型，使我們能夠隨著時間來不斷改善 ML 應用。這是對抗漂移這號產品級 ML 專案頭號敵人的重要工具之一。

隨著時間建立資料集

如第 244 頁的「飄移與轉移」所述，真實世界會隨著時間而變化——而且很快。由於資料集只是某個時間點的快照，它最終會不再具備代表性。使用過時資料集所開發的任何演算法在真實世界都是毫無用處的。

對抗漂移正是為什麼應該時時蒐集更多資料的一個強有力的原因。藉著持續地蒐集新資料，就能確保您所訓練和部署的模型是最新的，並可在真實世界中有好的表現。

邊緣 AI 演算法通常會部署在必須忍受網路連線不佳的裝置上。這代表很難測量這些裝置部署在真實世界之後的效能，但這反而提供了持續蒐集資料的另一個關鍵好處[22]。有了新鮮的資料之後，您就能了解同一套演算法部署於運行在真實世

22 這是假設可用其他資料蒐集方式來解決已部署裝置所遇到的連線問題。

界裝置之後的效能。當效能開始變差之後，代表這些裝置可能要更換了。如果沒有新鮮的資料，您根本無法知道這一點。

撇開漂移不談，擁有更多資料可說是有益無害。資料越多代表您的資料集的變異狀況會更加自然，也就是讓模型對於真實世界情況的一般化能力更上一層樓。

從以資料為中心的機器學習角度來看，資料蒐集應該成為迭代式開發回饋循環的一部分。如果體認到應用或模型可能在某些方面存在缺陷的話，我們還能找出有助於改善它的不同類型的額外資料。如果能有一個很棒的系統來持續改進資料集，就不必再使用回饋循環並得以建立更有效的應用。

有待改善的困難

明擺著的現實狀況是，真實世界專案通常會碰到種種限制，使得持續改進資料集變得困難萬分。例如：

- 資料蒐集可能需要只會暫時用於現場的訂製硬體。
- 蒐集資料過程在本質上可能是批次的，而非連續的。
- 可能找不到足以支援持續蒐集資料的長期性資金。

需要牢記於心的是如果沒有額外的資料，對於應用在現場執行效能的信心將會隨著時間而降低。如果您還在專案的設計階段，減輕某些限制來降低風險應該值得一試。例如，您可能需要確保專案預算是否足以負擔長期性的監測費用。

在某些情況下，因為漂移所導致且無法偵測的惡化風險可能在所難免。如果是這樣，就應該確保關於這些風險有很完善的文件紀錄，並將其傳達給應用的終端使用者，好讓他們決定是否有辦法繞過這些風險。這些問題對非專業人士來說可能不是很明顯；作為掌握最多知識的人，您有責任確保這些問題已攤在陽光下。

良好設計的資料管線是讓資料集得以持續增長的關鍵工具。如果您擁有可執行於新資料的可重複管線，就能大大減少把新紀錄加入資料集中所產生的摩擦。如果沒有可靠的管線，加入新資料可能會有相當程度的風險——因為無法保證它會與原始資料集保持一致。

總結

建立資料集是一個從邊緣 AI 專案最初就開始的連續過程，而且永遠不會真正結束。在現今以資料為中心的工作流程中，資料集也會隨著應用的設計和需求而不斷發展。它將隨著專案的每一個迭代步驟而改變。

我們會在第九章中更深入介紹資料集在應用程式開發過程中所扮演的角色。第八章則會先專注於應用的設計方式。

第八章

設計邊緣 AI 應用程式

設計和開發應用程式是所有邊緣 AI 的線頭交織在一起的地方。它需要理解到目前為止我們討論過的所有內容，包括問題界定、蒐集資料集、技術選擇和負責任的 AI。另外也需要在相關領域設計產品，以及透過軟體和硬體來實現設計所需的技能和知識。

本章將逐步介紹邊緣 AI 應用的設計過程，並學習一些在真實世界中最重要的設計模式，您可將其應用於您自己的作品。讀完本章之後，您將更加理解邊緣 AI 產品的設計需求，並準備好製作自己的產品了。

設計邊緣 AI 應用程式有兩個主要部分：產品或解決方案本身，以及實現其功能的技術架構。這兩者是相輔相成的：產品設計會影響所需的技術架構，而技術的限制也會影響設計。

此外，整個設計和實作過程都會受到產品所部署現實情況的具體影響。您的設計需要隨著蒐集資料、嘗試不同的方法以及在真實情況下測試解決方案等階段之間流暢地推進。

這個動態系統需要迭代式的設計過程，其解決方案是逐步嘗試、微調和改進的。最好的規劃方式是對您所要解決的問題和潛在解決方案空間具備深入的理解。

硬體產品設計和嵌入式軟體架構本身就是重要的課題。本書會特別聚焦在與邊緣 AI 相關的設計考量。

產品和體驗設計

邊緣 AI 產品的目標是解決某個特定的問題。大多數真實世界的問題都是由多個環節所組成，必須全部處理完畢才能把問題視為「已經解決了」：

問題本身

　　產品如何解決根本問題

人的因素

　　產品是否符合使用者的期望

更廣泛的脈絡

　　產品是否符合世界的真實狀況

為了說明這一點，以下用一個假設性範例來說明。

追蹤舉重訓練

許多人都會用穿戴式裝置來追蹤他們的運動狀態。例如，設計給跑者的智慧型手錶可以記錄某一次跑步的距離、時間和生物訊號。這有助於跑者了解自身運動量並追蹤隨著時間的進步多寡。

然而，有些活動會比其他活動更難追蹤。跑步的關鍵指標是距離和時間，要被動測量這些指標相當容易。舉重運動就複雜多了。舉重運動員必須記錄以下內容：

- 正在做的具體動作（例如，臥推、深蹲）
- 使用的重量
- 成功完成的重複次數（例如，10 次舉起和放下）
- 完成的組數（例如，3 組，每組重複 10 次）
- 每組之間的等待時間

對於運動員來說，如果能夠走進健身房就開始鍛鍊，而無需分心草草記下就能立即記錄完成了哪些動作的話，這真是非常方便呢。

讓我們考慮以下兩種不同的方法來解決舉重鍛鍊的追蹤問題。請記住，我們需要解決三個問題：問題本身，人類因素和更廣泛的脈絡。

在第一個解決方案中，運動員戴著配備加速度計的智慧型手錶。在進行每組運動之前，他們使用硬體按鈕在手錶上輸入運動的類型以及所要舉起的重量。訓練時，手錶會追蹤已完成的重複動作次數，其中會用到某個 AI 演算法並搭配加速度計資料來理解何時完成一個重複動作。訓練完成後，這些資訊會同步到手機應用程式中以便查看。

這有解決到問題本身了嗎？從技術上講，是的——這個系統讓運動員不必寫筆記就能追蹤他正在做的舉重訓練。就更廣泛的脈絡來說，這個解決方案似乎也不錯：健身用途的穿戴式裝置很常見、價格實惠、設計實用，社會大眾已能廣泛接受。

然而當考慮到人的因素時，情況就不太理想了。這個設計要求運動員在每組運動之間都要在智慧型手錶上輸入重量數字。這是否比紙筆記錄更好就很難說了。事實上，很多人已發現在做運動時還要與智慧型裝置互動是一件令人煩躁的事情。

來看看另一個方案。如果不需要運動員手動輸入資料就能理解他們正在進行的動作以及重量，那就太好啦。我們可以使用一款由電池供電的小型攝影機，當運動員在運動時就把裝置放在面向他們的地板上。攝影機會使用電腦視覺技術來計算所使用的重量，並判斷正在進行哪一種運動。

從基本問題的角度來看，這方案可真棒——它不再需要筆記本就能追蹤動作了。從人的角度來看，這也是貨真價實的體驗提升：運動員可以專注於運動，而不必在過程中還要去操作智慧型裝置或寫筆記。

不幸的是就更廣泛的脈絡來說，這方案可能不是一個好選擇。很多人會在公共健身房健身，而這裡對隱私是有規範的。其他的健身房使用者可能不喜歡在運動時被「拍到」。儘管邊緣 AI 相機可藉由不儲存任何一段影片來保護隱私，但應該很難對其他健身房夥伴來解釋這一點。社會對於事情的可接受程度會讓原本有效的設計變得難以部署。

不難理解，關鍵是您的設計可否涵蓋到問題的所有面向。邊緣 AI 確實可以克服許多挑戰，但在很多情況下，易用性問題或更廣泛的人性考量會將其優點抵消。

設計原則

良好的設計方法之一是遵循一組原則來針對我們的批判性思維提供框架。Capital One 公司機器學習體驗設計副總裁 Ovetta Sampson，特別針對在設計流程中運用 AI 技術提出了一組非常棒的原則。以下引述她的原話：

> 在 AI 時代，我們設計的產品可能同時具有速度、規模和驚人等多種元素，我們必須把設計從名詞變成意圖明確的動詞。我們正在進入一個美麗的新世界。這個世界要求設計師對產品所帶來的結果、造成的行為和對人類的影響承擔更大的責任。
>
> — *Ovetta Sampson*

Sampson 的十項原則受到了德國設計師 Dieter Rams 在更早所提出的原則（*https://oreil.ly/Ez0ym*）所啟發，這些原則加上我們的解釋簡列如下：

好的設計解決困難問題
: 能力強大但資源總是有限，我們應該專注於解決重要的問題。

好的設計促進健康關係
: 使用者身處在與其他人和其他產品的關係網路中，我們的設計要考慮這一點。

好的設計需要可塑性
: AI 實現了不可思議的客製化，我們應該充分運用它，為設計對象做出更可靠的產品。

好的設計讓公司理解我，讓產品服務我
: 設計應基於對個人需求的準確理解，而非基於行銷部門的需求。

好的設計承認偏見
: 偏見始終存在，設計師必須有意識地去努力減少它，並開誠布公地說明產品的局限性。

好的設計防止虛偽
: 設計師對其產品可能產生的負面影響必須誠實面對，藉此避免發生這種情況。

好的設計預期意外後果

AI 系統中的意外後果可能會對人員造成系統性傷害，因此好的設計必須承認並避免這件事。

好的設計促進公平性

AI 可能在無意間放大了不公和不義的現象，但精心設計後的 AI 系統就能抵消這種影響。

好的設計考慮到其所連接生態系統的集體影響

AI 所部署的人類脈絡是非常複雜和多樣化的，良好的設計必須反映出這一點。

好的設計有目的性地將混亂帶向有序

AI 產品應該讓我們所處的世界更易於理解和應對，而不是讓它變得比現在更加混亂。

Sampson 的原文中（*https://oreil.ly/-4WvU*）對每個原則還提供了更詳細的解釋。

這些原則的基礎來自於承認 AI 可藉由提升規模變得更加強大。以前需要人工監督的功能現在已經可以完全自動化了。相關成本的降低代表這些功能將變得更加普及，也將對人們產生更深遠的影響。

同時，AI 系統的本質也代表著任一個工程團隊的實作成果，都可能會有數百萬個形形色色的人們大量使用；也就是說，系統中的任何缺陷都會放大並影響到一大群人。

現實狀況下，一個差勁的醫生可能會在其職業生涯中傷害了數千名患者，但一套劣質的醫療 AI 系統則可能會傷害數百萬人。讓有害系統擴大的風險是我們在設計邊緣 AI 產品時需要格外小心的原因，也是讓 Sampson 等人所提出的諸多原則如此有價值的原因。

限定解決方案範圍

任何從事軟體或硬體工作的人都能證明，要估算實作產品或功能所需工作量的難度極高。同樣地，AI 和 ML 的開發在本質上就是無法預測的。高品質資料集的必要性以及演算法開發過程的探索本質，使得很難確切知道到底要多久才能完成一個專案。

演算法開發自然而然地引領了硬體和軟體的需求。例如，機器學習從業者可能要決定深度學習模型需要多大才能產生可接受的結果。模型大小將限制它可以部署到哪些裝置上。也就是說至少要完成一定程度的演算法開發工作，否則根本無法進入硬體開發流程。

可能會，也確實會出錯的事情

AI 專案在真正開始之前就可能在多個面向上失敗。以下是一些常見的風險：

- 取得合適的資料集太困難或成本太高。
- 資料中的訊號不足以訓練出可用的模型。
- 可用的硬體不足以運行有效的演算法。
- AI 無法提供問題所需的精確度。

AI 開發的額外變數也代表要對整體開發過程做出正確假設變得難上加難。所需的工作量很容易被低估，或者在發現原始計畫不夠周詳的話，則必須在投入大量時間和金錢後忍痛重新開始。

AI 的開發特性讓「瀑布模型」開發模式具有相當高的風險。認為您一開始的假設都會成立，這可是很危險的。如果在最後一刻才發現精心開發的硬體不足以運行所需的模型，代價將是災難性的昂貴啊。

那麼要如何避免這種問題，使我們更容易交付可確實運作的產品？關鍵在於限定範圍。雖然 AI 總是讓人興奮，各種創新應用的前景也確實不可限量，但如果不要那麼野心勃勃的話，要避免犯錯會更容易。

呈現這個原則的一個很好例子是自動駕駛汽車的現實狀況。在 2010 年代中期那一段人心激昂的日子裡，許多技術人員都認為全自動自駕車指日可待。深度學習的革命帶來了巨大的進展，而車輛的效能從最早的原型機上已經有了飛躍式的進展。自駕世界看似即將到來。

不幸的是，儘管已經證明一輛通常能夠正確運作的自駕車確實可行，但談到了與普羅大眾進行高速互動時則通常還沒到可接受的程度。提高可靠度最後幾個百分點的難度變成指數級攀升。儘管我們很可能在未來某刻親眼目睹自駕車，但距離現在還需要幾年的時間。

在自駕車停滯不前的同時，另一組談得上有關但不那麼志向遠大的技術已經取得了巨大成功，現今至少已配備在至少三分之一的新車上了（*https://oreil.ly/Hz0QK*）。高階駕駛輔助系統（Advanced driver-assistance system, ADAS）是指幫助駕駛者更輕鬆駕車的多項技術，包含了適應性巡航控制、車道居中和避免碰撞等功能。

ADAS 功能是邊緣 AI 的經典案例，目的是協助特定的個別任務。這類功能減輕了駕駛者的心理與生理負擔，因此有助於提高道路安全。雖然不像自動駕駛系統那麼偉大，但它們的有限範圍反而使其更加成功。

例如，現今許多汽車都配備了適應性巡航控制系統，當車輛行駛在高速公路上時，該系統可以接管加速、煞車和車道居中等操作。由於該系統只需要在這個有限環境中運作，因此要做到 100% 可靠的系統就容易多了。雖然它無法在城市街巷中運作，但沒關係：高速公路駕駛占據了長途旅行中的大部分時間，因此從駕駛人的角度來看，它幾乎和自駕車一樣好。

藉由限定範圍，ADAS 系統能做到比目前車輛所配備自駕系統更多的功能。此外，開發和部署 ADAS 系統的公司可以在真實情況下不斷累積其專業知識和見解。他們可以在積極參與市場的同時不斷改進自家產品，一步步接近實現自駕車的夢想。

這種方法對於任何邊緣 AI 產品都是合理的。不要從一開始就追求偉大的想法，而是拾階而上，試著去找出那些能夠提供價值的小而有用的墊腳石。確定最小可行產品：一個簡單、可實現的好處，並且對使用者真的有幫助。先做個什麼東西出來、看看它在真實世界中的表現如何，然後從那裡開始迭代。

以下是一個具體的例子。假設您正在製作生產線的品管系統。現今所有的品質檢驗都是手工完成的。時間和成本限制使得要檢查到所有項目是不可能的，因此只能隨機抽檢，這表示可能會忽略掉某些瑕疵。

您的長期目標可能是使用邊緣 AI 視覺系統來自動檢查所有項目，確保能夠找出所有瑕疵品並節省檢查成本。然而，在專案開始時可能無法確定這是否可行。您的資料集可能無法涵蓋每種可能瑕疵類型的案例，這會讓系統難以測試。但如果不嘗試就無法確認系統是否可行，而且失敗可能代價慘痛。

讓我們退一步來思考問題的範圍。儘管要抓出所有瑕疵的難度超級高，但因為我們已經明白有些缺陷會被忽略，多少抓出一些依然可以改善現況。

至少在某些時機上，訓練單一模型來偵測某個特定的瑕疵（而非所有可能的瑕疵）應該是相對簡單的，如果能夠結合目前的手動檢查流程，訓練出一個模型來抓出某種類型的瑕疵，還是能為工廠帶來實際效益。這樣做無法降低檢查成本，但可以抓出更多的瑕疵來提高產品的平均品質。

把專案範圍限縮到能力所及之後，您就能立即展現自身價值並大大降低風險。在這個成功基礎上，就沒有什麼可以阻止您對解決方案進行迭代開發，好一步步實現最初所規劃的宏偉願景。更棒的是，您可能會發現初版系統已可提供足夠的價值，甚至不需要進一步開發了。

訂下設計目標

在第 207 頁的「規劃邊緣 AI 專案」中，我們已經了解到為應用程式開發過程設定具體目標的必要性。有三種主要的目標：系統目標，反映系統的整體效能；技術目標，反映演算法的內部運作情況；以及您希望系統遵循的價值觀。

希望目標有效的話，就必須從利益相關者和領域專家的角度來制定目標（請參考第 129 頁的「建立邊緣 AI 開發團隊」）。您需要確認專案的最低可行效能的各項特性。這些就是用於專案項目在系統和技術層面上是否成功的標準。可以的話，它們應使用該領域的通用指標來量化，才能具體衡量進度。

設定系統目標的最佳方法是使用評估優先方法。

系統目標

邊緣 AI 系統很少作為解決問題的第一個且唯一解決方案來開發。多數狀況都已存在既有的解決方案。在開發 AI 應用時，重要的是要花時間去比較我們所提出的解決方案與現有方案之間的差異，而不僅僅是與自己來比較。如果只把系統與自身相比，開發過程中幾乎可以保證一定會看到改善。但是，為了知道我們的方案是否真的比其他的更好，就一定要與它們比較才行。

這就是**評估優先**（*evaluation-first*）方法對於開發流程來說如此強大的原因。在這種方法中，開發過程的第一步是制定一組評估指標，這些指標的通用程度必須使其可用於衡量任何潛在解決方案（包括 AI 或其他）的表現。

例如，假設您正在開發一個幫助零售店員工知道何時貨架已空並進行補貨的邊緣 AI 應用。方法之一可能是鎖定所涉及的技術。作為目標，您可能期望系統必須能夠以 90% 的準確率來預測何時需要補貨。

這聽起來相當不錯：90% 的準確率代表模型在 10 次中有 9 次能夠正確識別出貨架已經空了，聽起來很合理。但是這個指標只告訴了我們演算法的原始表現，並沒有給我們任何關於這個系統是否真的有幫助的看法。再者，這個指標無法與現有的解決方案來比較：某個員工很可能早就能以 100% 的準確率來判斷貨架是否空了，根本不需要任何 AI 的幫助！

與其死盯著技術指標，試著退後一步看看宏觀全貌。系統的真正目標是讓零售店員可以輕鬆確認商店貨架上都有貨，以便顧客有足量的商品可供購買。我們可以根據這一點來選用更有意義的指標。一個更好的指標可能是某個貨架滿貨的時間比例[1]。作為目標，我們可以說，各指定貨架平均應該有 90% 的時間都是滿貨的。

現在可以將員工的人力付出作為基準，並與我們的目標比較。雖然員工很容易就能確認某個架子是否為空，但他們可能整天都太忙了，導致沒空去檢查店裡每個角落來確認貨架上是否都有貨。這可能會讓平均庫存率掉到 70%。

1 層級再高一點的指標可能與商店收入有關，可以假設收入越高越好——但這個指標會受到更多指標所影響，因此用它來衡量系統效益是比較間接的作法。

目前解決方案的基準表現（70%）以及我們的目標（90%）都明確知道了。這20%的差距就是我們希望 AI 方案能夠補足的地方。對於目前方案和所需改進的相關知識可以引領產品的設計和開發過程。例如，由於我們已經知道問題是因為員工太忙而沒空去檢查整個商店，這樣就能把設計重點放在如何與其他工作良好搭配的方式來通知店員貨架已空。由於我們已經找到一個很棒的指標來衡量是否成功，因此可以在某些架上部署初版系統，這樣很容易就能知道它是否有效。

總是有那麼點可能，指標給出的見解有助於我們重新檢視最初的假設，並決定換一個方式來解決問題，說不定根本不會用到 AI。例如最後也許會發現只要調整店員排班表就能解決問題，還會比在每家店都安裝一套邊緣 AI 系統更便宜。即使這是一個非技術性的解決方案，但仍然是在開發過程中採用評估優先方法的一個勝利。

重點是記住「您測量的東西就是您的成果」——代表著您用來量化目標的指標會對您最終的方向產生巨大的影響。如果您測量了錯誤的東西，最終也只是浪費時間、金錢和機會——甚至可能讓事情更糟。如果可以找出正確的目標來加以測量和改進，迭代開發的力量就會讓您產生相當深遠的影響。

升級現有的邊緣解決方案

在某些情況下，您可能希望加入更複雜的 AI 來改進現有的邊緣部署。例如，您可能已經有一套基於簡單啟發式演算法的系統，它運行得還可以，但仍有改進的空間。

這實際上是一個理想的情況。由於您已經部署了一套可運作的系統，您可能已經對這個領域和想要解決的問題所面臨的獨特挑戰有相當程度的了解。您還可能已掌握了一些衡量成功的有效指標：否則，您根本不會知道要改進什麼。此外，現場已有可蒐集資料的裝置也是一項潛在好處。

升級現有系統時應該遵循與任何其他棕地專案（有現成硬體可供運用）大致相同的設計過程。然而在某些時間點，您會發現先前的工作成果是可以重複使用的。

在整個開發過程中，您應該不斷地比較新系統與原始系統，並確保它都能游刃有餘地勝過舊方法。如果某個更簡易的方案就幾乎能做到同樣的效果，那麼還是採用它比較好，而不是承擔 AI 方案所帶來額外的複雜性和長期支援所需的人力物力。

技術目標

雖然系統目標對於確保您所打造的東西是否正確來說至關重要，但系統的技術方面也需要擁有自己的一套目標。例如，了解 AI 演算法的目前效能與和目標效能將可讓您把開發火力集中在對的地方。

例如，假設您正在為智慧居家裝置開發一套關鍵詞偵測模型。對於關鍵詞偵測模型來說，效能通常會以**偽接受率**（*false accept rate*）結合**偽拒絕率**（*false reject rate*）來呈現：這兩個數字共同描述了模型出錯的可能性。為確保產品品質，您可以與利益相關者和互動設計師共同決定將偽接受率設定為低於 5%，偽拒絕率則設定為低於 1%。這些數字就會成為您的目標。

接下來的任務是決定一套測試機制。如果您無法測量進度，那麼就算目標明確也沒有任何好處。一般來說，測試會用到測試資料集，但在理想情況下蒐集的測試資料集與真實世界操作之間總是會有差異。

最可靠的指標來自於已部署於生產的系統。此時，確定在現場有哪些可用的指標是很有價值的。實際運行的效能通常難以測量，因為真實世界中的資料通常不會有標籤。如果無法確定如何在現場測量應用程式的效能，那麼值得重新思考一下專案：如果沒有指標，您甚至無法得知它能否運作。

您可能想要使用 AI 來改善現有系統，在某些情況下，您可能已經具備一些用於測量當前系統的評估指標。不論是哪種情況，使用相同的指標來評估當前系統以及所提出的 AI 替代方案是不錯的做法。有個可以測量的目標再怎樣都是好的。

有鑑於 AI 開發的迭代本質，您還要考慮有多少時間可用。您的目標應該是提升系統效能直到滿足所設定的最低可行效能水準為止。如果進度停滯不前，就要決定是否要改用不同的方法，或是完全放棄專案。在過程中設立效能里程碑也是有意義的，這樣就能追蹤進度並確信專案正在推進。

基於價值觀的設計目標

為了做出負責任的應用程式，您需要建立一套設計目標，足以呈現出您的解決方案所體現的價值觀。例如，想像您正在製作一套醫學診斷系統。醫學專家應該會同意，在診斷準確度低於某個門檻值還硬要推出的解決方案是完全不負責任的。

因此，您的目標應該是要確定負責任產品所需的最低效能，並與利益相關者和領域專家達成共識。您可運用這個最低效能來制定一組堅定的通過 / 不通過標準，藉此掌控是否要發布本專案。

對於價值觀不一定都能達成共識，這就是為什麼與多元且足具代表性利益相關者群體合作如此重要了。因為不同的一群人通常也會有不同的價值觀，所以您所認同的價值觀可能只在特定脈絡中有意義——例如多數利益相關者所屬的文化。如果無法就合適的價值觀達成一致，您的專案就可能帶有道德風險。

在開發工作流程中測量和記錄那些用於描述系統效能的指標是非常關鍵的。這些資料將有助於您決定專案到底要不要繼續做下去。通常會有來自組織和人際關係方面的巨大壓力去逼著專案前進。把各個指標記錄下來並具備明確的書面品質準則，好讓您不再需要把決策都攬在自己的肩上，而是讓這件事成為組織流程的一部分。

這些準則必須延伸到現場部署。重點是要能在真實世界中監控效能，並在系統無法正常運作時終止部署。由於現場可用的指標通常比開發期間可用的指標更為受限，要進行監控可說是相當有難度。這個主題會在第十章深入討論。

長期支援目標

設計過程的另一個關鍵部分是長期支援計畫。在部署於現場後，大多數 AI 都需要觀察和維護。漂移是不可避免的，還會隨著時間讓效能慢慢變差。在理想情況下，您的應用程式和硬體需要具備回傳某些指標的能力，好讓您了解漂移發生的速度。

這些回報結果將有助於您決定何時需要蒐集更多資料來訓練新模型。您的設計目標應該涵蓋長期支援產品這項目標。這個主題會在第十章深入討論。

架構設計

邊緣 AI 系統的架構取決於其各元件如何結合成為一個有效解決方案的方式而定。任何系統都有許多可能的架構，並且各自有其取捨。系統架構師的任務是分析情況，並選出最能夠發揮技術效益的架構。

本章下一段將說明關於邊緣 AI 應用系統架構的基礎知識。軟體和硬體架構這個主題超級廣泛，因此只會專注於與邊緣 AI 有關的部分。我們會打好穩固的基礎，並提供一套可以解決許多不同問題的設計模式。

硬體，軟體和服務

邊緣 AI 應用是由三個主要元件所組成：硬體、軟體和服務。

硬體包含了邊緣裝置本身，具備處理器、記憶體和感測器，第三章已經介紹過它們的龐大家族，也談到了裝置供電方式以及它們與世界的通訊媒介。

軟體是讓系統活過來的神奇魔法。它始於讓軟體能夠介接硬體（感測器、周邊裝置和網路裝置）的低階驅動程式。它也涵蓋了可能運行於裝置上的所有訊號處理和 AI 演算法。最重要的是，它還包含了用於解譯 AI 演算法輸出訊號並決定如何回應的所有應用邏輯。

服務是邊緣 AI 系統用以互動的外部系統，可能包括各種通訊網路、無線系統、物聯網管理平台、網路 API 和雲應用：任何位於邊緣系統外部並可透過某些通道來通訊的東西都算。這可以是您自己的基礎設施，也可能由第三方所提供。

有效的邊緣 AI 架構需要將這三個元件以極富創造性的方式結合起來，好為特定情況提供最佳平衡點。它需要對問題、各類限制和整體有深入的了解。這就是為什麼在邁入設計流程的這個階段之前要先全面性地探索問題的原因所在。

對情況的理解程度將影響您如何運用硬體、軟體和服務。例如，連網能力最差的環境可能迫使您採用高規格的硬體，並放棄一些服務的好處。重重限制的棕地硬體平台（回顧第 28 頁的「綠地專案與棕地專案」）可能會促使您在使用軟體方面變得更有創意。對於複雜的軟體和大型模型的需求可能會導致雲端 AI 服務在您的應用中扮演了非常重要的角色。

先前已經談過，邊緣 AI 架構中一些重要的概念包括異質運算（第 80 頁的「異質運算」）和多裝置架構（第 87 頁的「多裝置架構」）。這些是後續會談到的一些最常見架構的關鍵因素。

基礎應用程式架構

簡單始終是一個好的選項，您永遠要從最簡單的架構開始。圖 8-1 是邊緣 AI 應用程式的常見結構。

架構的核心是*應用迴圈*。這是一系列的重複步驟，用於擷取和處理訊號、執行 AI 演算法、判讀其輸出，並使用結果來進行決策和觸發對應動作。由於當裝置在取得流入的感測器資料時會不斷執行這些步驟，因此它是一個迴圈。

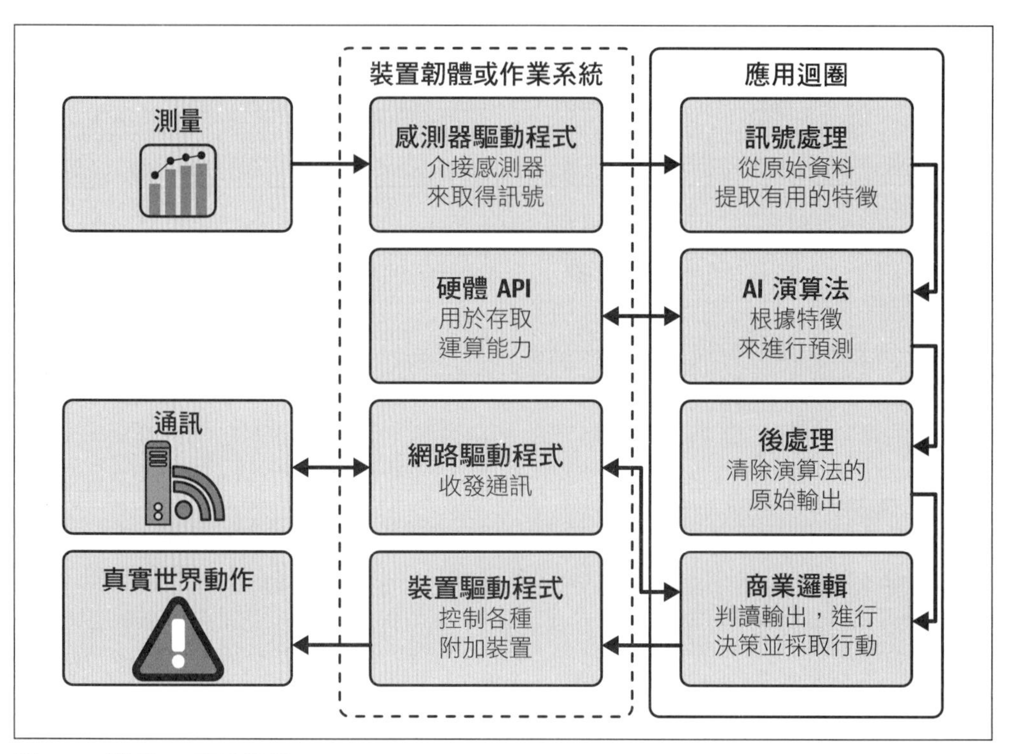

圖 8-1　邊緣 AI 應用架構

應用程式迴圈會由裝置韌體或作業系統支援[2]。這些元件為硬體和軟體之間提供了一個抽象層。它們通常會提供方便好用的 API，應用程式迴圈就能運用這些 API 來控制硬體。常見的任務包含從感測器讀取資料，收發通訊以及控制已連接的裝置（例如燈光，喇叭與致動器）。

正如第 80 頁的「異質運算」中所述，許多裝置都具備了多個處理器。在圖 8-1 中，硬體 API 區塊代表可在所選處理器上進行運算的抽象層。例如，深度學習模型相關運算有機會在獨立的神經網路核心上完成，藉此達到更好的速度和效率。

在繼續下去之前，回顧一下第 73 頁的「邊緣 AI 硬體架構」來加強邊緣 AI 的硬體結構方式，應該會很有幫助喔。

基礎流程

在最基礎的應用中，所有軟體會組成同一套管線並運行於單一裝置上，執行內容包含取得感測器資料、進行處理並做出決策。如圖 8-2。

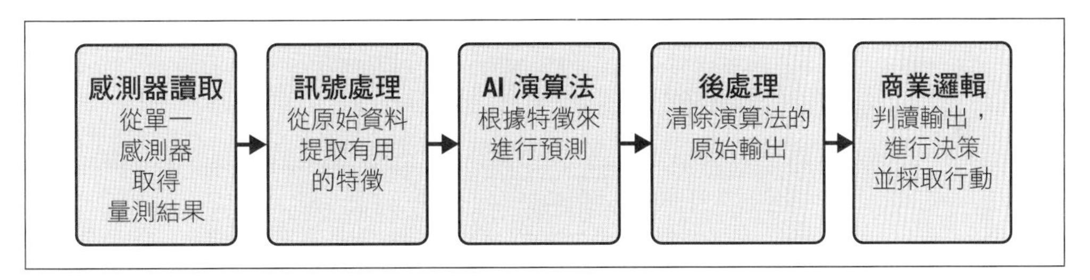

圖 8-2　基本的邊緣 AI 應用流程

許多成功的應用都採用了這類流程，因此這應該是您的軟體架構開發起點。通常，流程中的 AI 演算法是指一套機器學習模型。例如，智慧監控攝影機就可能會運用此流程——使用訓練完成的視覺模型來偵測人員——作為發送警報的觸發器。圖 8-3 是加上了真實世界步驟的相同流程。

2　系統會根據其硬體與應用來決定要用韌體或作業系統，請回顧第 72 頁的「邊緣 AI 處理器」。

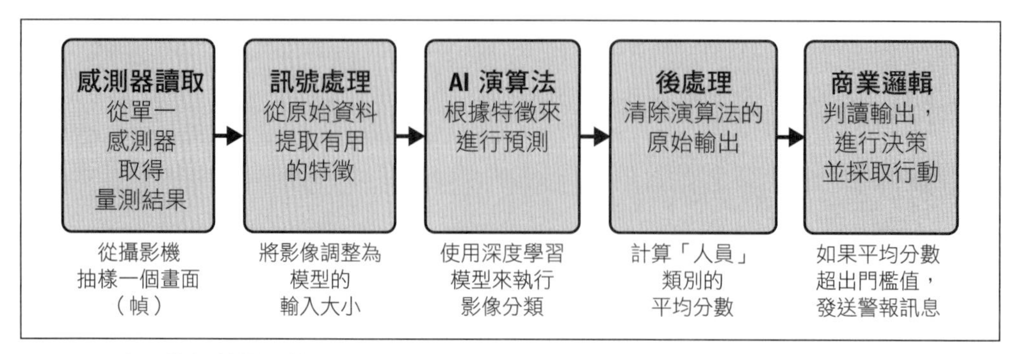

圖 8-3　應用於智慧攝影機設計的基本流程

集成流程

另一種常見的方法是使用演算法或模型的集成，如第 120 頁「結合多種演算法」所述。在這種情況下，同一批感測器資料會被送入多個輸出類型相同的模型中，再把所有模型的結果結合起來。流程如圖 8-4。

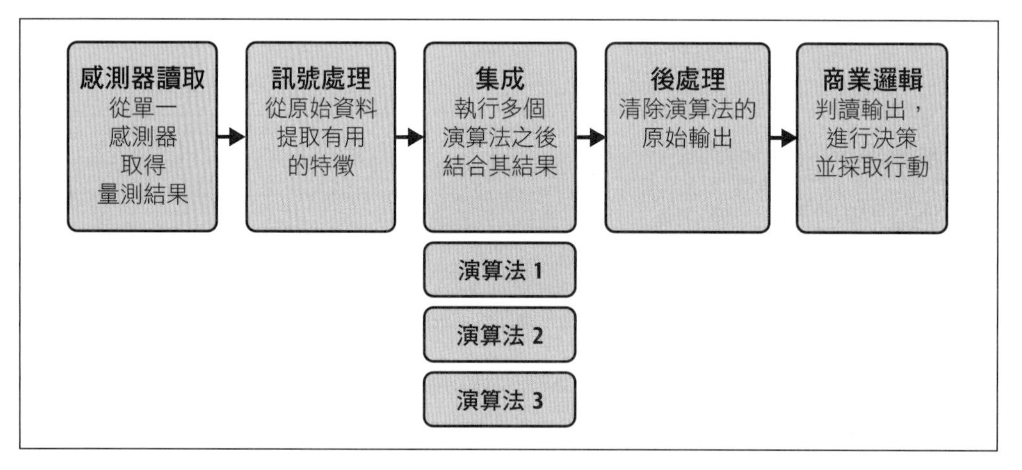

圖 8-4　集成流程

集成流程中的演算法輸出通常都是相同的類型。例如，您可以集成三種不同類型的影像分類器，每個分類器都經過訓練來預測影像中是否有人。把三種不同類型演算法的輸出結合起來，您就能綜合每種演算法的優缺點，希望所得到的輸出在偏見程度上能比任何單一演算法都來得低。

平行流程

將執行不同功能的演算法結合起來是可行的。例如，您可能會把分類模型與異常偵測模型結合起來。異常偵測模型的輸出可讓應用程式來了解輸入資料是否超出分布，而導致分類器結果無法信賴。

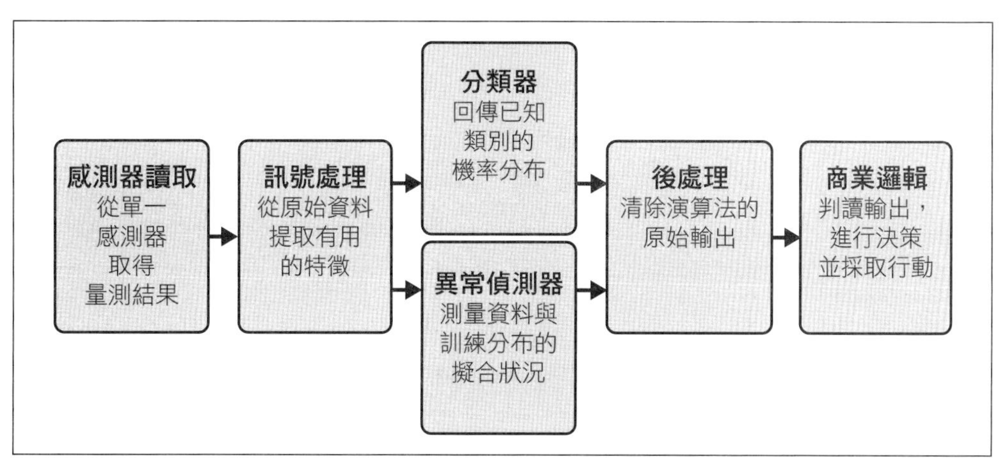

圖 8-5　平行流程

在圖 8-5 這樣的平行流程中，模型輸出可以到了後處理步驟或商業邏輯中再行組合。例如，如果一個模型的輸出是用來調節另一個模型的輸出（例如先前的分類和異常偵測範例），這件事就能在後處理步驟中進行。如果多個模型的輸出會用於驅動商業邏輯決策，就會在該處匯集各個模型的輸出。

平行模型並不一定等於平行處理（例如多工）。許多嵌入式處理器不具備多執行緒的能力，因此只要在管線中多加一個模型，整體延遲和能耗就可能再增加。

序列流程

依序執行模型在某些情況下也是很有用的。請看圖 8-6，這類流程中，某個演算法的輸出會接續送入另一個演算法中，後處理做或不做都可以。

如果想用某個模型來從原始輸入中提取特徵，然後再用另一個模型來了解特徵變化時，序列流程是非常好用的。例如，您可以使用姿勢估計模型從照片中找出人體中手和腿的位置，然後再把這些位置送入分類模型，藉此判斷他們正在做哪個瑜伽動作。

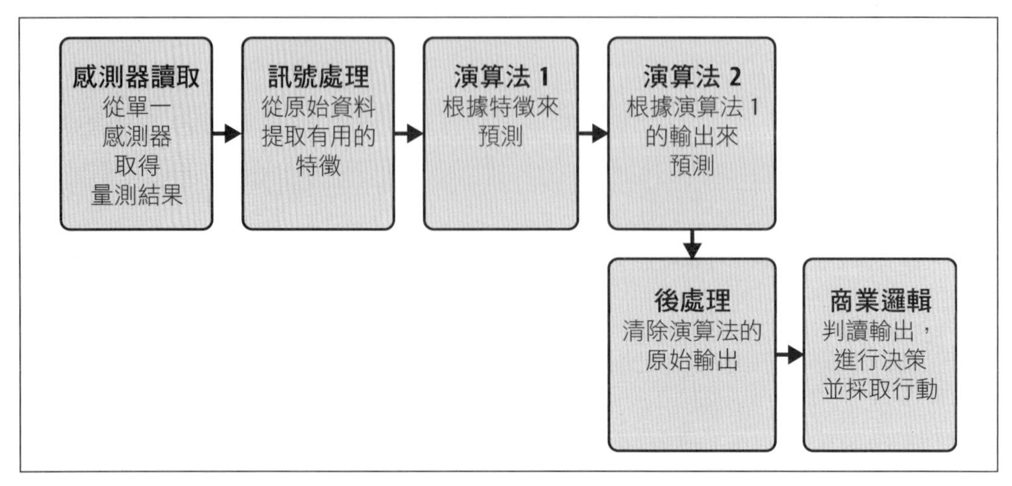

圖 8-6　序列流程

級聯流程

另一種依序使用演算法的聰明方式是在級聯（譯註：或稱層疊）架構中使用。級聯流程請參考圖 8-7。

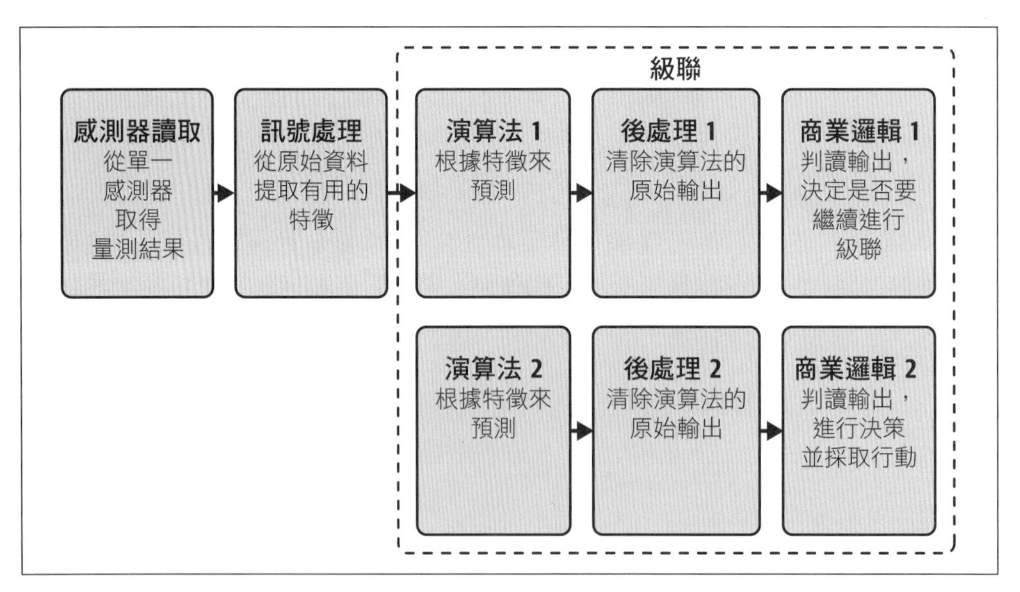

圖 8-7　級聯流程

級聯流程的目標是讓推論成本降到最低，包括延遲和能耗。例如，想像在一個電池供電裝置中有一個持續運作的關鍵字識別系統。關鍵字識別所需的模型可能更大也更複雜，代表長時間運行它會讓電池很快沒電。

反之，我們可以改用另一個專門偵測語音、更小又更簡單的模型。這是級聯的第一層。當偵測到語音時，輸入會送入級聯的第二層，也就是完整的關鍵字識別模型。這樣一來，完整的關鍵字識別模型的時間就會少很多也因而更加省電。

有必要的話，級聯可以加入更多層。根據應用的實際狀況，級聯的每一層可能還會有專屬的訊號處理演算法。在某些情況下，到了級聯的某個階段甚至還可以擷取另一個來源的資料，例如品質更好但也更耗電的高級麥克風。

調整級聯中較前段的模型來達到高召回率是合理的做法（請參考第 338 頁「精確率和召回率」），這代表在決定某個東西是否有可能匹配時，它會偏向於樂觀。相較於較大的單一模型，這樣的配置還是比較省電，而且還能降低前段準確率較差的模型，不小心捨棄有效輸入的風險。

工作週期

工作週期（Duty Cycle）是指處理器實際運作的時間占比。當處理器沒有在運作時，會將其進入低功耗狀態來省電。級聯模型可藉由減少工作週期來節省能源。

之所以可以這麼做，是因為小模型的執行時間會比大模型來得短。由於模型只需要定期運行（例如每當感測器資料緩衝區存滿時），處理器在其餘時間就能關閉。在級聯模型中，最小的模型就應該是最常運行的模型。這會讓工作週期能夠比相同速率運行的大模型來得更低。

更多關於工作週期請參考第 347 頁的「工作週期」。

感測器融合流程

到目前為止所介紹的所有架構都是使用單一輸入。在感測器融合流程中，來自多個感測器的輸入會送入同一個 AI 演算法中，如圖 8-8。

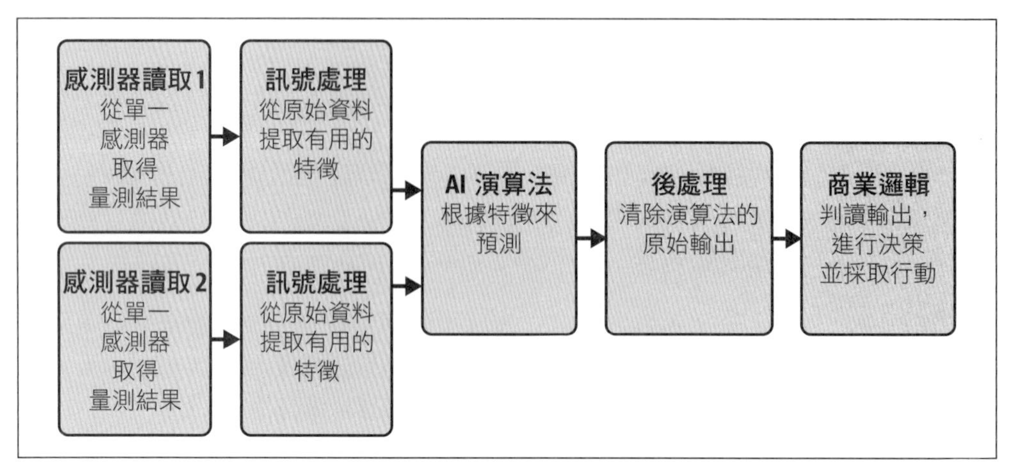

圖 8-8　感測器融合流程

如果採用了不同類型的感測器，則每種感測器通常各自有專屬的訊號處理方式來產生 AI 演算法可用的特徵。雖然這麼說，也有用純訊號處理來進行感測器融合的方法。

睡眠監測穿戴式裝置可說是感測器融合的經典範例，這類裝置會融合來自心率、溫度和動作感測器的訊號，以便準確預測使用者的睡眠階段。感測器融合也可以與本章所介紹的任何其他流程彼此結合。

結合規則式和機器學習演算法

這些流程全部都可用於結合規則式和機器學習演算法。例如，您可以使用由領域專家設計的確定性規則式系統來處理一定比例的決策，其他再交給機器學習模型。這麼做結合了規則式系統的可解釋性優勢，以及機器學習模型對於離群案例的能力。

複雜應用程式架構與設計模式

基礎應用程式架構可以結合各種不同的硬體架構，藉此產生能提供顯著優勢的高度複雜系統。這些經過驗證的設計模式已確認可用於各種不同的專案。

異質級聯

在異質硬體架構中（請參考第 80 頁的「異質運算」），單一裝置中會有多個處理器或協同處理器。例如，同一個裝置可以具有節能型中階 MCU，和更強大但功耗也較高的高階 MCU。

這類硬體可以與級聯流程（圖 8-9）編寫的軟體結合來實現異質級聯。級聯的早期層是執行於低階處理器上來加強省電效果。後續會用到更複雜演算法的層則是執行於高階處理器上。任何時間點上都只會有單一處理器是啟動的，因此可以節省大量電力。

異質硬體逐漸涵蓋了那些用於高效運行深度學習模型的加速器，用於執行級聯的各階段的效果相當不錯。這種方法常見於諸多關鍵詞偵測應用。

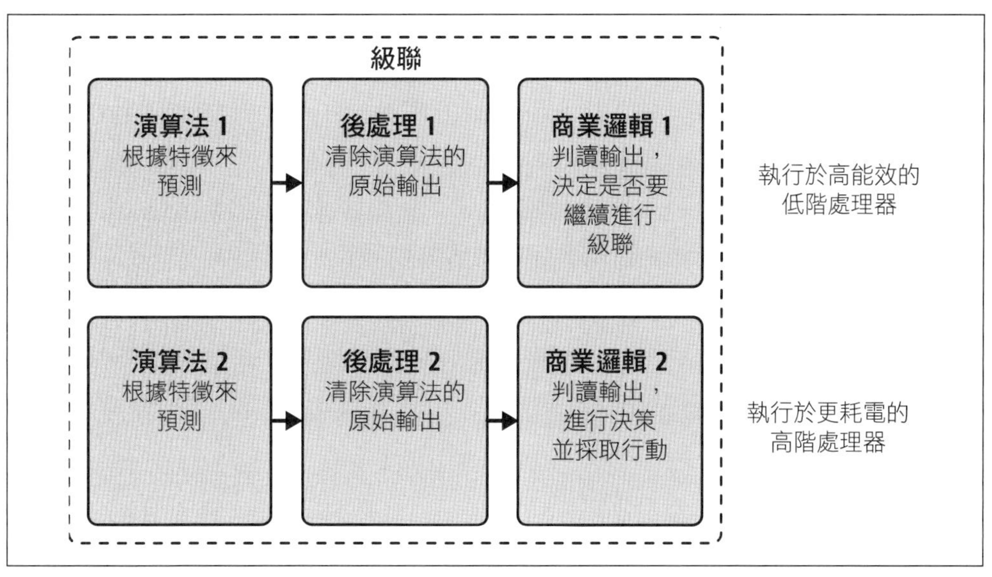

圖 8-9　異質級聯

多裝置級聯

藉由級聯架構來涵蓋越來越多的裝置可說是大勢所趨，如圖 8-10。例如，智慧感測器可透過簡易機器學習模型來檢測資料。如果偵測到特定狀態，它就會喚醒更強大的閘道器裝置來更仔細地全面分析資料。

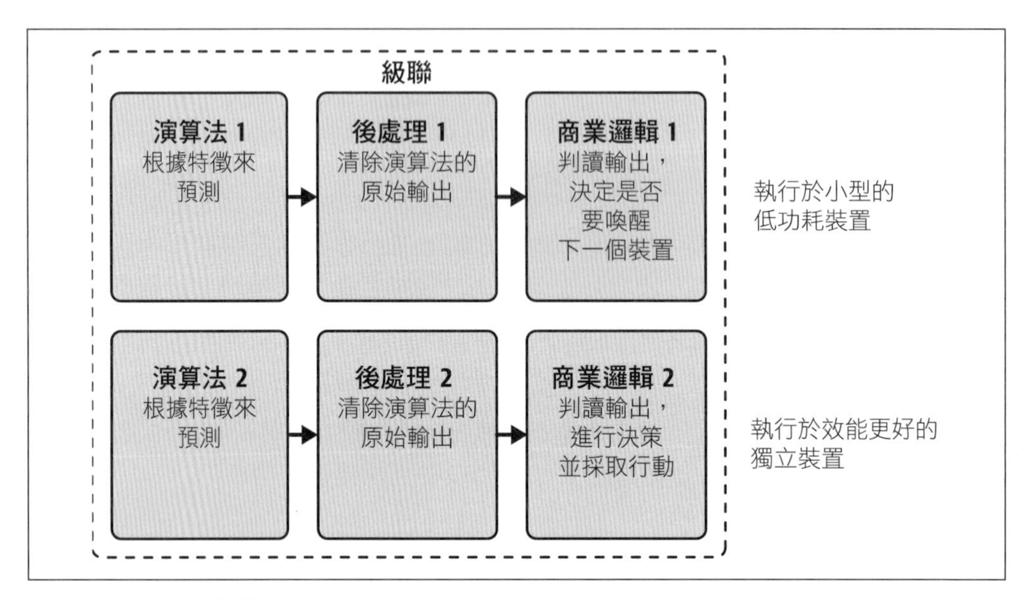

圖 8-10　多裝置級聯

第二階段的裝置可使用第一階段裝置傳來的資料，也可以使用自身的感測器來擷取新資料。這些裝置可以是不同的實體裝置，例如智慧感測器和閘道器裝置。它們也可以作為獨立 PCB 組合在同一個實體產品中。

在某些情況下，彼此獨立的產品可以作為級聯來配置。例如，一個使用紅外線感測器來偵測動作，並拍照的便宜開盒即用隱藏式相機，就能作為級聯的第一階段，並接續喚醒另一個位於相同儲存裝置上的強大的 SoC，再根據其內容來決定要保留或刪除照片。

級聯與雲端

在頻寬不是問題的情況下，級聯就能橫跨裝置和雲端。這是智慧音箱中數位助理的常見模式，其中會在裝置端運用一個持續啟用的關鍵詞偵測模型，並盡可能以最低延遲來偵測關鍵詞。一旦偵測到關鍵詞，它們會把後續的聲音直接串流到雲端，後者會用另一個更大更複雜的模型（大到無法部署於邊緣裝置上）來轉錄和判讀使用者的語音。

圖 8-11 是一個複雜的四階段級聯，運用了多個裝置端模型以及雲端運算。聽起來好像很複雜，但這與目前的智慧型手機所採用的流程相當類似。

前三個階段發生在裝置端，橫跨了兩個不同的處理器：一個低功耗的常時開啟處理器和另一個深度學習加速器。當低功耗處理器上的模型偵測到語音時，會喚醒一個更強大的處理器來搜尋關鍵詞。如果偵測到了某個關鍵詞，另一個裝置端的轉錄模型會試著將後續的聲音轉換為文字。轉錄完成之後，文字會發送到雲端，在那裡會透過一個大型的自然語言處理模型來判斷其含義以及如何回應。

這裡的拿捏重點在於能耗、頻寬和隱私，以及雲端系統的長期維護需求。以此為代價，我們才得以使用大到無法放在裝置上的模型，或者出於安全原因不希望部署於本地端的模型。重要的是要確保這些代價是值得的，因為我們可是放棄了大部分邊緣 AI 的好處來交換呢。

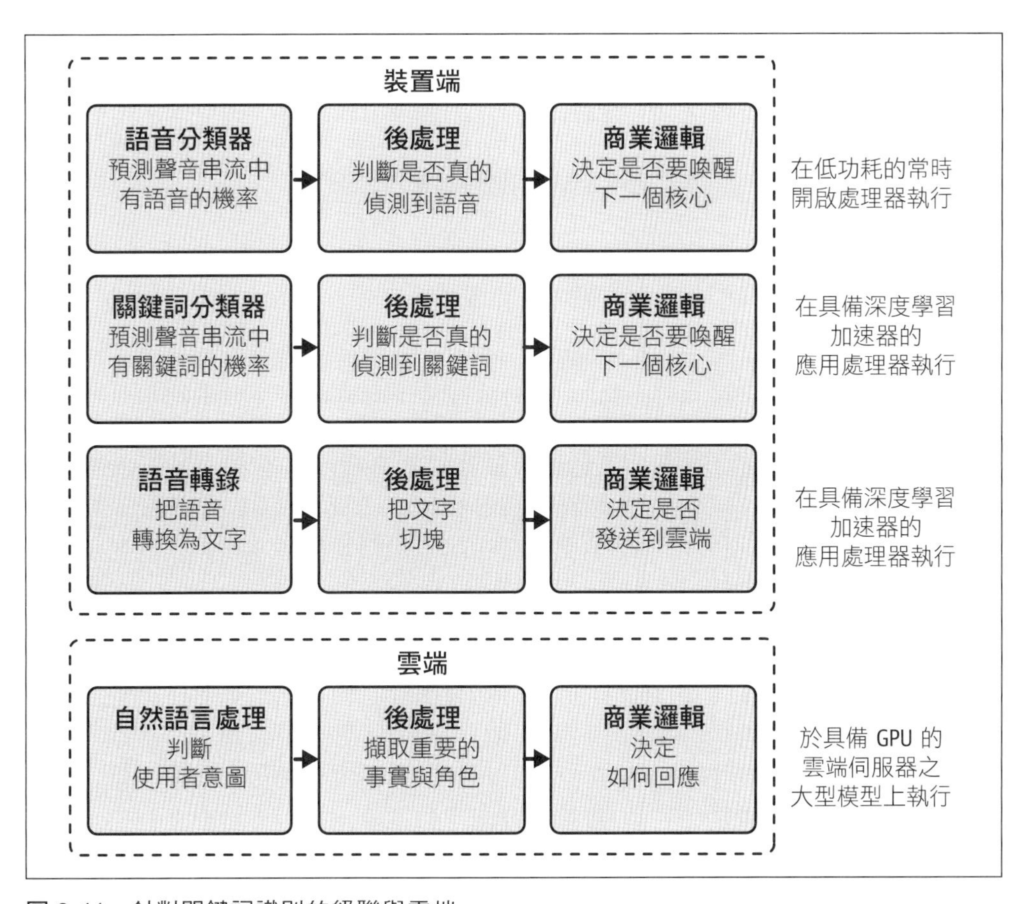

圖 8-11 針對關鍵詞識別的級聯與雲端

智慧閘道器

把 AI 邏輯放在靠近邊緣端而非網路的實體節點上，有時候是合理的。例如，一個由物聯網感測器所組成的網路可能會蒐集關於工廠運作的許多不同類型資料。沒有一款感測器有辦法存取所有資料，但它們都會把資料回送給閘道器裝置。

藉由在閘道器裝置上運行邊緣 AI 演算法，就能一併分析所有的資料，這樣做對整個系統的運作可能會得到更多有用的內容。並且，處理作業在閘道器完成的話，感測器就能保持小巧、便宜和高能效，它們只需要擷取和轉發資料，智慧運算交給閘道器就好。

人為介入

在某些情況下，允許 AI 演算法做出未經檢查的決策可能不是安全的做法。這常見於當某個糟糕的決策可能極其嚴重的時候，以下是一些鮮明的例子：

- 醫療應用，其中錯誤診斷或監管失靈的處置可能致命
- 可能導致傷害的大型機器，例如自動駕駛汽車或工廠設備
- 安全和防衛應用，可能產生蓄意性的傷害

還有許多更微妙的例子。例如，如果使用 AI 來強制執行體育運動規則——也許是分析影片片段來偵測犯規動作——模型偏見可能導致參賽者受到不公平對待。

這些挑戰代表有必要設計出一套受到人類監管的系統。這有許多不同的實作方法。在某種人為介入架構中，人類會直接參與每個決策。例如，醫療診斷裝置可能會指出患者有某種疾病，但還是需要醫生解讀相關資訊，並根據自身判斷來作出最終決策。

在另一種模型中，人類則是作為被動觀察者，除非他們覺得有必要干預才會介入。例如，自駕車可以自由移動，但還是需要駕駛者注意路況並隨時準備接手駕駛。在這種情況下，自駕車通常會運用 AI 系統來偵測駕駛者是否心不在焉，以避免他們忽視自己的責任。值得注意的是，關於這類模型是否有效有相當大的爭議。人們在無需互動的狀況下通常會導致注意力下降，這可能會影響他們介入的能力。

第三種模型則沒有直接的人類監督，但是演算法的決策樣本會交由人類審查者來檢查。整個過程都會不斷去監控其可靠性，但沒有人可在某項活動進行期間立即介入。這種方法對於長期性的監控應用而言非常重要，第十章會進一步介紹。

優雅降級

在生產作業中，您可能希望「關閉」系統的任何一個機器學習元件。例如，您可能發現某個機器學習模型已無法有效運作因此無法使用（第 366 頁的「效能劣化」會深入介紹本主題）。

無論您的架構是什麼，都需要建立某些撤退機制，藉此確保如果被迫停用機器學習元件時，整個系統的行為仍然是可接受的。

在實際應用上，這代表在應用程式中加入中可配置的條件邏輯，用於描述在各種情況下對應於輸入，機器學習是否要採用或跳過。形式上可採用「拒絕清單」，其中指出了會導致機器學習被跳過的輸入類型。例如，可用以下 `if` 語法來保護級聯模型的每一階段：

```
if matches_something_in_deny_list(input):
  return non_ml(input)
else:
  return ml(input)
```

這些拒絕清單在理想情況下可透過網路來更新 —— 做法也許是透過網路來發送配置更新。如果您的邊緣應用本質上不允許這類遠端更新方法的話，至少也要能透過硬體來修改配置（例如，操作開關或連接跳線）。

您需要評估產品扣除機器學習之後的效能，以便了解它們在停用之後所帶來的影響。

與設計模式共事

我們已經談到了多種設計模式，它們應該為您的專案提供了很好的起點。當然，現實情況並不總是百分百與教科書一樣。不要害怕去調整這些想法來滿足您的個人情況需求。

如前所述，邊緣 AI 工作流程本質上是迭代的。將迭代方法應用於設計模式也是很有用的。以下的逐步流程供您參考：

1. 確保您有投入時間來探索資料集，並了解可能會用到的演算法類型。
2. 從您可掌握的最簡單設計模式開始：通常會是圖 8-2，尤其是使用單一裝置的時候。
3. 試著把問題映射到此模式上；寫一些描述性文件，包括圖表，並列出其優缺點。
4. 在開發過程中進行迭代，並牢記您所選定的設計模式。
5. 如果可能會用到更複雜的模式，則跳轉到下一個您可以掌握的最簡單模式。
6. 繼續迭代和調整，直到找到可行方案為止。

不要試著從比您所需更複雜的設計模式開始。額外的複雜性會拖慢開發進度並造成更多限制，迫使您非得走某一條路不可。這一切都會帶來風險，而 AI 專案想要成功的黃金準則是把風險降到最低。

考慮設計中的各種選項

我們對於特定問題所選擇的設計方案會受到個人觀點的影響，這代表它們可能隱含了我們自己（或團隊）的偏見。此外，架構本身也有固有的偏見。架構代表了一組會把結果導向某個方向的折衷方案。這不一定是故意的；當我們從眾多選項中選出某一個時就自然發生了。

這裡列出三種源自於設計過程的（而非來自資料集）的主要偏見，說明如下：

產品偏見

產品代表了對問題解決方式的某個特定解決方案。基於其本質，它呈現出該如何解決問題的看法，並表示這個看法所帶來的限制和取捨。這些都是不可避免的，但重點在於要承認這會導致偏見。

例如，假設我們正在製作一款智慧居家恆溫器，能夠根據使用者活動來預測最佳調節溫度時機。我們可能需要在基本架構和智慧閘道架構兩者之間擇一；也就是選擇內有高解析度感測器和強大處理器的單一裝置，或是在每個房間都安裝廉價低解析度的遠端感測器，並透過無線網路與負責處理的中央樞紐通訊。

這些取捨會把我們的產品導向某個首選方案。具備視野受限但效能優異的感測器，這類由單一裝置構成的系統在開放式平面房屋或小公寓中可能會運作得很不錯。採用遠端感測器的系統則可能在擁有許多房間的房子中有更好的效果。

由於每個產品設計都是針對特定目的而生，因此選出最適合所要解決問題的設計非常重要。如果您正在設計一款智慧居家產品，則可能需要進行一些研究來了解目標客戶的居家風格。這有助於您選出合適的架構。

演算法偏見

演算法本身已有既定的偏差。如同前一段談到的架構，每個 AI 演算法設計都體現了解決某個較大問題的特定解法。數學家和電腦科學家致力於找出適用於許多不同輸入類型的演算法，但實際上，每種演算法在其基本假設上都會有最適合解決的某些問題。

例如，我們試著設計一款農業產品，該產品會透過物件偵測技術來計算農場中的動物數量。有許多不同風格的物件偵測演算法可供選擇。其中一種是單次偵測器（single-shot detector, SSD）[3]，透過深度學習模型來預測感興趣項目周圍的精確邊界框。另一種是 Faster Objects, More Objects（FOMO）[4]，使用更簡單快速的方法來找出物體的中心但不畫出邊界框。

上述任何一種演算法都能做出有效運作的產品。然而，不同的演算法會做出不同的選擇，而這些選擇將會影響產品的表現。例如，由於自身的損失函數運作方式，SSD 模型比較擅長辨識大型物體而非小型。到了產品階段，這可能導致產品在較小場域中的表現更好，因為動物距離比較近並在影像中占據較大的比例。相反的，FOMO 則是在物體中心不要太接近時最為有效，代表它在動物四處分散的情況下會有最好的效果。

如同產品偏見，重點在於挑選演算法時也要一併考量最終部署情況。如果這款產品將用於計算大草原上的羊群數量，FOMO 應該是正確的選擇。但如果要用於計算牛舍內的牛隻數量，SSD 可能是更好的選擇。不論在任何情況下，在產品上市前一定要全面且充分測試。

3 Wei Lu et al., "SSD: Single Shot MultiBox Detector" (*https://oreil.ly/ZU6-S*), arXiv, 2016.

4 Louis Moreau and Mat Kelcey, "Announcing FOMO (Faster Objects, More Objects)" (*https://oreil.ly/NdEG-*), Edge Impulse blog, March 28, 2022.

您的資料集也會影響決策。如前所述，確保您的資料集確實能呈現真實世界情況是非常重要的。如果資料集足以代表產品在「現場」會看到的東西，您就不會對演算法偏見感到驚訝。但如果資料集不具代表性的話，就無法偵測出偏見，您也可能發現系統表現不佳。

如第 120 頁的「結合多種演算法」所述，緩解演算法偏見的一種有趣方法是使用集成技術。集成不同演算法可減輕極端值所帶來的影響，讓您得到最接近理想方法的結果。集成通常是各種機器學習競賽的贏家，其目標是對於未見過資料集做到絕佳表現。儘管如此，這也不是說集成就能免於偏見影響。再者，由於集成需要執行多個演算法，因此在邊緣裝置上的執行成本過高。

部署偏見

當系統不是以原初的設計方式來部署時就會產生這類偏見。為解決特定問題而生的產品在部署到不同的情境時，無法保證它可否有效運作。這時就算開發人員再怎麼努力去減輕偏見也沒差了；當系統應用在與原初設計情境不同的情境時，所有事情都是未知的。

例如，有一款精心打造的醫療裝置，從得到同樣疾病的患者身上蒐集到高品質且具代表性的資料後，以此評估和選擇出演算法，設計出用來監測病人生理訊號，並能預測特定健康情形，也能夠完全應對它需要預測的各種健康狀況。

這個裝置對於自身設計的疾病患者有很出色的表現。但是，如果醫生試圖用它來預測另一種類似但某些細微方面不同的相關疾病，會發生什麼事呢？

由於這和產品的原始狀態設計不同，所以除非使用足量新資料來進行大規模的全面測試，否則無法得知它在新狀態下的工作情況。即便系統對某些患者來說似乎有效，但對於其他人可能會默默失敗並危及生命。假設病症相似度足以讓產品繼續發揮作用，這樣的醫生偏見就會體現在結果中：患者健康可能會受到風險。

為了把部署偏見降到最低，重點就是讓您的產品使用者了解其設計限制，並以負責任的態度來避免誤用。在操作醫療裝置這類生死攸關的情況下，其中一些甚至需要立法監管：只有在允許在某個特定條件下時，才有可能合法使用該裝置，其他則一律禁止，並且需由合格醫療專業人員來操作。

把產品運作資訊開誠布公的好處多多。例如，您可以分享關於製作產品的資料集的關鍵點，或是產品在各種情境下表現的統計資料。這樣，您的使用者就能了解產品的確切本質和限制，也更不會誤將其部署在錯誤的環境中。

有些產品非常容易不當使用，最好還是留在紙上談兵階段為妙。例如，2022 年俄羅斯入侵烏克蘭，導致一些評論家呼籲要加速開發自主武器系統[5]。然而，不論是否身處戰場都無法避免的誤用可能性（可能由政府或恐怖組織所造成），已經讓許多 AI 從業者承諾絕不從事致命 AI 的相關研究。您可以到 *stopkillerrobots.org*（*https://oreil.ly/fMIPF*）網站上公開保證自己會遵守這項承諾。

設計成果

以產出成果來思考整個設計過程是很有幫助的。以下三欄列出了與設計過程初步探索階段有關的最常見筆記和文件。

整個流程從理解問題並提出一些可能的解決方案開始。

> **問題和解決方案**
>
> - 描述問題（第 180 頁的「描述問題」）
> - BLERP 分析（第 181 頁的「我需要部署到邊緣端嗎？」）
> - 最小可行產品的想法（第 286 頁的「限定解決方案範圍」）

接著是確定可行的解決方案類型。

5 參考 Melissa Heik kilä 所寫的《Why business is booming for military AI startups》（*https://oreil.ly/RekGr*）一書，2022 年 7 月 7 日由 MIT Technology Review 出版。

探索可行性

- 道德可行性研究（第 196 頁的「道德可行性」）
- 商業可行性研究（第 198 頁的「商業可行性」）
- 資料集可行性研究（第 201 頁的「資料集可行性」）
- 技術可行性研究（第 202 頁的「技術可行性」）

有個看似可行的解決方案之後，就可以開始設計了。

設計和規劃

- 設計目標和標準（第 288 頁的「訂下設計目標」）
- 時間和資源限制的描述（第 207 頁的「規劃邊緣 AI 專案」）
- 建議的應用流程（第 293 頁的「架構設計」）
- 建議的硬體架構（第 73 頁的「邊緣 AI 硬體架構」）
- 建議的軟體架構（第 293 頁的「架構設計」）
- 長期支援計畫（第 288 頁的「訂下設計目標」）
- 分析各個設計選項（第 306 頁的「考慮設計中的各種選項」）

總結

由於設計和開發過程在專案進行期間是不斷迭代的，上述都應視為即時性的文件——您可以一步步根據需求來新增文件或更新版本。

一旦具備所有這些材料的早期版本之後，您可以審查以確保產品依然可行，風險也在可接受的範圍之內。如果一切良好的話，就是開始積極開發的時候了。

第九章

開發邊緣 AI 應用程式

開發邊緣 AI 應用程式是一項龐大的任務。本章我們將進一步認識迭代式開發模型，這有助於在真實世界的專案中成功地部署邊緣 AI。

邊緣 AI 的迭代式開發工作流程

開發一個成功的應用程式的步驟其實很簡單：從小處著手、逐步修改、測量進度，並在達成目標後停止。複雜性會在引進組成邊緣 AI 技術的大量浮動成分時隨之而來。本章的目標在於提供具體的開發步驟，讓您可以盡可能提高成功的機會。

如同第 177 頁「邊緣 AI 工作流程」所述，這個工作流程的核心來自於回饋循環的動力。我們的目標是在過程中的各個階段之間建立回饋循環，從而不斷地改善對問題、解決方案以及最佳整合方式的理解，如圖 9-1。

雖然這是一個迭代過程，有些部分仍比其他部分更具迭代性。一些之前探討過的步驟—探索、目標設定和引導—用來確定我們想做什麼以及如何進行。它們首先出現在前期規劃，當有新訊息加入時也會再次出現於定期的重新評估：也許是在初步部署之後，又或者是在浮出大量新資料時。

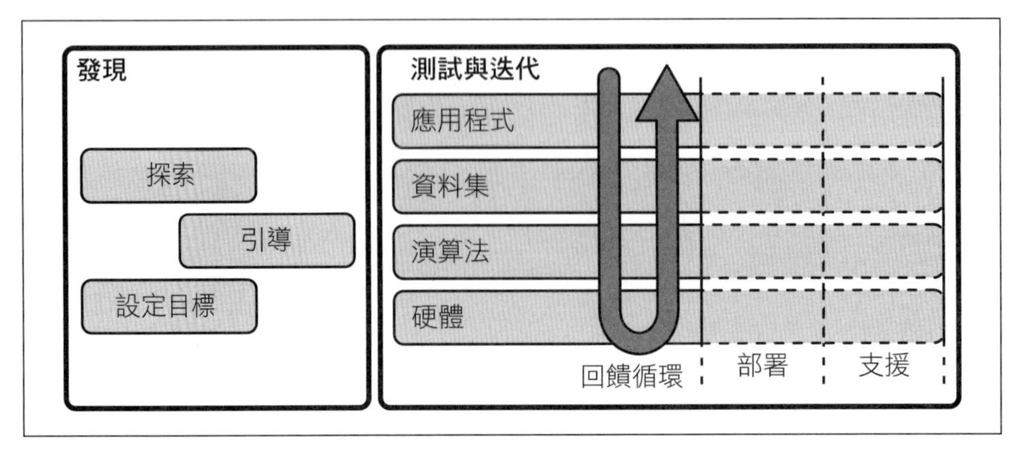

圖 9-1　回饋循環是邊緣 AI 工作流程的核心，這個概念首次出現於本書第 177 頁「邊緣 AI 工作流程」中

工作流程中段的**測試和迭代**部分會有更大幅度的迭代。它們是開發、測試、改良緊密螺旋的一部分，旨在達到您設定的任何目標。您可以將它們視為四條平行的開發軌道，在為了滿足需求而改進的過程當中也會互相交流。

部署和支援也是迭代的，但相較於核心來得慢了些。這是它們的特性之一：一旦部署並交到使用者手中，系統開發必定會減緩。然而，這個階段將開始獲得至關重要的回饋，也是系統不得不開始適應不斷變化的真實環境的時候。能夠越早部署並挖掘這條觀察脈絡越好。

下一段將逐步說明工作流程中的每個主題，並詳細介紹關鍵活動與概念。

探索

探索幫助我們了解想要做什麼。它包括了在第六章中所學的大部分工作，並包含以下主要任務：

- 描述想要解決的問題（第 180 頁「描述問題」）
- 確定是否需要使用邊緣 AI（第 181 頁「我需要部署到邊緣嗎？」以及第 187 頁「我需要用到機器學習嗎？」）
- 確定專案是否可行（第 195 頁「確定可行性」）

- 把問題映射到已知的方法論來定義問題（第 205 頁「界定問題」）
- 分析解決方案的潛在風險、傷害和意外後果（第 196 頁「道德可行性」）
- 列出利益關係者並了解他們的需求（第 135 頁「利益關係者」）
- 進行初步的資料探索

最後一步很大程度上取決於現階段是否已能夠取得資料集，即使數量有限。強烈建議您在嘗試確定可行性時就要掌握一些資料：資料可以清楚呈現一個 AI 專案的風險，因此盡早開始了解資料很重要。

您應該至少對於是否能蒐集到足量資料集的難易度有個概念。這很可能會是您面臨到的主要挑戰之一，如果在發現資料根本入手無門之前就投入大量心力，會是個重大災難。

如果現階段還無法進行資料探索，建議您盡快尋找機會開始著手。

資料探索

資料探索也被稱為探索性資料分析（exploratory data analysis, EDA），目標是認識資料集。在這個脈絡下，我們的目標是了解資料集是否有助於解決問題，無論是作為評估演算法效能的方式，還是用作機器學習的訓練資料。

資料探索通常包括以下內容：

統計分析

使用描述性統計來總結資料的特性。

降維

轉換資料，使其更容易分析。

特徵工程

提取有用的訊號，如第 91 頁的「特徵工程」。

視覺化

生成代表資料結構的各種圖表。

建模

訓練機器學習模型以探索資料間的關係。

資料探索是一個廣大又迷人的領域，是資料科學家和機器學習從業者的共同交集。市面上有大量可用於資料探索的軟體，但由於其複雜的概念和術語，對不具備一定程度資料科學背景的使用者來說，可能會覺得有些難以接近。

儘管如此，仍舊有可能在短時間內透過許多相關可用資源來學會一些適當的入門技能[1]。

然而，目前邊緣 AI 面臨的其中一個挑戰是，需要處理的資料大都是以高頻時間序列和高解析度影像的形式出現的感測器資料：這在資料科學領域來說是相對較新的。資料探索工具通常較適用於表格資料、低頻時間序列和文字資料，例如企業財務資料和社交媒體貼文等。這意味著我們很難找到能派上用場的工具和資源。

您可能會發現，在傳統資料科學領域之外具備其他專業知識的工程師多半擁有一些有助於邊緣 AI 資料探索的技能。例如，數位訊號處理的工程師就知道許多善於探索感測器資料的工具，而自然科學家（如生物學家和物理學家）通常在這個領域具備強大的實作技能。

目標設定

我們試著在目標設定中描述出專案的目標。在第六和第八章中都有看到許多關於目標設定的活動。

這個過程包含了以下幾點關鍵要素：

- 確定將用於部署之前與之後的評估指標（第 288 頁「訂下設計目標」）
- 為設計設定系統目標（第 289 頁「系統目標」）

1 Joel Grus 所寫的《Data Science from Scratch: First Principles with Python》是一本專門討論本主題的暢銷書。

- 為實作設定技術目標（第 291 頁「技術目標」）
- 與利益關係者協商價值（第 135 頁「利益關係者」）
- 建立一個以價值為基礎的框架以闡述進展（第 292 頁「基於價值觀的設計目標」）
- 設置審查委員會以評估進行中的專案（第 132 頁「多樣性」）
- 設計測試演算法和應用程式的機制
- 仔細評估長期的支援目標
- 決定如何中止專案

能夠衡量的目標才有意義，以上許多事項取決於是否具備有效的系統測試和評估過程，將在第十章深入探討。

結束專案

邊緣 AI 是一門高風險的生意，許多專案都無法熬到生產階段。這很正常，因為開發過程很大一部分都是在試著確認現有的資源是否就能解決問題。

然而，當我們投入一個專案之後——不管於個人、財務或組織——往往很難看清何時該放棄。這就是為什麼在專案一開始就清楚地明白最低限度的可行效能特徵是如此重要。您需要為每一種類型的目標，系統、技術和道德決定最低標準。舉例來說，如果系統在部署後無法帶來預期的商業影響，那麼演算法再厲害（以您所設定的技術指標為準）也沒有用。

失敗是探索與創新這段迭代過程中的關鍵所在，考量到 AI 尤其如此。重點是在投入太多資源之前就能確認目前的開發方向是否行不通：失敗來得越快越早越好。如果您能趁早發現某件事情是作白工，就可以快速地改變目標，避免浪費太多時間。

因此，為專案立下里程碑和決策標準至關重要。在每個設計和開發階段，都應該做好檢測當前狀態的準備，判斷目前的做法是否依然有效，或者該換換其他方法了。在早期目標設定階段就能訂下這些里程碑是件好事，因為它會強迫您盡早以理性的角度來分析專案。您隨時可以隨著專案進展來重新評估目標。

有些問題是根本無法解決的，特別是當很難獲取充分的資料時。在這種情況下，您可能需要做出放棄專案的困難決定。為了避免這種意外發生，在開始專案之前必須先了解自己在時間和金錢上的預算，並制定為了取得一定的進展而願意付出的上限。如果進展似乎不夠，您可以決定喊停。中途放棄一個無效的專案並重頭開始，會比浪費了所有預算最終卻什麼都沒有來得好。

引導

引導（bootstrapping）是指從理解問題進入解決方案首次迭代的這段過程。它包括了親自處理資料以及進入應用的建置流程——這些主題分別在第七章和本章討論到。主要任務包括：

- 蒐集最低限度的資料集（第 221 頁「估算資料需求」）
- 試著初步判斷硬體需求（第 206 頁「裝置效能與解決方案選項」）
- 開發最簡易的初步演算法
- 建立最簡易的端對端應用程式（圖 8-1）
- 於真實世界進行初步的測試和評估（第十章）
- 針對早期原型進行負責任的 AI 評估

這些概念在本書稍早已經討論過一部分，但這是第一次將整個可運作應用的所有元素放在一起來看。

為什麼引導很好用

引導的目的是快速做出一個接近原型的東西，即使非常局限、不完整且可能做出一些錯誤假設也沒關係。但是，如果可以分別開發元件最後再將它們拼湊起來，為什麼要浪費時間去開發劣質的原型呢？

紙上談兵和實際體驗一個真實的科技產品之間有著巨大的差異，當這個技術是設計用來與真實世界互動時尤其如此。透過快速地完成端對端原型，您可以讓自己、團隊和利益關係者先試用看看，了解它如何解決問題並提早發現許多潛在的問題。

迭代式開發的目的就是為了要測試各種假設：試著盡快確認某個決策是否正確，好讓您有餘裕在必要時做出調整。您可以（也必須）分別測試系統中的每個元件，但對於像邊緣 AI 這樣複雜的產品，看到所有元件如何一起運作是絕對必要的。任何複雜系統都存在著突發狀況和回饋循環，在親眼目睹它與真實世界的互動之前，很難真正理解它的運作方式。

除了可以提早測試這項超誘人好處之外，盡早展示產品的威力也十分強大。即便是在產品準備就緒之前，一場端對端的展示對利益關係者、潛在客戶和您自己的團隊都將有著強大的說服力。這可能是解鎖完成專案所需的支持和資源的必要條件。相反地，如果發現初期展示*沒有*說服任何人，這便意味著您可能需要重新思考設計了。

並不是所有的專案都能在初期階段便建立出完整的端對端流程。沒關係，您仍然可以從整合系統的任一個元件中獲益良多。話雖如此，如果某項專案一直要到最後才能整合完畢，代表它挾帶的風險相當高。

開發基線演算法

在第 289 頁的「系統目標」中，我們學到了採取評估優先方法的必要性，它會不斷地測量系統效能並與基線比較。在多數情況下，可以找到一個能夠測量其效能並加以比較的非 AI 系統。無論如何，只要開始開發演算法，就應該立即建立一個能夠試著超越的效能基線。

為了幫助說明這個概念，現在請想像我們正在建立一個系統，目的是縮短檢查生產線製作巧克力品質所耗費的時間。我們的大方向是訓練出一個深度學習視覺模型來辨識每一顆巧克力中的特定缺陷並即時回報給生產線作業員。

首要任務是為系統效能建立當前的基準線。目前的品管也許是由作業員手動完成，每盒巧克力需要花費 30 秒。與利益關係者討論過後，我們決定目標是將所需時間降低為每盒需低於 10 秒。

第一個演算法——以及支援的軟硬體——要試著以最簡單的方式朝著這個目標邁進。例如，與其訓練一個複雜的深度學習模型（需要大量的資料集，既耗時又花錢）來辨別各種類型的缺陷，也許可以透過一些較簡易的電腦視覺技術（如第 98 頁的「影像特徵偵測」）來偵測單一類型缺陷的特徵。

這個簡易演算法更容易做為基礎原型而實作出來。接著就可以在生產線來實際測試。例如，我們可以建立一套系統，當某一盒巧克力出現特定瑕疵時，便發出警報通知品管作業員。雖然有限，但這個額外的訊息已足以讓作業員的工作輕鬆一點，並節省一些時間。

有了一套簡易實作當作演算法基線之後，我們就能知道自己需要超越什麼。在某些情況下，可能會發現最簡單的基線就已足夠，並改變我們對需求的想法。例如，如果已經節省夠多時間，省下蒐集大量資料集以訓練深度學習模型的費用便很合理：利益關係者可能對最簡單的基線就很滿意了，或者是再稍微精緻一點的版本。

建立簡單的基線演算法使我們能夠避免過度設計，意即投入大量資源去開發不必要的複雜方案。基線也提供以評估為基礎的方法一個紮實的起點，強迫我們建立如實評估所需的流程，並得以測量現有系統的改進程度。

基線還可以規劃出所需的架構。比方說，如果基線就能夠處理大部分輸入，最好的整體解決方案可能只需要一個簡易演算法來負責大部分輸入，再串接一個較為複雜的機器學習模型以處理更困難的輸入即可。

第一個硬體

能夠評估基線演算法通常也代表了我們已進入硬體設計的初步階段。此時的目標是建立出某個可部署的東西以實地測試。但這並不代表它必須符合對成品的要求。

電腦硬體涵蓋了從通用到特定應用的所有範圍。在光譜的一端，現代個人電腦是設計用來執行或整合幾乎所有想像得到的軟硬體。而在光譜的另一端，一片客製微控制板可能僅為了特定產品內的某一項功能而設計。

硬體越通用、功能越強大，開發就越容易。這個原則代表一個較強大的系統上設計原型，例如執行 Linux 系統的 SoC 開發板（請見第 80 頁的「系統單晶片」），會比在團隊自行開發的小型低功耗、特定應用的裝置上更為快速。

基於這一點，即使會犧牲一些設計目標，將產品的第一個迭代實作於一個更通用、功能更強大的硬體上是不錯的主意。舉例來說，利用一些簡單快速的 Python 腳本，要在 Linux 的 SoC 板上實作巧克力品管系統的第一個迭代應該滿容易的。

這塊板子所需負擔的成本比長期解決方案要高得多又耗電，但仍然可以完成初始原型的任務——而且開發時間更短。一旦專案概念在更為通用的硬體上得到應證，對於能否設計出另一款更小且效能更好的裝置，並調整出合適演算法這條漫長又昂貴的過程中，您會更有信心去投資。

資料記錄

如果您還沒有資料集（通常是如此），您會需要在現場架設一些硬體以蒐集資料集。正如第 227 頁「在邊緣端擷取資料的獨特挑戰」中所述，這可能會是一個挑戰。蒐集資料用的硬體通常需要具有與最終產品相同規格的感測器，因為實質性的差異會使建立有效的演算法變得困難。硬體設備的形狀、大小和材料通常也會影響到資料蒐集結果。

如果還不確定要用哪一種硬體，您也可以在資料蒐集期間使用多種不同的類型，這麼一來如果之後需要修改硬體，也不必捨棄資料集從頭開始。例如，用兩種不同類型的麥克風蒐集資料，讓您在最終設計時還有二選一的彈性。

除了感測器（以及可能影響其讀數的任何物理性考量）之外，資料紀錄用的硬體可以完全不同於實際產品所用的類型。

進行負責任 AI 評估

部署和測試應用的第一個端對端原型有助於我們開始測量效能，並更完整勾勒出最終版本於實地的運作狀況。這還需要開發一些初步的演算法，往往會需要對資料集及其限制有進一步的了解。

所有這些浮出檯面的額外訊息都有助於驗證一些在確認道德可行性（第 196 頁「道德可行性」），和陳述以價值為基礎之設計目標時（第 292 頁「基於價值觀的設計目標」），所提出的假設。建議您有系統地藉由初步測試的結果來探索所有假設。

例如，在為巧克力工廠開發品管系統的範例當中，我們可能會認為系統讓作業員在同樣的時間內完成更多工作進而減輕了他們的負擔。然而，在探索原型系統的回饋後，我們可能會發現由於系統提供作業員過多訊息，反而增加了他們的壓力而產生工作倦怠。這個發現將影響產品的設計：我們可能會想要探索一些既能夠通知作業員，又不會造成太多壓力的方法。

透過評估優先的方法，我們能夠蒐集有關系統效能的關鍵指標，並針對目標和價值進行分析。例如，從公平性的角度來看，讓所有作業員都能順利地操作系統相當重要。評估各項指標之後，我們可能會發現系統較有利於某些作業員（比方說，系統中的一些視覺回饋對某些人來說看不太清楚）。為了捕捉這些觀察，從一開始就測量和必要的相關資料是關鍵所在。

測試與迭代

現在來到工作流程的核心部分，初步實作將透過無數次的迭代逐步改進。有四個重點領域：應用程式、資料集、演算法和硬體，如圖 9-2。

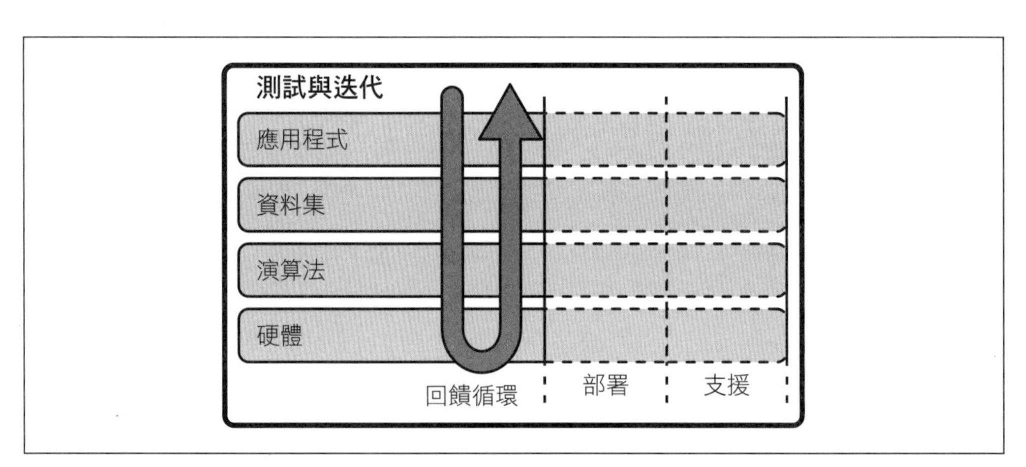

圖 9-2　工作流程中的測試和迭代部分包含了四個重點領域：應用程式、資料集、演算法和硬體

每項都是專案不可或缺的一環。您可以把它們想像成四個一同長大的兄弟姊妹，在自身隨著環境而變化的同時也互相告知彼此的發展狀況。而這個環境便是我們刻意創造出來的，以評估作為驅動力的回饋循環。

這四個元素會依照自己的步調一起進步，有時會受到現實情況限制，有時則是彼此牽制。例如，資料蒐集的過程可能相當繁瑣，需要一段時間才能蒐集到足夠的數量以訓練機器學習模型，使其達到可接受的程度。在等待資料蒐集的期間，硬體和應用程式的開發工作仍可繼續進行。

相互依賴

您可能很快就會注意到，不同項目間的相互依賴性會導致專案停滯。像是您的演算法需要足夠的資料集才能開始，硬體取決於演算法，而應用程式又會需要硬體才能執行。

如果卡住了，建議您試著用替代方案來解決這個困境。例如，您可以在等待客製硬體準備好之前先使用通用型硬體（如第 318 頁「第一個硬體」所述）。同樣地，如果是資料集造成專案停滯不前，可以試著先用一個不需要那麼多資料的演算法。

就工程而言，系統中風險最大的元素便是演算法。這是因為很難事先預料到需要哪一種演算法才能解決問題，以及資料和運算能力需求。因此，在硬體和應用程式的設計中保留一些彈性會比較好。比方說，確保有夠大的 RAM 或 ROM 可用，以免最後需要用到一個更龐大的機器學習模型才能達到所需的準確度。

很顯然地，效能額外再拉高將產生成本，因此如同任何工程專案，有時候您需要根據自己對情況的最佳理解來做出判斷。

這些專案項目之間不存在任何特定的順序或階層，開發過程也不是一個項目完成後再進行下一個的依序循環。相反地，開發會是同時並進，通常是由不同的工程師——或整個團隊——處理各個線程。團隊必須定期同步，以分享當前進度並預測有沒有任何即將出現的障礙需要解決。

開發的成功關鍵在於在四個進程以及專案各個階段（開發、部署和支援）之間能否建立起順暢的回饋循環。

回饋循環

圖 9-3 是常見的 AI 開發流程圖，顯示出一個簡單又循序漸進的回饋循環，從資料蒐集開始，最後結束於設備部署。人們很容易陷入這種想法，因為它針對資訊如何在系統中流動提供了一個易於理解的方式。

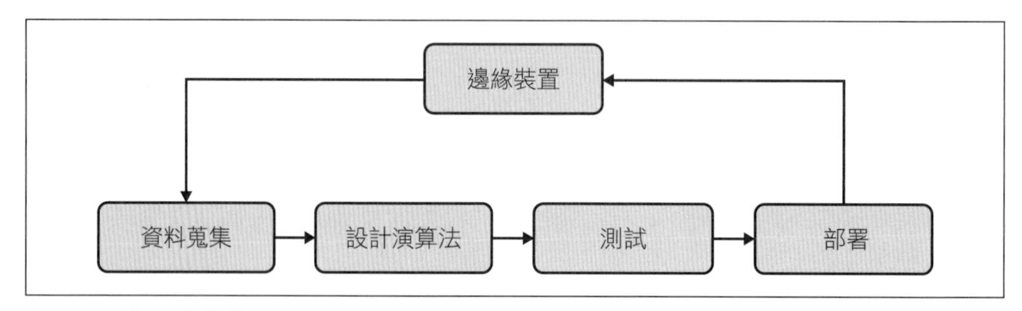

圖 9-3　人們容易將 AI 開發回饋循環視為循序漸進的過程，這是單純把線性工作流程直接變成循環的結果

然而，正如第 177 頁「邊緣 AI 工作流程」中所述，實際上每個系統項目之間都存在著互動。它們彼此之間都有著動態關聯，不容易用基本的圖表就能表達。圖 9-4 更真實地顯示了系統的情況。

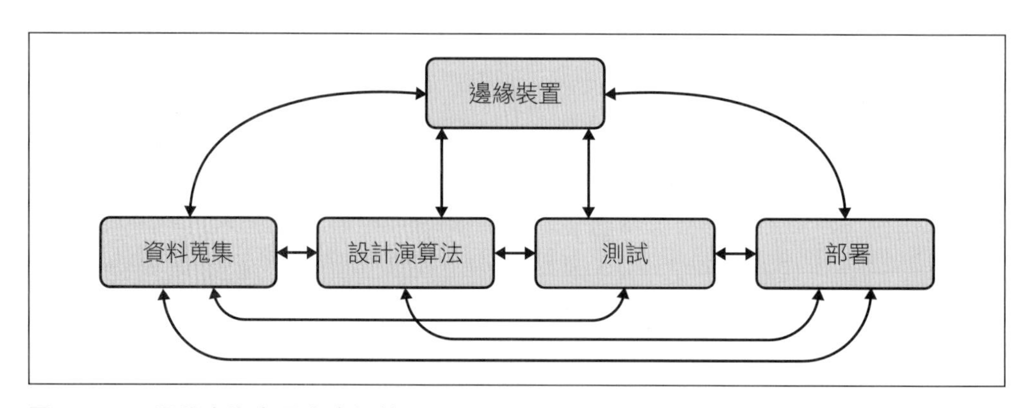

圖 9-4　AI 開發實際上是由多個彼此回饋的項目所組成的網路

在管理專案時，讓回饋可以在任何一點之間自由流動相當重要。例如，資料集的某些方面例如原始資料特定頻段中包含的能量，可能會影響到硬體設計，因為硬體的採樣速度要夠快才能呈現該頻率。反之亦然，如果硬體受限於某些感測器，那麼資料集就必須要能反映出該感測器可捕捉到的訊息。

有些回饋循環比較容易建立。例如，讓負責團隊定期交流便可以建立起資料集和硬體之間的回饋循環。然而，根據各個應用程式，將設備部署到現場並監控這麼做的費用可能相當高昂。也因此出現了各種能以模擬（或類似）方式來「關閉迴圈」的工具，第 351 頁「效能校正」就會深入討論。

以下是開發過程中一些最重要的回饋循環：

演算法和資料集

演算法有著各種不同的資料需求。如果可用的資料豐富，就能夠使用多種不同的演算法。如果可用的資料不多，則能夠順利運作的演算法就比較少。如果需要特定演算法的某種特性，就必須蒐集適當的資料集。

演算法和硬體設計

在綠地專案中，演算法的選擇結果連帶決定了到底有哪些硬體可用，因為只有特定的硬體才能有效執行。而在棕地專案中，演算法的選擇則受限於既有硬體的限制。

演算法和現場效能

所選演算法也將影響現場效能，例如，大型的機器學習模型所能提供的結果也會更好。反之，現場所需的效能也會影響到如何挑選演算法。

資料集和硬體設計

硬體設計通常會影響資料集，因為它將決定哪些感測器可用於蒐集資料。相反地，如果已有特定的資料集可用，其呈現的資料類型或來源也將影響硬體設計。例如，使用型號規格完全相同的感測器會比較好。

資料集和現場表現

如果實際表現不如預期，可能會需要根據系統不足之處來蒐集更多的資料。如果可用的資料有限，可能就會被迫接受實際表現不如預期的這項結果。

反之，如果現場表現受限或出現偏差，這將影響您逐漸蒐集而來的資料以及訓練出來的模型。例如，如果大多數使用產品的人都屬於某個特定族群，可能會往該族群的需求開始過度擬合。

實際進行迭代

迭代的基本概念為，做出某些修改後測量其對目標的影響，並決定下一步該怎麼做。在 AI 開發中，訓練機器學習模型便是典型的迭代。模型訓練中常見的迭代過程如下：

1. 取得資料並將其拆分為訓練、驗證和測試資料集。
2. 以過度擬合為目標，運用訓練資料集訓練一個大型模型[2]。
3. 透過驗證資料集來測量效能。
4. 調整設定以提高驗證效能：添加更多資料，加入正規化或嘗試不同的類型和大小的模型。
5. 再次訓練並測量效能。
6. 一旦模型在驗證資料集上的表現夠好，就改用測試資料集測試。
7. 如果表現不錯，那就太棒啦。如果表現差強人意，則將其丟棄並重新開始。

邊緣 AI 的專案流程也很類似上述做法，但還須涵蓋硬體和應用程式等要素。舉例來說，您透過類似於上述流程做出一個有效的演算法，試著將其部署到所選硬體上並進行實測（例如請潛在使用者測試等）。如果運作順利，太棒了；但如果不順利，就不得不改良。

關鍵在於能否迅速地測試和迭代。如果您在每個迭代上都花很多時間，則校正回歸的代價就更大（改良也許反而更糟，或某些東西不適合，像是模型過大無法適用於現有硬體等），因為您可能已經在一條冤枉路上浪費了許多時間。

如果迭代快速，讓每一次的變更都很小並有辦法馬上測試，則永遠不會浪費太多時間陷入最終與其他系統都不相容的開發泥淖。

若您很幸運地擁有大量的資料集，則模型訓練可能會需要一段時間（數小時、數天甚至數週——雖然邊緣 AI 這類的小模型通常不需要那麼久）。在完成一次長達 48 小時的訓練後卻發現自己在程式碼中犯了一個錯誤而導致模型無效，這可真是惡夢一場啊。

2　透過讓資料發生過度擬合，可以證明模型足以完成代表性建模，也表示整體訓練管線是有效的。

為了縮短每次迭代所需的時間，最好從資料集的子集開始下手。例如，您可以從10%的分層樣本開始（如圖 7-14）。一旦這個子集看似可行，就可以逐漸在後續迭代中加入更多資料來改善模型效能。

善用工具便能夠避開這些問題。例如，專門為邊緣 AI 設計的AutoML 工具（請見第 157 頁「自動機器學習（AutoML）」）就能考量到各種硬體限制，讓您不必擔心會超出硬體規格。

記得，不只有模型需要迭代：還需要修改並精進從硬體到程式碼的每個部分。為了理解效能的變化，會需要使用正確的指標和評估步驟，稍後在第 331 頁的「評估邊緣 AI 系統」會深入探討。

在設計流程中所訂下的目標（請見第 291 頁「技術目標」）將幫助您了解何時停止迭代，也許是因為無法更接近目標了，又或者是已經超過了它。

迭代式工作流程自然會生成許多產物：資料集、模型、訓練腳本以及所有隨之而來的相依套件。隨時注意這些產物非常重要，否則之後將很難理解並複製出最終結果。正如在第 158 頁「機器學習運營（MLOps）」中所學到的，MLOps 提供了一個可靠的框架來做到這一點。

更新計畫。在執行專案的過程中，您對問題以及處理方法的理解可能會發生相當大的改變。有時候可能是目標明顯變得不切實際、被誤導或與解決核心問題無關等。如果是這樣，不要猶豫，召集利益關係者一起重新評估目標。

話雖如此，目標不應頻繁地更動。相反地，如果需要修正方向，則可以根據現有目標調整專案的需求和規格。

舉例來說，假設您正在設計一款運用影像感測器和人臉辨識來管控進出的智慧門鎖。您的專案目標是讓錯誤接受率趨近於 0%。在開發過程中，您便意識到光是使用視覺技術無法實現這個目標。於是您與利益關係者一起更新了專案範疇，好加入其他感測器來提高系統的可靠度。

在迭代式開發過程中有這樣的發現再正常不過。如果您發現目標需要稍微調整的話，不要慌張——這個過程的目的就是要讓您可以調整方向，以便最終能夠做出一款成功的產品。

當然，如果您能在設計流程中便發現一些潛在風險並準備好應急計畫，那當然再好不過了。例如，您可能在設計階段便預測到只用視覺感測很可能無法確保能讓錯誤接受率夠低，因而提出一些潛在的替代方案。

請確保所有利益關係者都同意對於目標和方向的任何更改、清楚地傳達給所有參與專案的人，並仔細記錄以供未來參考。對於期望的認知差異可能導致重大問題，但其實很容易避免。

AI 倫理審查

如之前所述，專案在迭代開發的過程中可能會發生重大改變。這意味著您需要定期進行倫理審查。應當調查的事項包括：

- 專案是否符合在設計流程中制定的關鍵績效指標（第 292 頁「基於價值觀的設計目標」）？如果不符合，可能要改用其他新的方法。
- 道德可行性的研究（第 196 頁「道德可行性」）是否仍適用，或者專案已經改變，需要更新？
- 是否仍然具有足夠的資料集和領域專業來開展專案（第 216 頁「資料、倫理和負責任的 AI」）？
- 利益關係者是否皆同意您取得進展，或者有任何疑慮？

在這個階段，建議除了您自己的團隊所做的倫理分析之外，也需要請第三方進行某種形式的倫理審查。在迭代開發期間就發現潛在的倫理問題，會比在開發結束或產品已經出貨後才發現好太多了，因為這時候修改方向都還來得及。

> **模型卡**
>
> 當演算法逐漸成形，為日後的使用者將其特性記錄下來相當重要。這包括使用方式、不同測試基準的評估結果與評估過程的細節等。沒有這些訊息便無法安全地使用模型。在掌握所有這些細節的專案開發階段時，便將其記錄下來以供日後參考，相當重要。
>
> 模型卡（model card）就是這類文件的一種標準格式。它是一種以文字來描述模型的格式，可以隨著模型本身一起分享。更多關於模型卡的資訊以及建立樣板，請參考其 GitHub 儲存庫：*https://oreil.ly/gXkLF*。

部署

迭代開發、部署和支援之間沒有明確的界限。相反地，專案會在實現目標的路上逐漸發展，直到某一天（希望是在開發的早期階段），軟體部署到硬體上，而硬體裝設到現場。這個漸進的過程如圖 9-5（也請參考圖 6-1 和 9-2）。

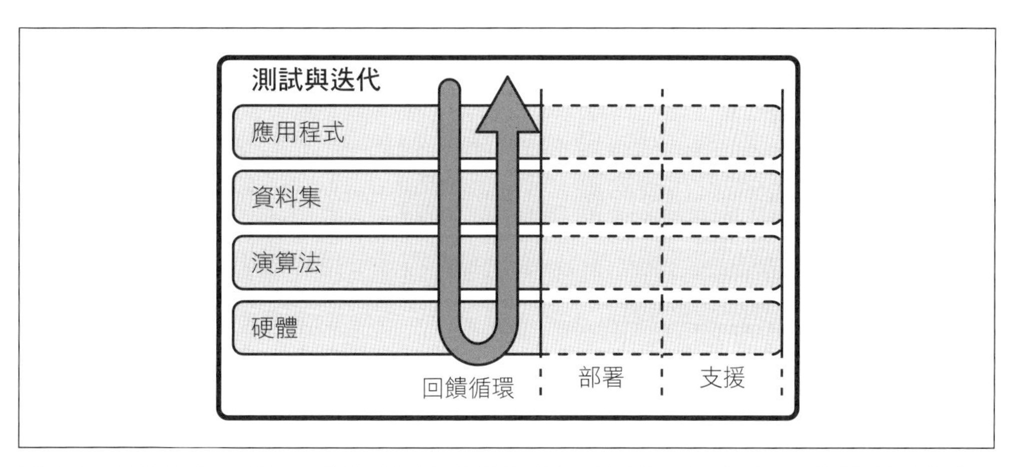

圖 9-5　工作流程中的測試和迭代部分會逐漸從單純開發演變為開發、部署和支援的混合，而回饋循環始終存在

在邊緣 AI 中，部署可代表以下兩件事情：

- 將軟體部署到硬體上
- 把一組硬體設備部署到真實世界中

不管哪一種情況，都是越早部署且部署得越多次越好。就第一種情況來說，這可以確保您始終在打造能夠良好配合的軟硬體。而在第二種情況下，則確保了專案開發過程和實際表現之間的回饋循環已順利搭建起來。永遠不要將部署視為只會在正式發表前發生的「最後一哩路」，相反地，它是開發過程中的關鍵。

邊緣系統的分散性本質很適合這種方法。我們通常可以分段分次推出少數裝置，並小心地控制部署的確切位置以及可與其互動的人員。這代表您可藉由執行應用程式的原型裝置來取得它在真實世界的效能資料，同時又可以將風險降至最低。

部署家畜監控系統

想像您正在開發一個用於監測農業環境中家畜活動的系統。目標是開發一種可以戴在羊隻頸部的智慧項圈，以追蹤牠們進食、移動和睡眠時間。第一次部署將發生在開始蒐集資料的時候，因為您會需要從活體動物身上蒐集真實的資料。

假設您是與農業生產者一起合作（偷竊羊隻不是一個好方法），首先要與他們不斷溝通的是，設計出一款能夠承受實際環境的智慧項圈。接下來會需要部署必要的硬體以蒐集各種具代表性的資料集——也許是幫一小部分羊群戴上項圈。您還需要標記資料的方法——例如，拍一些可以用來判斷動物在哪些時候做了什麼事的影片畫面。

在蒐集完初始資料集並開發出原型裝置之後，您與農場主人就要將裝置部署到一部分的動物身上。您可以透過由影片建立的標籤與裝置輸出建立關聯，藉此測量系統的有效性。系統改進是否成功也可以用同樣的方式評估。

達到一定的效能門檻之後，便可以開始擴充系統，逐漸增加裝置數量以及監測指標以了解運作是否一切正常。慢慢增加裝置數量可以降低任何負面影響的風險。您還可以在不同的動物身上同時測試不同的軟硬體迭代來比較效能。

有一天，您會對系統的輸出充滿信心，覺得已經達到目標了。這時，開發工作基本完成，可以轉入長期支援階段了，第十章會深入討論這個階段。

最佳的部署方式是要有一套深思熟慮的部署計畫。相關步驟請參考第 352 頁的「部署邊緣 AI 應用程式」。

支援

邊緣 AI 專案永遠不會真正地結束。相反地，它會逐漸進入全然不同的生命週期，焦點會轉移到監控和效能維護。

這是由於第 244 頁「漂移和轉移」中所提到的漂移所導致。由於真實世界會不斷變化，幾乎無可避免地，所有基於 AI 的產品都會慢慢失效。這讓持續性的維護成了必然，需要不斷更新軟體使其跟上環境變化的腳步。

第十章將深入討論邊緣 AI 應用的支援。支援與評估密切相關，因為評估指標可以讓您了解效能或環境是否發生了變化。

總結

現在我們對整個開發工作流程已具備了宏觀視野。儘管這段路線圖整體來說相當不錯，但具體的旅程細節仍因專案而異。

然然而，所有專案的共通點都必然會牽涉到仔細的部署、評估和支援。這些都是下一章將談論的主題。

第十章

評估、部署和支援邊緣 AI 應用程式

這是本書最後一個理論性章節，將介紹評估、部署和支援邊緣 AI 應用程式的流程。這三個流程緊密相連，並且在迭代式專案中的整體開發流程中共存。

評估邊緣 AI 系統

評估是專案成功的關鍵。事實上，如果沒有評估便無從得知專案是否真的成功。雖然它在本書的後半部才出現，但其實評估會不斷發生於整個開發過程。甚至可能早於開發之前—— 當您在量化邊緣 AI 預期可改善的既有流程之效能時，評估就已經開始了。

別忘了在整個過程中，從利益關係者到最終使用者等參與專案的人都需要一起進行評估。不同利益關係者很可能因為個人觀點而堅持著互相衝突的評估標準。想辦法解決這些衝突是評估中很重要的一環。

以下是需要進行評估的階段：

檢視現有解決方案

很多時候，之所以開發邊緣 AI 是為了取代還有進步空間的現有系統。因此，在一開始先去了解現有系統的實際效能非常重要。開發的目標是超越它，而我們無法超越一個未測量過的東西。

即使沒有既有的解決方案，擬定一個做為目標的簡單基準也可以，如第 317 頁「開發基線演算法」所述。這將為接下來的工作帶來方向和想法，而且有時候最終會發現基準就是最佳選擇。

探索潛在的演算法

在專案的探索階段，當我們還在熟悉資料集並嘗試不同類型的演算法時，評估便非常重要。這可以幫助我們開始聚焦出較有潛力的方案。此時，快速便利的評估方法有助於迅速行動。

迭代開發過程

評估驅動著迭代式的開發流程：我們建立解決方案、進行評估，並用評估的結果做出調整讓下一個迭代更好。有許多不同的方法可以評估開發中的系統，第 333 頁的「評估系統的方法」中將進一步介紹。

最佳化的前後

當部署演算法到邊緣裝置時，時常需要利用有損最佳化技術讓演算法能夠符合記憶體或延遲時間限制（請回顧第 124 頁「壓縮和最佳化」）。在最佳化前後評估效能以確認損失程度相當重要。就算您覺得所使用的最佳化技術不會造成太多損失也不能偷懶，以防處理過程中出了什麼差錯導致演算法劣化。

部署於真實硬體後

有千萬種可能讓應用程式部署到真實的硬體後表現不如預期。例如，產品硬體上的感測器與原本用來蒐集資料的感測器之間存在一些差異。又或者，為真實硬體建立的程式執行起來的狀況跟只在開發平台上不一樣。在部署前後多方評估很重要，這樣您才能知道是否出現了任何影響。

有限部署期間

分段部署永遠是一個明智的做法。逐步推出系統以便在擴大規模之前發現問題。這又是一個評估的關鍵時刻，因為您會需要一些方法來測量系統是否如期運作。

持續進行的部署後期階段

部署後應持續監控系統的效能，這當然需要評估。第 357 頁「部署後期監控」將進一步深入討論。

評估和負責任的設計

道德 AI 在很大程度上仰賴於評估。例如，為了偵測出偏見，就必須要了解系統在不同類型輸入下的表現。評估每個階段便能夠讓團隊有機會看見可能浮現出倫理問題的地方。

評估系統的方法

評估邊緣 AI 系統的方法有很多，各個機制將在不同的開發階段顯得重要。它們都會需要投入時間和資金，以適用於短而密集或是長且廣泛的回饋循環。

以下是一些重要的評估方法。

評估個別元件

系統是由許多小元件所組成，每個元件都有不同的評估方式。假設您的演算法流程包含了以下：

- 窗化（Windowing）
- 下抽樣
- 數位訊號處理
- 機器學習
- 後處理
- 規則基礎演算法

這些項目都有專屬的評估工具，而相關領域的專家會知道該如何使用。在建立一個共同運作以交出成果的步驟管線時，個別元件的評估必不可少。為系統中的各個元件設定評估機制將幫助您更輕易地找出任何系統問題的原因。這也有助於單獨迭代特定元件，因為可能是由不同團隊負責。

評估整合系統

光是知道系統各個元件能夠一起運作是不夠的，還需要確保整體的運作是否正確。否則，突現系統性問題將影響應用程式的效能。

舉例來說，機器學習模型和後處理演算法在單獨測試時似乎一切正常，然而您卻發現，它們接在一起之後就無法有效運作了。

單獨元件和整體系統的測試要雙管齊下才能真正了解系統的效能。測試整合後的系統可以告訴您系統表現是否不如預期，但無法說明原因。

模擬真實世界的測試

多數情況下，用於訓練的資料集不夠貼近真實：它們可能是一組理想條件的代表，是在實驗室中蒐集到的，或是經過仔細處理以作為最適合拿來訓練的資料。在這樣的資料集上評估可能會出現誤導性的結果。為了能夠了解真實的效能，就需要在真實世界中測試。

要是按一個鍵就可以測試所有生產中的工作就太好了，但嵌入式開發讓這個願望不可能實現。與網路軟體開發相比，要實現一個嵌入式應用程式更加耗時、昂貴又有風險。這也意味就這方面來說，真實世界中的效能表現較無法在嵌入式開發中形成有效率的回饋。

解決這個問題的其中一個做法是，在開發期間盡可能地模擬出真實世界的狀況，以便能夠盡量即時測試演算法或應用程式中的修改。這可能會需要蒐集能夠反映預期中的真實世界的資料集，並用整合後的應用程式執行。

假設您正在建立一個穿戴式健身追蹤裝置，讓一個真人使用者配戴只包含感測器的樣品裝置，您就可以從他身上所取得的資料串流來測試系統。為了能夠用於評估，資料需要由專家標記。

如果難以從真實世界取得，也可以使用合成資料。透過將傳統訓練資料的樣本分層疊加於背景噪音樣本上，便可建構出逼真的資料串流，再搭配增強技術就能增加資料差異性。這是 Edge Impulse 效能校正功能中的一個選項，更多資訊請見第 351 頁「效能校正」。

Amazon 的 Alexa 認證流程便是在模擬真實世界中測試的著名例子（*https://oreil.ly/Pvi5L*）。整合了 Alexa 的硬體產品必須符合其關鍵字偵測系統的最低標準。作法是透過一台位於特定距離的喇叭，在不同情況下播放多個語音片段來評估效能。裝置必須要成功辨識出語音片段中的關鍵字，並且避免在未包含關鍵字時也會啟動，才能通過測試。

於真實世界中測試

真實世界測試越早開始越好，如果之前從未接觸過硬體的話，最好是一拿到硬體就開始[1]。在真實世界中的測試主要有兩種：

- 品質保證測試：刻意透過各種方式來偵測產品以找出問題。
- 易用性測試：讓使用者與產品自然地互動來了解運作狀況。

實際測試會比某些評估方法更緩慢且昂貴，但對產品開發來說不可或缺，這也會比產品問世後才發現它無法發揮作用來得划算。

品質保證測試。品質保證（Quality assurance, QA）是一種探索產品的系統性方法，用以了解品質是否達到應有的水準——通常以產品的設計目標為基準（請參考第 288 頁「訂下設計目標」）。在開發期間，QA 產品功能的操作策略，試圖了解產品的有效性和整體適用性。

QA 是一個重點專業領域，對於打造優質產品的過程至關重要。雖然這個議題已超出本書範圍，但以下是 QA 專業人士在邊緣 AI 專案能夠發揮其重要性的方式：

- 實際測試原型並找出問題
- 在開發期間測試各個元件（例如關鍵字識別演算法）

1 如果可以不需要在正式硬體準備好之前就能先部署到開發板，就先這樣做沒關係。

- 設計用於在整個工作流程中測試產品的系統與流程
- 證實產品是否達成設計目標

QA 流程在確定設計目標後就開始了，因為負責 QA 的人必須擬定出一套測試用的系統。在理想情況下，QA 將作為評估每個迭代工作的一部分並貫穿整個開發過程。

易用性測試。QA 測試在於刻意找出問題，而易用性測試則是觀察產品的自然使用情況，並利用觀察結果改善產品。

易用性測試需要真正的使用者參與。這些使用者可能是一般大眾、潛在客戶、團隊或組織內的人員。關鍵在於他們能夠真實地與產品互動。

一些易用性測試會以研究方式進行，參與者進入受控環境，並要求他們以特定方式與產品互動。其他類型的測試則較為自然：例如，Beta 測試則為提供使用者初期版本，讓他們帶回家使用一段時間並提供回饋。

專案適合怎樣的方案因情況而異，但通常會在開發初期便開始研究易用性，這時專案會需要集中輸入作為指引，而 Beta 測試則會在產品即將完成時進行，因為這時需要更全面的概觀。

自產自銷（*dogfooding*）是一項有趣的易用性測試（源自「自己的狗糧自己吃」這個概念，*https://oreil.ly/tVnyZ*）。意思是讓組織內部成員先試用未發表的硬體，以了解其可用性並提出回饋。

易用性測試同樣也是專業領域。它是最昂貴的測試類型，但也最有價值：您可以看到系統在最接近現實情況下的表現。

監控已部署的系統

了解系統部署後的表現至關重要。如第 357 頁「部署後期監控」將會討論到的，這可能極具挑戰性。

實用的度量指標

任何形式的定量評估都會產生指標：說明產品或元件在某方面表現的關鍵數值。蒐集正確的度量指標非常重要：俗話說，「量到什麼就是什麼」，如果關注了錯誤的數值，那麼迭代將往錯誤的方向走去。

幸運的是，已經有許多與邊緣 AI 系統相關的標準度量指標；對於所有在相關領域工作的人來說應該都算熟悉。以下是一些最重要的指標。

演算法效能

這些指標有助於了解 AI 演算法的效能。通常會因演算法的類型而有所不同（請見第 102 頁「根據功能區分演算法類型」）。

損失。損失是衡量模型預測正確性的一種方式。損失的分數越高，預測就越不準。損失指標由**損失函數**定義。不同類型的問題皆有標準的損失函數，您也可以自己建立一個。某些類型的機器學習模型（例如深度學習）會在訓練過程中計算損失並供後續使用。

我們可以計算單次預測的損失，但通常會計算整個資料集的平均損失，像是驗證資料集的平均損失。

損失沒有單位，因此它只會對與自身相關的事情有意義。這讓它成為一種衡量模型在訓練期間效能變化的好方法，但若是想了解模型在真實世界中如何運作，損失便沒什麼幫助。

於機器學習模型最佳化的過程中使用損失函數時，最佳化損失的改善是否能與其他指標相對應相當重要。請根據試圖解決的問題來選擇損失函數（大部分的常見問題都有標準的損失函數），並根據同一個問題選擇指標。如果兩者不一致，最後會得到一個無法解決正確問題的模型。

準確度。分類是一項常見的工作，有幾種不同的指標用於衡量分類器的表現。其中最簡單且最著名的便是準確度：也就是資料集中正確分類的比例。

準確度乍看之下是了解模型表現的合理指標，但身為一個單一值，它其實省略了很多背景。例如，光是用準確度無法說明資料集各個類別的表現。在一個平衡的資料集中，90%的準確度聽起來很不錯，但對一個不平衡的資料集來說（例如其中的某個類別占了整體樣本數的 90%，另一個則只有 10%），說明這個模型糟透了。

也正因為這項限制，最好能與其他可以捕捉更多細微差異的指標與準確度搭配使用，或至少分別計算各個類別。

混淆矩陣。混淆矩陣是一種了解模型效能的強大工具。它是一個顯示樣本分類狀況的簡單表格。圖 10-1 為從 Edge Impulse 擷取的範例。

	NO	NOISE	YES
NO	96.3%	0%	3.7%
NOISE	2.7%	95.9%	1.4%
YES	4.7%	0.9%	94.4%

圖 10-1　顯示關鍵字識別模型結果的混淆矩陣

在圖 10-1 中，橫向標題的 NO、NOISE 和 YES 分別為資料集的三種樣本類別。它們與有著相同名稱、代表分類器所判定的三種結果的縱向標題互相對應，單元格中的百分比為資料集類別（橫向標題）判定為各類別（縱向標題）的樣本比例。

例如，可以看到有 96.3 % 的 NO 案例正確地判定為 NO，而有 3.7 % 錯判為 YES。這樣的細項讓我們能夠知道分類器針對不同類別上的表現。這比單一準確度指標有趣多了，因為它能夠幫助我們明白模型的弱點在哪裡。

精確率和召回率。從混淆矩陣的單一類別來看，分類器可能犯的錯誤有兩種。兩種都是身分誤判。

第一種情況，實際上屬於該類別的成員誤判為其他類別。比方說，用於辨識鳥類的智慧相機將一隻鳥誤認成一片葉子，因而完全錯過了那隻鳥。

第二種情況，不同類別的成員誤判為我們在乎的類別。好比說，將一片葉子誤認成鳥。

精確率和召回率為一種說明錯誤發生頻率的方式。精確率可以告訴我們模型將無聊的葉子誤認為可愛小鳥的頻率，而召回率則顯示模型沒有認出小鳥的頻率：

$$精確率 = \frac{正確辨識為鳥的次數}{輸入被視為小鳥的次數}$$

$$召回率 = \frac{正確辨識為鳥的次數}{資料集中所有鳥類的實際數量}$$

資料集的每個類別都會各自的精確率和召回率，但它們也可以表示為所有類別的平均值。這是一個很好用的指標，因為它能幫助我們歸納出模型的失誤類型[2]。

精確率和召回率都是一個介於 0 和 1 之間的數值，其中 1 表示完美，0 表示全錯。通常我們會需要在兩者間做出取捨，也就是您可以透過提高其中一方來降低另一個。這也讓它們成為微調用的重要指標。

信心門檻值

精確率或召回率孰輕孰重取決於您的應用。假設您在設計一個聲控音響，如果裝置一直被一些不相干的聲音啟動就會十分惱人。這種情況的話最好是追求高*精確率*，而代價就是低召回率。

假設您在設計一個健康檢查系統，那麼擁有高*召回率*會更好，這樣比較不會錯過任何可能危及某人生命的健康問題。而代價就是精確率較低，意味著更容易出現假警報。

拿捏精確率和召回率的常見方法之一是透過應用程式的*信心門檻值*。預測時，分類器通常會輸出一個*機率分布*：也就是一串清單，其中每個類別都對應到一個數值。這些數值的總和為 1，而它們代表輸入歸納為各類別的機率。

比方說，健康檢查問題的模型輸出如下：

```
健康：   0.35
生病：   0.65
```

2 Google 的機器學習速成班，有針對精確率和召回率的超棒詳細說明：*https://oreil.ly/LLXBl*。

如果有意的話，我們也可以說得分最高的類別就可以假設其為真。以上述情況來說，可以假設該患者生病了，因為他生病的可能性高於健康。

由於有兩個類別，實際上可以把信心門檻值定為 0.5 來選出得分最高的一方。如果某個類別的分數超過了 0.5，則我們有信心它代表了真實情況。

然而，我們可能會覺得 0.5 的機率不足以認定某人是否真的生病。如果是一種嚴重又可怕的疾病，我們需要對預測結果更有信心，而不只是比丟硬幣決定好一點而已，例如可以把信心門檻值提高至 0.75。這麼一來，先前的輸出結果就會視為皆不屬於那兩個類別，而是一個模棱兩可的答案。

精確率和召回率會隨著信心門檻值而改變。較低的信心門檻值通常會導致高召回率和低精確率，因為會捕捉到更多特定類別的實例，不過代價是更容易出現假警報。較高的信心門檻值可以增加精確率但也會降低召回率，因為部分實例其實並未滿足門檻值。

陽性率與陰性率。召回率又可稱為**真陽性率**，或 TPR。這是預期出現真陽性－即正確辨識為陽性－的比率。在分類器的混淆矩陣中，還有三個縮寫代表了其他可能出現的錯誤。偽陽性率（FPR）為陰性實例，也就是我們不關注的類別，但卻錯誤地歸納為我們所關注類別之比率。

$$\text{真陽性率} = \frac{\text{真陽性案例數}}{\text{資料集中的陽性案例總數}}$$

$$\text{偽陽性率} = \frac{\text{偽陽性案例數}}{\text{資料集中的陰性案例總數}}$$

相反地，**真陰性率**（TNR）為陰性實例但正確地忽略的比率。最後，**偽陰性率**（FNR）則是樣本實際屬於我們關注類別錯誤地忽略掉的比率[3]。

3 「陽性」通常會用「接受（acceptance）」代替，而「陰性」通常用「拒絕（rejection）」代替。

$$真陰性率 = \frac{真陰性案例數}{資料集中的陰性案例總數}$$

$$偽陰性率 = \frac{偽陰性案例數}{資料集中的陽性案例總數}$$

這些比率都是用來表達系統對各類別區分能力的不同方式。它們可以互相取捨以決定效能，如第 339 頁「信心門檻值」所述。

F1 分數和 MCC。在比較類似的模型時，有時候藉由單一統計數字說明分類器的效能也很有幫助。*F1 分數*便是一個例子，它是從精確率和召回率所得出的調和平均數。

$$F_1 = 2\,\frac{精確率 \cdot 召回率}{精確率 + 召回率}$$

雖然 F1 分數很方便，但仍有一些限制。由於它不包含任何有關真陰性的資訊，代表它不適用於失衡類別，因為如果各類別的案例數量差異很大，各類別的 F1 分數就無從比較起了。

為此，另一個稱為**馬修斯相關係數**（Matthews correlation coefficient, MCC, *https://oreil.ly/dtn0y*）的指標會是更好的選擇。它涵蓋了混淆矩陣中的所有內容，因此會是一個比較理想的模型整體品質指標。

儘管 MCC 比較好，但自身仍有一定的局限性。例如，將整個混淆矩陣轉換成單一數值會扼殺我們獨立考量各格的能力。如第 339 頁「信心門檻值」所述，每個應用程式在精確率和召回率之間的理想平衡都不盡相同。F1 和 MCC 分數可避免我們只採用這兩者的其中之一——因此在需要比較多個模型的時候，就很容易忽略它們之間的某些差異。

ROC 和 AUC。我們已經知道分類器的效能可以透過信心門檻值而改變。這種操作的影響可以透過名為**接收器運作特徵曲線**（*receiver operating characteristic curve*），或簡稱 *ROC 曲線*的圖表來視覺化呈現，如圖 10-2。

由於信心門檻值可以用來平衡 TPR 和 FPR，因此 ROC 曲線其中一個軸為 TPR，另一個軸則為 FPR。計算出一系列在不同信心門檻值下的 TPR 和 FPR 便可繪製出 ROC 曲線。

這張圖很有幫助，因為它顯示出分類器所有的調整選項。我們可以依照應用程式的需求從曲線上選出適合的平衡點，再用對應的信心門檻值來控制模型的輸出。

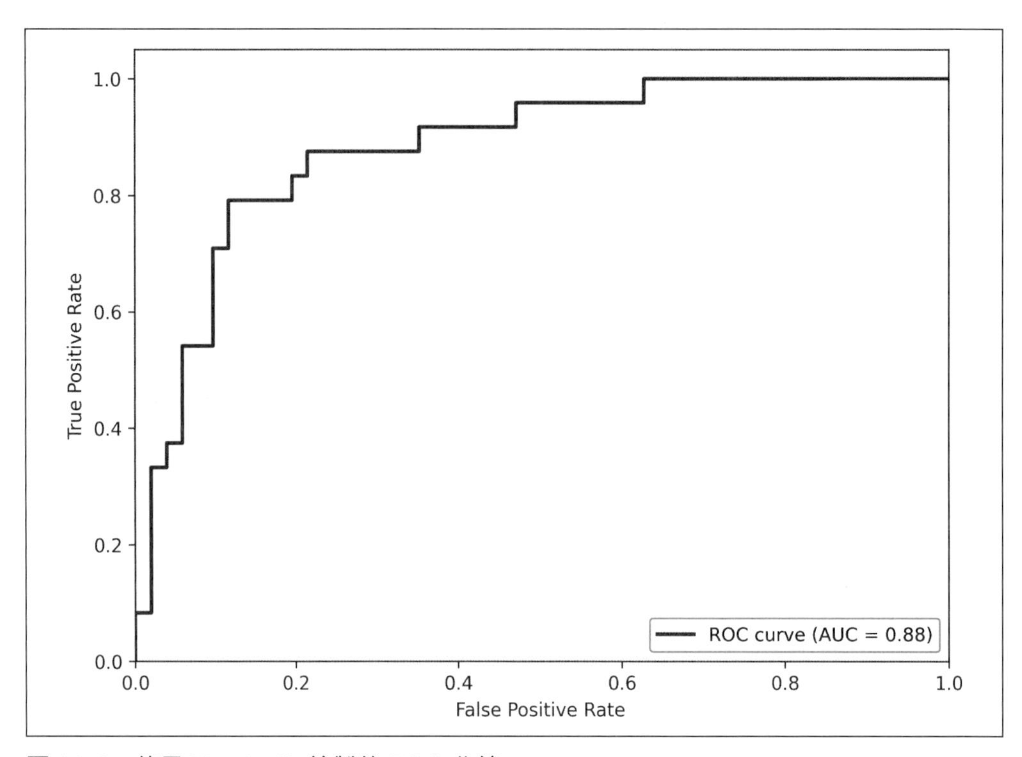

圖 10-2　使用 Matplotlib 繪製的 ROC 曲線

我們也可以利用 ROC 曲線來建立單一指標，該指標可根據模型正確預測出特定答案的機率作為效能。這是指標就是**曲線涵蓋面積**（area under the curve, AUC，如圖 10-2），這是一個介於 0 和 1 之間的數值。AUC 為 1 表示模型每一次的預測都正確，而 AUC 為 0.5 則表示模型做出正確預測的機率只有一半[4]。

4　AUC 若為 0 表示模型從未做出正確預測，這很奇怪，因為對一個二元分類器來說，這表示只要把預測結果反過來就很完美。如果發生這種情況，通常是因為標籤在某些地方出錯了！

ROC 很好用，但仍舊是試圖說明一組複雜行為的單一統計量。因此，ROC 無法幫助我們了解模型在不同情況下的表現，但如果將其搭配混淆矩陣就能帶來許多有用的資訊。

誤差指標。分類器只是諸多模型的其中一種。另一個主要類型，迴歸模型，則有自己一套常用的指標。由於迴歸模型的目標是預測數值，因此能夠比較其輸出值與資料樣本標籤之間差異的指標；最適合用於描述其效能。

以下是幾個常用於迴歸模型的誤差指標：

平均絕對誤差（*Mean absolute error, MAE*）

這個簡易指標為誤差平均的總和，所謂誤差就是預測值與實際值之間的差異。計算方式如下：

$$\text{MAE} = \frac{\text{誤差總和}}{\text{樣本數}}$$

假設我們訓練了一個迴歸模型來預測照片中的蘋果重量，秤重的單位為公克。測試完模型後，計算出 MAE 為 10。這代表預測出來的重量與真實重量的誤差平均為 10 克。

這樣的單純性讓 MAE 變得很好用。然而，還有一些其他方法可以幫助我們了解不同類型的誤差。

均方誤差（*Mean squared error, MSE*）

MSE 與 MAE 非常類似，只是誤差在加總之前要先平方：

$$\text{MSE} = \frac{\text{誤差平方之總和}}{\text{樣本數}}$$

由於誤差平方了，因此 MSE 一定會是正數或零，而誤差越大也會對數值產生越大的影響。這對我們來說很有幫助，因為誤差通常是越大越糟糕，且很可能被 MAE 這種較為單純的計算粉飾過去。

均方根誤差（Root Mean squared error, RMSE）

MSE 的缺點在於它是以平方值為基礎，因此會比保有原始單位的 MAE 更難解讀。但是算出 MSE 的平方根，即 RMSE，單位便會與原本的標籤一致：

$$\text{RMSE} = \sqrt{\frac{\text{誤差平方之總和}}{\text{樣本數}}}$$

RMSE 與 MSE 具備相同的優點，並且更容易理解。缺點是思考上稍微複雜一些。

如同各種分類指標，僅用單一數值來說明模型效能會有風險。資料集中各子群的效能可能有好有壞。第 348 頁的「評估技術」中介紹過一些處理策略。

平均精確率均值。平均精確率均值（*Mean average precision*），簡稱 mAP，是一種用來說明物件偵測模型效能的複雜指標。物件偵測模型會試圖在影像周圍描出邊框，而 mAP 則會判斷模型預測的邊框與實際邊框的重疊程度，無論是在特定影像或整個資料集中。mAP 會將重疊程度與某種類似信賴區間的東西做結合來算出一個分數[5]。

mAP 的主要缺點是，儘管它是邊框描繪出來的面積，但不會考慮邊框的數量。這表示即使模型對同一個邊框做出多個預測，仍然可能獲得一個優秀的 mAP 表現。儘管如此，mAP 仍然是評估物件偵測模型的標準做法。

`sklearn.metrics` 函式庫（*https://oreil.ly/zq0CD*）已具備上述大部分指標的實作，且有其他更多內容。相關指標文獻很值得您進一步探索，以找出最適合目前工作的測量方式。

計算和硬體效能

邊緣 AI 幾乎總是需要平衡演算法和運算效能。演算法效能指標可以告訴我們演算法運作的狀況，而運算和硬體效能指標則可以告訴我們演算法執行的速度，以及在過程中消耗了哪些資源。

5 Shivy Yohanandan 所寫的〈mAP (mean Average Precision) Might Confuse You!〉（*https://oreil.ly/aJ3Dy*）一文中有關於 mAP 的詳細說明。

在這些指標的引導下，便可以在演算法複雜度和運算資源之間做出明智的取捨。例如，特定硬體上應用程式所需的延遲時間可能會影響到深度學習模型的可用大小。

以下指標可以幫助我們了解運算工作量的大小以及它對硬體造成的負擔。

記憶體。記憶體的使用包含了 RAM 和 ROM，但各自特性則完全不同。ROM 是長期儲存演算法的地方，包括任何機器學習模型的參數。而 RAM 是程式在執行時的工作記憶體。任何邊緣裝置的 RAM 和 ROM（又稱磁碟空間）都有具體限制，因此演算法的大小是否符合可用空間相當重要。

演算法無法單獨執行，它必須存在於某個程式中。而剩餘的程式也會占用記憶體，因此當您在計算 RAM 和 ROM 使用量時，還需要考慮到應用程式的其他部分。在多數情況下，您最後一定會知道演算法可用的 RAM 和 ROM 上限在哪裡，才能把它順利塞入您的應用程式中。

假設我們要將邊緣 AI 加進某個棕地系統中，只要分析現有應用程式的記憶體容量便可得知還有多少空間可留給新演算法使用。同樣地，在綠地系統中，必須決定各自要分配多少 ROM 和 RAM 給演算法和應用程式的其餘部分。

測量應用程式的 RAM 和 ROM 用量不容易。ROM 看起來相對簡單：理論上，嵌入式工程師可以編譯一個包含了演算法的簡單程式，然後查看輸出結果以確定容量。然而實際上，應用程式和演算法所需的相依套件可能會互相重疊，也就是說，演算法實際會用到的硬體 ROM 空間有機會比想像中少。

這意味著要估算出演算法 ROM 的使用量，最可靠的方式是建立兩個完整的應用程式，一個有演算法，而另一個沒有。從兩者之間的差異就能得知到底用了多少 ROM。

深度學習模型通常很大，因此您可能會需要縮小模型以符合 ROM 的可用上限。在花費大量時間最佳化應用程式之前，最好先試著將模型量化，因為最終的精確率不會差很多。

測量 RAM 的使用量則更加困難。首先，必須實際執行這套演算法才能確認其 RAM 用量。再來，如果程式會用掉太多 RAM，可能根本無法順利運作。最後，如果要在運作中的裝置上確定 RAM 的使用量高低的話，就需要用到一些測試程式或除錯器。

透過測試程式來測量特定演算法的 RAM 用量是不錯的方法。首先，該程式要使用特定標記值填滿整個記憶體，接著執行演算法，最後，迭代裝置的記憶體以檢查記憶體中還有多少標記值。這個「高水位線」可以估算出記憶體使用量，雖然它不會告訴您在最壞的情況下可能會用掉更多記憶體[6]。

您可以在模擬器上運用這個技術來估算 RAM 的使用量，而無需部署到實際裝置上。這在開發中相當方便，也是一些端對端平台（例如 Edge Impulse）的做法。

在有作業系統的裝置上測量 RAM 和 ROM 使用量就簡單多了，因為可以直接查詢這些指標。

浮點運算（FLOP）。浮點運算是指針對兩個浮點數值的一次運算，而 FLOPS（即*每秒浮點運算次數*）則是衡量運算能力的標準。

有時候，FLOP 總數會用於表示運算一次深度學習模型推論所需的工作量。這對伺服器端的模型來說是有意義的，因為運算通常是以浮點運算來進行。

理論上，根據模型的 FLOPs 和處理器的 FLOPS（先不管這些令人困惑的縮寫），就能估算出模型的延遲時間。然而，許多邊緣模型都已經量化過，因此使用的是整數運算，這使得原始模型的 FLOPs 變得不那麼有關係了。此外，嵌入式處理器的製造商通常不會標示 FLOPS（或整數等效的 IOPS）。最後，要計算模型的 FLOPs 也並非總是那麼容易。

綜合以上因素使得 FLOPs 在判斷邊緣 AI 效能上的用途有限。不過，還是需要提一下以免剛好遇到。

延遲。在邊緣 AI 中，延遲是指演算法從頭到尾執行過一遍所需的時間。比方說，擷取音頻窗口、下抽樣、用 DSP 演算法跑過一遍後將結果輸入到深度學習模型中、執行模型並處理輸出等，可能總共花費 100 毫秒。延遲通常以毫秒或每秒幀數為單位，後者主要用於視覺應用程式。

6 RAM 的使用方式實際上有三種：資料（或全域）、堆疊和堆積。在編譯時會設定資料的 RAM 使用量，而堆疊和堆積的使用量則會在程式運作時改變。某些嵌入式程式會故意只用資料記憶體來避免發生任何意外。您需要分別測試堆疊和堆積的高水位。

延遲的長短取決於使用的演算法、可用的最佳化方式和硬體本身。更快的硬體和更好的最佳化（例如在第 161 頁「數學和 DSP 函式庫」中提到的最佳化方式）可以縮短延遲，而一般來說，機器學習模型越簡單小巧，延遲就越低。

某些應用程式相當要求低延遲。如果應用程式需要針對使用者的輸入做出即時反應，那麼它便需要低延遲運作。在其他情況下，延遲就不一定那麼重要：應用程式的反應可以不用同步，也不需要立即產生。

在某些情況下，延遲越短表示演算法的效能越好。例如，每秒能運行多次的關鍵字偵測模型當然會比每秒只運行一次的模型更有機會偵測到關鍵字。

測量延遲通常都必須實際接觸到目標裝置，除非有週期準確的模擬器可用（請見第 168 頁「仿真器和模擬器」）。然而，還有一些可以透過在硬體上針對類似工作量進行基準測試，來估算深度學習模型效能的方法[7]。

工作週期。嵌入式應用程式通常需要限制耗電量來維持電池壽命。作法是透過定期或在接收到新資料時才運算，接著就進入低功耗睡眠模式並等待下一批資料的到來。

處理器的喚醒 / 睡眠模式稱為工作週期。例如，處理器每 200 毫秒醒來一次，花 10 毫秒讀取感測器資料。然後花 50 毫秒使用邊緣 AI 演算法處理資料，接著返回睡眠。

在上述情況下，處理器每 200 毫秒會醒來一次並花 60 毫秒處理資料。也就是說，每一秒鐘會有 350 毫秒的時間處於工作狀態並處理資料。用百分比來表示的話，工作週期為 35%。

工作週期是判斷嵌入式系統功耗的重要指標，因為它決定了處理器的耗電量。

能源。電池壽命是嵌入式應用常見的考量點，因此確定裝置的能耗高低非常重要。它是根據電流來測量，通常以毫安培（縮寫為 mA，也稱為毫安）表示。

嵌入式系統中的每個元件都有不同的電流消耗量，且使用方式會大大地影響使用量。處理器的電流消耗量會根據啟用了哪些功能而有所不同，而感測器的電流消耗在測量時也會比較高。

7 Edge Impulse 便是用這個方法於開發階段為模型估算延遲。

因此，監控正常使用期間的能耗量是非常重要的。長期監控裝置來確定實際能耗也有其意義所在，使用像是電流監控器或資料紀錄器等特殊工具就能做到。

電池容量的測量單位為毫安培小時（mAh），代表電池在持續釋放 1 毫安電流的情況下可以運作多久。例如，一顆 2000mAh 的電池便可以為一個需要 100 毫安的裝置供電 20 小時。

對處理器而言，能耗與工作週期息息相關，而工作週期又與延遲呈現函數關係。這代表能夠滿足低延遲的演算法就可以省電，因此在設計演算法和應用程式時都需要詳加考慮耗電量。

發熱。電子元件會產生廢熱，這對某些應用來說是有影響的：處理器在運算期間可能會變熱，如果沒有辦法散熱就會出現問題。此外，一些元件還有最低運作溫度的限制。

熱能的測量單位為攝氏。大多數元件的規格表都會提供工作範圍。某些處理器，主要是 SOC，會內建溫度感測器，一旦開始變熱處理器便會自行壓制效能。MCU 通常沒有這個功能，因此若要監控溫度就需要安裝感測器。

處理器的工作週期越短，產生的廢熱就越少。這也表示延遲是一種限制熱排放的工具。

評估技術

評估會用到許多各式各樣的技術，本書已經討論過其中一些，其餘則尚未提及。以下是幾個最重要的技術：

訓練、驗證和測試拆分

　如同在 第 269 頁「分割資料」 中所學到的，為了驗證模型對於沒見過的資料也能順利運作，先將資料集分成幾個部分很重要。絕大部分的評估需要用驗證資料集執行。

　為了保留資料價值，我們要確定模型都完成以後再使用測試資料集。如果在測試資料集上測試後發現模型無法運作，就得全部放棄並重新開始。否則模型很可能會過度擬合，因為您已將它調整成針對測試資料集上可以表現得很好，但在真實資料上卻行不通。

當然，在開發過程中隨時有可能取得更多資料。建議您有機會就做，不斷擴充整個資料集的內容來提高訓練和評估模型的能力。

交叉驗證

為了評估而拆分資料集的一個缺點是，模型的好壞完全仰賴訓練資料集的內容。交叉驗證（第 273 頁「交叉驗證」中已介紹過）能夠幫忙解決這個問題，讓開發人員能用同一份資料集上訓練多個模型並互相比較效能。

首先，將訓練資料集分成訓練和驗證兩個部分。使用訓練部分訓練模型，然後在驗證部分上測試。將評估指標記錄下來後，重新混合資料集並再次隨意分成兩分。在新的訓練拆分上訓練第二個模型，並在新的驗證拆分上評估。這個過程要重複多少次都可以，多半會做到數十次。

這個過程的結果是一系列的模型，每個模型都是用不同的子集訓練和驗證出來的。分析模型的指標便可了解模型品質是否與資料組成高度相關。我們會希望看到每個模型的表現都差不多。如果是這樣，就可以選出表現最好的模型，並在最終測試中用測試資料集嚴格地審查。

K 折交叉驗證是最常見的做法。scikit-learn 已提供實作方法（*https://oreil.ly/5uy5t*）。

子群組分析

在第 337 頁「演算法效能」中所學到的指標可以針對整個資料集或拆分後的子集計算，也可以針對任何子組。這是非常強大的工具，尤其是在了解演算法公平性上更是如此。

假設我們正在開發一個可辨識不同類型車輛的電腦視覺應用程式：需要辨別轎車、卡車和 SUV。您可針對每個類別分別算出演算法的效能指標，它會告訴您該演算法在識別各個類型上的表現如何。

然而，只要加入一點額外訊息就可以做到更多。例如，假設資料集中包含了每張照片中車輛品牌的元資料，您便可以為每一個資料的子群組計算出指標。接著便可以進一步分析，以確保模型在每個子群組上的表現都一樣好：您可能會發現模型針對某款品牌的汽車上表現欠佳，就可以試著蒐集更多相關照片加到訓練資料集中。

模型本身其實並不在乎車輛的品牌，只在乎更廣泛的類型（轎車、卡車或 SUV）。儘管如此，您仍然可以使用品牌的相關資訊來進一步評估系統。可想而知，在調查任一款資料集的 ML 公平性時，這個技術真的超級好用。

指標和分布

資料集中的子群組通常分布不均。假設您正在訓練一個可區分 A、B 和 C 類別的分類器。資料集中可能有 60%的樣本為 A，20%為 B，剩下 20%為 C。

用於評估的指標應該要對所有類別中的問題皆很靈敏。例如，所有類別的精確率是 60%，但是這個單一數值無法告訴我們模型是否只是正確辨識出了所有 A 類樣本，但其實根本無法辨識 B 或 C 類樣本。

了解所選的評估指標是否合適的方法之一是去「評估」一個假模型，該模型會刻意回傳一個符合資料底層分布的糟糕結果。比方說，建立一個隨機將 60% 樣本分為 A、20% 樣本為 B，剩下 20% 為 C 的分類器。透過評估這個分類器的輸出，便可以了解所選指標是否能凸顯出模型的不足。

使用多個評估指標

同一個專案可以使用多種不同的指標。比方說，同時測量測試資料集的準確度、運算延遲以及記憶體使用量。建構一個有效的解決方案通常意味著要在多個指標之間取得平衡。例如，為了減少延遲而選擇使用一個簡單的模型，但相對的準確率就會降低。

這些評估指標也許都很重要，但不代表一樣重要。例如，對需要快速運作的專案來說，延遲的優先順序就會比準確度高。一個含有多個子集的資料集可能會更在乎某個子集的表現勝過其他。

不同指標的整體權重——也就是您對它們的個別在意程度——需要和利益關係者一起決定。

合成測試資料

資料通常很難取得，特別是當您想要用稀有或不常見的輸入測試系統時。例如，異常偵測系統可能是為了捕捉真實世界從未有過的災難性故障而設計的。

生成合成資料是解決這個問題的方法之一。合成資料是指任何人為創造的資料。可能是操弄真實資料集的樣本將其建立為新樣本，或者是使用某種演算法過程生成全新的輸入。例如，我們可以生成一組輸入以模擬災難性故障，藉此用來測試異常偵測系統。

合成資料是一個很好用的概念。它讓我們能夠取得大量可用於測試，甚至訓練模型的標記資料。但是，並非所有資料都可以虛構出來，而且完全依賴合成資料是有風險的，特別是在評估的時候。

效能校正

大多數使用串流資料運作的演算法都會涉及後處理階段，也就是 AI 演算法在使用串流資料執行後的原始結果會被過濾、清理並用來做出決策。例如，在關鍵字偵測應用中，語音分類模型的原始輸出會是一系列類別機率的資料流，通常是每隔幾毫秒就出現一組。

為了偵測特定的關鍵字語句，必須過濾這個資料流（以消除任何短暫、不夠充分的錯誤分類）、將其門檻值化（分辨何時有強烈肯定的訊號）和去顫（避免反覆偵測同一個語句）。用於這個過程的後處理演算法有著各種會影響運作的參數：例如，必須選出一個特定門檻值好讓偽陽性和偽陰性更加平衡（請見第 337 頁「演算法效能」）。

理論上，可以在部署後也就是蒐集到使用資料並確定偽陽性和偽陰性數量之後再決定這個門檻值。然而，考量到部署和觀測的成本與複雜性，以及部署一個不合適的版本可能出現的潛在干擾，使得這個選項變得不太吸引人。就算可行，嘗試新門檻值的回饋循環也不會太緊湊，因為每測試一個新數值都需要很長的時間。

為了建立一個更緊密又方便的回饋循環，我們可以在實驗室中模擬出真實世界的條件。例如，可以從真實世界錄製並標記一長段包含了不同單字的語音樣本。然後用這個樣本執行關鍵字偵測演算法並產生原始輸出。接著便可以自由地嘗試不同的後處理配置來清理輸出，或是與樣本標籤比較來了解模型效能。

這麼做所產生的步驟比在真實世界完整地部署要容易得多，而且可以在模型開發過程中將步驟自動化以測試不同方法。收緊回饋循環連帶產生了一個強大的效能評估工具來引導演算法的開發方向。Edge Impulse Studio 是一個用來開發邊緣 AI 應用程式的端對端平台，提供了自動化效能校正的實作。

評估和負責任的 AI

適當的評估是開發負責任 AI 應用程式的核心工具之一。如果您有辦法充分評估應用程式，就能更了解它們在實際現場以及資料集中所代表的不同子集上的表現。評估做得越好，越不容易在生產過程中遇到問題。

負責任的設計需要評估問題的解決方案是否適合其環境背景。任何評估都取決於我們對問題和作業環境的理解。這就是為什麼在評估過程中讓相關領域專家和利益關係者參與非常重要。

評估也是迭代式開發工作流程的核心。這基本上等同於：如果沒有好評估，就不可能做出好產品。您應該十分重視評估，讓利益關係者、領域專家和顧問委員對此過程付出關心也很值得，以確保能夠捕捉到每一個細節。

您可能已經注意到，許多評估技術完全仰賴於資料集。這使得建構資料集對道德 AI 的開發至關重要（請見第 216 頁的「資料、倫理和負責任的 AI」）。實地評估速度慢、成本又高，因此資料集會是關鍵工具。

儘管如此，我們仍免不了必須在實際環境透過真實使用者評估。只用測試資料來量化演算法的效能是不夠的。關鍵是要了解整個系統在背景環境中會如何與未來的使用者互動。建議您盡快將這項實地評估的工作排進流程。

關於模型部署前的評估到此告一段落。接下來將討論第 357 頁「部署後期監控」中會介紹到的後部署評估工具。

部署邊緣 AI 應用程式

如第 327 頁「部署」中所提到的，最好將部署視為一個持續的過程，而非只會發生在專案結束時的單一事件。然而，系統在每次新迭代都會接觸到真實的世界，這潛藏著巨大風險——當然也有寶貴的新知識。因此會需要一個適當的流程來應對這些情況。

假設您正在部署一個新版的羊群活動分類模型。它可能做出錯誤預測，若無法迅速發現並修正，可能會對農業經營造成負面影響。但它也可能帶來可以應用於下一個設計迭代的新觀察——前提是有發現到這件事的話。

為了確保部署能夠順利進行，並將風險最小化、效益最大化，需要制定並記錄下一個可重複的謹慎流程。這些任務的責任歸屬很重要，應該要由團隊成員負責，通常會是負責產品開發和營運的成員。

接下來將介紹一些流程中的重點工作。

部署前期工作

部署前需要先執行以下工作。這些工作應該要有技術專家、利益關係者的意見和主題內容專家的指導：

確定目標

每次部署都應該要有清楚的書面目標。例如，部署更多的裝置以擴大系統規模，或者幫已經架設在現場的裝置部署最新版的軟體。

為了能夠更妥善地管理風險並提高效能測量的能力，應該盡量限制每一次所需部署的目標總量。如同任何實驗，調整越多輸入變數，越難釐清導致輸出變化的原因。

確定關鍵指標

為了了解部署帶來的影響，我們會需要記錄說明系統運作情況的指標。如果可以，指標應該包括效能指標，以及能夠突顯任何變化的一般數值，例如輸入與輸出的分布狀況。

這些指標將幫助您了解所部署的系統帶來的變化，以及是否達成目標。

效能分析

在部署新的軟硬體迭代之前，需要先對預期的效能表現有一定程度的了解，以及該效能對之後將投產的系統是否可以接受。在實驗室中估算效能的方法有很多（例如第 351 頁「效能校正」中討論到的），在現場部署之前應該盡可能地利用這些方法測試。

如果某個迭代在實驗室表現不好，那麼在現場的表現肯定也不會好到哪裡去。而且，在真實世界中測量效能會*更加*困難，原因在於已標註的資料很少，因此您應該善用每一種部署前的測試機制。

記錄可能的風險

每一次將新的迭代投入生產時都會伴隨著一些風險。在部署之前，試著找出任何潛藏的風險、了解它們會造成的影響、並思考如何減輕或從傷害中復原等很重要。

如果情況變得很糟，您可能會需要暫停部署或停止專案以避免造成傷害。您需要根據風險制定一套終止準則（請見第 367 頁「終止準則」），幫助您明白何時該採取行動。

決定復原計畫

如果真的因為部署發生了慘劇，就會需要一個能從中復原的計畫。也許是回到系統的上一個版本，也可能是修復對正在互動的流程造成的傷害。

提前做好準備讓您更能勇於冒險而不用提心吊膽。您需要針對所有已知的潛在風險擬定應對計畫。

這可能會運用到為了應用程式而設計的優雅降級策略（請見第 305 頁「優雅降級」）

部署設計

您會需要根據目標設計出一套部署策略。比方說，決定部署哪個軟硬體版本、部署到幾個裝置上及其位置。您還需要構思任何必要的自動化，以減少部署時間並確保裝置間的一致性。物聯網裝置管理平台這時便派上用場了。

假設裝置分布在全球多個工廠，而您決定將最新版的軟體部署到某一個工廠進行測試以隔離風險。或者是在各個工廠都部署一些，以獲得在不同背景下的綜合表現。到底哪一種策略最適合取決於具體情況，這會需要商業和領域專業的協助。

如果計畫要大規模地展開部署，分段進行永遠是個好主意：先從一小部分的裝置開始、觀察表現，然後再分批部署到其餘的裝置上。這將使風險最小化，而且如果一旦出現問題也更容易復原。

審查是否符合價值

任何販售的軟硬體都必須經過詳細的審查以找出潛在的道德問題。為了防止引發新問題，仔細分析自從上次部署以來所做的任何修改非常重要。此外，部署計畫本身也應該接受包含領域專業在內的倫理分析。

假設您正在規劃分段部署，就必須考慮是否要找出有代表性的使用者群體。如果某些使用者群體沒有納入初期階段，很有可能會忽略掉某些會影響到這些使用者的問題。

溝通計畫

在部署的前中後階段，針對生產系統的任何修改充分地溝通相當重要。只要制定好溝通計畫便可以確保有效地執行。您的目標應該是確保任何可能受到部署，或任何記錄在風險文件中的潛在意外影響的人，都知道計畫行動、其中的風險以及他們可能需要扮演的角色。這包括利益關係者和開發團隊成員。

由於可能存在一些會影響部署計畫的未知因素，因此溝通應該是雙向的。例如，已經安排好的活動與部署計畫撞期，且會影響到您想要測量的指標。

決定執行與否

所有應備文件都準備妥當後，最後一步就是仔細檢查並決定是否執行。您可能會發現風險過高，或者找到某些讓您覺得應該推遲部署的干擾因素。都沒有的話，就可以決定繼續進行。

將利益關係者、領域專家和技術團隊的意見納入執行與否的決定至關重要，因為他們都對不容忽視的潛在問題有深刻的見解。

部署期間工作

除了部署本身的機制之外，以下是部署期間需要仔細思考的工作，：

雙向溝通

根據在部署事前工作中所建立的計畫，您需要與任何可能受到部署影響的人溝通清楚。這包括留意在部署期間可能發生的任何問題，或周遭工作人員注意到的事情

分段推出

為了將風險降至最低，您應該分階段部署，而非一次全數推出。協調階段性推出是一個大工程。最重要的是能清楚地記下在哪裡部署了什麼，以及監控每個階段如何影響追蹤中的指標。

在某些情況下，現場可能已經有一些無法更新的裝置。比方說無法更新韌體。如果是這樣，您就需要非常仔細地記錄各個裝置的韌體和演算法版本。

監控指標

在部署期間需要追蹤所有關鍵指標，並準備好在出現狀況時暫停或回復到之前的版本。根據部署的事前工作，您應該清楚地知道正在監控的指標會如何改變。如果觀察到不同情況，建議暫停部署並調查發生了什麼事。如果可能造成傷害，便應該回到上一個階段並修復問題。

負責任的 AI 工作流程的核心目標之一便是避免造成任何傷害。預測潛在傷害並建立一套設計來防止這類狀況發生是您的工作之一。儘管意外在所難免，但只要出現意料之外的傷害就表示您的倫理審查流程有問題。

部署後期工作

分段部署完成後，工作並不會立即結束。以下是在部署後需要處理的一些事情：

溝通狀態

根據溝通計畫，您需要確保部署完成後所有會受到影響的人都能得知更新。您也應該要有一個明確、永遠暢通的管道，讓他們能把所觀察到的意外變化馬上告知給您。

部署後的監控

建議在部署結束後持續監控系統一段時間。因為有一些效應可能過一段時間才會出現。在理想的狀況下，這類風險應該早在領域專家幫忙制定風險文件的時候就能發現。第 357 頁「部署後期監控」有更多關於監控的資訊。

部署報告

部署後需要建立一份書面總結報告，其中包括原始計畫、實際狀況以及所採取的任何行動。這份報告對未來的部署來說相當寶貴，也可以和利益關係者分享。

這些工作或許聽起來很繁重，但透過系統性地管理部署和記錄所做的每一件事情，便可以盡量避免意外發生。在多次部署同一個專案之後，您將逐漸開發出一個輕鬆又高效率的系統，還有一整套詳盡的紀錄文件。這套系統將是專案能否持續支援的重要環節。

支援邊緣 AI 應用

部署代表了專案已進入支援階段。所有科技專案都會需要長期支援。就邊緣 AI 來說，支援涉及到持續追蹤系統的效能變化。一旦看到效能發生變化便需要採取行動，從更新演算法到終止部署都有可能。

從倫理的角度來看，專案的支援也非常重要。一個專案如果被遺棄或放任不管，且沒有受到適當的監控便可能造成傷害。漂移（如第 244 頁「漂移和偏移」所述）可以將一個方便的小道具轉變成危險的陷阱。如果您無法承諾專案一個適當又長遠的支援計畫，那麼根本就不應該啟動。

由於邊緣 AI 問世的時間不久，因此支援是工作流程中最缺乏工具和參考做法的一環。伺服器端 AI 的一些參考範例可以應用於邊緣問題，但大部分仍不適用。本章的最後將深入探討這一塊的挑戰與機會。

部署後期監控

監控是長期支援的第一步。一旦部署了硬體的第一版原型，就需要開始蒐集運作情況的相關資料。這可能會是一個挑戰，因為有時候裝置甚至無法上網。

以下是一些可能會出現的情況：

- 裝置有良好的連網能力，因此可以從現場蒐集統計資料和資料樣本。例如，連網的家用電器可以透過家庭 Wi-Fi 回傳大量資料。
- 裝置的連網能力有限，足以取得基本統計和指標但無法抽樣資料。比方說，在遠距油井上部署的智慧感測器，可以透過 LoRaWAN 這種長距但低功耗的無線通訊技術來傳送只有幾位元的資料。
- 無法連網，但可以取得使用者回饋。例如，野生動物智慧攝影機的使用者可以回報是否拍到了正確的動物。
- 裝置無法連網，也無法取得使用者回饋。

如您所見，應用程式之間的連線和取得回饋的能力可能有很大的差異。理想的情況是裝置至少有一定的連網能力：完全無法取得任何回饋的部署需要三思，因為這表示您根本無從得知系統的效能。

假設您已具備某些取得回饋的機制，那麼目標就是盡可能地蒐集關於系統狀況的資訊。

已部署系統可獲得的回饋類型

伺服器端機器學習應用的回饋很容易取得。所有輸入資料都在伺服器上，因此可以記錄和儲存供日後分析。以一個使用電腦視覺從照片辨別出特定產品的伺服器端應用程式為例。

由於是位在伺服器上，實際上能有無限的儲存空間來記錄人們上傳的照片。這表示開發人員可以檢查並分析模型預測結果、確定有效性、甚至標記資料並用於訓練。

有些應用程式如果內建成功指標的話，會更容易取得回饋。假設您建立了一個推薦使用者產品的演算法，藉由計算推薦產品最後購買的次數便可衡量有效性。

這些緊密的回饋循環讓演算法和應用程式設計能夠迭代並迅速地改進。但是對邊緣 AI 來說情況就沒那麼簡單了。雖然並非總是如此，但通常都缺少對成果的直接觀察。我們通常也較難記錄模型的輸入資料。由於難以做到即時回饋，就必須想出一些妙招來了解情況。

資料樣本。在理想情況下，我們可以蒐集原始的輸入資料樣本並將其回傳到伺服器以儲存。但這只有在天時地利人和的情況下才會發生：我們需要完美結合可用能源、連網能力和頻寬，而且使用案例還不需要注重隱私。

假設我們建立了一個低功率的感測器以監控貨物在運送過程中的處理狀況。為了節省能源和成本，感測器在運送過程中可能無法儲存或傳輸資料。這代表它沒有辦法傳送原始的輸入資料樣本以分析。

再舉一個例子，假設我們建立了一個使用深度學習模型來偵測人員的居家防護相機。如果產品的賣點是使用邊緣 AI 以保護隱私，那麼要擷取輸入資料的樣本便不可行。

然而，肯定有一些情況是有充足的能源與連線能力可以傳送資料樣本。就算資源稀少，仍然有辦法可以實現。

有一些應用程式能藉由抽樣少許資料來建立回饋循環。它們不會試著將每個輸入都傳到伺服器，而是選出特定的實例。這可以是隨機的（例如，每一千個樣本抽出一個）、可以是週期性的（一天一次），也可以基於某些智能標準。其中一個有趣的做法是在演算法對輸入有些不確定的時候回傳該輸入，像是當分類器沒有一個類別達到信心門檻值時。因為這些輸入似乎對模型來說有些棘手，因此它們是最需要進一步分析的樣本。

如何處理抽樣資料？

從邊緣端回傳的資料樣本有幾種不同的用途。首先，它們可以幫助我們進一步了解在真實世界中的效能如何。檢視直接來自現場的資料樣本可以讓我們了解資料集是否真的具有代表性，以及是否存在漂移等資料相關問題。

這些資料很珍貴的第二個原因是可以為演算法除錯。假設演算法對一個資料樣本感到不確定，那麼釐清原因並試著解決便對演算法很有幫助。也許是因為訓練資料集中類似影像的樣本不夠多，因此直接看到影像便可以指引進一步的資料蒐集。或者，演算法本質上對某些類型的輸入表現不佳，這樣的話就需要想辦法改善。

採集資料的第三個原因是要將它們加進資料集中。如果蒐集到的是演算法沒有把握的樣本就太好了，因為這些「難題」對評估演算法的表現，以及訓練出有效的機器學習模型都很有幫助。

下抽樣是另一種在能源與頻寬受限的情況下記錄資料的方法。例如，在傳送前先降低原始影像的解析度，或降低時間序列的抽樣率。下抽樣的確會損失一些資訊，但剩下的訊息多半仍足以除錯（如果不是完整的訓練）。

舉例來說，一個成功地由邊緣 AI 驅動的野外監控器可透過衛星連線將縮圖影像傳回伺服器。傳送完整的影像太貴了，但就算是縮圖仍然可以提供有關現場情況的珍貴訊息。

如果下抽樣後的資料還是太大，您可以選擇僅發送部分資料，例如發送黑白影像而非彩色。傳送關於輸入的匯總統計資訊也是不錯的選擇：例如，發送定期的移動平均值而非整個時間序列，這有助於偵測是否發生漂移。

通常演算法會在將資料輸入模型前，先將其送入一個固定的訊號處理演算法管線。在這種情況下，由於您已經知道訊號處理演算法會怎麼做，因此可改為傳送處理後的資料而非原始輸入。處理後的資料通常會比較小，因此更容易傳送。

完全進入生產階段後可能便無法傳送太多資料，但這不應該阻止您在部署初期取得實際的資料。例如，您可能決定在剛部署的頭幾個月支付昂貴的網路費（透過行動或衛星數據）來蒐集回饋以改進系統。

另一個取得資料的方法是透過 Sneakernet（*https://oreil.ly/Bby0S*）——將資料儲存在裝置中，然後不時出門去回收它們。跟支付昂貴的上網費一樣，這可能不適合涵蓋到整個部署，但對特定裝置或期間來說是完全可行的。

分布改變。如第 244 頁「漂移和偏移」所述，真實世界會隨著時間而變化，但資料集只能代表了一小段期間。如果資料集變得不再具有代表性就會出問題，而我們必須清楚地知道這一點。

最好的做法是重新蒐集一個能夠代表現況的新資料集，並與手邊的資料集相比。不幸的是，蒐集和標註資料集曠日費時，而且正如之前討論過的，要從現場回傳真實資料樣本可能無法做到。

因此會需要一些機制來了解現有的資料集是否仍符合真實世界：也就是**分布**是否發生了變化。如果看到分布發生了一定程度的改變，表示很可能出現了漂移，那就必須對這個狀況做出解釋。

確認是否漂移最簡單方法是計算出資料集的概述統計量（*https://oreil.ly/SbIKi*），在裝置上計算相同的統計數字並互相比較。**概述統計量**是一組用來呈現整體測量值的數值。例如，您可以計算特定感測器讀數的平均值、中位數、標準差、峰度或偏度[8]。甚至可以觀察多個感測器讀數之間的相關性。如果資料集和裝置在現場蒐集到的數值不同，就很可能出問題了。

8 在此只列出了幾個概述統計量，其他還有很多。

概述統計量只能找出分布中最簡單的變化，還有一些更複雜的統計測試可以分析兩個母體的樣本，並找出它們之間的差異。這些演算法範例都在 Alibi Detect 的文件中（*https://oreil.ly/bSlZu*），它是一個偵測漂移（及許多其他功能）的開放原始碼函式庫。不幸的是，這些方法多數都不擅長處理影像和語音頻譜等高維度的資料。

在本書編寫期間，距離找出邊緣裝置漂移現象的最佳偵測方法還有很長一段路。目前，漂移偵測最常用的方法是透過異常偵測演算法（請見第 105 頁「異常偵測」）。藉由訓練資料集來訓練一個異常偵測模型，然後在出現新輸入時於終端裝置執行。如果歸類為異常的輸入比例過高，則很可能發生漂移了。端對端平台通常有一些可以幫忙處理這類問題的功能。

同時監控輸入資料（像是從感測器蒐集來的影像、時間序列或音檔等）和演算法輸出（例如分類器所產生的概率分布）中的分布變化也很有意思。輸出中的分布變化可能是漂移的下游跡象。例如，真實世界資料中類別間的平衡不太一樣的話，這可能意味著您應該加強資料集了。

此外，輸入的分布變化也可以讓我們了解演算法或應用程式碼中的錯誤。假設在某次更新後發現模型總是預測出同一個類別，表示很可能哪裡出了錯。通常問題會比這個小，但同時追蹤輸入與輸出的分布總是件好事。

有關潛在分布變化的資訊有兩種用途。如果可以上網，就可以將分布資料回傳給中央伺服器監控和分析。這可以讓您至少有個回饋循環來對應生產中發生的事情。

如果完全無法上網，仍然可以使用分布變化的測量值來控制應用程式的邏輯。例如，您可以選擇拒絕任何落在預期分布之外的輸入。這可以防止應用程式使用不是用來設計或訓練演算法的輸入做出決策。

如果已發現了分布變化，通常最好是蒐集更多訓練資料來改善演算法。第 363 頁的「改善現有應用程式」將進一步討論這個工作流程。

應用程式指標。除了模型的原始輸入和輸出之外，藉由儲存或傳輸一些日誌來追蹤應用程式的運作情況也很有幫助，包括以下內容：

系統日誌

例如裝置的啟動時間、運轉時間長度、耗電量和電池壽命等。

使用者活動紀錄

像是使用者做出的行動、按了哪些按鈕或輸入資料等等。

裝置活動紀錄

裝置自行執行的活動，例如根據演算法決策所產生的輸出。

在第 6 頁的「人工智慧」中，我們定義了所謂智慧是「在適當的時間做正確的事情」。應用程式指標可以幫助我們了解，系統部署於現場後是否符合這個定義。透過檢查不同類型事件之間的關係，我們可以試著了解裝置的使用方式是否符合預期；如果沒有，就表示可能有問題。

假設我們打造了一台邊緣 AI 微波爐，可以使用電腦視覺來決定最適合該料理的烹飪時間。在分析應用程式日誌後可能發現，使用者經常讓它加熱得比預估時間再久一點。這表示應用程式做得還不夠好，需要進一步調查。

如果您能夠透過中央伺服器取得多個裝置的日誌，就可以進行跨裝置的高階分析。您也許受限於連線能力而無法傳送所有日誌，甚至連傳一部分都做不到，但或許可以發送某種形式的概述統計量，以說明記錄在日誌中的事情。

比方說，您事先就決定使用者是否會讓微波爐運轉得比建議時間再久一點。這麼一來，您便可以只回傳該特定資訊再加以分析，而非上傳整套日誌。

如果無法上傳任何資料，也可以記錄在終端裝置：您可以回收裝置並手動下載來取得資料。建議壓縮日誌以便儲存在裝置上或讓它比較好傳送。

產出。大多數邊緣 AI 系統的目標都不只限於會發生在裝置上的事情。例如，產品可能經由設計來降低工業過程成本、鼓勵使用者維持健康或提高農產品品質等等。

考慮到這一點，追蹤系統會與之互動的過程產出至關重要。這將有助於您了解專案是否可產生良性影響。

測量與判讀成果所帶來的影響需要深厚的領域專業知識。這個過程需要在部署系統前就開始：因為需要先測量系統當前的產出做為比較的基準。這應該是專案初期規劃的一部分。

您也可以將產出監控視為分段部署的一部分。如果您只有在某些地方部署，多半會想要測量產出的差異，尚未部署的地點就可視為對照組。然而還是會需要考慮到可能導致不同地點之間出現差異的其他因素。

這類產出的好處是無需實際取得已部署的裝置就可以測量。缺點是部署和結果之間通常會有一段延遲時間，導致回饋循環的效率較差，也更難說明外部因素所造成的影響。

使用者回報。如果使用者會與您的產品或受其影響的系統互動，您便有機會做問卷調查來取得回饋。這是一個很好的回饋來源，因為使用者是第一個注意到任何便利之處或問題的人。

以結構性方式來蒐集使用者回饋是很重要的，並且需要體認到有許多因素可能導致個人對同一種情況產生不同的結論。因此，來自多人的總體回饋會比單單來自少數人的回饋更可靠也更可行。如果您沒有蒐集用戶回饋的經驗，最好與該領域的專家合作。

值得注意的是，使用者並不一定都會誠實以告。員工可能會不太敢對重點專案提出負面回饋，或者他們可能處於具備抵制部署動機的立場：例如，覺得該專案會對自身的工作產生不良影響。這些都是完全合情合理的原因，應當謹慎看待。

改善現有應用程式

迭代式開發過程不會在部署後停止，但確實會有所改變。一旦裝置進入生產環境，就會失去一些修改的靈活度。不同的專案可能存在一些技術限制，讓您無法在部署後更新應用程式。即使有辦法修改，也可能需要謹慎行事以避免破壞使用者體驗。

利用回饋解決問題

監控期間蒐集到的回饋類型（如第 357 頁的「部署後期監控」）有助於找出並解決問題。回饋的類型有很多，且各自著重在解決方案的不同面向：

- 資料樣本可讓我們了解實際資料的演變狀態。
- 分布變化可以提供關於實際資料的觀察，還可以透過監控輸出分布來幫助我們找出演算法流程中的問題。
- 應用程式指標可讓我們了解系統在技術層面上的高階運作。
- 成果可讓我們了解系統整體的狀況，以及是否能夠解決問題。
- 使用者報告進一步證實產品整體的健全性和實用性。

藉由這些參考基準蒐集到的各種回饋，便能夠釐清任何問題的根源。例如，成果資料可能說明系統對試圖解決的問題沒有正面的影響。您可以檢查輸入和輸出分布變化作為調查。如果輸入分布和資料集一樣，但輸出分布與在開發期間觀察到的不同，那麼演算法在裝置上的實作可能出現了問題。

持續觀察所監控的各方面變化是相當重要的。您可能會發現輸入分布因為季節而存在週期性的變化（第 238 頁的「代表性與時間」），因此有必要將此納入應用程式的考量。

逐步改進演算法

所有環境都會發生漂移，不斷改進您的系統以跟上時代腳步可說是最基本的功夫。此外，由於邊緣 AI 領域日新月異，因此在部署期間出現了新的演算法也不奇怪。

改良演算法的工作只不過是大家都很熟悉的開發流程的延伸。它是由資料驅動的迭代過程。希望透過實地部署，您已經對真實世界的環境有了更好的理解。例如，監控模型輸出分布的差異有機會提醒您，現場的類別平衡已經與資料集出現差異了。

就算沒有取得這樣的資訊，部署的事前評估很可能也足以讓您了解到系統效能薄弱之處。像是應用程式可能對於整體人口中的某些族群表現較差。

您可以利用這些資訊來改善資料集。如果您很幸運，或許可以直接從現場取得資料，即使可能會受到技術或法律上的阻礙[9]。至少對需要改進的部分會有一些認識：例如增加多樣性或特定類別的樣本數量就能帶來一些改善。

---

9 如果您打算從現場蒐集資料，就需要將這一項加入服務條款，並且必須確認已得到客戶許可。

演算法也是如此。如果您覺得另一種演算法更好，可以透過初期開發的流程來探索它的潛力。不同的是，您現在已經擁有一個現役的生產系統可以比較。您甚至可以在不同的裝置上部署兩個不同版本的演算法，並從表現比較好的那個裝置來蒐集資料。

在生產中主動學習

第 249 頁「半監督式和主動學習演算法」中曾介紹過主動學習的概念，可作為引導資料集治理和標記的一種方式。可以將部署系統與演算法開發過程之間的互動看作為一種*主動學習循環*。來自生產的回饋可用於擴充資料集，並決定應該優先蒐集哪些類型的樣本，甚至也可以從生產裝置端來取得新樣本（例如，可以將未明確分類的樣本上傳至伺服器）。

經過這樣引導過程的資料集和演算法會變得非常強大，但也存在著一些風險。主動學習過程可能會在引導資料集蒐集時無意間加強了系統偏差，導致模型對某些輸入類型的效果比其他類型來得好。因此確保將成果相關的回饋納入考慮是很重要的，這樣系統整體的效能才能引領未來可能的改進之處。

改良了演算法或應用程式之後，就必須部署。但跟邊緣 AI 中的許多事情一樣，做起來並不像聽起來的那麼容易。

支援多個已部署的演算法

部署伺服器端的程式碼只需要按一個鍵就可以開放最新版本給所有人用。很可惜，邊緣部署要複雜得多。

通常部署 AI 到邊緣裝置都是為了解決連網能力和頻寬的限制。而這些限制讓部署變得很棘手。部署多個裝置時，不一定能夠同時將應用程式的最新版本推送到每個裝置上。即使有足夠的頻寬，有些裝置可能處於離線狀態或被關掉了。而在某些情況下，無論有意還是無意，裝置一旦部署到現場後，便再也無法更新。

這個問題還會因為邊緣 AI 應用的開發和部署方式變得更嚴重。迭代式工作流程中的分段部署必然會導致現場存在各種不同的軟硬體組合，而且即便是在首次推出之後，現場的新裝置多半會搭載比現有裝置更新的軟硬體。

這代表用不了多久，生產環境中就會同時出現多個應用程式版本。其實，以下實體也可能出現多個不同版本：

- 裝置硬體本身
- 運作於裝置的應用程式韌體
- 韌體中的演算法實作或模型
- 用於訓練任何機器學習模型的資料集
- 裝置所連接的後端網路服務

由於不可能同時更新所有東西，因此隨時都有可能在現場部署了大量的不同組合。將它們一一記錄下來非常重要。如果您搞不清楚在哪裡部署了什麼，就無法為系統除錯。如果每個裝置都混用了不同的元件但卻無法確定內容，那麼要找出效能出問題的根本原因就非常困難。

為了除錯和可追溯性，您需要一套系統記錄部署在各地的元件用了哪個版本。比方說，您可以維護一個資料庫並在每一次更新韌體或建立新的硬體迭代時，將這些資訊記下來。多數的物聯網裝置管理軟體都提供了此功能。

監控指標時，需要結合裝置管理平台中的各項紀錄，以便了解可能會需要注意哪些元件。

同時管理多種版本會是一場噩夢，因此試著管控當下使用中的組合總量會比較好。如果您的裝置可連接到某個後台，規定最低韌體版本能夠強制確保相對的一致性。缺點是可能會影響到系統的穩健性和可用性。

倫理和長期支援

世界和應用程式都會不斷演變，因此只要系統仍在使用，持續從道德角度來分析系統便很重要。

從長期來看，以下是一些可能會影響部署的道德問題。

效能劣化

本章介紹了一些用於監控並持續改善效能的技術，因為效能一定會在發生漂移之後下降。可惜的是，大多數的部署都有其可用期限。遲早漂移會嚴重到無法克服，或者預算已不足以支援必要的維護。

想像一個用於辨識製造瑕疵的系統。隨著時間的推移，製造過程的改變可能產生出不同類型的瑕疵。如果不更新系統就無法偵測到這些新的瑕疵，進而讓安全出現隱憂。

機器學習模型不一定會知道自己正在處理未經訓練的輸入。它反而會繼續產生輸出，且可能是完全錯誤的結果。如果有人依賴您的應用程式來做出正確反應的話，就是一大災難。如果您停止支援硬體，人們就無法得知出問題了，除了已經造成傷害這個事實之外。

這產生了一個問題：專案超過可用期限之後會發生什麼事？其實，草率棄置專案是不道德的。相反地，您會需要擬定一套在專案無法繼續運作之後的處置方案。一個負責任的設計應該涵蓋專案完整的生命週期，從最初橫跨到終結。

就邊緣 AI 專案而言，這還包括了硬體元件。比方說，您可能會需要規劃如何處置硬體裝置中的有害物質，像是鋰電池。您的硬體是否永續，還是會製造問題？

終止準則

任何部署在生產環境中的專案都要有一套終止準則：也就是一份可能導致至少在解決之前必須暫停部署的潛在問題清單。

終止準則包含以下：

- 出現於分布中的資料集漂移上限
- 任何關於系統的預期影響以及偏差容忍度
- 成功商業指標的最低標準

事先制定好這分清單有助於您在情況惡化時迅速採取行動。這些終止準則需要定期審查，並在新資訊出現時適時更新。

如果真的需要終止專案，您還可以寄望於在設計階段所規劃的優雅降級功能（請回顧第 305 頁「優雅降級」）。

新資訊

部署之後可能會出現一些新資訊，導致需要重新評估專案的倫理層面。例如：

- 發現演算法的限制可能有損公平性
- 發現可能遭人惡意利用的安全漏洞
- 對問題有了進一步的理解，進而發現應用程式的缺陷
- 邊緣 AI 技術的進步使得現有應用程式顯得過時
- 問題領域的改變讓應用程式顯得過時

AI 是一個快速發展的領域，時常會在現有演算法和技術中發現問題。例如，對抗攻擊（*https://oreil.ly/U4rq5*）讓攻擊者可以藉由精心設計的輸入來操縱機器學習模型以獲得想要的輸出。新型的對抗攻擊層出不窮，隨著防禦措施的勝敗而出現了各種小型的軍備競賽。

我們也常常發現 AI 技術中存在著有損效能的缺陷。例如，〈壓縮深度神經網路忘了什麼？〉（Hooker et al., 2021, *https://oreil.ly/QlZng*）一文就提到當今流行的模型壓縮技術，可能會導致少數弱勢類別的效能變差。隨著對技術極限的進一步了解，可能會發現目前部署的系統存在著一些使其不再適用的缺陷。

有時，新發現會讓現有技術變得過時。在某些情況下，繼續使用舊技術甚至是不道德的。假設您擁有一款醫學診斷產品，能夠以 20% 的偽陰性率偵測出致命疾病。如果競爭對手打造了一套偽陰性率為 10% 的系統，任何使用您的系統的患者都面臨了較高的死亡率，因為相較之下您的系統較難診斷出疾病。這麼一來您便需要考慮繼續銷售是否符合道德良心。

有時候，新的領域專業知識可能會讓系統顯得不合適。例如，對人體生理有更多理解之後，可能會發現之前能夠滿足需求的健身手錶，其實提供給運動員的建議都是錯誤的。

文化規範不斷演變

社會變化迅速，您很可能會發現之前部署的應用程式逐漸無法達到可接受的標準。例如，消費者對於隱私的期望會隨著時間而改變。消費者目前之所以能夠接受智慧音箱將錄製的對話音檔回傳到雲端再處理，是因為至今沒有其他可以準確地辨別語音的更好方法。

然而，隨著終端裝置的文字紀錄功能越來越普及，消費者很可能開始將這項功能視為理所當然，進而認為在伺服器上轉換文字紀錄是過時的概念，並違反了對隱私保護的期望。

值得注意的是，這種現象也有可能反過來：像是居家智慧相機等從前無法接受的概念反而變得可接受了，因為系統逐漸發展成絕對不會讓影像資料從裝置散布出去。

身為專案管理者，您需要與領域專家合作，時時了解文化規範演變來確保應用程式沒有逆勢而為。

法律標準不斷變化

法律標準往往會隨著文化規範的腳步而改變。例如，隨著人們對網路隱私的期望改變，歐盟的「通用資料保護規則」（*https://oreil.ly/EBy2O*）等規範企業處理個人資料方式的法律也相繼出爐。

無論涉及的領域是什麼，都應該與該領域的專家合作，以了解法律義務並確保符合道德規範。

請記得，法律和道德不一定是同一件事。在某些情況下，法律可能要求您做一些不符合自身道德標準的事情。例如，曾經有過政府施壓企業（*https://oreil.ly/dIEyE*），要求企業交出用戶資料金鑰的案例。設計應用程式時請謹慎考慮這一點。

接下來

本書最後一個理論性章節就結束在長期支援這個主題了，恭喜您走到這一步！

接下來三章會把至今所學的東西付諸實行。每章都針對邊緣 AI 工作流程如何應用於實際案例提供了一個端對端應用，並從想法一路介紹到產品。

希望這些章節對您來說不但資訊豐富又深具啟發，讓您在閱畢本書時就已準備好自行運用這些原則。

第十一章

案例：野生動物監測系統

現在我們已經擁有為邊緣應用程式開發機器學習模型的基礎知識，第一個要討論的使用案例將與野生動物保育和監測相關。在本書的每個操作案例當中，我們將透過第九章談過的開發工作流程，來探索潛在問題與相關解決方案。

由於各種人類文明的影響以及環境因素或災害，世界各地的瀕危物種正在迅速消逝。其主因為棲息地的流失、退化和破碎化[1]，而人類活動諸如城市化、農業和資源開採等正是背後的元凶。正因如此，許多物種正面臨滅絕危機。

越來越多 AI 和邊緣 AI 應用為了野生動物保育而生，應用範圍從早期破獲野生動物非法交易到監測瀕危物種，再到自動辨識盜獵者等等。如本書之前談到的，邊緣 AI 是在裝置本機上處理資料而非在雲端。這對野生動物保育來說非常重要，因為它不需要網路就可以在野外處理資料。這代表資料能做到即時處理且不需要昂貴的基礎設施，有助於預防盜獵，從而保護地球上最脆弱的物種。

1 更多資訊請參考國家野生動物聯盟的〈Habitat Loss〉一文（*https://oreil.ly/kpOVl*）。

當我們以負責任的態度來使用時，邊緣 AI 可以、也將會對社會和地球產生極為正面的影響。然而科技和 AI 的善惡完全取決於開發者，它們可以用來幫助人們，也可能濫用在傷害他人和違反道德目的。因此仔細思考科技的開發與利用以確保利大於弊至關重要。聯合國[2]和各大科技公司如 Google[3]、Microsoft[4] 等正在擬定各種計畫，以善用手上的 AI 資源以回饋社會和環境保護。

一個以 AI 造福的例子便是眾所周知且已經過深入研究的方法：隱藏式攝影機，用以保護、識別、監測和追蹤瀕危物種。隱藏式攝影機是一種可用於各種野生動物保育研究和監測的強大工具。它可用來監測瀕危物種、研究動物行為以及評估人類活動對野生動物造成的影響，也可用於偵測和跟蹤盜獵者，以及監測瀕危物種的健康狀況和行為等。隱藏式攝影機通常會與像是 DNA 分析等其他方法搭配使用，以更全面地了解該區域的情況。

什麼是隱藏式攝影機？

隱藏式攝影機是一種遠端觸發式相機，用於拍攝動物在棲息地中的照片。相機通常是由動物觸動紅外線（IR）感測器而觸發。

隱藏式攝影機通常會局限在地面上的單一固定位置；尤其適用於大型陸地動物。這個方法僅適合地球上一小部分的物種，因為隱藏式攝影機不適用於水下應用或飛行中的鳥類、快速移動的昆蟲等。

探索問題

野生動物保育一詞是一個十分廣泛的概念，只用一章絕對講不完，也無法僅靠一個機器學習模型就能解決。因此，為了符合本書主題，我們將把範圍縮小至保護國際自然保育聯盟（IUCN）瀕危物種紅皮書（*https://www.iucnredlist.org*）上的特定物種。

我們還需要探索欲解決之問題的困難程度：有哪些成本、差旅、實作和基礎設施或政府限制，將阻礙我們建立非營利目的的機器學習模型呢？

---

2 更多資訊請參考「United Nations AI for Good」網站（*https://aiforgood.itu.int*）。

3 更多資訊請參考 Google「AI for Social Good」網站（*https://aiforgood.itu.int*）。

4 更多資訊請參考 Microsoft「AI for Good」網站（*https://oreil.ly/8ZLQI*）。

探索解決方案

由於瀕危物種是自由地在野外遊蕩，不管白天還是晚上人類都很難用肉眼發現牠們。隱藏式攝影機之所以特別管用是因為它能夠幫助人類在不干擾自然棲息地的情況下跟蹤、計算和辨識瀕危動物與其威脅。隱藏式攝影機最終得以監控動物，讓牠們在不受到過度影響行為、移動、環境、食物來源等情況下，受到遠端的保護。

保護這些瀕危物種的重要步驟之一是提供保育人員資訊來採取必要行動。這可以有許多不同的形式。就目標而言，我們可以製作一個能夠辨識這些特定物種威脅並提醒人類威脅位置的機器學習模型，也可以辨識、計算和跟蹤動物的所在位置。兩種方法都可以達到同樣的目的，為保護瀕危物種提供必要的訊息。但是，它們各自需要不同組合的機器學習類別和感測器輸入來解決。

設定目標

盜獵即非法狩獵、殺害或捕捉動物。盜獵者通常針對稀有或瀕危動物，獲取牠們的肉、獸角、牙齒或毛皮。盜獵是威脅到許多野生物種生存的嚴重問題。隱藏式攝影機可透過追蹤盜獵者的行蹤和提供起訴用的證據以減少盜獵行為。隱藏式攝影機也可以讓盜獵者意識到自設定目標已受到監視而發揮嚇阻作用：

> 偏遠地區的隱藏式攝影機可以幫助保育區的人員提高區域內非法人類活動（IHA）的偵測率，並透過提出適當的證據提高逮捕和起訴率[5]。
>
> — 引用自《*Biological Conservation*》

隱藏式攝影機也是研究、保護和監測瀕危物種的重要工具。它們讓研究人員能夠在不干擾動物的情況下蒐集生態與行為的相關資料。這些訊息便可用於設計保護瀕危物種及其棲息地的計畫。由於它一視同仁的特性，隱藏式攝影機還提供了監測大範圍協作物種的難得機會，因為紅外線動作感測器是唯一的觸發機制，裝置會接收到由多種不同物種[6]所觸發的大量影像資料。

---

5 Abu Naser Mohsin Hossain et al., "Assessing the Efficacy of Camera Trapping as a Tool for Increasing Detection Rates of Wildlife Crime in Tropical Protected Areas" (*https://doi.org/10.1016/j.biocon.2016.07.023*), Biological Conservation 201 (2016): 314–19.

6 Abu Naser Mohsin Hossain et al., "Pangolins in Global Camera Trap Data: Implications for Ecological Monitoring" (*https://doi.org/10.1016/j.gecco.2019.e00769*), Conservation 201 (2016): 314–19.

設計解決方案

為了讓用於監控瀕危物種之隱藏式攝影機系統的機器學習模型，來避免許多道德難題，我們可以透過追蹤和監控環境中的外來入侵物種，來促進瀕危物種的保育和福利。透過隱藏式攝影機來監測裝置所處環境中入侵物種的位置和數量，並將這些訊息提供給該地區的保育人員有助於瀕危動物的保育：當地資源和非自然物種入侵或非自然掠食者的數量會減少，讓瀕危動物族群得以恢復和繁衍。

本書將設計並實作一個低成本但高效率又容易訓練的隱藏式攝影機，使其能夠監測一種您自己選擇的入侵物種。不過，保育和監測陷阱不一定非得採用相機型的解決方案，透過本章和本書所提供的原則和設計工作流程，也可以實作出許多其他類型的機器學習模型和應用，包括使用音訊資料來分類動物的叫聲或鳥鳴、使用水下聲音 / 雷達聆聽海洋聲音，並追蹤與辨識鯨魚等。

有哪些既有的解決方案？

隱藏式攝影機已經廣泛地應用於商業和保育 / 監測目的，自 1990 年代以來便相當普及。透過將動作感測器整合於相機上，戶外野生動物相機就會在感測器偵測到動作時觸發，在數天或數月內產生從相機固定視角所拍到的數千張影像。

由於過去要在偏遠地區裝置上整合網路功能實在太耗電，研究人員因此必須回到裝置架設現場手動取得相機中的影像，依相機的架設地點以及偏遠程度不同，有時候是一件相當費力的任務。回收完影像後，訓練有素的研究人員還需要花上數週或數月的時間逐一檢查照片，才能找到目標物種。

透過將 AI 整合到相機中，研究人員現在能夠大幅減少找出目標動物 / 物種所需的時間，因為裝置會讀取每一張因動作感測器觸發而拍下的影像中存在目標物種機率。只有機率最高的影像才會透過網路回傳到研究人員的實驗室，免除了需要真人親自到現場回收相機影像的作業（考慮到架設環境，也可能是項危險的工作）並減少過濾影像所需的工時。

市面上已有隱藏式攝影機專用的 AI 工具，從自動特定偵測未標記影像或影片，到用於雲端上的後期處理、追蹤和計算物種數量等資料擷取工具。這些工具對研究人員來說價值連城，且由於隱藏式攝影機是一項已深入研究和廣泛應用的方法，因此早有大量解決方案可用；在網路上稍微搜尋一下（*https://oreil.ly/*

RSnfF）便可以找到所有的這些解決方案。這些預先建置好的裝置都各有優缺點，因為目前還不可能有一款可以在任何環境下辨識並追蹤任何物種的模型。本章對於這些既有解決方案不會談太多，而是會介紹如何建立一套為當地棲息地設計和部署的隱藏式攝影機。

解決方案的設計方法

描述本問題與設計解決方案的方法有很多，各自的優缺點如下：

辨識瀕危動物

如果可用資料集夠大，或該動物的公開標記影像夠多，那麼訓練與測試資料集就很容易整理，後續模型在裝置環境中的準確度也會夠高。然而，用這種方式設定問題可能會讓盜獵者和其他威脅者輕鬆做出一個本質上極為準確的獵殺工具，尤其取決於裝置所處環境的資料品質。

辨識瀕危動物的入侵掠食者

一個經過充分研究的環境通常有許多關於世界各地入侵物種的公開資料，包括入侵的掠食者、植物和其他野生動物；這類問題及其解決方案通常對試圖提供瀕危物種繁衍成功率的保育人員來說很有幫助，因為可以利用隱藏式攝影機提供的資料找出並消滅入侵威脅。

然而，這個方法很難準確地斷定特定時間內瀕危動物的棲息地中會存在哪些入侵物種，且對動物有害的入侵物種種類繁多，從人類到其他動物或入侵性的有毒植物都有可能。因此，這個問題陳述可能過於廣泛，無法全方位地保護瀕危動物。

此方法的另一個缺點是，它需要模型建立者清楚地意識到，只有當所要辨識的物種已證實為該環境入侵物種的情況下，入侵物種模型才能有效並符合道德。這需要機器學習模型的開發者盡最大的努力，確保模型確實是為了目標區域中的入侵物種而開發，並需要開發者盡可能限制模型不會分配到該物種已不具入侵性的區域中。

這個解決方案還需要確保終端用戶不會利用模型濫殺威脅物種，並遵守該地區的狩獵規則和季節性法規，必要的話還需要遵守覓食 / 摘採 / 清除等規則。

辨識盜獵者及相關威脅

人類 / 人物影像的辨識方法，甚至是人物 / 物件模型已經是機器學習模型開發中一個受到廣泛認可的領域。已經有許多運用相機鏡頭來辨識人類的資料集，無論是低功耗還是高算力的電腦都可使用。然而，此問題的解決方案牽扯到許多道德和安全義務。模型開發者必須確保在訓練和測試資料集中所使用的資料具代表性，且能夠在版權與合理使用原則的規範下使用。

生成後的模型也只能是二元分類：用是或否代表畫面中有沒有生物，與人體偵測很類似。這需要開發方保證不使用或蒐集臉部資料、生物辨識資料和其他辨識訊息。開發者還需要確保模型遵守適用於部署區域的各種隱私和資料相關法規。

辨識其他入侵物種

此方法為確認還有哪些物種可能對所選環境中的瀕危物種構成威脅提供了許多選擇。從植物、昆蟲到其他動物，這類型的模型變化無窮，並且都有益於保護和確保特定瀕危物種的生存。然而，它也與試圖辨識瀕危動物之掠食者有著相同的缺點。

每種方法與其解決方案都各自有其優缺點；您需要根據自身專屬的探索方法為所選方案列出一張優缺點清單！與各類利益相關者，和對您的問題與解決方案有過第一手經驗的前輩腦力激盪會是一個好的開始。除了這些優缺點之外，我們還需要考慮許多其他因素以確保設計是負責任的，之後將進一步討論此部分。

設計注意事項

為了達成研究目標野生動物的總體支援目標，和 / 或辨識與追蹤對選定地區的瀕危物種構成威脅的入侵物種，從技術角度來看，我們可以使用各種資料來源，包括不同類型的感測器和相機，如表 11-1。

表 11-1　實現各種野生動物保育標的感測器

目標	感測器
計算在野外的大象數量	相機
根據叫聲辨別鳥類	麥克風
聆聽海中的鯨魚叫聲	麥克風、HARPs（高頻音訊記錄軟體套件）[a]

目標	感測器
聆聽環境中的威脅（盜獵者、槍聲等）	麥克風
追蹤和識別盜獵者	相機、麥克風
控制和追蹤一般的外來入侵種	相機、麥克風、加速度計、都卜勒雷達

[a] 請參閱美國國家海洋漁業局〈Passive Acoustics in the Pacific Islands〉一文（*https://oreil.ly/d-yVo*）。

上述所有使用案例皆使用了分類這個常見的機器學習方法；或者透過上傳機器學習訓練資料集，其中包含了您想要從裝置上全新且從未見過的感測器資料輸入中所發現的資訊。如果需要複習各種機器學習演算法，請回顧第 102 頁的「根據功能區分演算法類型」。

在選擇野生動物監測目標和使用案例時，您還需要考量到蒐集大量、穩健且高品質的資料集，以訓練機器學習模型所衍生的困難度。正如前幾章討論過的（尤其是第七章），模型的品質完全取決於輸入資料的品質。如果您想建立的是用來辨識罕見且瀕危鳥類叫聲的模型，可能很難獲得足夠的資料集來成功地訓練出高準確度的分類模型。

請回顧第 381 頁的「蒐集資料集」。值得慶幸的是，在網路以及研究資料集與協同專案充足的時代，模型開發者能夠使用和取得許多現有的影像資料庫來辨識特定物種，或下載免費提供的研究，包括動物叫聲、發音、環境化學足跡等各種感測器或音訊資料集。第 225 頁的「取得資料」中討論過這種資料集蒐集法的一些優缺點。

此外，還要考慮裝置架設的位置以及需要哪些感測器以滿足所需環境：

- 裝置在資料蒐集初期階段的架設位置
- 裝置在部署後的架設位置
- 裝置所在位置的平均氣候條件
- 電池供電、USB 供電還是永久電源
- 可能妨礙感測器正常運作或損壞裝置的環境條件（例如水、霧氣、髒污以及其他環境因素）

裝置可能會架設在非常偏僻的地方；根據使用案例的不同，它可能多少需要一些運算能力因此需要更多電池。裝置也有可能接在永久的電源線上，或者功耗非常低以至於每年甚至每幾年更換一次電池就好。永久電源也有可能不適用於使用案例或目標環境。

還要考慮如何把模型推論結果回傳到雲端平台。此類通訊可能會有能源和功率方面的限制，取決於所選的網路協議類型，並會影響到裝置在沒有人為干預、更換電池等情況下可以在實地運作多久。如果裝置一直在移動，又需要如何調控模型才能在所有環境和情況下正常運作呢？

環境影響

請再看一遍第 45 頁「以負責任的態度來開發應用」後再回到本節。接下來將討論解決方案對環境影響的具體注意事項。

模型開發者需要考慮裝置會對架設環境產生怎樣的直接影響。例如，如果您要在雨林中架設一個只為追蹤人類活動的大型裝置，那麼無論實際的裝置使用了什麼措施和套件，本質上都具有侵入性，然而，我們需要思考有多少動物或瀕危物種可能會因為這個裝置及所產生的推論資料而獲救，並在最後權衡利弊。

其他需要考慮的注意事項和問題包括：

- 目標生物本身是否對安裝環境具侵入性？
- 裝置是否對環境具侵入性？裝置的固定基座在無意間可能會對其他物種、昆蟲、細菌等產生負面影響。
- 需要多少人力在實地參與安裝作業？安裝後會留下什麼樣的旅行和安裝足跡？（人類垃圾、蹤跡、對其他動物棲息地的破壞等）
- 裝置如何在辨識到目標物種時通知使用者或雲端系統？
- 裝置架設位置，以及多久需要人工檢查一次？

我們還需要確保裝置不會發出不屬於該環境的非自然光線、聲音、噪音和化學物質。這些因素可能導致試圖追蹤動物的行為異常，進而扭曲資料和推論結果。

警告！動物能聽到或看到隱藏式攝影機[7]

隱藏式攝影機的開發者需要考慮到裝置可能透過以下方式侵入動物的生態環境：

- 聽覺侵入
- 嗅覺侵入
- 習得的關聯性
- 視覺（日間）
- 視覺（夜間）

環境影響還有另一種形式，如果隱藏式攝影機是用來偵測盜獵活動也有可能引起道德難題，並可能會對我們試圖保護土地上的原住民造成直接且負面的影響。曾有報導指出，有政府利用反盜獵行動來排擠一直以來居住於當地並採集食物的少數民族。

任何旨在挑出懲罰對象的 AI 都極有可能存在著被濫用的風險，因為技術很可能以違背開發者初衷的方式遭他人使用，例如，將某個部落趕出村落，政府甚至加裝「反盜獵」相機以確保他們不會回來，或者威權政府拿來對付反叛分子。西方組織提供的這些能力也呼應了多年來所發生的諸多有害技術轉移[8]。

引導

本章將實作一個以「辨識瀕危動物的入侵掠食者」為目的的解決方案（請見第 375 頁的「解決方案的設計方法」），並設計一個模型來偵測和分類**白背松鼠**（又稱芬氏松鼠，*https://oreil.ly/JRz_2*），也就是俗稱的「泰國松鼠」，根據 2022 年 8 月 2 日歐盟更新的清單，荷蘭政府認證該物種為入侵物種（*https://oreil.ly/fSbmw*）。本章的作者是一位荷蘭居民，因此選擇了一個荷蘭政府認證的入侵物種作為使用案例。一旦蒐集好目標動物的資料集，還要加入另一個沒有**白背松鼠**的一般環境影像資料分類。這兩個類別將使影像分類機器學習模型在相機被環境裡的動作觸發時能夠加以判斷：相機拍下一張照片，然後藉由訓練好的機

---

7 Paul D. Meek et al., "Camera Traps Can Be Heard and Seen by Animals" (*https://doi.org/10.1371/journal.pone.0110832*).

8 The Guardian: "Report Clears WWF of Complicity in Violent Abuses by ConservationRangers" (*https://oreil.ly/JQ2tE*).

器學習模型推論並判定環境中是否有白背松鼠。如果產出的影像中有目標入侵物種，模型就會透過所選網路回傳以人工或在雲端進一步處理。

根據荷蘭政府和歐盟（*https://oreil.ly/v1XZh*）表示：

> 在義大利，泰國松鼠（白背松鼠）會剝去樹皮，增加樹木被真菌和無脊椎動物寄生的機會，原產地泰國則認為這種松鼠經常掠食鳥蛋，但在此松鼠引進的地區尚無關於此類影響的資訊。普遍認為樹皮的剝除會對生態系統服務造成負面影響。這對個別樹木和整個經濟林都可能產生重大影響。樹皮的剝落還可能導致例如真菌感染等衍生污染。在義大利造成的後果即是不得不砍伐樹木[9]。

定義機器學習類別

表 11-2 為用於蒐集和標記訓練及測試資料集的使用案例、感測器和資料輸入類型以及機器學習分類的組合。使用案例及其相關的類別標籤對於本章所使用的機器學習演算法非常重要，尤其是「分類」。更多資訊請回顧第 102 頁的「分類」。

表 11-2 適用於各種使用案例的機器學習類別

使用案例	訓練資料	類別標籤
隱藏式攝影機	影像	目標動物、背景環境（有無其他動物）
隱藏式錄音機	麥克風資料	隱藏式錄音裝置
動物偵測	影像（包含邊界框）	目標動物
隱藏式動作偵測器	加速度計、雷達或其他空間訊號	目標動物的動作
隱藏式化學偵測器	氣體訊號	環境氣體、目標物種的化學特徵

本章將以傳統的隱藏式攝影機使用案例為基礎，使用遷移學習技術進行機器學習影像分類，並試著回答「目標動物是否出現在相框中？」這個問題。專案的機器學習類別共有「目標動物（target animal）」和「背景環境，有 / 無其他動物（background environment, with or without other animals）」，或更單純的「未知（unknown）」。

9 "Thai Squirrel," Dutch Food Safety Authority, 2022.

蒐集資料集

有關如何蒐集乾淨、健全且有幫助的資料集之技術和具體資訊，請回顧第 225 頁的「取得資料」。您也可以運用各種策略從多個來源蒐集資料，為您的案例建立專屬的獨特資料集：

- 結合公開的研究資料集
- 結合來自多個公開資料集的無動物環境影像與已標註的目標動物影像資料
- 使用現成的大型影像資料集，例如 COCO（common objects in context）

搜尋公開的可用影像資料集

您也可以使用來自看似無關的來源之資料集；例如，如果目標的入侵物種生活在葡萄牙，但該環境中沒有大量已標記的目標物種影像資料集，那麼您可以找出其他葡萄牙物種的研究資料集，並在訓練 / 測試資料集中將它們視為「非目標入侵物種」。目標入侵物種甚至有可能在這些影像中，而您的模型在訓練過後，則可以在原始資料集開發者毫不知情的狀況下辨識出來！

Edge Impulse

Edge Impulse Studio 是一款免費的雲端平台，有著完整端對端機器學習管線所需要的所有工具和程式碼，包括蒐集和標記高品質訓練 / 測試資料集、使用各種數位訊號處理技術提取資料中最重要的特徵、設計，與訓練機器學習模型、測試和驗證模型的實際效能 / 準確度，並藉由便利的 Edge Impulse SDK 以各種函式庫格式部署模型等。本章以及後續使用案例都將使用 Edge Impulse Studio 來減少模型開發的時間，以及需要編寫的程式碼數量，以便能夠涵蓋完整的邊緣機器學習模型開發管線流程與後續部署。

更多關於使用 Edge Impulse 進行邊緣機器學習模型開發的理由，請參閱第 170 頁的「端對端邊緣 AI 平台」。

為了順利完成本章的後續步驟，請先建立一個免費的 Edge Impulse 帳戶（*https://edgeimpulse.com*）。

Edge Impulse 公開專案

本書的每一個使用案例章節都包含了一份書面教學，以完整示範並實現所述案例的端對端機器學習模型。若您想直接查看本章開發最後的確切資料和模型的話，請直接點選本章所對應的 Edge Impulse 公開專案（*https://oreil.ly/DP1gJ*）。

您也可以從 Edge Impulse 頁面右上角點選「Clone」來直接複製此專案，包括所有原始的訓練和測試資料、中間模型資訊、最終生成的訓練模型結果以及所有部署選項，如圖 11-1。

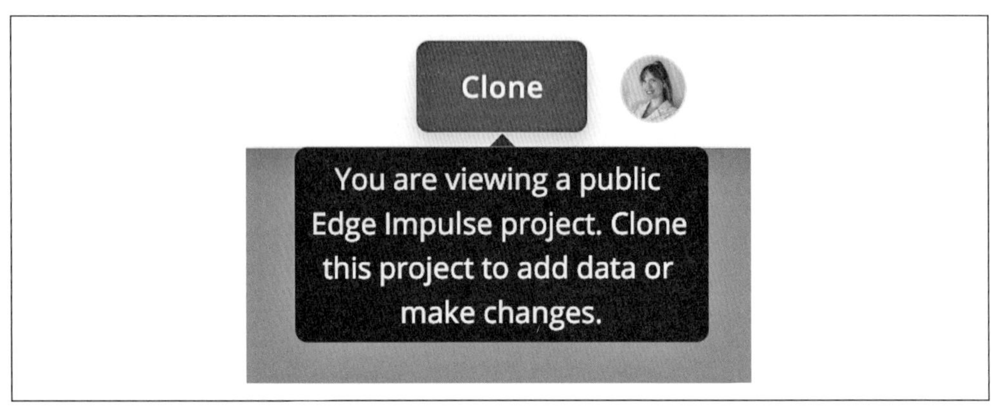

圖 11-1　複製 Edge Impulse 公開專案

選擇硬體和感測器

本書將盡量使用跨平台裝置，但也需要討論如何使用現成又方便的開發套件來建立針對該案例的解決方案。由於我們假設本章所述教學將極有可能用於合乎道德與非營利目的，也就是說讀者可動用的嵌入式工程資金、資源、開發人員等資源有限，因此本書的目標是讓硬體選擇盡可能地單純、可負擔且容易取得。

為了快速輕鬆地取得並部署資料，又不需要編寫任何程式碼，我們將使用 Edge Impulse WebAssembly 函式庫和手機版來取得新資料，並部署所生成的訓練模型到手機上。Edge Impulse 也針對其他同樣容易部署的裝置提供了大量官方支援的平台（*https://oreil.ly/stMSR*），從 MCU 到 GPU 都有可用的開放原始碼預寫韌體。如果裝置不在 Edge Impulse 的官方支援平台清單中，還是可以用，但需要將已部署的 C++ 函式庫和裝置的驅動程式碼整合到您的應用程式碼中，做法跟一般的嵌入式韌體開發工作流程一樣。

如何選擇平台並非本書的重點，因為我們的目標是讓幾乎任何實體裝置平台（若無任何記憶體或延遲限制）都可以實作出各使用案例的解決方案。您可以用 Raspberry Pi 搭配各種感測器來解決所有使用案例，同樣能夠達到與本書相同的目標。

然而，根據使用案例目標的不同，選擇 Raspberry Pi 可能會迫使您不得不選用能讓 Pi 正常運作所需的昂貴電源需求，但相比之下，這個選擇的成本可能會比較低，且能夠大幅地縮短軟體的總開發時間（當然這是指只有一台現場裝置；如果需要大量相同的裝置，那麼 Raspberry Pi 加感測器 / 相機的配置很可能會比 MCU/ 整合式感測器 / 相機的解決方案來得更貴）

硬體配置

如何挑選主邊緣裝置和附加相機套件，這樣的組合可說是無窮無盡。本章將保持跨平台裝置原則，但假設目標裝置類似於 OpenMV Cam H7 Plus（*https://oreil.ly/hZddx*）（附 RGB 整合式相機）。

裝置在架設上有一些限制：隱藏式攝影機只能在白天有效地運作；如果動物離鏡頭太遠，輸入影像的畫質可能會太差，導致無法準確地偵測出目標動物的所有實例；裝置可能太耗電，因此無法長時間放任它在現場獨自運作；如果想要用灰階捕捉特定顏色的動物，輸入影像可能會產生不準確的預測結果[10]。

以下是一些其他相機套件選項和需要考慮的條件，以針對特定環境、用例、專案預算等提高野生動物監測模型的準確度：

- 高品質相機
- 低品質相機
- 紅外線、熱成像相機
- 灰階或彩色（RGB）輸入
- 鏡頭焦距
- 輸入影像像素密度

10 更多資訊請參考：Fischer et al.,〈The Potential Value of Camera-Trap Studies for Identifying, Ageing, Sexing and Studying the Phenology of Bornean Lophura Pheasants〉(*https://oreil.ly/id-Bc*).

蒐集資料

Edge Impulse 提供了許多上傳和標註專案資料的選項：

Edge Impulse Studio 上傳器（*https://oreil.ly/b3url*）

　網頁上傳器可以讓您直接從電腦上傳各種格式的檔案到 Edge Impulse 專案中。它還能藉由檔案名稱幫您自動標註樣本。

CLI 上傳器（*https://oreil.ly/cxdp4*）

　CLI 上傳器可以讓您直接從電腦本機的指令終端上傳各種格式的文件和輸入選項到 Edge Impulse 專案中。工作室也可以透過檔名自動為您標註樣本。

擷取 *API*（*https://oreil.ly/myL7K*）

　編寫一個資料蒐集腳本就能輕鬆呼叫擷取 API，並透過網路協議將硬體平台連接到 Edge Impulse 專案。使用您所選的腳本語言就能設定定時器和觸發器，透過 Edge Impulse 專案 API 金鑰自動將影像上傳到專案（*https://oreil.ly/623ly*）。

資料來源（雲端儲存桶整合）（*https://oreil.ly/1QweQ*）

　直接從雲端儲存桶中提取資料並自動觸發 Edge Impulse 專案回應（這個方法特別適合用於透過主動學習策略來逐步改進模型的專案）。

更多有關 Edge Impulse 資料擷取格式的資訊，請參閱 Edge Impulse API 文件（*https://oreil.ly/Z5IzD*）。

將裝置直接連到 Edge Impulse 來蒐集資料

有多種方法可將資料從所選平台上傳到 Edge Impulse 專案。

如果所選裝置是官方支援的平台，根據 Edge Impulse 開發板文件中對應的韌體更新指南來操作即可（*https://oreil.ly/ULIdQ*）。

如果官方並未支援您所選的裝置平台，請按照開發平台移植指南（*https://oreil.ly/iOo23*），將 Edge Impulse 的資料擷取 API（*https://oreil.ly/FsCTx*）整合到您的嵌入式裝置韌體中。注意，移植通常很耗時，且大多數的專案也用不到，除非您希望所選裝置出現在 Edge Impulse 社團的精選裡（*https://oreil.ly/xxTwr*）；或者，您也可以使用 Edge Impulse CLI 序列資料轉發器（*https://oreil.ly/c9qb0*），透過序列埠或 WebUSB，快速且輕鬆地將資料上傳到 Edge Impulse 專案中。

您也可以使用手機或電腦直接從裝置相機上傳新影像。請至專案的「Device」標籤頁查看所有連線選項，如圖 11-2。

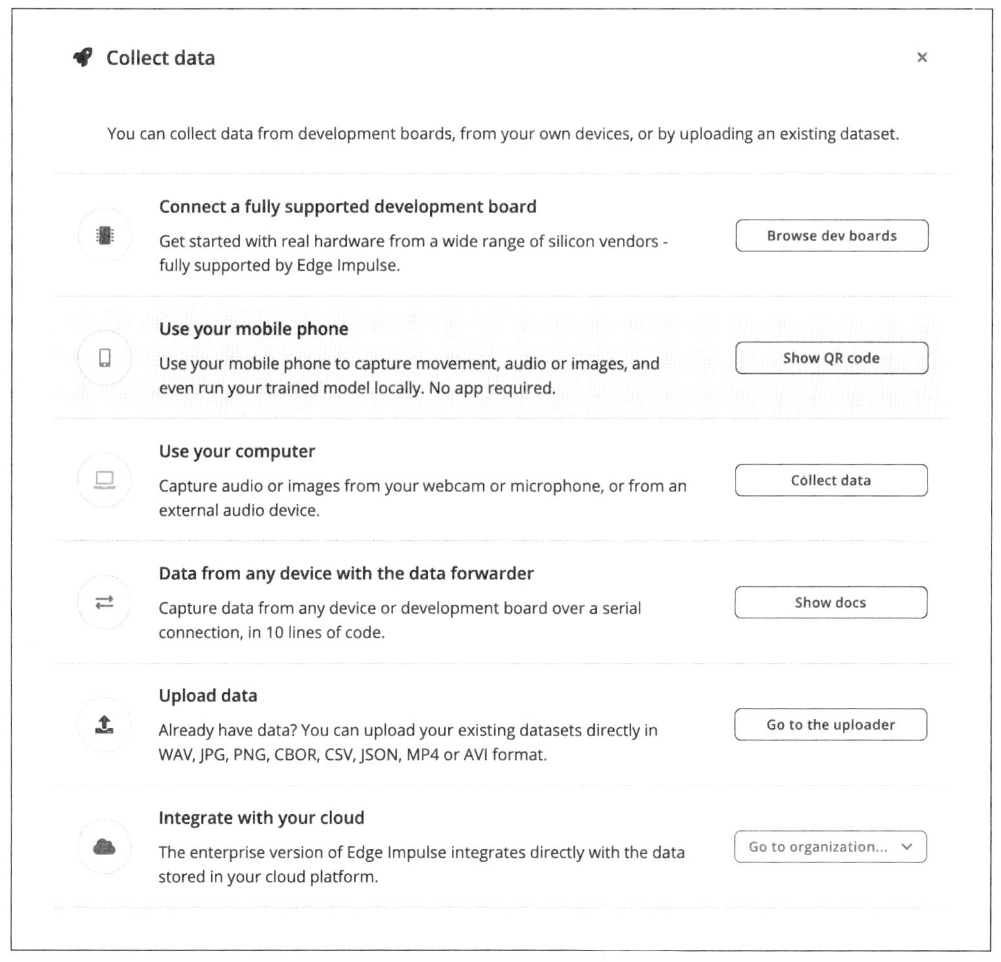

圖 11-2　Device 標籤頁中的「Collect data」畫面

iNaturalist

由於大多數人手邊不會有大量可用的入侵物種影像資料，因此需要第二種形式的資料蒐集才能開始建立入侵動物影像的資料集。在此教學範例中，我們不會在野外架設裝置來蒐集未標記的原始動物影像，而是會從目標地區的社群來取得已經（在某種程度上）有可靠標籤的目標物種影像。在此會使用 iNaturalist（*https://www.inaturalist.org*）資料庫來查詢已辨識物種的影像、進一步查詢物種名稱並下載含有 iNatural 影像 ID 和攝影師名稱的影像資料集。

請建立一個 iNaturalist 帳戶以登入 iNaturalist 匯出網站，並執行以下請求（*https://oreil.ly/u4m7i*）。

首先，查詢所需物種名稱，並在 iNaturalist 取得含有以下欄位的 CSV 檔檢查格式、user_login、quality_grade、license、url、image_url，如範例 11-1 和圖 11-3。

範例 11-1　查詢白背松鼠

```
q=Callosciurus+finlaysonii&search_on=names&has%5B%5D=photos
   &quality_grade=any&identifications=any
```

Export Observations

1 Create a Query

Create an observation query just like you would elsewhere on the site. You can also cut and paste an observations URL from another part of the site. Your query should return **no more than 200,000 observations**.

q=Callosciurus+finlaysonii&search_on=names&has%5B%5D=photos&quality_grade=any&identifications=any

3 Choose columns

Choose the columns you want to export

Basic (All | None)

☑ id	☐ observed_on_string	☐ observed_on	☐ time_observed_at
☐ time_zone	☐ user_id	☑ user_login	☐ user_name
☐ created_at	☐ updated_at	☑ quality_grade	☑ license
☑ url	☑ image_url	☐ sound_url	☐ tag_list
☐ description	☐ num_identification_agreements	☐ num_identification_disagreements	☐ captive_cultivated
☐ oauth_application_id			

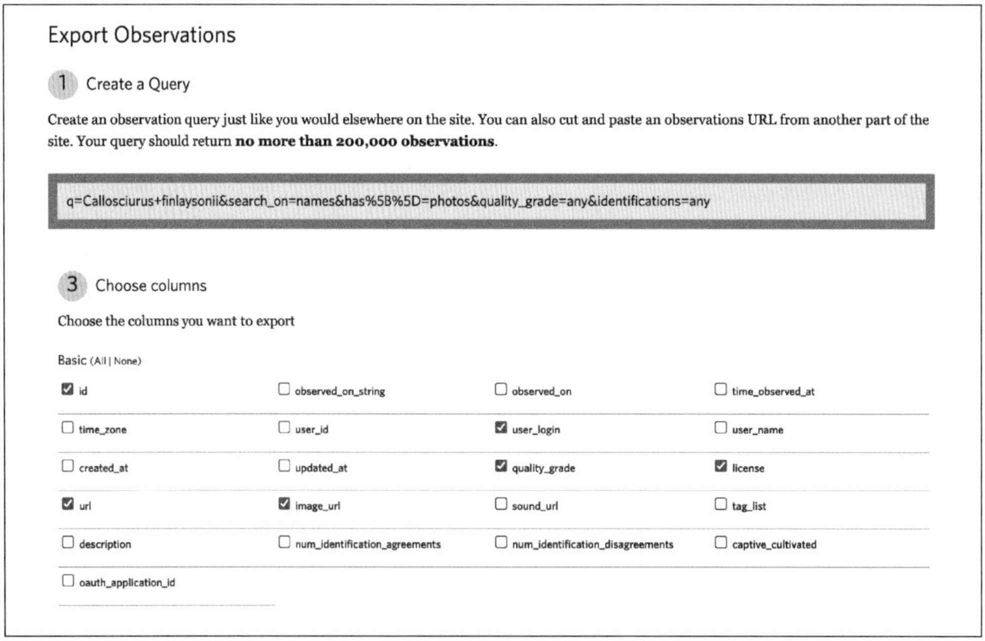

圖 11-3　選擇要包含在 CSV 檔中的欄位

我們還需要一個包含「未知」物種以及不含白背松鼠（或任何動物）的荷蘭環境影像資料集。這些「未知」資料有助於訓練模型在裝置拍攝到目標動物時，做出更準確的預測。使用以下 iNaturalist 欄位查詢資料：id、user_login、quality_grade、license、url、image_url，如範例 11-2 和圖 11-4）。

範例 11-2　查詢地點 ID 為 7506（荷蘭）的未標記影像

```
search_on=place&has[]=photos&quality_grade=any&identifications=any
  &iconic_taxa[]=unknown&place_id=7506
```

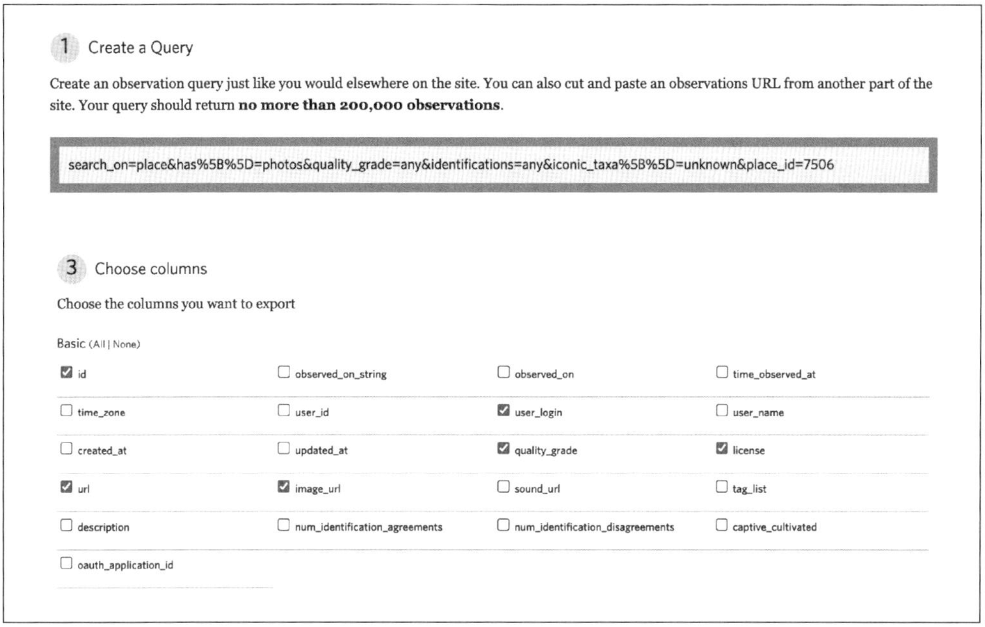

1 Create a Query

Create an observation query just like you would elsewhere on the site. You can also cut and paste an observations URL from another part of the site. Your query should return **no more than 200,000 observations**.

search_on=place&has%5B%5D=photos&quality_grade=any&identifications=any&iconic_taxa%5B%5D=unknown&place_id=7506

3 Choose columns

Choose the columns you want to export

Basic (All | None)

☑ id	☐ observed_on_string	☐ observed_on	☐ time_observed_at
☐ time_zone	☐ user_id	☑ user_login	☐ user_name
☐ created_at	☐ updated_at	☑ quality_grade	☑ license
☑ url	☑ image_url	☐ sound_url	☐ tag_list
☐ description	☐ num_identification_agreements	☐ num_identification_disagreements	☐ captive_cultivated
☐ oauth_application_id			

圖 11-4　選擇要包含在 CSV 檔中的欄位

下載從上述查詢中產生的 iNaturalist CSV 檔並存檔。

現在，使用生成出來的 CSV 檔以及範例 11-3 中的 Python 程式碼下載和儲存 iNaturalist 的查詢影像至電腦裡，同時將原始 iNaturalist 上傳者使用者名稱歸屬至下載文件。執行腳本兩次，一次針對目標動物，一次針對「未知」影像。將這些文件保存在兩個不同的目錄中，例如 */unknown/* 和 */animal/*，如範例 11-3。

如果您尚未安裝 request 套件，請透過 pip 安裝：

```
python -m pip install requests。
```

範例 11-3　從 iNaturalist 下載影像的 Python 程式碼

```
import csv
from pathlib import Path
import requests

directory = Path("unknown") # Replace directory name, "unknown" or "animal"
directory.mkdir(parents=True, exist_ok=True)

with open("observations-xxx.csv") as f: # 取代 csv 檔名
    reader = csv.reader(f)
    next(reader, None) # 略過標頭列
    for data in reader:
        # 檔案命名方式為 id.user_login.extension
        id_, user_login, url = data[0], data[1], data[5]
        extension = Path(url).suffix
        path = directory / f"{id_}.{user_login}{extension}"
        img = requests.get(url).content
        path.write_bytes(img)
```

如果您想在影像 URL 中拿掉查詢參數（如上述），請將 `Path(url).suffix` 換成 `Path(url.split("?")[0]).suffix`。

這個腳本的執行可能會需要一些時間，取決於 CSV 檔有多大以及 iNaturalist 查詢產生了多少結果。就本使用案例而言，建議將 iNaturalist 查詢結果限制在 4000 以下。您可以修改查詢設定以減少 iNaturalist 查詢的輸出，例如只包括品質符合研究等級的影像或來自特定 Place ID 的影像等。在 iNaturalist 網站（*https://oreil.ly/SGCIr*）的辨識搜索欄位中的「Place」一欄輸入地點便可查詢特定的 place ID，輸入完後點選 Go，place ID 就會出現在 URL 中。例如，紐約市的 Place ID 為 674：*https://www.inaturalist.org/observations/identify?place_id=674*。

資料集的限制

即便有了從 iNaturalist 獲得的強大資料集，仍然存在許多限制。當相機記錄多次偵測到某個未標記動物時，其實無法判斷這些影像中較常看到多個移動個體，還是相同個體多次進入相機視野中[11]。

11　Neil A. Gilbert et al., "Abundance Estimation of Unmarked Animals Based on Camera-Trap Data" (*https://doi.org/10.1111/cobi.13517*).

iNaturalist 比較偏好近距離或占據較大畫面的動物影像。這種影像偏好可能會降低機器學習模型在真實世界中的準確度，因為近距離的影像往往不會包括太多環境背景，結果便是產生出一個希望每隻動物都很靠近鏡頭的模型。

為了減少這種偏差，可能會需要用到「主動學習」法以逐漸改善模型——例如，先部署一個次級模型以拍攝目標動物的新影像，將這些新影像直接存在裝置上或上傳到雲端儲存桶中，然後確認這些影像中是否有動物，標記後上傳到專案的原始訓練資料集中，最後重新訓練模型並部署到裝置上。

資料集授權和法律義務

建立 Edge Impulse 帳戶後，每個用戶都必須遵守以下使用條款、授權和條款：

- Edge Impulse 隱私權條款（*https://oreil.ly/Ud6ja*）
- Edge Impulse 服務條款（*https://oreil.ly/0y-PK*）
- Edge Impulse 負責任 AI 授權條款（*https://oreil.ly/rmeaN*）
- Edge Impulse DMCA（數位千禧年著作權法）條款（*https://oreil.ly/a6SwO*）

假設您遵守上述規則和條件，建立並部署模型到裝置上就不需要訂閱或付費；截至本書的撰寫時間（2022 年），所有 Edge Impulse 的免費用戶都可以免費地發布和部署模型到不限數量的量產裝置上。若資料本來就是自己的，那麼您在邊緣 AI 模型的整體生命週期中都擁有知識產權。

如果您是從第三方網站（例如 iNaturalist）下載資料集，就需要確保所取得的資料可用來重新發布或用於商業用途。更多有關 iNaturalist 使用條款的資訊請參考：*https://oreil.ly/Thjyc*。

對於其他任何資料集，也請確保您以合法、公平且合乎道德的方式來取得、發布和使用。許多資料集蒐集網站會採用 Creative Commons（*https://oreil.ly/AyCfy*）或 Apache 等授權條款。在使用這些資料集於邊緣機器學習模型的訓練和測試時需要慎重考慮。如果有任何疑問，請寫信給資料集所有者或資料蒐集網站支援團隊，以了解更多關於資料使用條件、歸屬義務和法律釋疑等訊息。

清理資料集

由於我們已經從 iNaturalist 下載了影像資料集，這些影像已經用相關的機器學習類別標註完成了，所以在上傳影像到 Edge Impulse 專案之前不太需要再清理資料集。

但是，如果您有一個含有已標註影像的小資料集，以及一個含有相關但未標註影像的較大資料集，Edge Impulse 提供了一個稱為「資料探索器（data explorer）」的工具（*https://oreil.ly/uhD9P*），讓您可以藉由預訓練模型（如圖 11-5）、事先訓練的 Impulse 或預處理區塊，來大量標記訓練或測試資料集中的未標記影像。當然，如果還沒有用較小的資料集訓練過模型，這個工具是沒辦法用的，因為像是 MobileNetV2 這種 ImageNet 模型不會針對特定物種來先行訓練。您也可以在 t-SNE（適用較小資料集）和 PCA（適用於任何大小的資料集）兩種不同的降維方式之間做選擇。

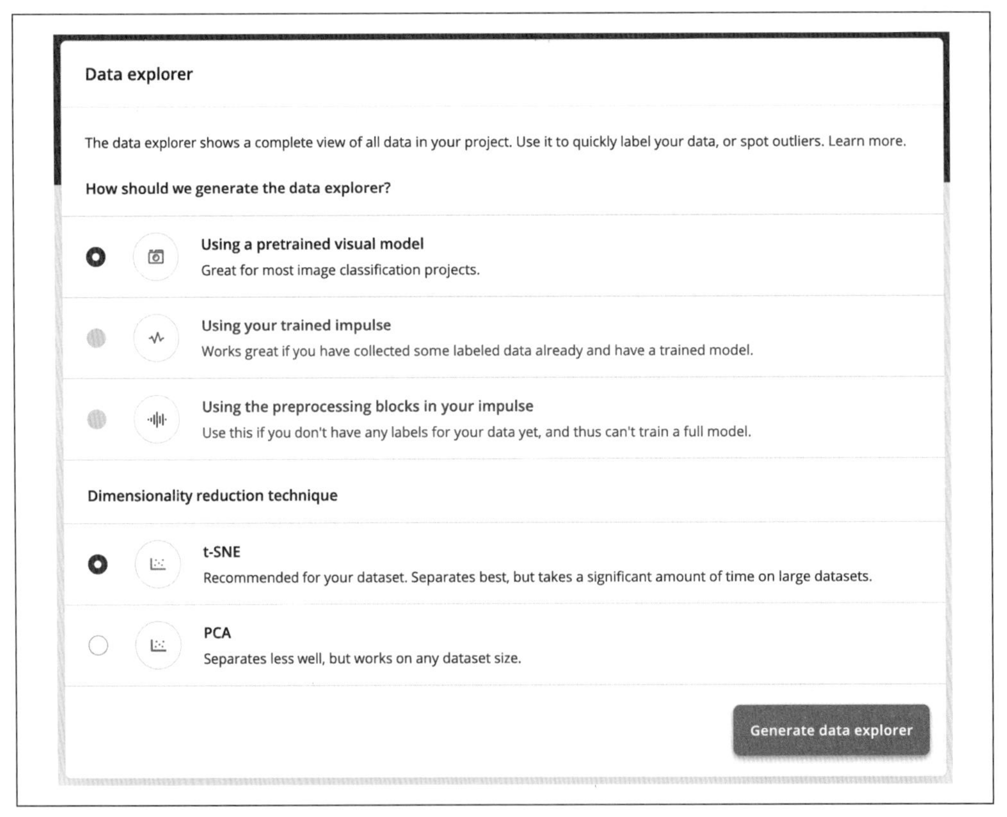

圖 11-5 Edge Impulse Studio 資料探索器

上傳資料到 Edge Impulse

請按照 iNaturalist Python 資料下載腳本，使用 Edge Impulse 專案 web GUI，或以下 Edge Impulse CLI 上傳器（*https://oreil.ly/l_OQo*）指令，將影像上傳到 Edge Impulse 專案，如圖 11-6，並確保將 `[your-api-key]` 換成您的 Edge Impulse 專案 API 金鑰，將 `[label]` 換成「unknown」或目標動物名稱，並將 `[directory]` 改為您在 iNaturalist Python 腳本中指定的文件目錄：

```
$ edge-impulse-uploader --api-key [your-api-key] --label [label] \
    --category split .[directory]/*
```

無論是網頁介面還是 CLI 上傳器都可以自動將上傳的影像以 80/20 的比例（適用大多數機器學習專案）分割為 `training` 和 `testing` 資料集。

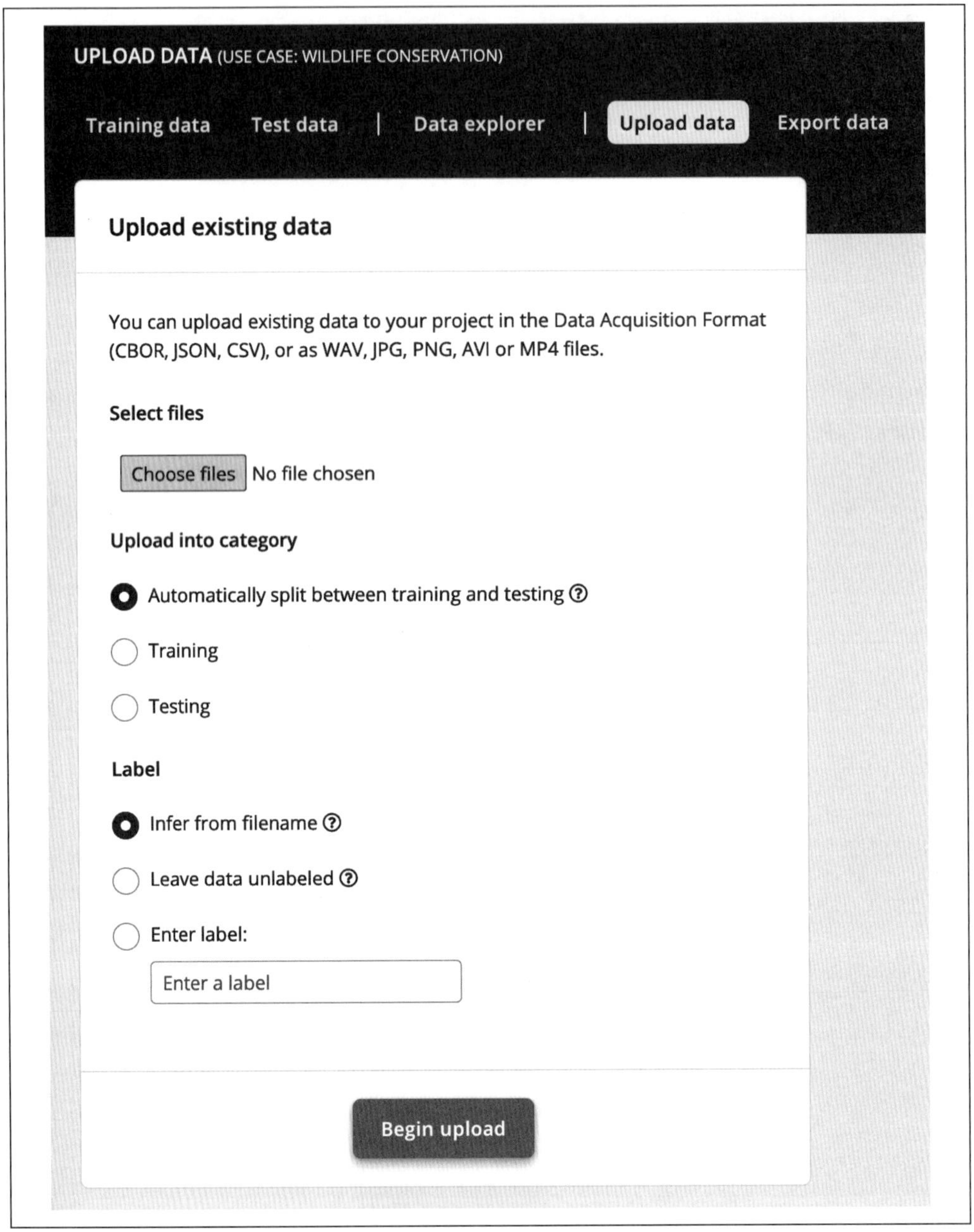

UPLOAD DATA (USE CASE: WILDLIFE CONSERVATION)

Training data | Test data | Data explorer | Upload data | Export data

Upload existing data

You can upload existing data to your project in the Data Acquisition Format (CBOR, JSON, CSV), or as WAV, JPG, PNG, AVI or MP4 files.

Select files

Choose files No file chosen

Upload into category

Automatically split between training and testing

Training

Testing

Label

Infer from filename

Leave data unlabeled

Enter label:

Enter a label

Begin upload

圖 11-6 將現有資料集上傳到 Edge Impulse 網頁上傳器

DSP 和機器學習工作流程

現在我們已經將所有影像上傳到訓練和測試資料集中，接下來需要使用數位訊號處理法（DSP）來擷取原始資料中最重要的特徵，然後訓練機器學習模型以識別影像特徵中的模式。Edge Impulse 將 DSP 和 ML 訓練工作流程稱為「Impulse design」。

您可以在 Edge Impulse 專案中的「Impulse design」標籤頁查看並建立一個完整的端對端視覺化機器學習管線。最左邊是原始資料區塊，Edge Impulse Studio 會在此擷取並處理資料；本章案例用的是影像，因此它會將所有影像標準化好讓它們的尺寸都一樣，如果影像不是正方形，則會依所選方式裁剪。

接下來是 DSP 區塊，我們將在此藉由一個開源數位訊號處理腳本提取影像裡最重要的特徵。一旦生成了資料特徵，學習區塊將依照架構和配置設定期望來訓練神經網路。

最後會看到部署輸出訊息，包括希望已訓練機器學習模型進行分類的類別。

請在 Edge Impulse 專案中按照圖 11-7 設定「Impulse design」標籤頁，或如各區塊彈出視窗所述，最後點選「Save Impulse」。

影像資料

- 影像寬度：160
- 影像高度：160
- 調整大小模式：符合最短軸

處理區塊

- 影像

學習區塊

- 遷移學習（影像）

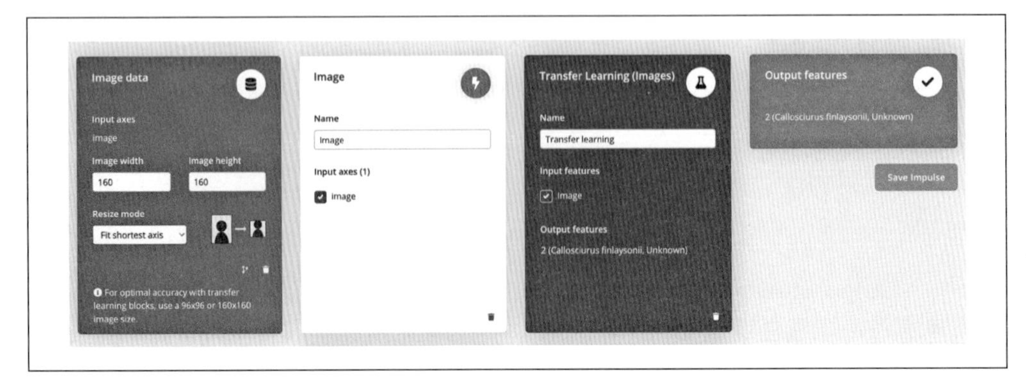

圖 11-7　Impulse design 標籤頁的配置

數位訊號處理區塊

本章專案將使用 Edge Impulse Studio 裡預設的影像 DSP 演算法。我們在「Impulse design」標籤頁中所選的影像處理區塊是預先編寫好的，您可免費使用並免費從平台部署。影像區塊中的完整程式碼請參考 Edge Impulse GitHub 的「processing-blocks」（*https://oreil.ly/jjL2E*）。更多關於 Spectral Analysis 演算法的具體內容請回顧第 98 頁的「影像特徵偵測」。

如果您想編寫自訂的 DSP 區塊並在 Edge Impulse Studio 中使用，只需按照 Edge Impulse 自訂處理區塊教學（*https://oreil.ly/Dx2KJ*）便可輕鬆地用您所選的程式語言辦到。

不過，如果您決定為應用程式編寫自訂 DSP 區塊，請記得還要編寫與自訂 DSP Python/MATLAB 等相應的 C++ 實作，好讓模型部署能夠如期地在 Edge Impulse SDK 中運作。這是在 Edge Impulse Studio 中使用現成 DSP 區塊的主要好處，因為它減少了從資料蒐集到特徵擷取再到部署的總開發時間；您不需要在應用程式端編寫任何自訂的 C++ 程式碼，一切都已經整合在部署函式庫中並可以直接編譯。

請至側邊選單中的「Image」標籤頁，保留色彩深度為 RGB 後點選「Save parameters」。現在，點選「Generate features」來產生「Feature explorer」的結果，如圖 11-8。

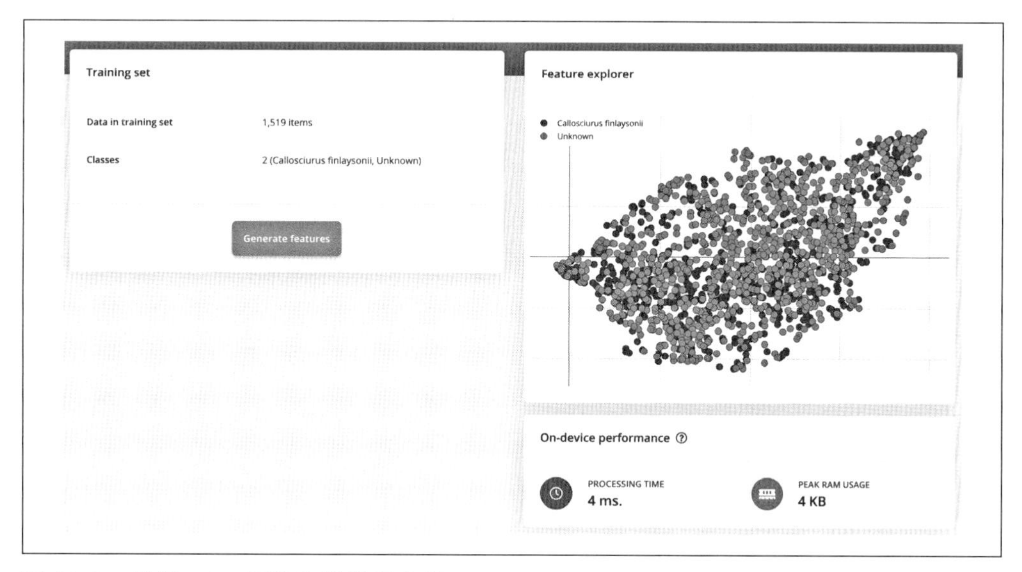

圖 11-8　影像 DSP 區塊和特徵探索器

機器學習區塊

現在我們已經準備好訓練邊緣機器學習模型了！ Edge Impulse 提供多種訓練模型的方式，其中最簡單的便是使用視覺（或圖形化使用者網路介面）編輯模式。但如果您是機器學習工程師、專家，或具備 TensorFlow / Keras 的經驗，那麼您也可以在本機或是 Edge Impulse Studio 的專家模式中來編輯遷移學習區塊。

請從「Transfer learning」標籤頁中，設定專案的神經網路架構和其他訓練配置。

視覺模式

配置並設定機器學習訓練還有網路神經架構最簡單的方法便是透過 Edge Impulse 的視覺模式，或是透過側邊選單「Impulse design」中「Transfer learning」標籤頁的預設。使用遷移學習區塊來建立 impulse 時，會自動帶入以下預設值，如圖 11-9；如果操作時看到的設定並非如此，請將這些設定複製到您的遷移學習區塊中即可：

- 訓練週期數量：100
- 學習率：0.0005
- 驗證集大小：20%

- 自動平衡資料集：取消勾選
- 資料增強：取消勾選
- 神經網路架構：MobileNetV2 96x96 0.35（最終層：16 個神經元，丟棄率 0.1）

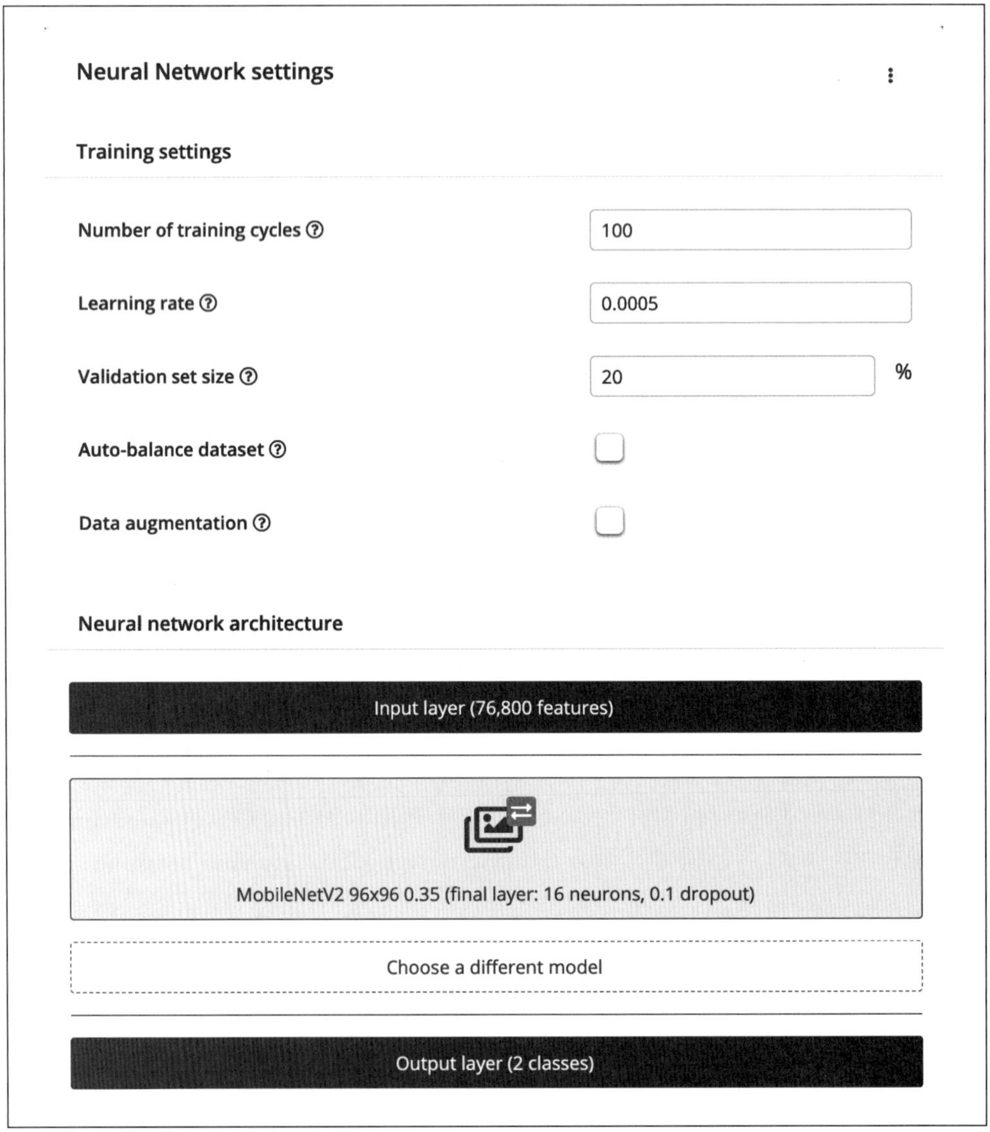

Neural Network settings

Training settings

Number of training cycles ⓘ 100

Learning rate ⓘ 0.0005

Validation set size ⓘ 20 %

Auto-balance dataset ⓘ

Data augmentation ⓘ

Neural network architecture

Input layer (76,800 features)

MobileNetV2 96x96 0.35 (final layer: 16 neurons, 0.1 dropout)

Choose a different model

Output layer (2 classes)

圖 11-9　遷移學習神經網路預設值

輸入設定後，只要點選神經網路架構配置下方的「Start Training」就會在 Edge Impulse 伺服器上開始訓練作業。啟動的訓練作業會完全按照您平常在自己的電腦上執行 TensorFlow/Keras 腳本時訓練模型的方式進行。透過 Edge Impulse，我們便不需要用到本機電腦上的資源，而是利用 Edge Impulse 免費提供給所有開發者的雲端運算時間。這個訓練步驟根據資料集大小可能會需要一段時間；也可以選擇「Training output」的鈴鐺圖示，工作完成時便會收到電子郵件通知，以查看訓練結果的輸出，如圖 11-10 和 11-11。

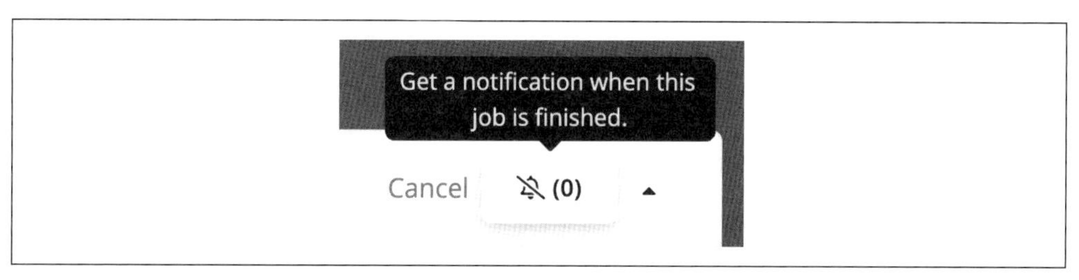

圖 11-10　訓練作業的通知鈴鐺圖示

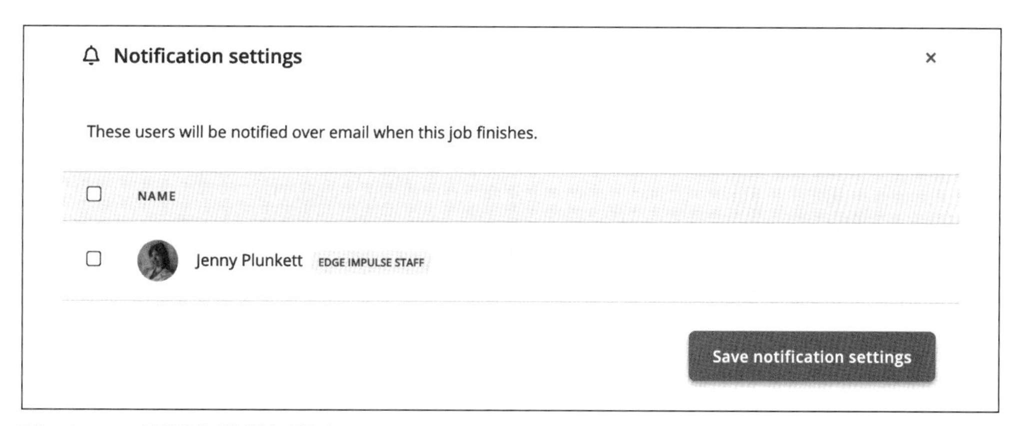

圖 11-11　配置作業通知設定

模型訓練完成後便能從「Model > Last training performance」畫面中檢視遷移學習的結果，如圖 11-12。

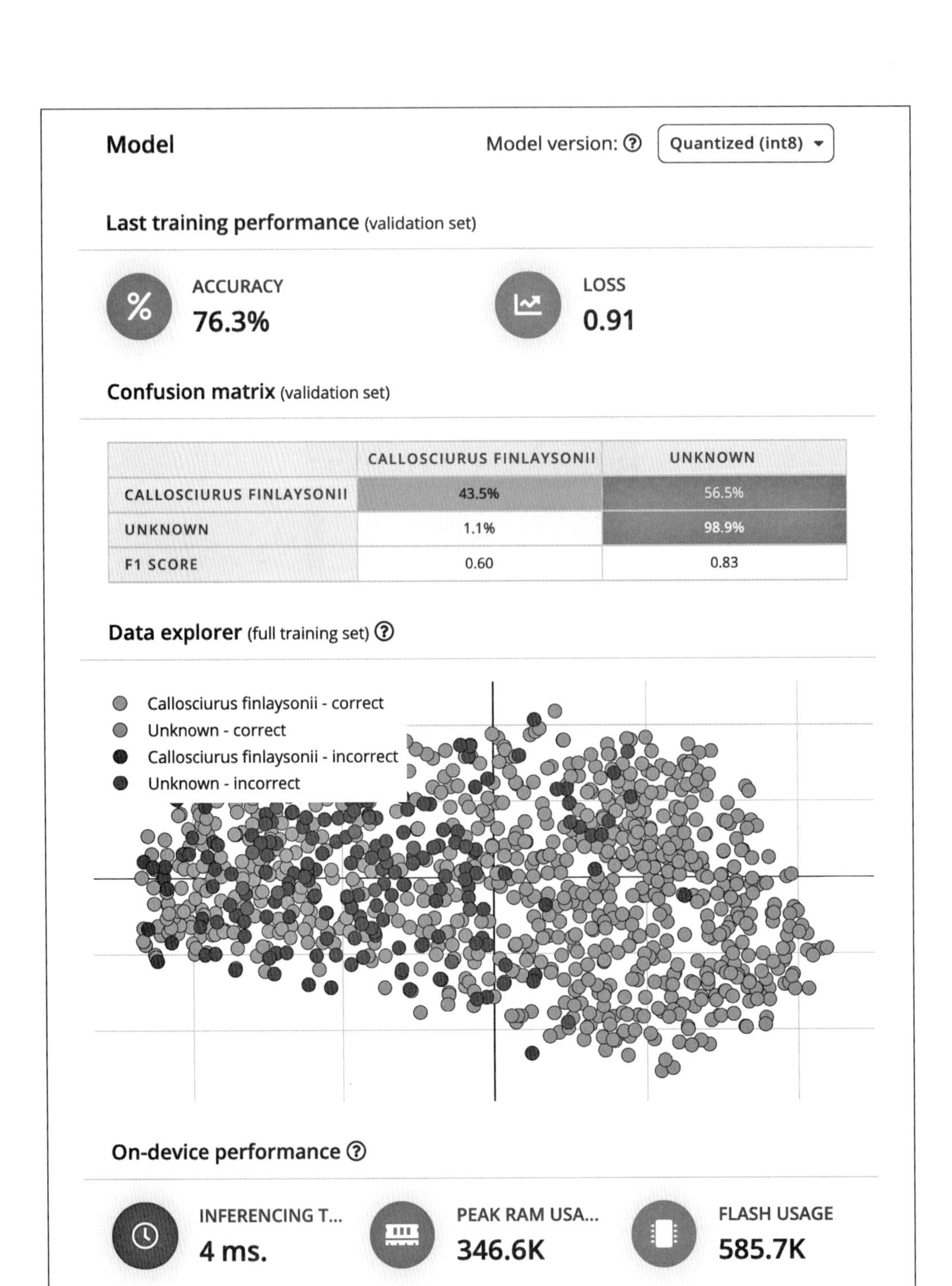

	CALLOSCIURUS FINLAYSONII	UNKNOWN
CALLOSCIURUS FINLAYSONII	43.5%	56.5%
UNKNOWN	1.1%	98.9%
F1 SCORE	0.60	0.83

圖 11-12　預設區塊配置的遷移學習結果（準確度 76.3%）

考慮到目前為止我們只不過是上傳了訓練和測試資料集、使用影像 DSP 區塊提取最重要的特徵、並使用預設區塊配置訓練模型，且沒有編寫任何程式碼，這樣的結果已經很不錯了！在沒有為特定使用案例對神經網路架構、DSP 區塊等自訂任何配置的情況下，76.3% 這個結果是一個很棒的初始準確度。然而，我們還可以透過 Edge Impulse 中的其他工具（如 EON Tuner）來提高模型的準確度，下一節會進一步介紹這個工具。

專家模式

您是機器學習工程師嗎？或者您已經知道如何用 Python 編寫 TensorFlow / Keras 程式碼？您可以透過 Edge Impulse 的專家模式上傳自己的程式碼，或在本機上編輯既有的程式碼區塊，請點選「Neural Network settings」旁邊的三點下拉選單後選擇「Switch to Expert（Keras）mode」（*https://oreil.ly/wpEzB*）或「Edit block locally」（*https://oreil.ly/sYSIP*）。

EON Tuner

自動機器學習工具是很寶貴的工具，它可以自動為您的資料選擇並套入最合適的機器學習演算法、自動調整機器學習模型的參數，以進一步提升模型在邊緣裝置上的效能。Edge Impulse Studio 在專案中提供了一個叫做 EON Tuner 的自動機器學習工具。EON Tuner 會同時評估許多候選模型架構和 DSP 區塊（根據目標裝置和延遲需求做出選擇）以幫助您找出最適合該機器學習應用程式的架構。

請在您的 Edge Impulse 專案中的「EON Tuner」標籤頁中，根據圖 11-13 完成配置設定。

請從 EON Tuner 配置的下拉選單中選擇以下選項：

- 資料集類別：視覺
- 目標裝置：Cortex-M7（或其他任何官方支援平台；如果您使用的是非官方支援平台，請選擇硬體內部與您的裝置規格最接近的平台）
- 每次推論時間（毫秒）：100

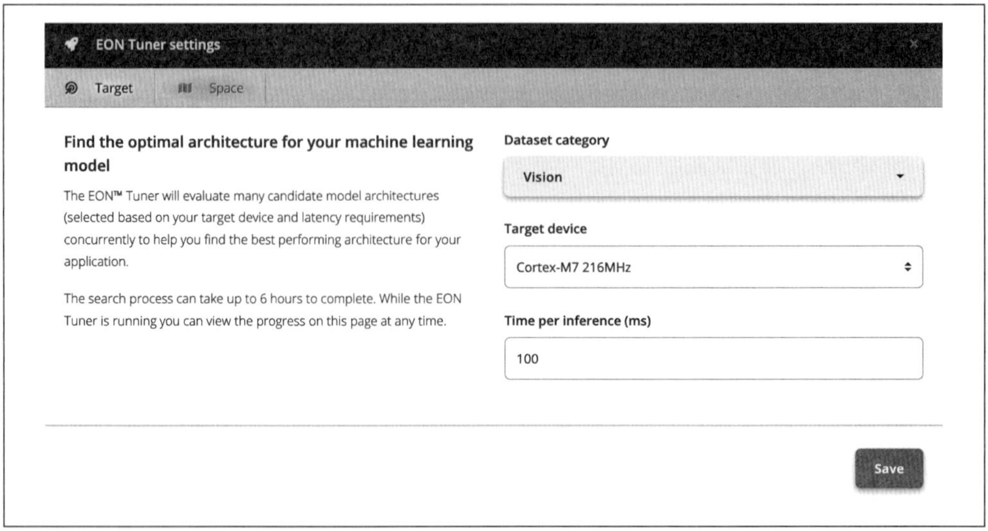

EON Tuner settings
Target
Space
Find the optimal architecture for your machine learning model
The EON™ Tuner will evaluate many candidate model architectures (selected based on your target device and latency requirements) concurrently to help you find the best performing architecture for your application.
The search process can take up to 6 hours to complete. While the EON Tuner is running you can view the progress on this page at any time.
Dataset category
Vision
Target device
Cortex-M7 216MHz
Time per inference (ms)
100
Save

圖 11-13 EON Tuner 配置設定

點選「Start EON Tuner」，如圖 11-14。

EON Tuner
Using the EON tuner you can effortlessly find the most optimal architecture for your embedded machine-learning application!
Start EON tuner

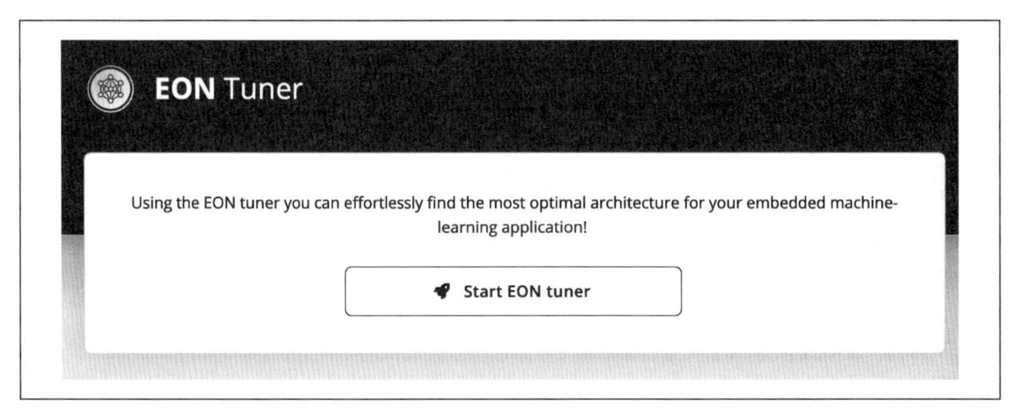

圖 11-14 啟動 EON Tuner

比較一下 EON Tuner 與 Edge Impulse 專案中的預設影像分類區塊兩者的結果，可以看到它們之間存在著巨大的差異。透過自動機器學習工具，我們可以更快速又有效地為使用案例找出效能更好的神經網路架構、DSP 區塊、參數等。

圖 11-15 顯示了使用 Image RGB DSP 區塊和原始的「Transfer learning」神經網路區塊，與 MobileNetV2 96 x 96 0.35（最終層：16 個神經元，丟棄率 0.1）、100 個訓練週期以及學習率為 0.0005 的預設區塊結果。

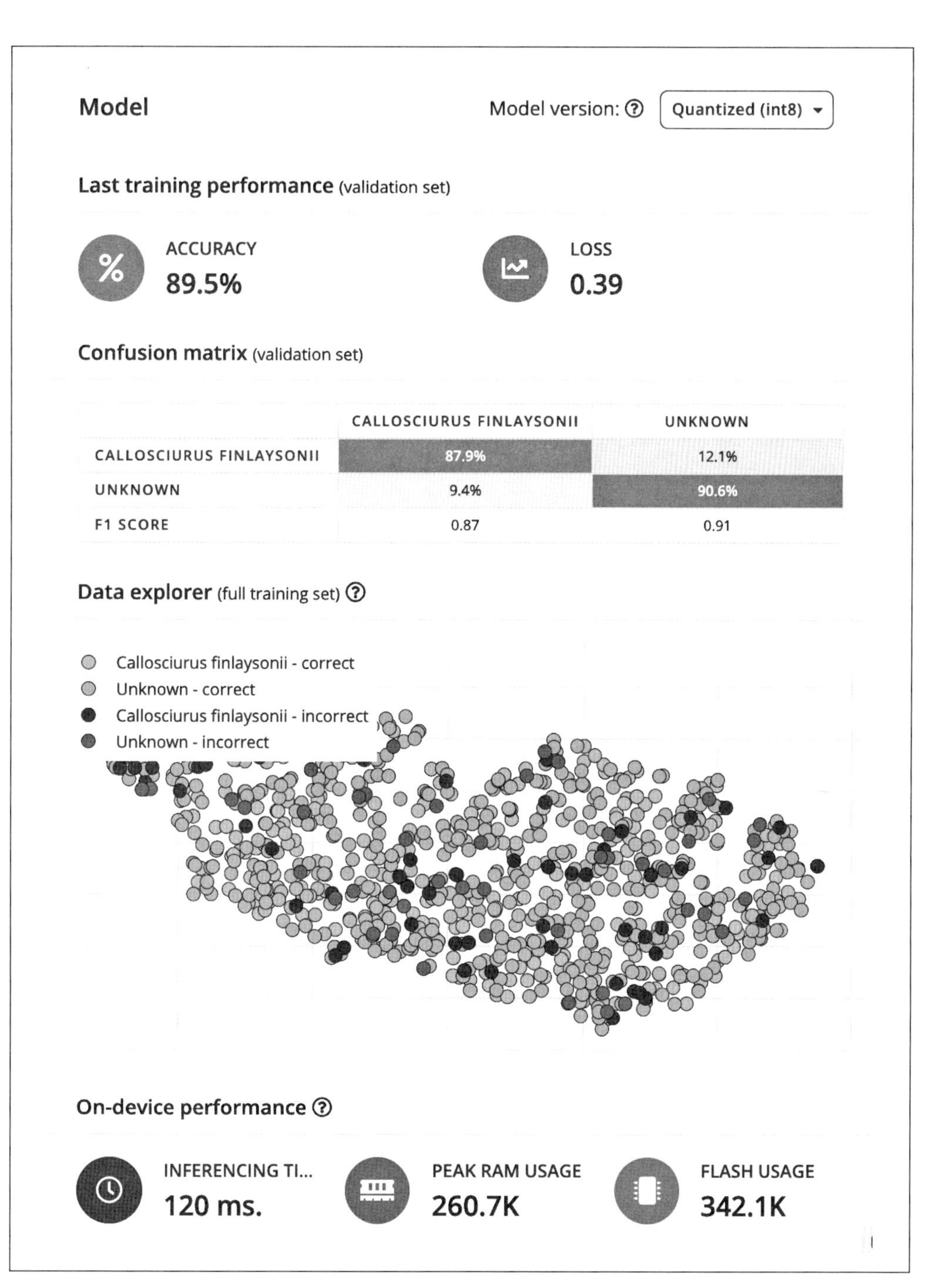

圖 11-15　使用 EON Tuner 區塊配置的遷移學習結果（準確度 89.5%）

EON Tuner 自動機器學習作業完成後便能看到結果。在圖 11-16 所顯示的 EON Tuner 結果中，第一個結果的準確度高達 90%；但由於 RAM 和 ROM 都超出了目標裝置的硬體規格，所以不會選擇此模型。我們將選擇第二好的選項，準確度為 89%。

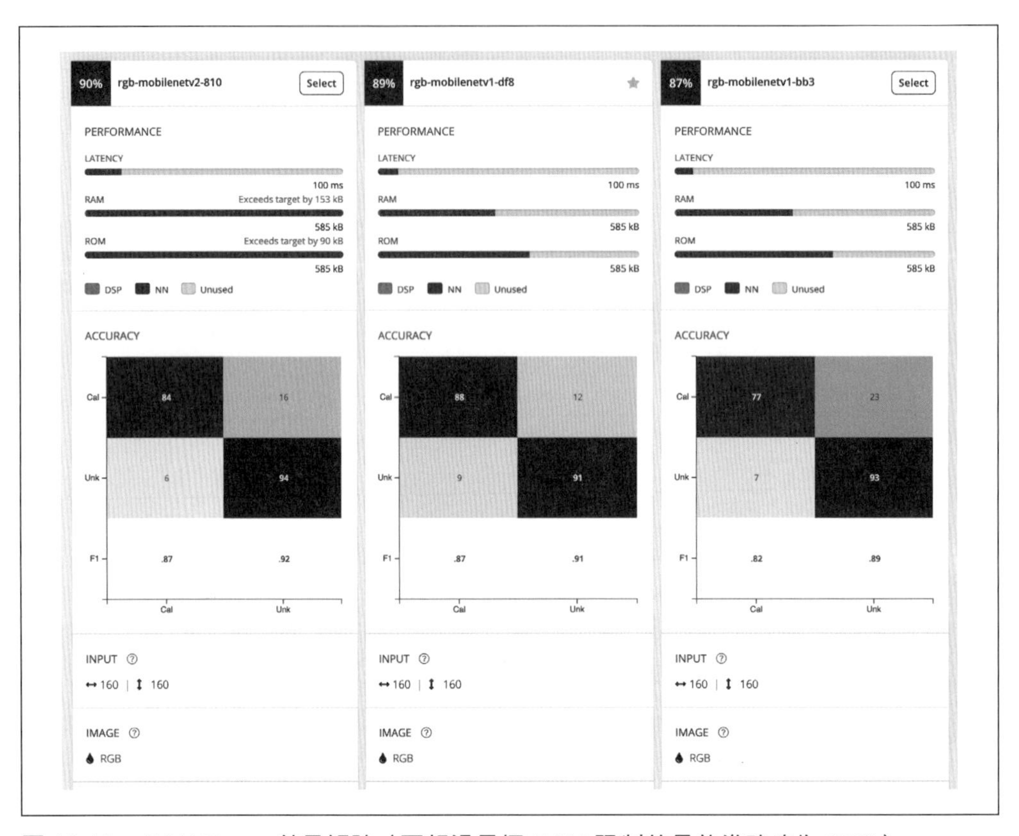

圖 11-16　EON Tuner 結果矩陣（不超過目標 RAM 限制的最佳準確度為 89%）

基於這些結果，我們一定會想要把模型的主要區塊資訊，更新為 EON Tuner 根據這個案例的自動生成結果。請點選在最佳準確度配置旁邊的「Select」來更新主要模型，如圖 11-17。

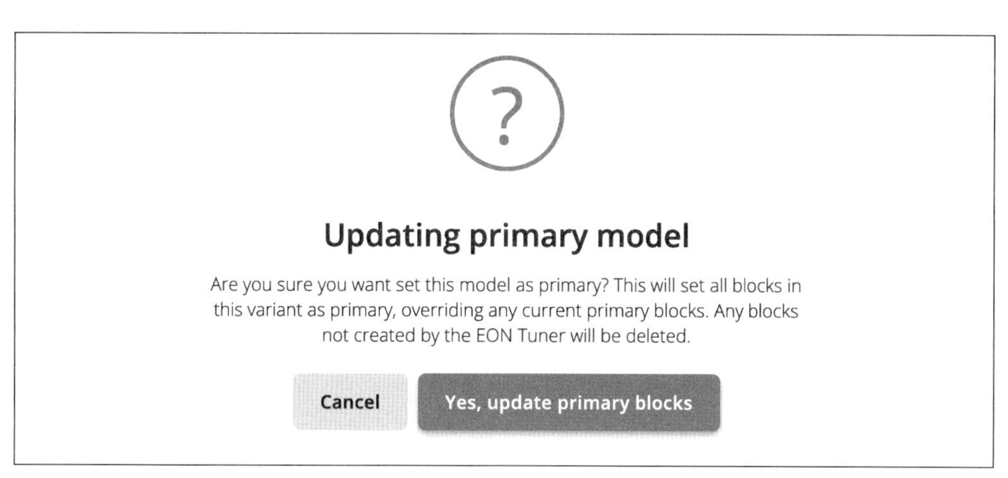

圖 11-17　使用 EON Tuner 更新主要模型

等待 Studio 逐步更新專案的「Impulse Design」區塊（如圖 11-18），然後點選「Transfer learning」並查看更新後的訓練模型結果、準確度和延遲計算結果，如圖 11-19。

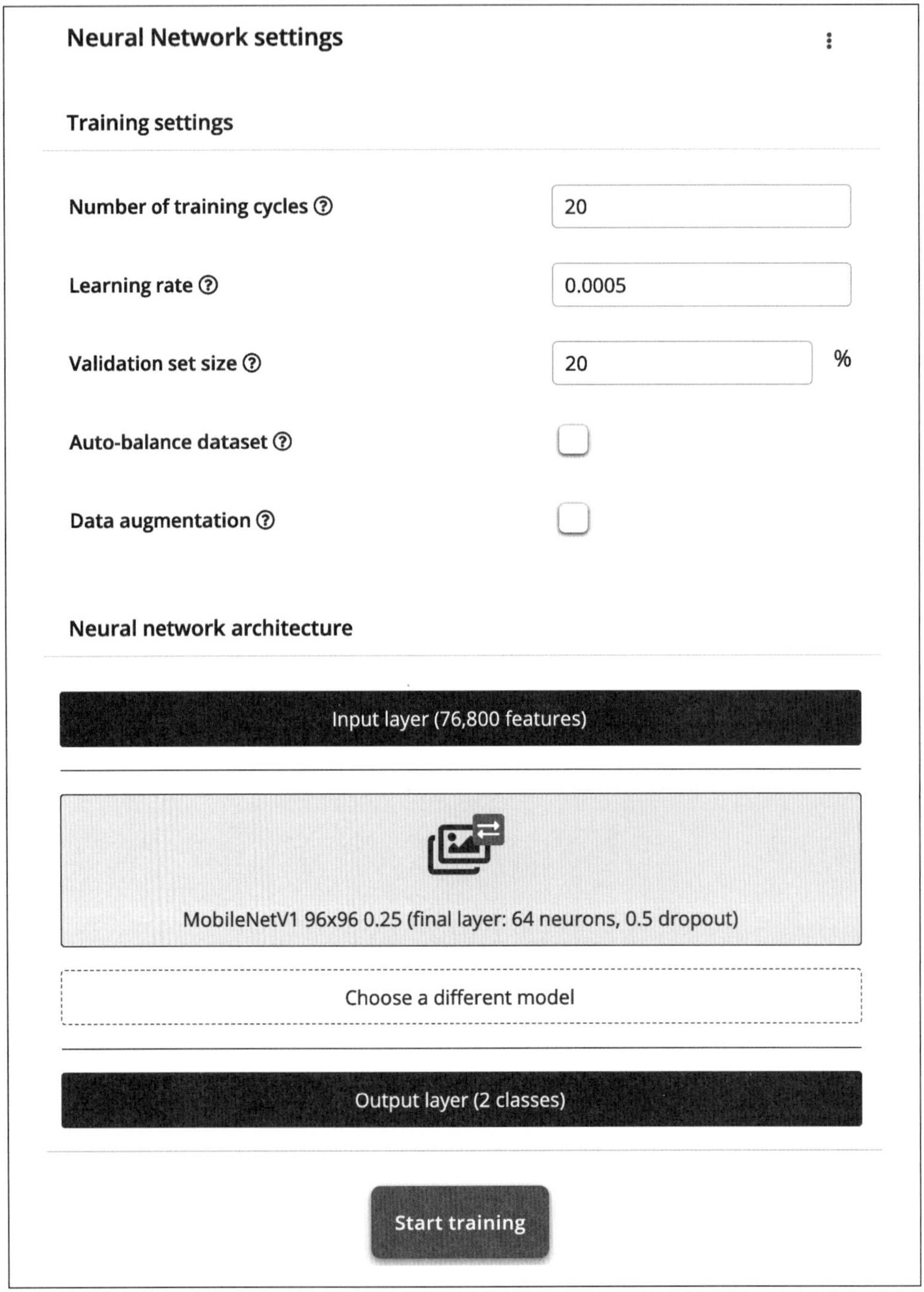

Neural Network settings

Training settings

Number of training cycles ⓘ 20

Learning rate ⓘ 0.0005

Validation set size ⓘ 20 %

Auto-balance dataset ⓘ

Data augmentation ⓘ

Neural network architecture

Input layer (76,800 features)

MobileNetV1 96x96 0.25 (final layer: 64 neurons, 0.5 dropout)

Choose a different model

Output layer (2 classes)

Start training

圖 11-18　EON Tuner 神經網路設定

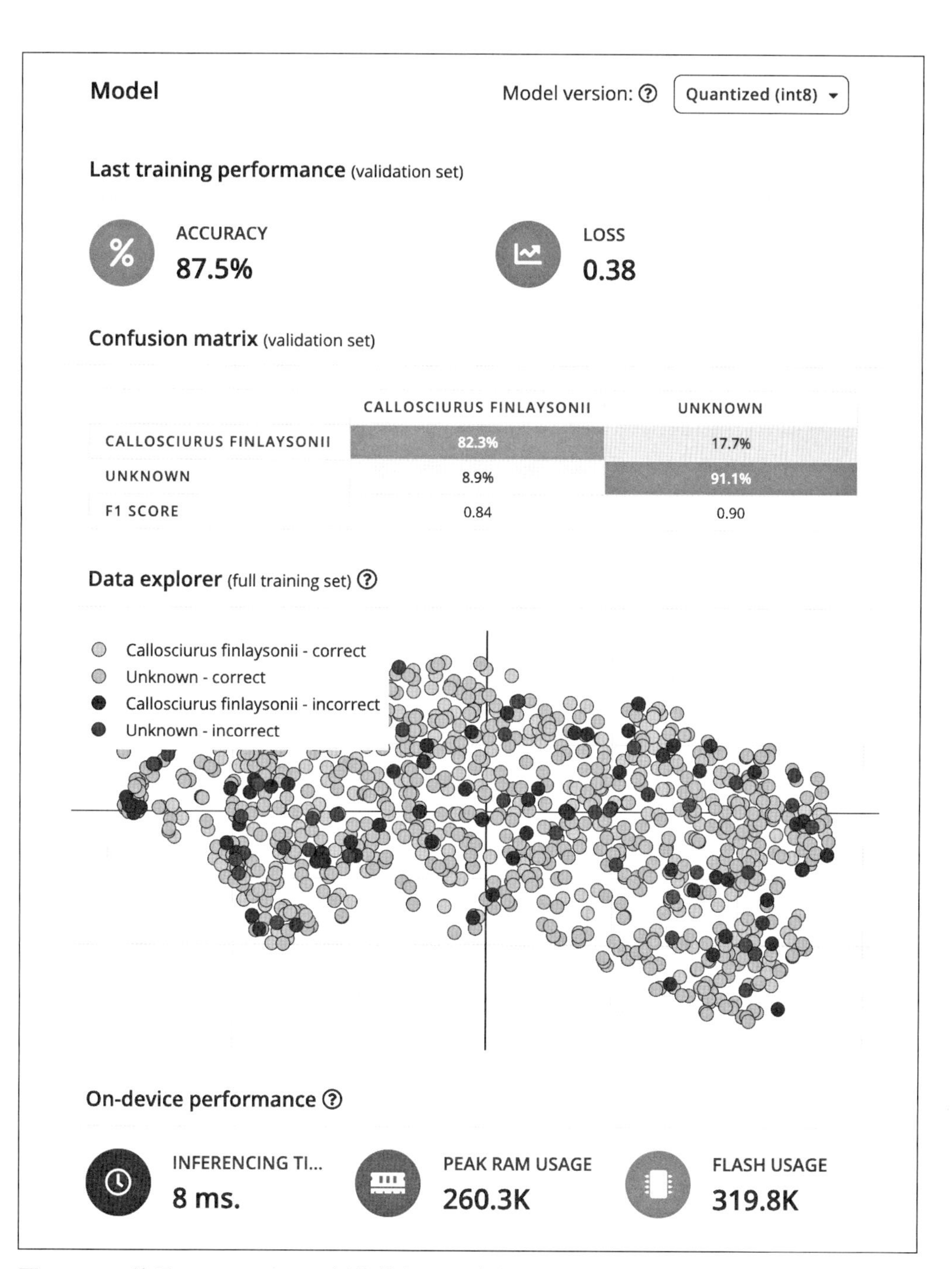

圖 11-19 使用 EON Tuner 更新後的主要遷移學習模型

測試模型

Edge Impulse 提供了多種測試和驗證工具，以增加您對訓練好的機器學習模型（或所謂的 impulse）在真實世界表現準確度的信心程度。impulse 訓練完成後，請由專案選單中找到「Live classification」（*https://oreil.ly/lBG87*）和「Model testing」（*https://oreil.ly/gO2EL*）標籤頁。

使用效能校正功能來測試音訊模型

如果您開發了一個隱藏式錄音裝置，如第 416 頁中的「深入探討：使用 Lacuna Space 分類鳥鳴聲」，您也可以在 Edge Impulse 專案中使用效能校正（Performance Calibration，*https://oreil.ly/B3eQh*）這款工具來測試模型，並調整其在真實世界中的效能。

即時分類

在「Live classification」標籤頁中，您可以用測試資料集裡的某一筆樣本來測試已訓練的模型，或者連上裝置並現場錄製新的影像和測試樣本，並查看從影像中擷取的特徵、分類結果和推論預測，如圖 11-20。

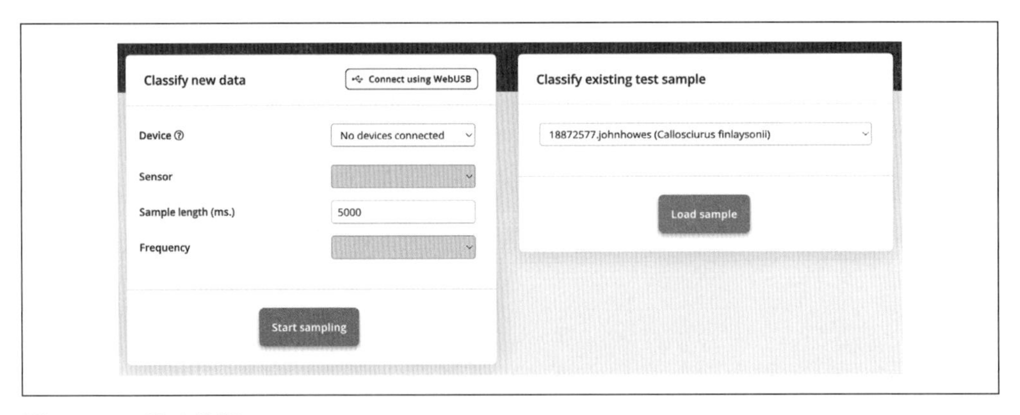

圖 11-20　即時分類

透過已安裝好的 Edge Impulse 裝置韌體或 Edge Impulse CLI 資料轉發器，將官方支援的裝置連到「Live classification」標籤頁；例如，將 Arduino Nano 33 BLE Sense 連上專案，並透過以下 CLI 指令在裝置所處環境中拍攝新的測試影像：`edge-impulse-daemon`。請按照 CLI 的提示，將裝置連上專案並上傳新的樣本。

或者從「Classify Existing test sample」上傳既有測試資料集影像，來查看從此樣本提取出來的特徵，以及已訓練模型對這筆樣本的預測結果，如圖 11-21。

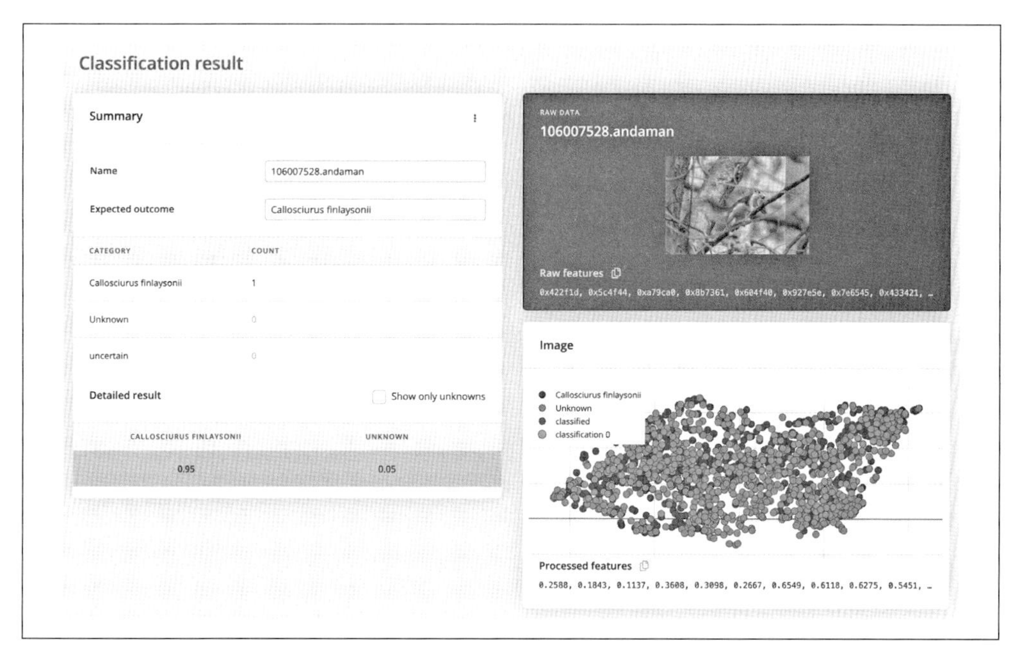

圖 11-21　即時分類結果

模型測試

您還可以在專案的「Model Testing」（*https://oreil.ly/gPhj3*）標籤中，用這個訓練好的模型來批量分類測試資料集，如圖 11-23。在此選擇「Classify all」，便可以自動將測試資料的推論結果和模型預測整合到一張表格中。您還可以透過點選三點下拉式選單中的「Set confidence thresholds」（如圖 11-22）為模型推論結果設定一個信心門檻值。門檻值分數決定了對已訓練神經網路的信任程度。如果信賴評分低於設定值，則該樣本會標記為「不確定（uncertain）」。您可以利用標註為「不確定」的推論結果，透過「主動學習」模型開發策略進一步提升模型的準確度。上傳這些不確定的影像、標記、重新訓練模型，並部署到邊緣裝置！模型測試結果如圖 11-23。

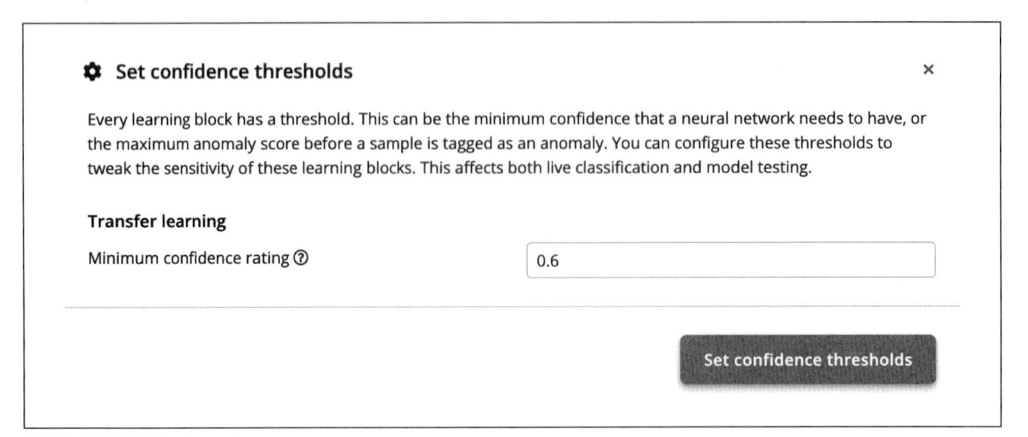

圖 11-22　設定信心門檻值

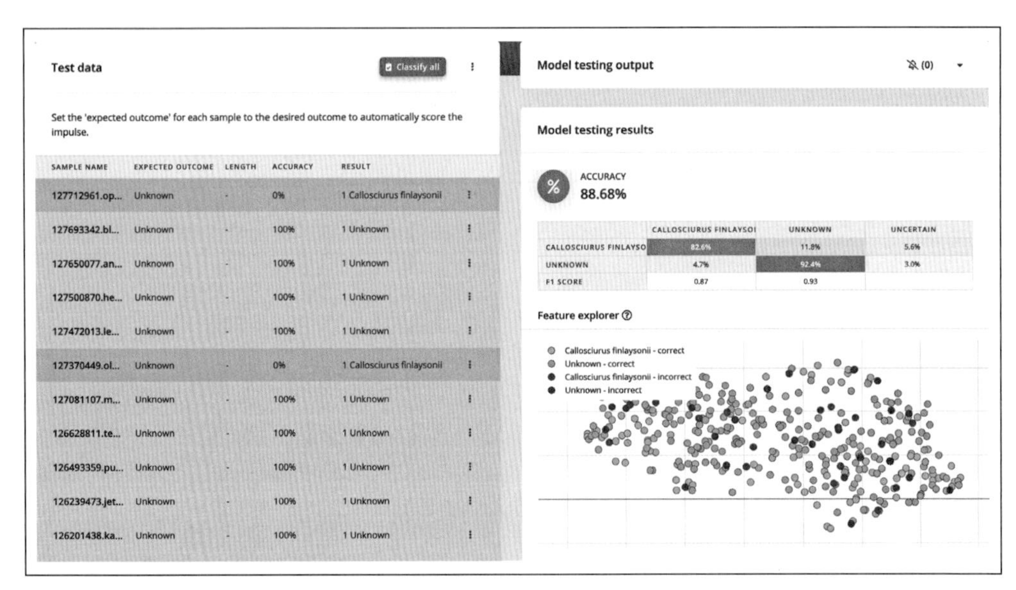

圖 11-23　模型測試標籤頁結果

在本機測試模型

您也可以下載所有中間區塊結果和已訓練模型的訊息，以任何您想要的方式在本機測試模型，例如使用 Python 腳本來測試模型，就跟平常測試 TensorFlow/Keras 工作流程一樣。請至 Edge Impulse 專案的儀表板中查看所有可用的中間區塊輸出文件，如圖 11-24。

Download block output

TITLE	TYPE	SIZE	
Transfer learning model	TensorFlow Lite (float32)	855 KB	
Transfer learning model	TensorFlow Lite (int8 quantized)	302 KB	
Transfer learning model	TensorFlow SavedModel	862 KB	
Transfer learning model	Keras h5 model	827 KB	

圖 11-24　下載中間區塊輸出

部署

恭喜！您已經完成了蒐集和標記訓練及測試資料集、使用 DSP 區塊提取資料特徵、設計及訓練機器學習模型，並使用測試資料集測試了模型。現在所有在邊緣裝置上進行推論所需的程式碼和模型資訊已經完備，我們需要將事先建構好的二進位檔燒錄到裝置上，或是將 C++ 函式庫整合到嵌入式應用程式碼中。

請選擇 Edge Impulse 專案的「Deployment」標籤，按照下一節將提到的眾多部署選項的其中一個步驟，在邊緣裝置上執行訓練好的機器學習模型。

建立函式庫

為了讓開發體驗盡可能單純，Edge Impulse 提供了許多預先編寫好的程式碼範例，用來將已部署模型整合到嵌入式應用的韌體裡。使用官方支援的開發板可以最快部署、開發時間也最短，因為您可以直接將生成的預建置韌體程式拖放到開發板上，或是從 Edge Impulse 的 GitHub（*https://oreil.ly/rH9iO*）複製開發板的開放原始碼韌體檔案庫，其中包含了所需裝置的韌體和驅動程式，讓您可以快速進行嵌入式應用程式開發和除錯流程。

如果您要將模型部署到「非官方支援」平台上，無論函式庫部署選項為何，已有許多資源可幫助您將 Edge Impulse SDK 整合到應用程式碼中：

- 預建置的 Edge Impulse 韌體（*https://oreil.ly/V3eRI*）
- 將 Edge Impulse SDK 整合到應用程式（*https://oreil.ly/yAlgD*）
- 認識 C++ 函式庫程式碼並取得模型推論結果（*https://oreil.ly/-gPy_*）

針對大多數使用「非官方支援」裝置的專案，可使用專案的「Deployment」標籤頁中「Create library」圖示所提供的 C++ 函式庫選項來部署（如圖 11-25）。C++ 函式庫是可移植的，不需要外部相依套件，並且可以用任何現行 C++ 編譯器編譯。

自訂處理區塊

如果您選擇在 Edge Impulse Studio 專案中使用自訂 DSP 區塊，則需要編寫該 DSP 區塊的等效 C++ 實作，並將其整合到 Edge Impulse SDK 的程式碼中。更多資訊請參考 Edge Impulse 說明文件（*https://oreil.ly/t1K1_*）。

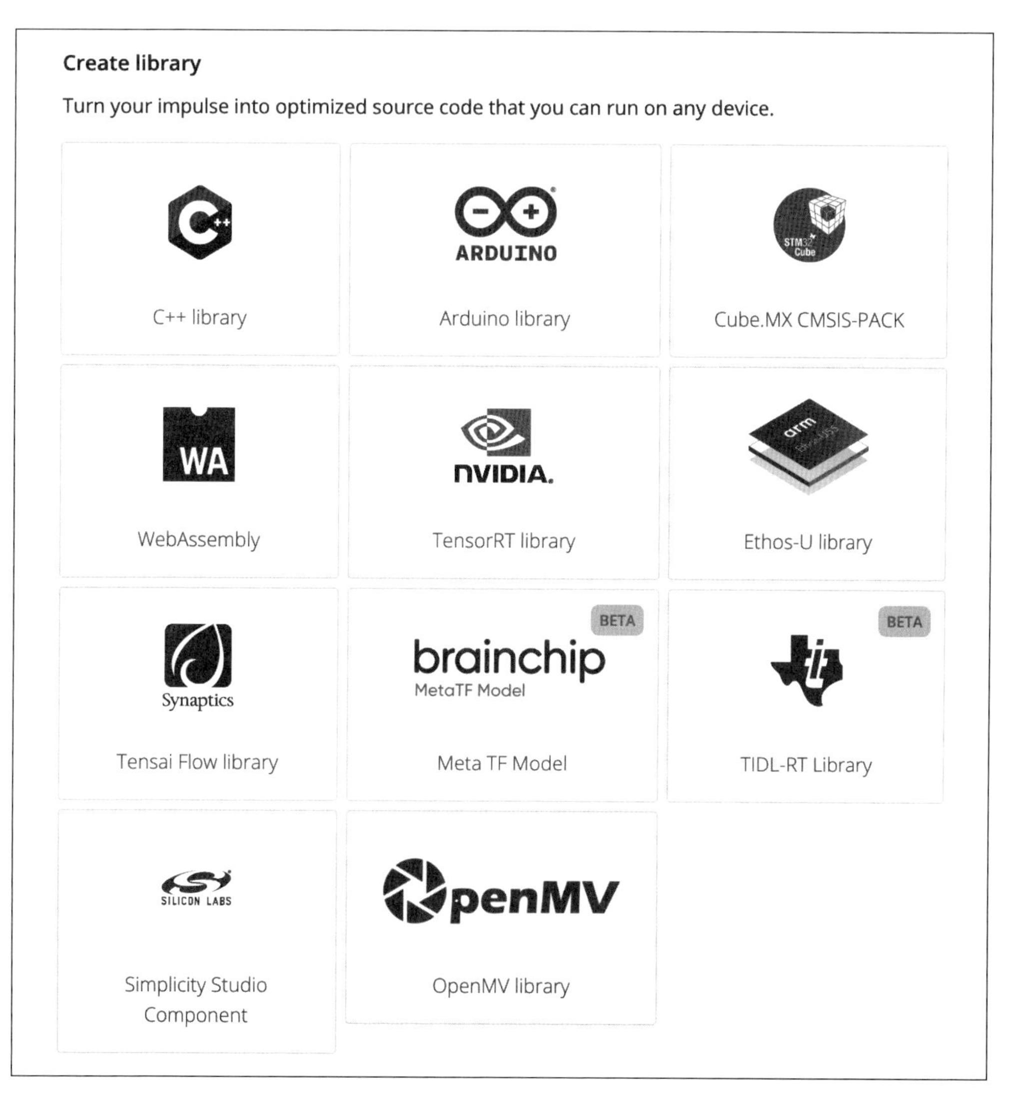

圖 11-25 建立開放原始碼函式庫

手機和電腦

只要點選 Edge Impulse 的「Computer」和「Mobile phone」部署選項，就能快速地將模型部署到邊緣裝置上。這些部署選項利用了一個開放原始碼行動客戶端韌體（*https://oreil.ly/4-S9S*），可針對訓練好的 impulse 建立一個 WebAssembly 函式庫，並直接用手機或電腦上的相機來分類全新的資料。此選項非常適合快速建立原型和測試，因為如果您在訓練 / 測試資料集中使用了預設 / 整合式感測器類型，就不需要為此部署選項編寫任何程式碼。

由於本專案的訓練和測試資料都是影像，所以可用手機的相機透過網頁瀏覽器的快取和內建相機資料，直接在邊緣裝置上測試模型，如圖 11-26。

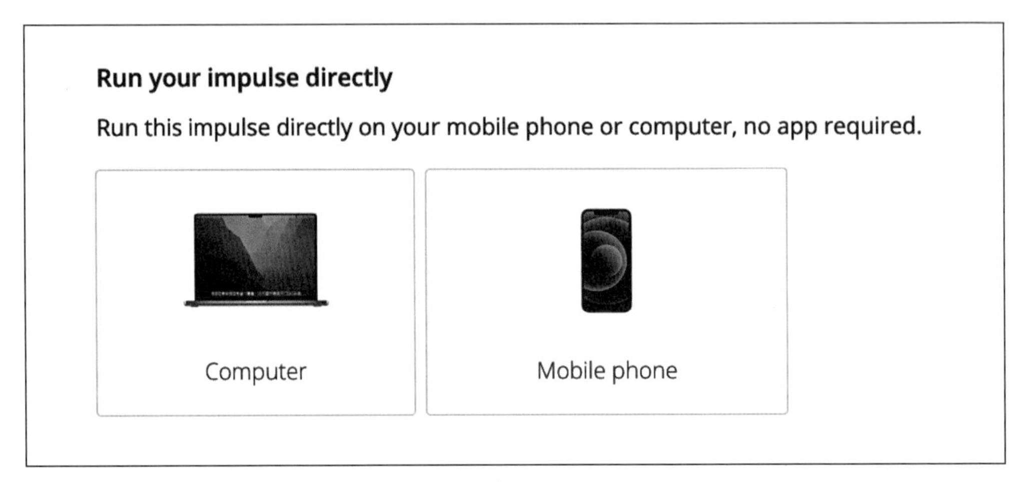

圖 11-26　直接執行 impulse（手機和電腦）

請由專案的 Deployment 標籤頁中選擇「Computer」或「Mobile phone」圖示，然後點選「Build」。如果您是使用手機，請用相機掃描頁面上的 QR 碼，並用手機的瀏覽器打開該網頁。允許手機客戶端相機的訪問權限並等待專案生成。現在，您可以看到在邊緣裝置上執行的已訓練隱藏式攝影機模型，還能直接從手機上看到推論結果！結果如圖 11-27。

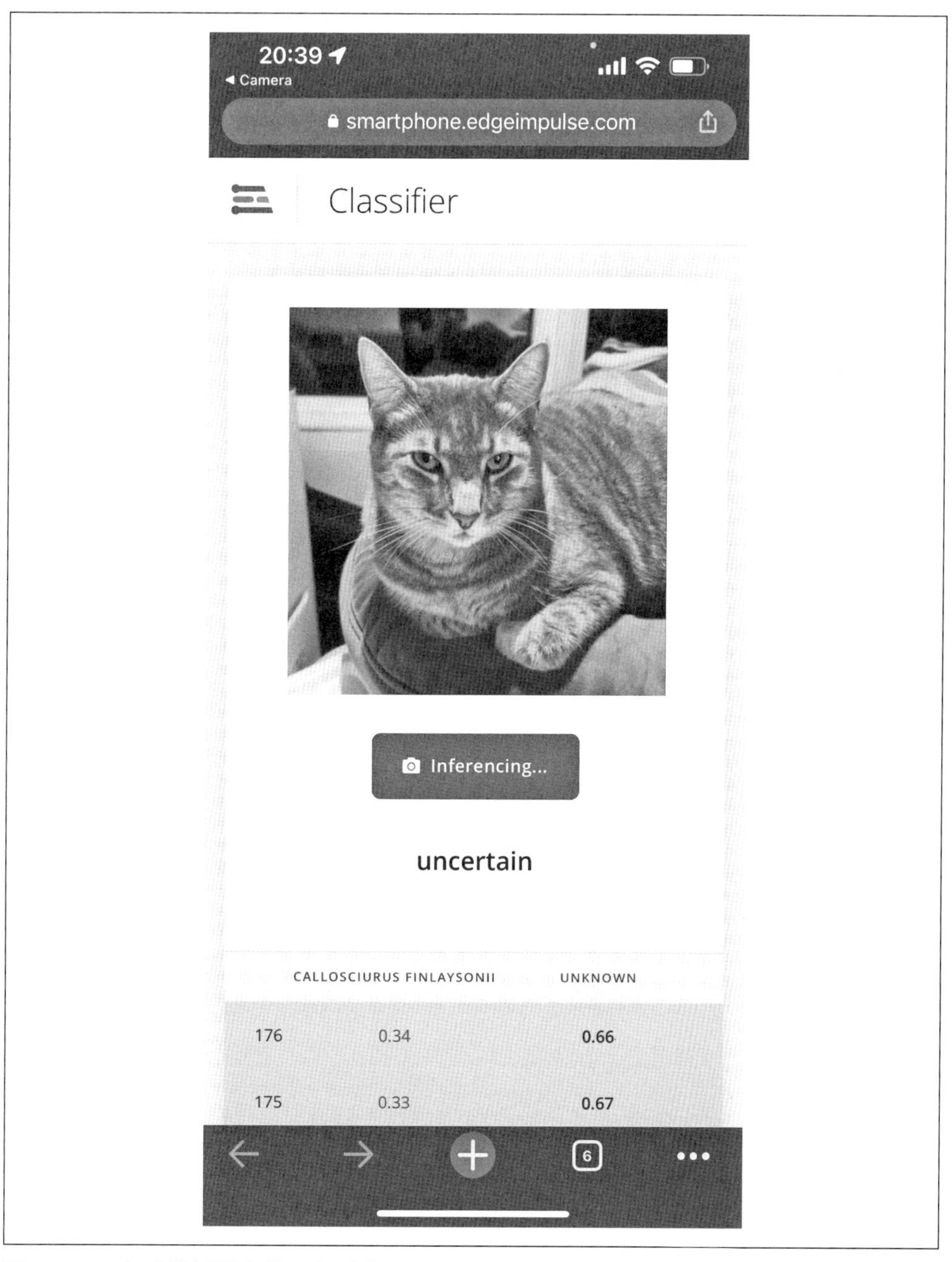

圖 11-27　在手機部署上執行的隱藏式攝影機模型

燒錄預建置的二進位檔

請從 Deployment 標籤頁的「Build firmware」底下選擇您所需的官方支援 Edge Impulse 開發平台，並點選「Build」。您還可以選用 EON 編譯器，相較於 TensorFlow Lite for Microcontrollers 框架，它可以讓您節省 25 - 55%的 RAM、以及節省最多 35% 的快閃記憶體來執行神經網路，同時還能維持原本的準確度[12]。

接著，按照點選 Deployment 標籤頁的「Build」之後所顯示的指示，將所生成的韌體應用程式拖放或燒錄到您的官方支援平台上。更多有關燒錄預建置二進位檔的詳細說明，請參考您所選用的開發平台之 Edge Impulse 說明文件（*https://oreil.ly/llg9B*）。

本專案將選擇「OpenMV Library」部署選項，好在 OpenMV Cam H7 Plus 開發板上（如圖 11-25）執行已訓練模型。

請依照 Edge Impulse 網站（*https://oreil.ly/82tKN*）上的 OpenMV 部署文件中的說明下載並安裝軟體需求。接著解壓縮下載好的模型韌體壓縮檔，並將 *labels.txt* 和 *trained.tflite* 檔案拖曳或複製到外掛的 OpenMV Cam H7 Plus 檔案系統中。在 OpenMV IDE 中打開 *ei_image_classification.py* 腳本。透過 USB 圖示來連接 OpenMV Cam 開發板並執行 Python 腳本，接著在序列埠終端畫面中檢視模型執行於邊緣端後的推論結果，如圖 11-28。

12 請參閱 Jan Jongboom 的部落格文：“Introducing EON: Neural Networks in Up to 55% Less RAM and 35% Less ROM” (*https://oreil.ly/3-kTN*) (Edge Impulse, 2020).

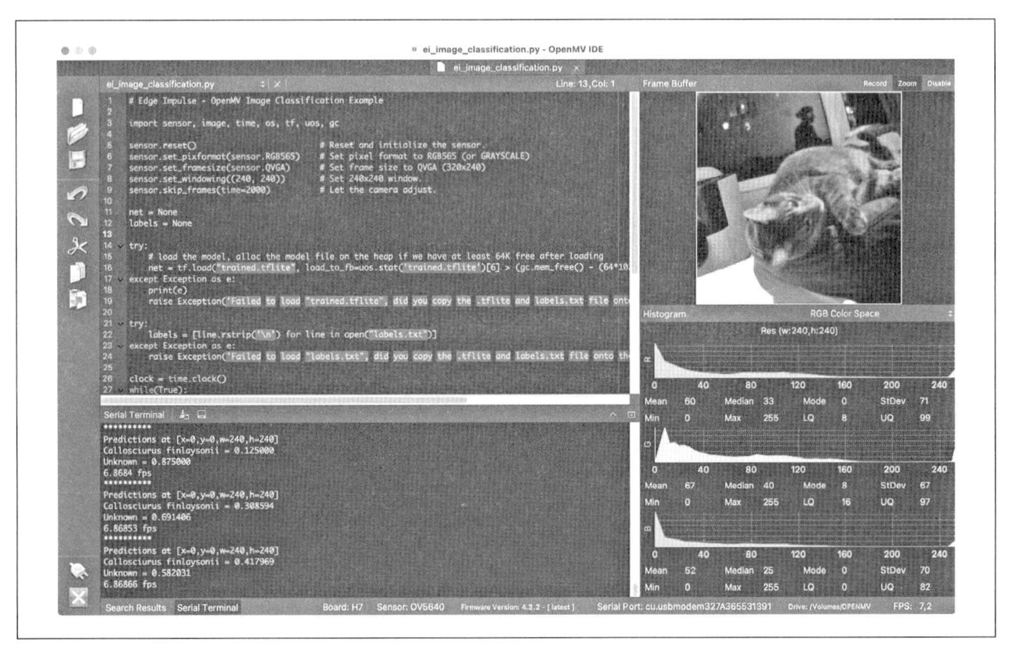

圖 11-28　部署至 OpenMV Cam H7 Plus 的 OpenMV IDE 模型

Impulse Runner

您也可以用 Edge Impulse CLI（*https://oreil.ly/KVUJf*）透過 USB 傳輸線連接到所選的官方支援平台來下載、部署並持續執行模型。或者使用 Edge Impulse Linux 執行器（*https://oreil.ly/SJZex*）在 Raspberry Pi 4 或其他 Linux 裝置來下載、部署和執行 Edge Impulse 模型。

GitHub 原始碼

本章的應用程式原始碼，包括來自公開 Edge Impulse 專案（*https://oreil.ly/I_EIA*）的部署函式庫和完整的應用程式碼，皆可在本書 GitHub 查看和下載（*https://oreil.ly/rmE7-*）。

迭代和回饋循環

現在您已將野生動物監測模型的第一次迭代部署到邊緣端了，您可能就此感到滿足並停止開發。但是，若您希望進一步迭代模型並隨著時間推移或新入手的裝置升級來進一步提高準確度，那麼這個專案還有許多可以改進和修改的地方供您參考：

- 為不同種類的動物加入更多機器學習類別。
- 建立入侵植物而非動物的隱藏式攝影機：可用於當地的園藝 / 採集等用途。
- 使用不同的感測器來實現相同目標，例如，使用氣體感測器的野生動物保護陷阱，或將相機訓練資料輸入從標記影像換成邊框以偵測物種（請見第 103 頁「物件偵測和分割」）。
- 將同樣的模型用於不同目標或將其置於不同環境中，用以精進「未知」類別的效能。
- 利用多種感測器組合進一步提高模型的準確度——例如，相機搭配音訊輸入、音訊搭配氣體輸入等。

您也可以在 Edge Impulse 中建立多個專案，為多個裝置位置、資料集建立不同的機器學習模型，並用於分類其他動物。例如，同一款撒哈拉沙漠模型可以用在多種不同物種上，只要將初期資料集中的主要物種換成別的，然後重新訓練並部署就好。這讓您能把在某個環境中的相同模型配置用在另一種環境中。

深入探討：使用 Lacuna Space 分類鳥鳴聲

以下是一個由 Edge Impulse 和 Lacuna Space 衛星建立的有趣範例（*https://lacuna.space*），可透過衛星和 LoRaWAN 利用鳥鳴聲來分類和追蹤世界各地的特定鳥類，如圖 11-29[13]。

13 請參考 Aurelien Lequertier 等人的部落格文章：〈Bird Classification in Remote Areas with Lacuna Space and The Things Network〉(*https://oreil.ly/4Rneh*), Edge Impulse, 2021.

透過網頁追蹤器便可以確認 Lacuna Space 衛星下一次行經裝置位置的時間點，接著以 The Things Network（*https://www.thethingsnetwork.org*）應用程式接收衛星訊號，並查看模型在環境中所做出的鳥鳴分類結果：

```
{
    "housesparrow": "0.91406",
    "redringedparakeet": "0.05078",
    "noise": "0.03125",
    "satellite": true,
}
```

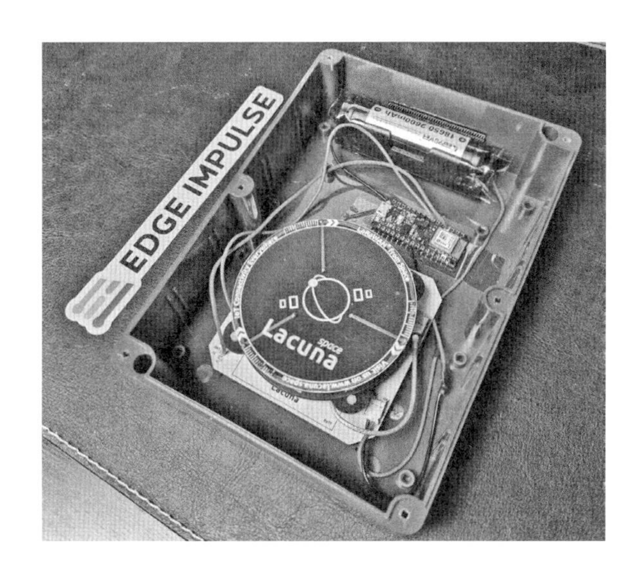

圖 11-29　Lacuna Space 範例

該專案所使用的訓練 / 測試資料、數位訊號處理程式碼和機器學習程式碼皆存放在 Edge Impulse 的「Bird Sound Classifier」專案中（*https://oreil.ly/Vf4Q0*）。

這個解決方案的缺點是，儘管您能偵測和監控裝置所處環境裡的已分類鳥鳴，但此方法只能得到一般性的分類資料，而無法得知任何關於特定鳥隻的精確位置或跟蹤 / 計數資料。因此，這個方法較適合用在追蹤物種群體、遷徙模式和季節性識別資料，而非預防過度狩獵、分析外來入侵威脅帶來的影響等。

AI 造福世界

本書討論了符合道德地使用在這裡所說的機器學習工具和知識的重要性。從 Edge Impulse 到 Google，許多公司已經將「技術造福世界」的理念付諸實行，並建立了許多環境 / 野生動物保育的工作和承諾：

- 捐 1% 給地球（1% for the planet）計畫（*https://oreil.ly/_xwYK*）
- Edge Impulse 對於「捐 1% 給地球計畫」的承諾（*https://oreil.ly/CRH0m*）
- Google 的「鯨之歌童謠（Tale of a Whale Song）」計畫（*https://oreil.ly/wtIpX*）
- Microsoft 的 AI 造福世界（AI for Good）計畫（*https://oreil.ly/o0TGV*）

相關成果

正如本章所述，隱藏式攝影機和保育用隱藏式裝置在研究工作和道德狩獵實踐中已得到普遍認可、廣為人知並廣泛採用的裝置。接下來將介紹為了解決各種瀕危物種數量銳減和隨之而來的保育問題，與道德用途之隱藏式攝影機有關的各種裝置、資料集、研究文獻和書籍。

本章也在各頁註腳中提供了隱藏式攝影機在研究和商用上的各種應用、方法、裝置和引用來源。

資料集

網路上有許多現成的資料集和資料集蒐集平台可用於此類案例。上 Google 搜尋一下就能得到許多結果，以下列出一些適用本案例的資料集蒐集平台和研究性質資料集：

- Kaggle 外來入侵物種監測競賽（*https://oreil.ly/H4Y3N*）
- 外來入侵植物資料集（*https://oreil.ly/xfBKr*）
- iWildcam 2021（*https://oreil.ly/76OW4*）
- 亞歷山大圖書館標籤資訊：生物學與保育；其他保育資料集清單（*https://oreil.ly/-IUvi*）

- Caltech-UCSD Birds-200-2011，用相機分類鳥類（*https://oreil.ly/lLU00*）
- 加州理工學院隱藏式攝影機（*https://oreil.ly/boZ8q*）

再次提醒，您使用各個資料集應符合道德規範，並確保模型的目標物種在裝置所處位置 / 地區中並非瀕危或受威脅的物種。

參考文獻

- Ahumada, Jorge A. et al. Wildlife Insights: A Platform to Maximize the Potential of Camera Trap and Other Passive Sensor Wildlife Data for the Planet (*https://doi.org/10.1017/S0376892919000298*). Cambridge University Press, 2019.
- Apps, Peter, and John Weldon McNutt. "Are Camera Traps Fit for Purpose? A Rigorous, Reproducible and Realistic Test of Camera Trap Performance" (*https://doi.org/10.1111/aje.12573*). Wiley Online Library, 2018.
- Fischer, Johannes H. et al. "The Potential Value of Camera-Trap Studies for Identifying, Ageing, Sexing and Studying the Phenology of Bornean Lophura Pheasants" (*https://oreil.ly/udikH*). ResearchGate, 2017.
- Jang, Woohyuk, and Eui Chul Lee. "Multi-Class Parrot Image Classification Including Subspecies with Similar Appearance" (*https://doi.org/10.3390/biology10111140*). MDPI, November 5, 2021.
- O'Brien, Timothy G., and Margaret F. Kinnaird. A Picture Is Worth a Thousand Words: The Application of Camera Trapping to the Study of Birds (*https://doi.org/10.1017/S0959270908000348*). Cambridge University Press, 2008.
- O'Connell, Allan F. et al., eds. Camera Traps in Animal Ecology: Methods and Analyses (*https://doi.org/10.1007/978-4-431-99495-4*). Springer Tokyo, 2011.
- Rovero, Francesco et al. "Which Camera Trap Type and How Many Do I Need?" (*https://doi.org/10.4404/hystrix-24.2-8789*) Hystrix 24 (2013).
- Shepley, Andrew et al. "Automated Location Invariant Animal Detection in Camera Trap Images Using Publicly Available Data Sources" (*https://oreil.ly/FUEJN*). ResearchGate, 2021.

第十二章

使用案例：食品品質保證

工業級邊緣 AI 已應用於食品的品質保證，能自動偵測並修正缺陷以及避免變質。這是透過訓練機器學習模型以辨識來自食品影像或各種代表瑕疵的工業感測器模式來實現。模型會部署在像是攝影機等邊緣裝置上，以隨時自動偵測和修正缺陷。這有助於確保食品的品質良好並減少浪費。

藉由邊緣 AI 就能更有效地監控和管理食品生產與配給來避免浪費。例如，如果出現食品變質的問題，我們可以利用邊緣 AI 來追蹤並進一步修正。本章將討論在食品品質保證中利用邊緣 AI 的方法、相關感測器和裝置配置，並提供本章所選方法與使用案例解決方案的深入教學。

探索問題

「食品品質保證」一詞太廣泛了，本章的篇幅不夠闡述，也無法單憑一個機器學習模型就解決這個大哉問；因此，本書關於食品品質保證的目的為，避免和盡量減少家庭、食品生產線及雜貨店冷藏櫃中的食物浪費。

避免食物浪費的方法有很多。就目標而言，我們可以建立一個機器學習模型來辨識即將或已經腐敗的食物，或是建立一個模型來辨識在食品生產環境或因處理不當而導致食源性疾病的潛在因素。這兩種方法都可以達到相同的目標，也就是避免和盡一切減少食物浪費，但需要組合不同的機器學習分類和感測器輸入來解決。

在智慧工廠中部署邊緣 AI 裝置也可以提高生產力和品質。將 AI 導入生產過程中有助於減少錯誤，節省時間和金錢。透過連接到雲端的智慧手機，品管人員可以從任何地方監控生產過程。藉由應用各種機器學習演算法，製造商也能立即偵測出錯誤[1]。

探索解決方案

工業 4.0，或俗稱的「第四次工業革命」定義為，21 世紀因不斷壯大的互聯性和智慧自動化而引發的技術、產業和社會模式與流程的快速變化[2]。

工業 4.0 的主要趨勢

- 智慧工廠
- 預測性保養
- 3D 列印
- 智慧感測器（農業和食品產業）

邊緣 AI 越來越常用在食品品質保證中，因為它可以幫忙檢查食品中的污染物、測試食物品質，甚至可以在食安問題發生之前做出預測。食品品質保證是一個幫助確保我們消費的食物安全且品質良好的進程，其中包含了多個步驟，如檢查食品中的污染物、測試食物品質以及保持清潔和安全的食品處理工作等。遵循這些步驟，便可以幫助確保所食用的食品安全無虞且品質優良。

透過思考和研究導致食物變質、過敏原、交叉污染製造過程等現有問題和因素，我們便可以開始直覺地思考，如何將邊緣 AI 和機器學習應用在食品品質保證問題中。深入研究這些現有的研究和產業領域後，會發現許多與感測器和機械相關的問題。簡單地利用現有感測器或在現有機械架構上加入體積最小、侵入性最低的微控制器，便可以從既有資料集和感測器配置中辨識出新的模式，甚至以「感測器融合」（請見第 99 頁「結合特徵和感測器」）的概念建立出全新的感測器（虛擬式）。

1 請參閱 IBM 發表的〈What Is Industry 4.0?: How Industry 4.0 Technologies Are Changing Manufacturing〉（*https://oreil.ly/ZMhe7*）。

2 請見維基百科〈第四次工業革命〉（*https://oreil.ly/39viN*）。

設定目標

食品安全非常重要，因為它有助於確保我們食用的食品中沒有有害的污染物。這些污染物的來源有很多，包括細菌、病毒和化學物質。遵循食品安全指南，我們可以降低因食用受污染食物而罹患食源性疾病的風險。

食物腐敗的因素

導致食物腐敗的原因有很多，包括細菌、病毒、真菌、化學物質和其他各種環境因素：

- 食物周遭環境的溫度
- 食物內部的溫度
- 氧氣
- 鹽
- 溼度
- 與廢棄物的接觸
- 水分
- 光線
- 原生動物

用於食品品質保證的 AI 工具，對於確保食品生產線的作業員，和購買產品的消費者健康、減少整體食物浪費，以及盡量減少氣候變遷和對環境產生的負面影響等方面來說，皆相當重要。食品品質保證的邊緣 AI 還提供了探索其他有意義的社會影響領域機會，例如幫助有食物過敏的人根據個人過敏條件來檢查哪些食物可以安心食用。

設計解決方案

本書將設計並實作一款低成本、高效率且容易訓練的食品品質保證邊緣 AI 模型，利用搭載了氣體感測器的微控制器來達到減少食物浪費的目的。然而，檢測變質食品的邊緣 AI 模型並非一定得用氣體感測器才能完成。藉由本章和本書所介紹的原則和設計流程，可以實作出許多其他用於食品品質保證的機器學習模型和應用程式，包括使用相機影像輸入監控食品安全法規和設備、透過各種環境感測器來識別食源性疾病或過敏原等。

有哪些既有的解決方案？

食品品質保證向來是許多公司的首要任務，對於一家需要在保存期限到期之前，或是變得不新鮮甚至變質之前賣掉生鮮產品的超商而言，任何有助於改善利潤並減少食物浪費的技術或解決方案都是極具價值的投資。Uber 也透過自己的機器學習平台 Michelangelo 取得 AI 方面的顯著進展，以避免食物在配送過程中的損失。（*https://oreil.ly/dtgfZ*）。這個模型能夠預測餐點送達時間，並提供每個步驟的即時回饋和預估時間，協助外送人員和餐廳將 Uber Eats 用戶的訂單從餐廳送到客戶手中。

地方政府在防止和減少每天浪費掉的食物上也扮演著重要角色。聯合國糧食與農業組織（*https://oreil.ly/RFgSO*）估計每年浪費的食物高達 13 億噸，幾乎是所有糧食生產的三分之一[3]。這個量足以餵飽身處飢餓中的 8.15 億人達四次之多[4]。

食品品質保證的概念和 AI 解決方案也會用在幫助患有各種食物過敏症的人們的產品中。全球最小又最快的食物過敏感測器 Allergy Amulet（*https://oreil.ly/ECfGo*）能夠讓使用者在採樣食物後的幾秒鐘之內就收到報告，指出食物中是否含有過敏原。

解決方案的設計方法

問題陳述和設計解決方案的方法有很多，以下為一些範例：

供消費者或工業用的食品變質偵測

> 氣體感測器是一種檢測空氣中各種氣體存在的裝置，經常用於工業環境以監測有害氣體。然而，它也可以用於偵測肉類、魚類或其他有特殊氣味的食品是否快要變質。結合邊緣 AI，食品變質裝置便是一款在工業和家庭都能幫助減少食物浪費和預防食源性疾病的好幫手。
>
> 在冰箱或食品生產線上安裝氣體感測器，可以讓 AI 裝置的使用者及早了解食物腐敗的狀態。該款感測器透過偵測生食開始腐爛時會產生的二氧化碳、氨氣或其他氣體的濃度運作。藉由早期發現這些氣體的產生，感測器便可以在食品有機會污染其他食物之前，提醒使用者或工廠作業員先做處理。

3 Pini Mandel, “Putting the AI in Grocery Aisles” (*https://oreil.ly/WrkjE*), Food Logistics, 2021.

4 Food Loss and Waste Database (*https://oreil.ly/xe0z6*).

監測食品安全法規

在食品業中，安全和法規是首要任務，並且通常由當地政府監管。保護終端消費者的方法之一，是確保所有參與食品包裝的作業員都穿著適當的工作服，例如白袍、髮網、護目鏡和手套。電腦視覺模型可以追蹤這些訊息並識別任何異常。此外，聲音資料也可以用來聆聽任何可能代表食品製作過程出現問題的異音。

除了監測適當的生產線服裝外，還可以開發用來追蹤洗手動作的模型，以確保所有作業員都遵守適當的安全和衛生協議。這可以透過聲音或其他感測器資料來實現。追蹤這些資料點可以幫助確保安全又高效的食品製造過程。

監測食品生產品管

食品摻假和欺騙消費者的行為很不幸地存在於現代社會之中。例如，摻入更便宜或劣質油會大幅影響產品的油品品質；就橄欖油而言，最常見的摻假便是葵花油、玉米油、椰子油和榛果油。為了解決這個問題，在此處理過程使用電子鼻為品管帶來了革命性的改變[5]。

我們還可以監測製程中食品的溫度，從生產時間到包裝、最終的店鋪上架，或從送貨車輛到顧客手上等等。隨時監測冰箱和冷凍庫的溫度，以及它對產品品質造成的影響（冰晶數量、凍傷等）和食品變質的狀況，像是是否已過保存期限或已腐爛等也相當重要。導入各種品管措施可以幫助我們確保所食用的食品皆處於最佳狀態。

交叉污染和食物過敏原偵測

堅果和麩質等過敏原對部分人群會引起嚴重的過敏反應，甚至致死。而工廠機器有時也會出問題，而導致金屬碎片掉進食物當中。人工處理食物也可能會造成細菌污染。有幾種方法可以檢測過敏原是否接觸到食物。首先要檢查是否有任何污染跡象。可以觀察食物的顏色、質地或氣味變化，如果食物的外觀或氣味和包裝時不同，代表很有可能已被污染[6]。

---

5 Ilker Koksal, "Using AI to Increase Food Quality" (*https://oreil.ly/kvHri*), Forbes, 2021.

6 Nicholas J. Watson et al., "Intelligent Sensors for Sustainable Food and Drink Manufacturing" (*https://oreil.ly/weN5Q*), Frontiers in Sustainable Food Systems.

那麼我們該如何偵測這些潛在問題呢？有幾種方法。首先，查看食物裡是否有過敏原的蹤跡。例如，如果成分表中有堅果或麩質，那就表示它們很可能存在於該食品中。我們也可以尋找金屬異物入侵的跡象，像是食物中的金屬碎片。最後，尋找人為污染的跡象，例如沒帶手套或其他保護裝備等。

上述的任何一種解決方案都有助於確保我們所食用的食物安全無虞，從而實現本章使用案例希望達成的減少食物浪費、確保整體食品品質，並提高消費者和生產線作業員福祉的目的。

設計注意事項

從技術角度來看，為了實現避免和食物浪費最少化、改善食品生產 / 儲存的品管和安全問題之總體目標，我們可以使用各種資料來源，包括許多不同類型的感測器和相機（請見表 12-1）來實現類似的目標（減少食物浪費和提升食品安全）。

表 12-1　實現各種食品品質保證目標的感測器

目標	感測器（可能多種）
檢測包裝是否有漏洞	氣體、溼度、水位、相機
檢查是否受到污染或有異物	相機
食物熟度和品管	相機、溫度、氣體
偵測食品是否變質	環境、化學、相機
檢測食品中的過敏原	環境、化學、氣體
檢查作業員食品安全裝備和服裝	相機、聲音
檢查包裝的保存期限	相機
包裝生產線交叉污染檢測	相機、化學、熱成像相機、X 光、紅外線、氣體

在選擇食品品質保證的目標和使用案例時，您還需要考慮蒐集大量、穩健且高品質的資料集以訓練機器學習模型的困難度。正如前幾章所說（尤其是第七章），模型的好壞取決於輸入資料的品質。如果您希望建立一個能夠辨識特定工廠的工作服和設備的模型，很可能無法取得足夠的資料集，一次就能成功地訓練出高準確度的分類模型。當然也可以利用「主動學習」等技術，先部署一個準確度稍差的模型到工廠中，隨著不斷取得新資料以及裝置架設位置的環境背景訊息，藉此逐漸改善模型。

同時還需要考慮裝置架設的位置和各種感測器和裝置需求：

- 裝置在資料蒐集初期階段的架設位置
- 裝置在部署後的架設位置
- 電池供電、USB 供電還是永久電源
- 可能妨礙感測器正常運作或損壞裝置的環境條件（例如，水、霧氣、髒污和其他環境因素）
- 多久需要更換感測器：裝置是否有衰退週期？
- 感測器是否需要保持啟動才能達到正常工作參數（例如，氣體感測器的燒機規格）？
- 感測器需要多久才能達到正常紀錄狀態、工作溫度暖機時間等。

環境與社會影響

隨著全球人口不斷成長，人類造成的食物浪費也在增加。據統計，全球生產的食物總量中超過三分之一都被浪費掉了。這可是每年高達 13 億噸的食物浪費，這不僅是資源的巨大損失，也會對生態環境產生重大影響[7]。

食物浪費是溫室氣體排放的主要來源之一。當食物在垃圾場腐爛時會釋放出甲烷，一種比二氧化碳更強大的溫室氣體。減少食物浪費是降低我們對地球影響，以及減緩全球氣候變遷進程最簡單也最有效的方法之一[8]。

除了對環境有益之外，減少食物浪費對我們自身的健康也有好處。及早發現食物變質或疾病可以避免食物中毒、沙門桿菌和其他食源性疾病的爆發。而減少食物過敏原和交叉污染，將改善患有致命性食物過敏的人們的生活品質。

提高生產線的食品安全和品質有助於確保作業員的安全和終端消費者的整體健康。品管人員在確保食品的安全和品質方面發揮了至關重要的作用。透過減少所有的資源浪費，當食品的品質問題可以盡早發現時，找出並排除食品過敏原可以挽救生命。

---

7 請見聯合國糧食與農業組織官網（*https://oreil.ly/ie2sk*）。

8 請見美國農業部專文〈Food Waste and Its Links to Greenhouse Gases and Climate Change〉（*https://oreil.ly/AMnGh*）。

引導

如同第 189 頁中由 Benjamin Cabé 所創作的「人工鼻」，本章將深入探討一個端對端食品品質保證解決方案，即透過辨識與分類鮭魚片售出時（希望仍是新鮮的）以及變質時間，以減少食物浪費。蒐集完帶有「腐敗（spoiled）」和「購買當日 / 新鮮（purchase date/fresh）」的氣體感測器資料樣本後，還會蒐集第三類資料，也就是周遭的「環境（ambient）」資料樣本，以確保裝置附近的魚肉鮮度產生變化時，訓練出來的機器學習模型可以正確地辨別散發出來的氣體資料。

這三個類別將使機器學習分類模型識別在目標邊緣平台上的氣體感測器範圍內放了哪一種魚片。邊緣裝置會持續從氣體感測器取得原始樣本，訓練好的機器學習模型將推論，並判定魚片是接近原始購買日期或已腐壞。如果結果表示已經腐壞，那麼預測結果跟氣體訊號資料將透過網路回傳，或存在裝置本機上以供後續人工或在雲端進一步處理。

定義機器學習類別

表 12-2 為使用案例、感測器和資料輸入類型的可能組合，以及用於蒐集和標記訓練與測試資料集的機器學習類別。使用案例及其相關的類別標籤對於本章所使用的機器學習演算法類型相當重要，尤其是「分類」。更多內容請參考第 102 頁的「分類」。

表 12-2. 食品品質使用案例的機器學習類別

使用案例	訓練資料	類別標籤
食品變質偵測	氣體	變質、新鮮、周圍環境
食品安全工作服檢測	影像（帶邊框）	工作服或個人防護裝備（PPE）
產品保存期限檢測	影像（帶邊框）	保存期限
食品包裝漏洞檢測	水位、溼度、溼氣	正常、漏洞
食品熟度 / 品質控管	溫度、氣體	全熟、未熟、過熟、周圍環境

本章將運用機器學習感測器資料分類來製作一個食品變質偵測使用案例，專案的機器學習類別為「腐敗（spoiled）」、「購買當日（purchase date）」和「環境（ambient）」。

蒐集資料集

有關如何蒐集乾淨、健全且有幫助的資料集之技術和具體資訊，請回顧第 225 頁的「取得資料」。您也可以利用各種策略從多個來源蒐集資料，為案例建立專屬的獨特資料集：

- 結合公開的研究資料集
- 使用如 Kaggle 等資料蒐集網站上由社團成員貢獻的現有感測器資料集
- 邀請同事幫忙為您的 Edge Impulse 協作專案蒐集樣本

Edge Impulse

如第 381 頁「Edge Impulse」一節所述，您需要建立一個免費的 Edge Impulse 帳號（*https://edgeimpulse.com*）以跟著操作本章接下來的步驟。

更多關於使用 Edge Impulse 開發邊緣機器學習模型的理由，請參閱第 170 頁的「端對端邊緣 AI 平台」。

Edge Impulse 開放專案

本章的公開 Edge Impulse 專案請由此取得：*https://oreil.ly/W3_vb*。

選擇硬體和感測器

本書將盡量使用跨平台裝置，但也需要討論如何使用現成的簡易開發套件來建立案例的解決方案。因此本書的目標是讓硬體選擇盡可能地單純、可負擔且容易取得。

由於 Edge Impulse 提供了大量的官方支援開發平台，還有各種整合式感測器驅動程式和開放原始碼韌體，為了讓專案和食品品保氣體感測器資料蒐集過程保持簡潔，我們將用搭載 Bosch BME688（*https://oreil.ly/z1BzE*）氣體感測器的 Arduino Nicla Sense ME（*https://oreil.ly/tepYH*）。

硬體配置

Arduino Nicla Sense ME（*https://oreil.ly/QrdR1*）的板載 BME688 氣體感測器可以檢測揮發性有機化合物（VOCs）、揮發性硫化物（VSC）和像是一氧化碳和氫等其他氣體，濃度單位為十億分之一（ppb）[9]。

以下是一些其他類型的感測器，可根據特定的環境、使用案例、專案預算等，作為提高食品品質保證模型準確性的方案來考慮：

- 其他氣體：氨氣、甲烷、氧氣、二氧化碳等。
- 溫度
- 壓力
- 溼度
- 雷達
- 空氣品質

感測器融合

感測器融合是嵌入式系統常用的一種技術，藉由結合不同感測器的資料以獲得關於裝置周圍環境更全面或精確的了解。更多內容請回頭參考第 99 頁的「結合特徵和感測器」。

蒐集資料

Edge Impulse 提供了許多上傳和標註專案資料的作法任您挑選，第 384 頁的「蒐集資料」已討論過許多常見的資料擷取工具。接下來將討論本章針對食品品質保證會使用的特定資料蒐集工具。

資料擷取韌體

為了能夠從 Arduino Nicla Sense ME 擷取資料，首先需要從 Arduino CLI（*https://oreil.ly/YyOZ6*）燒錄一個資料擷取草稿碼到裝置上。

9 請參閱 Bosch 的 BME688 感測器文件（*https://oreil.ly/z1BzE*）。

然後，透過 Edge Impulse CLI（*https://oreil.ly/rPI3S*）將裝置連上專案，並開始從 Nicla Sense 上的氣體感測器記錄新的資料樣本。

首先，用範例 12-1 中的程式碼在電腦上建立一個名為檢查格式的新目錄，以及名為 *food.ino* 的新檔。

範例 12-1　將 Nicla Sense 氣體資料寫入序列埠終端的 Arduino 草稿碼

```
/**
 * Configure the sample frequency. This is the frequency used to send the data
 * to the studio regardless of the frequency used to sample the data from the
 * sensor. This differs per sensors, and can be modified in the API of the sensor
 */
#define FREQUENCY_HZ        10

/* Include ----------------------------------------------------------------- */
#include "Arduino_BHY2.h"

/* Constants --------------------------------------------------------------- */
#define INTERVAL_MS         (1000 / FREQUENCY_HZ)
#define CONVERT_G_TO_MS2    9.80665f

/* Forward declarations ---------------------------------------------------- */
void ei_printf(const char *format, ...);

/* Private variables ------------------------------------------------------- */
static unsigned long last_interval_ms = 0;

Sensor gas(SENSOR_ID_GAS);

void setup() {
    /* Init serial */
    Serial.begin(115200);
    Serial.println("Edge Impulse sensor data ingestion\r\n");

    /* Init & start gas sensor */
    BHY2.begin(NICLA_I2C);

 gas.begin();
}

void loop() {

    BHY2.update();
    delay(INTERVAL_MS);
```

```
    ei_printf("%.2f", gas.value());
    ei_printf("\r\n");
}

/**
* @brief      Printf function uses vsnprintf and output using Arduino Serial
*
* @param[in]  format     Variable argument list
*/
void ei_printf(const char *format, ...)
{
    static char print_buf[1024] = { 0 };

    va_list args;
    va_start(args, format);
    int r = vsnprintf(print_buf, sizeof(print_buf), format, args);
    va_end(args);

    if (r > 0) {
        Serial.write(print_buf);
    }
 }
```

請用 Arduino CLI（*https://oreil.ly/YyOZ6*）編譯並上傳草稿碼至 Arduino Nicla Sense ME 開發板，如範例 12-2 所示。

範例 12-2　Arduino CLI 指令

```
$ cd food
$ arduino-cli core install arduino:mbed_nicla
$ arduino-cli lib install Arduino_BHY2
$ arduino-cli lib install ArduinoBLE
$ arduino-cli compile --fqbn arduino:mbed_nicla:nicla_sense --output-dir . -verbose
$ arduino-cli upload --fqbn arduino:mbed_nicla:nicla_sense --input-dir . -verbose
```

上傳資料到 Edge Impulse

現在我們已將資料擷取草稿碼燒錄至 Nicla Sense 開發板，請用 Edge Impulse CLI（edge-impulse-data-forwarder）登入專案並連上裝置，並從電腦的序列埠終端將資料擷取到 Edge Impulse 專案中，如範例 12-3。

範例 12-3　將 Nicla Sense 連上 Edge Impulse 專案

```
$ edge-impulse-data-forwarder

Edge Impulse data forwarder v1.16.0
Endpoints:
    Websocket: wss://remote-mgmt.edgeimpulse.com
    API:       https://studio.edgeimpulse.com
    Ingestion: https://ingestion.edgeimpulse.com

? Which device do you want to connect to? /dev/tty.usbmodemE53378312 (Arduino)
[SER] Connecting to /dev/tty.usbmodemE53378312
[SER] Serial is connected (E5:33:78:31)
[WS ] Connecting to wss://remote-mgmt.edgeimpulse.com
[WS ] Connected to wss://remote-mgmt.edgeimpulse.com

? To which project do you want to connect this device?
  AI at the Edge / Use Case: Food Quality Assuran [SER] Detecting data frequency...
[SER] Detected data frequency: 10Hz
? 1 sensor axes detected (example values: [9513]). What do you want to call them?
  Separate the names with ',': gas
? What name do you want to give this device? Nicla Sense
  [WS ] Device "Nicla Sense" is now connected to project "Use Case: Food Quality
Assurance"
[WS ] Go to https://studio.edgeimpulse.com/studio/115652/acquisition/training
  to build your machine learning model!
```

請將 Nicla Sense ME 放在變質或新鮮（購買日期）的食物旁（在此使用一塊鮭魚），或房間的某一處。

從專案的「Data acquisition」標籤頁中，把「Record new data」設定為以下數值，並點選「Start sampling」。這將透過序列連線，由 Nicla Sense 開發板去記錄自身板載的 BME688 氣體感測器資料連續 20 分鐘（1,200,000 毫秒），如圖 12-1。請確保輸入與當前紀錄配置相應的樣本標籤：

Label

spoiled、purchase_date 或 ambient

Sample length (ms.)

1200000

Sensor

單軸感測器（氣體）

Frequency

10Hz

Record new data

Connect using WebUSB

Device

Nicla Sense

Label

spoiled

Sample length (ms.)

1200000

Sensor

Sensor with 1 axes (gas)

Frequency

10Hz

Start sampling

圖 12-1　Data acquisition 標籤頁的 record new data 畫面

重複此步驟，直到每個機器學習類別的訓練和測試資料集都（總計）至少有 20-60 分鐘的資料。

使用Browser Automation自動採集樣本

使用 JavaScript 呼叫便可輕鬆地在網頁瀏覽器的開發者控制台建立自動化機制，每 22 分鐘（或 1,320,000 毫秒）便自動點選一次 Edge Impulse 專案的「Start sampling」：

```
const delay = ms => new Promise(res => setTimeout(res, ms));
while(1) {
    document.getElementById("input-start-sampling").click();
    await delay(1320000);
};
```

清理資料集

請回顧第 390 頁的「清理資料集」，再繼續完成本章內容。

因為我們以時間長度 20 分鐘來記錄氣體感測器樣本，為了讓各個樣本的內容更清楚，要把樣本以 30,000 毫秒（在此為 29,880 毫秒）為單位分成多筆較短的樣本。請到「Data acquisition」標籤頁，點選任一樣本旁的三點下拉式選單，然後點選「Split sample」，如圖 12-2。

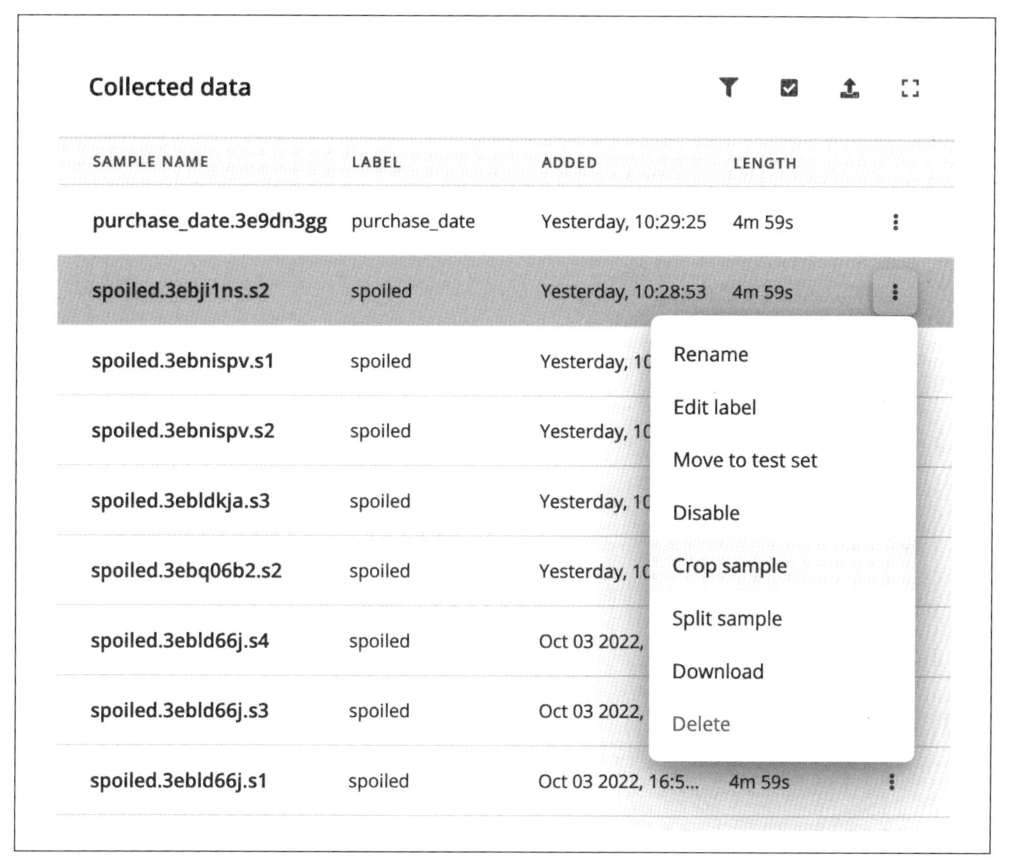

圖 12-2　Data acquisition 標籤頁的 sample 下拉式選單

「Split sample」畫面大概可以容納 4 個長度約 30,000 毫秒的子樣本；點選「+ Add sample」來加入更多分割區段，然後點選「Split」，如圖 12-3。

您也可以點選樣本的下拉式選單中的「Crop sample」來裁切樣本，如圖 12-4。

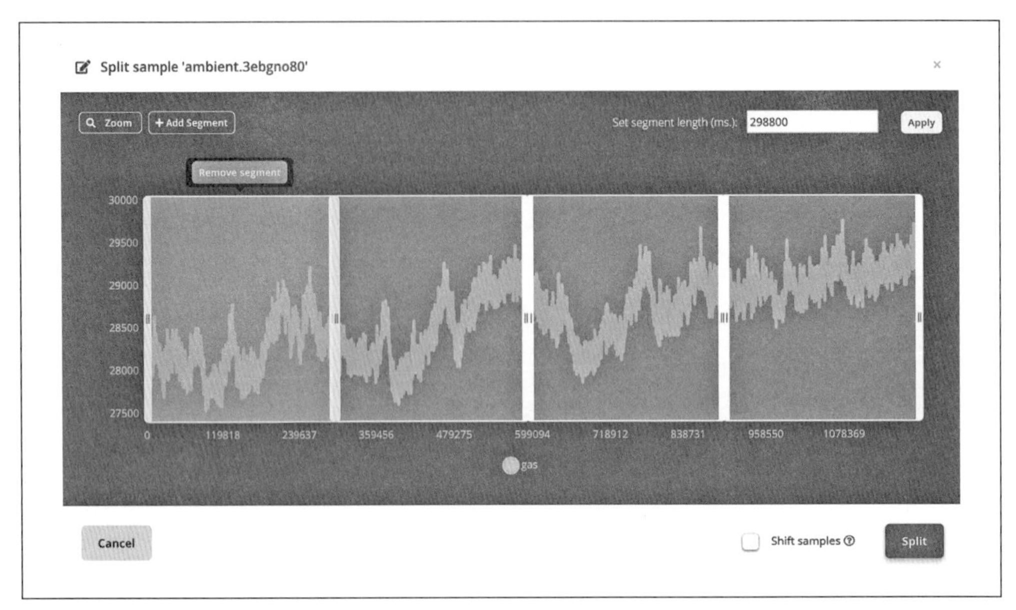

圖 12-3　Data acquisition 標籤頁的 Split sample 畫面

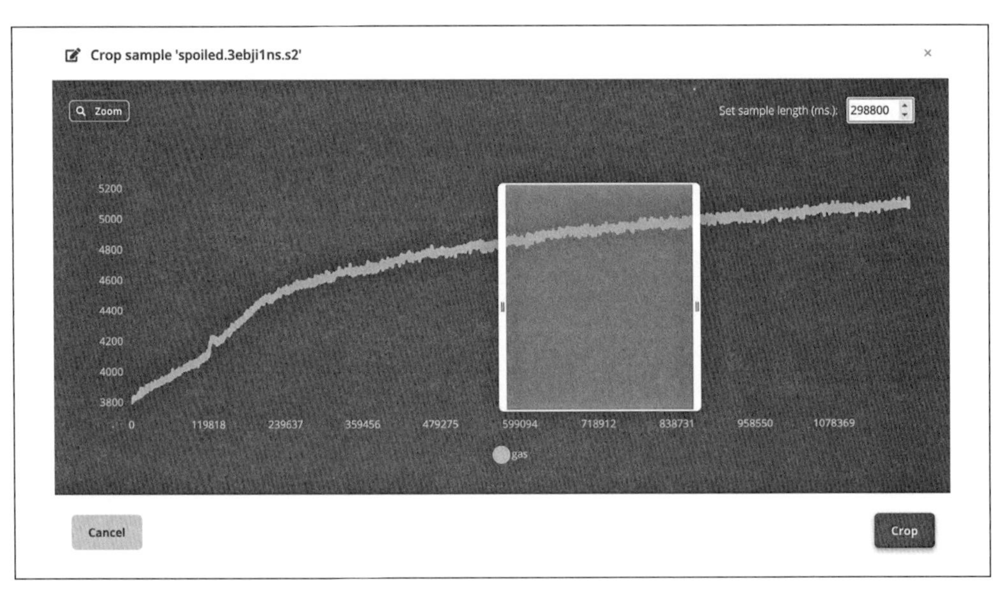

圖 12-4　Data acquisition 標籤頁的 Crop sample 畫面

資料集授權和法律義務

請回顧第 389 頁的「資料集授權和法律義務」以確認您的資料集版權和法律義務。由於我們是直接上傳並使用由個人 Nicla Sense 裝置透過電腦序列埠從家中所蒐集的資料，因此不存在任何資料集版權或相關法規問題。

然而，如果您除了自己的 Arduino Nicla Sense ME 裝置的氣體資料之外還使用了來自公共資源的氣體資料或其他感測器資料，在上傳資料到您的訓練 / 測試資料集並使用該資料訓練出來的模型之前，請確實調查清楚資料使用的相關規範和出處歸屬需求。

DSP 和機器學習工作流程

現在我們已經將所有影像上傳到訓練和測試資料集中，接下來需要使用數位訊號處理法（DSP）提取原始資料中最重要的特徵，然後訓練機器學習模型來辨識感測器特徵中的模式。Edge Impulse 將 DSP 和 ML 訓練工作流程稱為「Impulse design」。

您可以在 Edge Impulse 專案中的「Impulse design」標籤頁中查看並建立一個完整的端對端視覺化機器學習管線。最左邊是原始資料區塊，Edge Impulse Studio 在此擷取並預處理資料，並設定窗口增量和大小。若您從不同紀錄頻率的裝置上傳樣本資料，也可以在此將時間序列資料變密或變疏。

接下來是 DSP 區塊，我們將透過一個開源數位訊號處理腳本 Flatten，來提取氣體資料中最重要的特徵。一旦生成了資料特徵，學習區塊將按照所需架構和配置設定來訓練神經網路。最後顯示部署的輸出訊息，包括希望已訓練機器學習模型進行分類的類別，也就是「purchase_date」、「spoiled」和「ambient」。

請在 Edge Impulse 專案中，按照圖 12-5 或以下清單內容來設定「Impulse design」標籤頁，或如各區塊彈出視窗所述，最後點選「Save Impulse」：

時間序列資料

- Window size（窗口大小）：10000 毫秒
- Window increase（窗口增量）：500 毫秒
- Frequency (Hz)（頻率）：10

* Zero-pad data（資料補零）：勾選

處理區塊

* Flatten

學習區塊

* 分類（Keras）

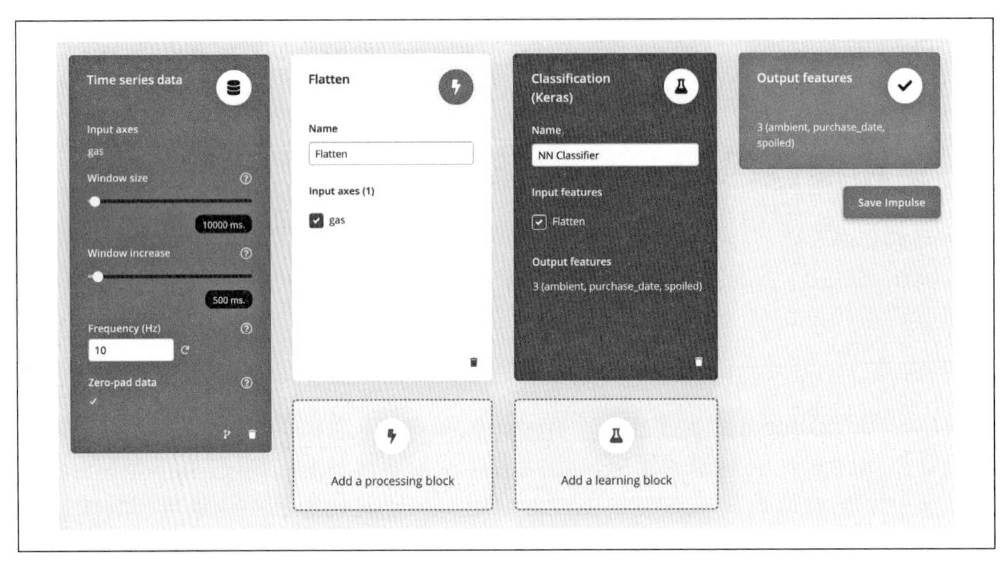

圖 12-5　Impulse design 配置

數位訊號處理區塊

本章專案將使用 Edge Impulse Studio 中的預設數位訊號處理演算法。這個 Flatten 處理區塊已預先編寫好，供免費使用也可以免費部署到硬體平台。Flatten 區塊中的程式碼請參考 Edge Impulse GitHub 的「processing-blocks」（*https://oreil.ly/_dSjf*）。更多關於各種訊號處理演算法的具體內容請參考第 94 頁的「數位訊號處理演算法」。

如果您習慣自行編寫數位訊號處理的程式碼或想使用自定義的 DSP 區塊，請參考第 394 頁「數位訊號處理區塊」所提供的詳細內容。

從左側導覽列選取 Flatten 標籤頁來設定 Flatten 區塊，按照圖 12-6 或以下清單中參數來編輯各個選取盒與文字輸入。最後點選「Save parameters」。

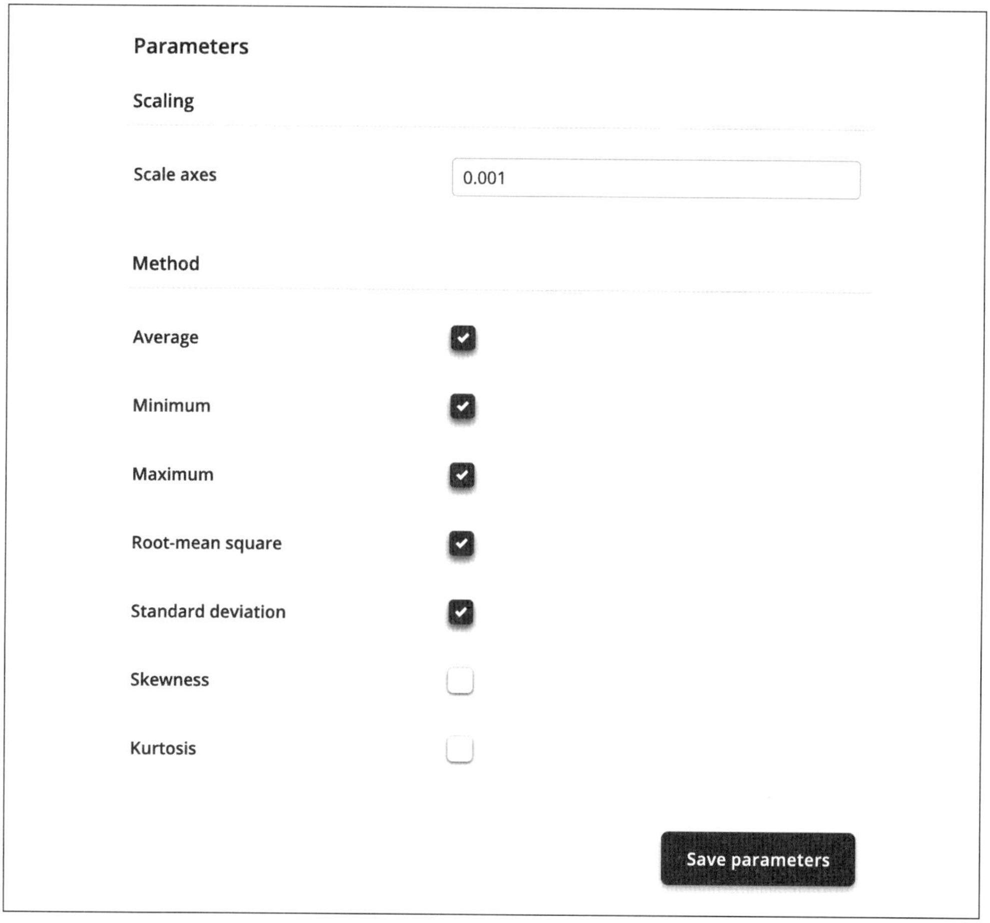

Parameters

Scaling

Scale axes 0.001

Method

Average ☑

Minimum ☑

Maximum ☑

Root-mean square ☑

Standard deviation ☑

Skewness ☐

Kurtosis ☐

Save parameters

圖 12-6　Flatten 區塊參數設定

縮放

- Scale axes（縮放軸）：0.001

方法

- 平均：勾選
- 最小值：勾選

- 最大值：勾選
- 均方根：勾選
- 標準差：勾選
- Skewness（偏度）：取消勾選
- Kurtosis（峰度）：取消勾選

現在，點選「Generate features」來檢視資料的特徵瀏覽器，如圖 12-7。

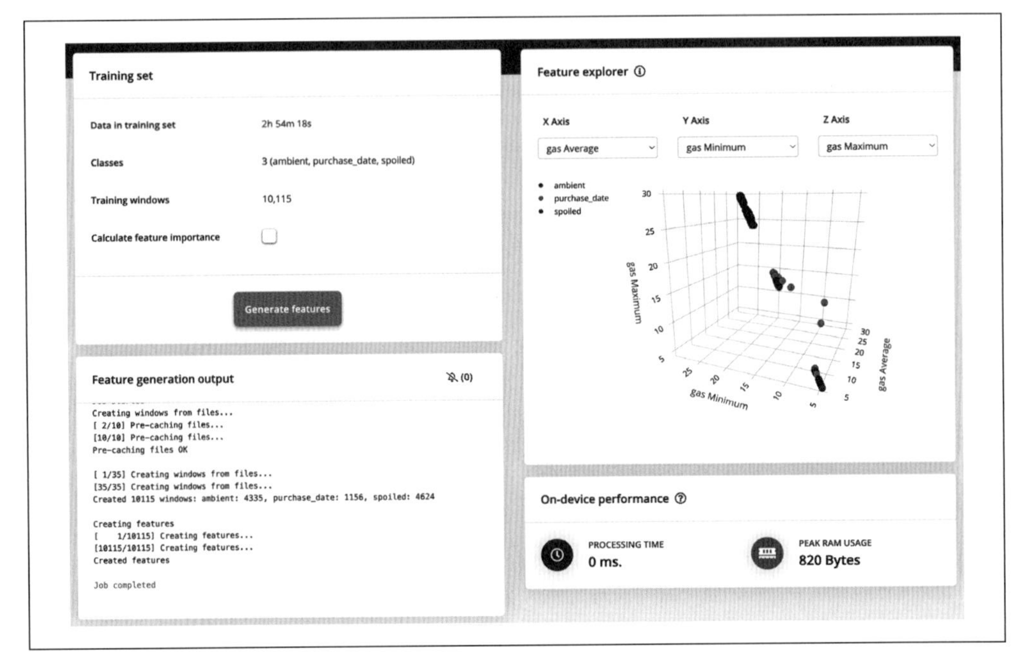

圖 12-7　Flatten 區塊的特徵瀏覽器

機器學習區塊

現在我們已經準備好訓練邊緣機器學習模型了！ Edge Impulse 提供多種訓練模型的方式，其中最簡單的便是使用視覺（或圖形化使用者網路介面）編輯模式。但如果您是機器學習工程師、專家，或具備 TensorFlow / Keras 的經驗，那麼您也可以在本機或是 Edge Impulse Studio 的專家模式中來編輯遷移學習區塊。

從 NN Classifier 標籤頁中可以設定專案的神經網路架構和其他訓練設定。

視覺模式

配置並設定機器學習訓練還有網路神經架構最簡單的方法，便是透過 Edge Impulse 的視覺模式，或是透過側邊選單「Impulse design」中「NN Classifier」標籤頁的預設顯示（如圖 12-8）。請將以下設定複製到神經網路分類器的區塊配置中，然後點選「Start training」：

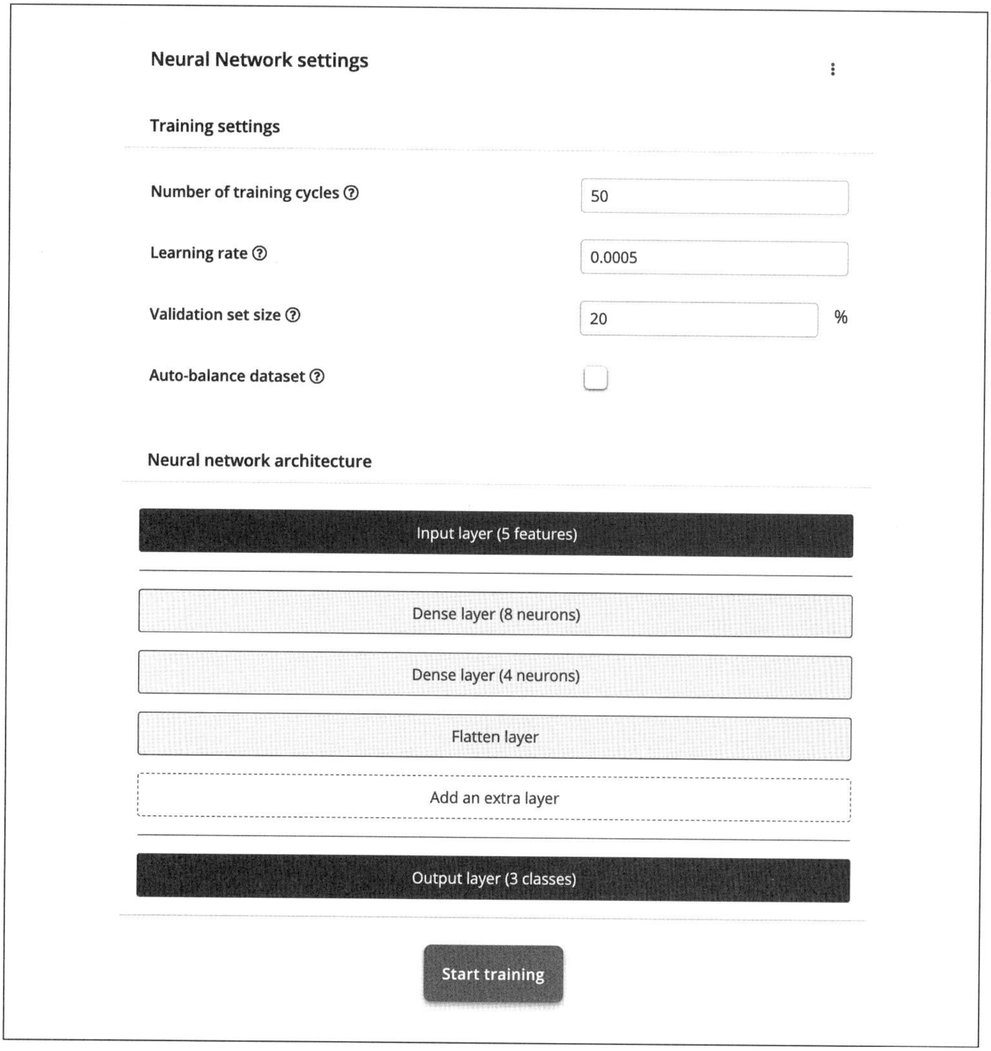

Neural Network settings

Training settings

Number of training cycles 50

Learning rate 0.0005

Validation set size 20 %

Auto-balance dataset

Neural network architecture

Input layer (5 features)

Dense layer (8 neurons)

Dense layer (4 neurons)

Flatten layer

Add an extra layer

Output layer (3 classes)

Start training

圖 12-8　神經網路設定

- Number of training cycles（訓練週期數量）：50
- Learning rate（學習率）：0.0005
- Validation set size（驗證集大小）：20%
- Auto-balance dataset（自動平衡資料集）：取消勾選
- 神經網路架構：
  — 密集層（8 個神經元）
  — 密集層（4 個神經元）
  — 扁平層

密集層就是全連接層，為神經網路中構造最簡單的一種層。我們用它來處理從 Flatten DSP 區塊的輸出中取得的已處理資料。Flatten 層可將多維資料轉為單維。在回傳之前會需要先將卷積層中的資料攤平。更多有關神經架構配置的資訊請參考 Edge Impulse 說明文件（*https://oreil.ly/J57H-*）。模型訓練完成後便可以從「Model > Last training performance」中檢視遷移學習的結果（如圖 12-9）。

您知道如何用 Python 編寫 TensorFlow/Keras 程式碼嗎？點選區塊標題「Neural Network settings」右側的三點下拉式選單，便能進入 Edge Impulse 的專家模式，您可上傳自己的程式碼，或在本機上編輯既有的程式碼區塊，如圖 12-10。

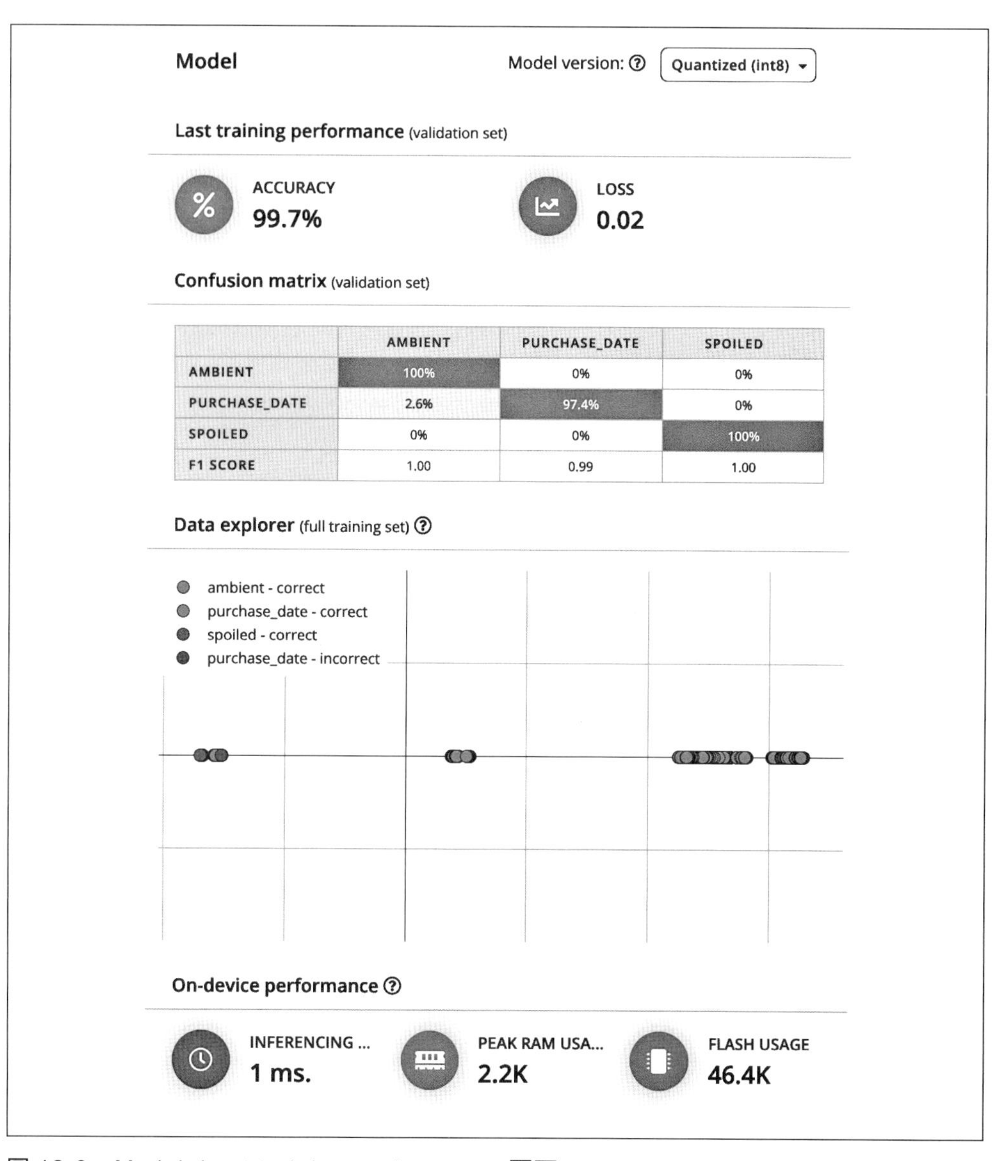

	AMBIENT	PURCHASE_DATE	SPOILED
AMBIENT	100%	0%	0%
PURCHASE_DATE	2.6%	97.4%	0%
SPOILED	0%	0%	100%
F1 SCORE	1.00	0.99	1.00

圖 12-9　Model: Last training performance 頁面

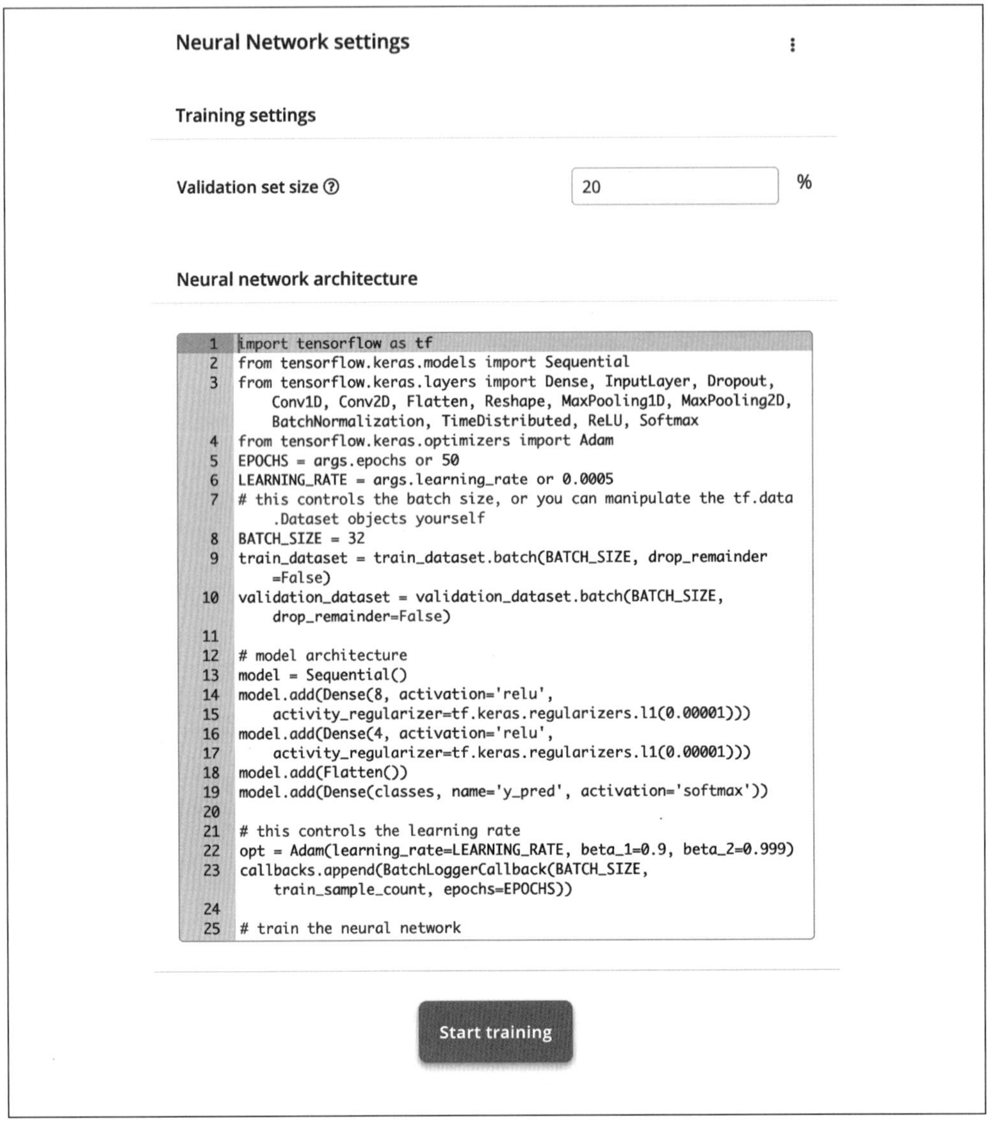

Neural Network settings

Training settings

Validation set size ⓘ 20 %

Neural network architecture

```
1  import tensorflow as tf
2  from tensorflow.keras.models import Sequential
3  from tensorflow.keras.layers import Dense, InputLayer, Dropout,
       Conv1D, Conv2D, Flatten, Reshape, MaxPooling1D, MaxPooling2D,
       BatchNormalization, TimeDistributed, ReLU, Softmax
4  from tensorflow.keras.optimizers import Adam
5  EPOCHS = args.epochs or 50
6  LEARNING_RATE = args.learning_rate or 0.0005
7  # this controls the batch size, or you can manipulate the tf.data
       .Dataset objects yourself
8  BATCH_SIZE = 32
9  train_dataset = train_dataset.batch(BATCH_SIZE, drop_remainder
       =False)
10 validation_dataset = validation_dataset.batch(BATCH_SIZE,
       drop_remainder=False)
11
12 # model architecture
13 model = Sequential()
14 model.add(Dense(8, activation='relu',
15     activity_regularizer=tf.keras.regularizers.l1(0.00001)))
16 model.add(Dense(4, activation='relu',
17     activity_regularizer=tf.keras.regularizers.l1(0.00001)))
18 model.add(Flatten())
19 model.add(Dense(classes, name='y_pred', activation='softmax'))
20
21 # this controls the learning rate
22 opt = Adam(learning_rate=LEARNING_RATE, beta_1=0.9, beta_2=0.999)
23 callbacks.append(BatchLoggerCallback(BATCH_SIZE,
       train_sample_count, epochs=EPOCHS))
24
25 # train the neural network
```

Start training

圖 12-10 專家模式編輯器

測試模型

有關 Edge Impulse 提供的所有模型測試功能之詳細內容和說明，請參考第 406 頁的「測試模型」。

即時分類

在「Live classification」標籤下，您可直接從 Arduino Nicla Sense ME 開發板取得樣本來測試，如圖 12-11 和 12-12。連接步驟請參考範例 12-3。

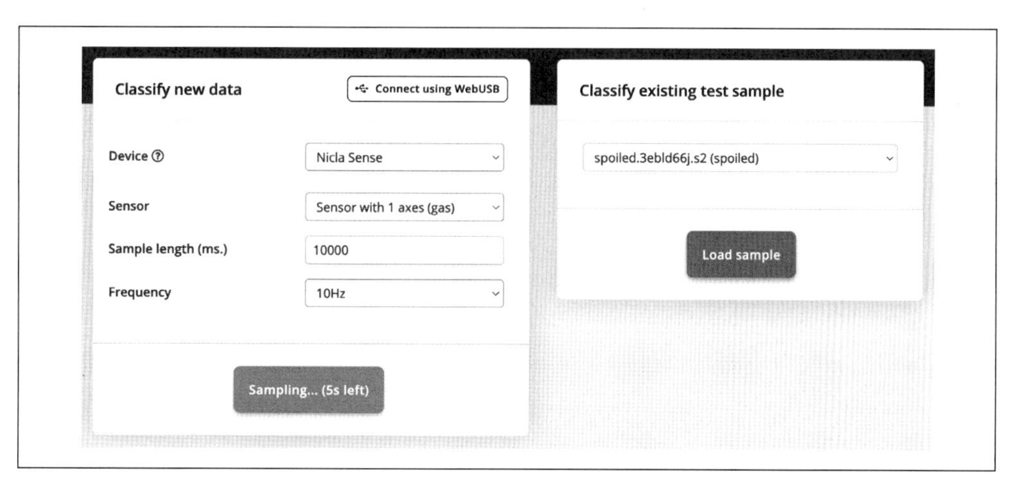

圖 12-11　使用 Arduino Nicla Sense ME 開發板即時分類

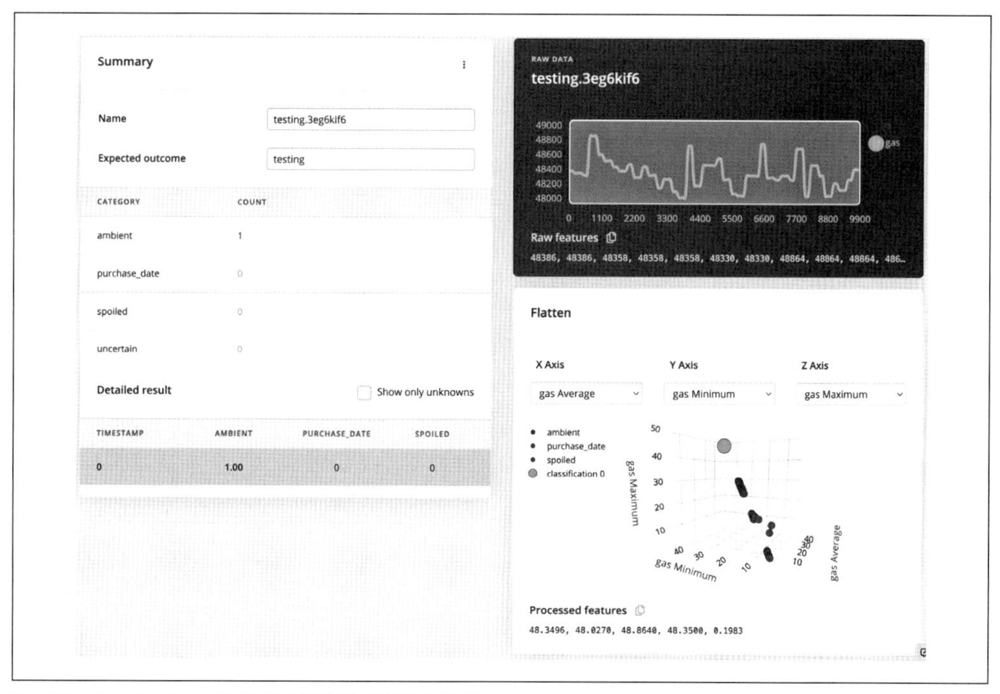

圖 12-12　使用未標住的測試結果即時分類

您也可以從「Classify existing test sample」畫面載入現有的測試資料集影像，藉此查看從該樣本提取出來的特徵，和已訓練模型的預測結果，如圖 12-13。

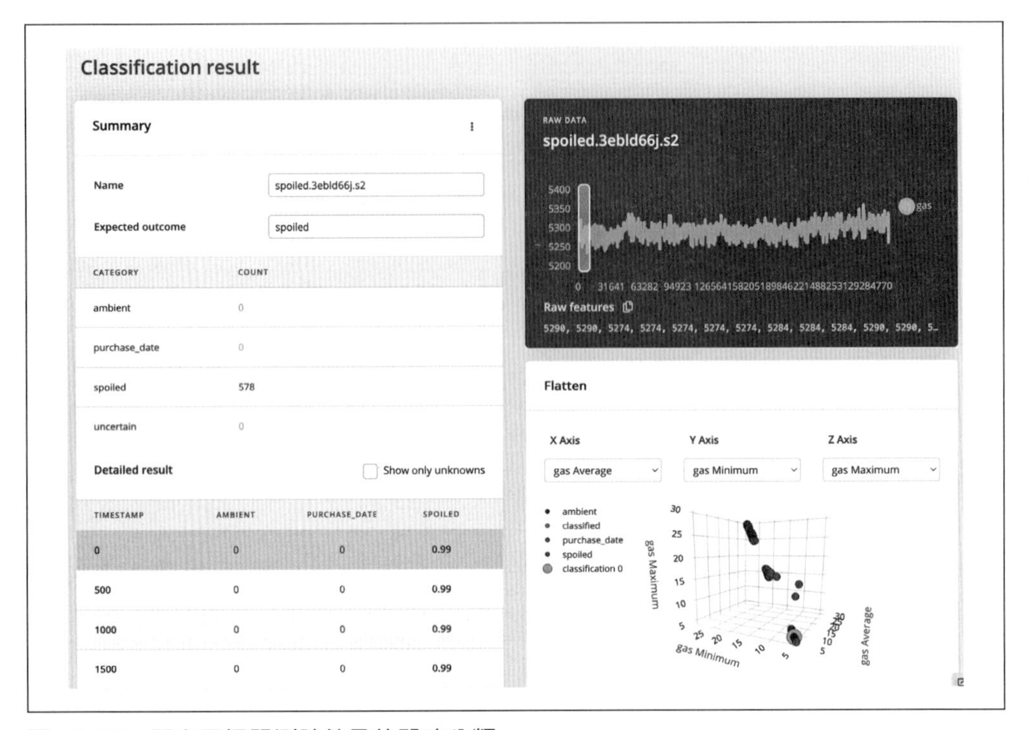

圖 12-13　既有已標記測試結果的即時分類

模型測試

您還可以在專案的「Model Testing」(*https://oreil.ly/1Xc63*) 標籤頁裡用訓練好的模型來對測試資料集進行批次分類。更多有關此標籤頁的內容請參考第 407 頁的「模型測試」。

點選「Classify all」來取得這個已訓練模型針對測試資料集樣本的推論結果總覽，如圖 12-14。

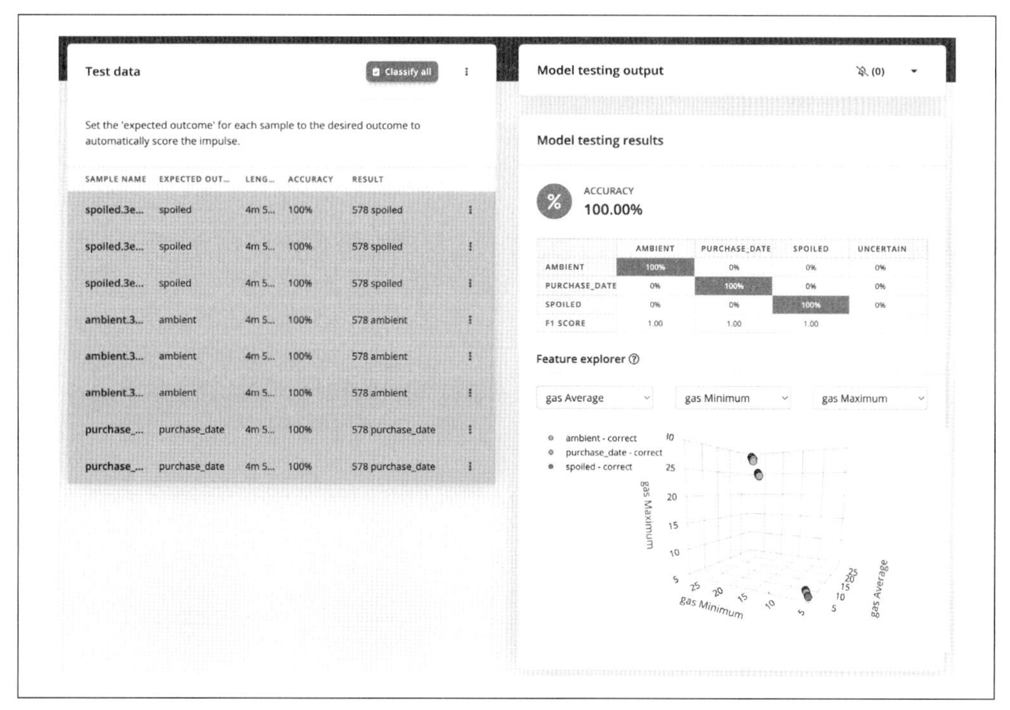

圖 12-14　模型測試結果

部署

恭喜！您已經完成了蒐集和標記訓練及測試資料集、使用 DSP 區塊提取資料特徵、設計及訓練機器學習模型，並使用測試資料集來測試模型。現在所有在邊緣裝置上進行推論所需的程式碼和模型資訊都已備齊，我們需要將事先建構好的二進位檔燒錄到裝置上，或是將 C++ 函式庫整合到嵌入式應用程式碼中。

請選擇 Edge Impulse 專案的「Deployment」標籤，按照下一節將提到的眾多部署選項的其中一個步驟，在邊緣裝置上執行訓練好的機器學習模型。還有許多其他的部署選項，在第 409 頁的「部署」一節已初步討論過。

燒錄預建置的二進位檔

請從 Deployment 標籤頁的「Build firmware」底下選擇您所需的官方支援 Edge Impulse 開發平台，並點選「Build」。您還可以選擇是否啟用 EON 編譯器[10]。

接著，按照點選 Deployment 標籤頁的「Build」之後所顯示的指示，將所生成的韌體拖放或燒錄到您的官方支援平台上。更多有關燒錄預建置二進位檔的詳細說明，請參考您所選用開發平台之 Edge Impulse 說明文件（*https://oreil.ly/O-ZFY*）。

本專案要選「Arduino library」部署選項，才能在 Arduino Nicla Sense ME（*https://oreil.ly/9QfS6*）上執行訓練好的模型，如圖 12-15。

請依照 Edge Impulse 網站上的 Arduino 部署文件（*https://oreil.ly/CmTyr*）中的說明下載並安裝軟體需求。

首先，將下載後的 Arduino 函式庫壓縮檔匯入 Arduino IDE，如圖 12-16。

10 請參閱 Jan Jongboom 的部落格文章：〈Introducing EON: Neural Networks in Up to 55% Less RAM and 35% Less ROM〉(*https://oreil.ly/B6Df7*), Edge Impulse, 2020.

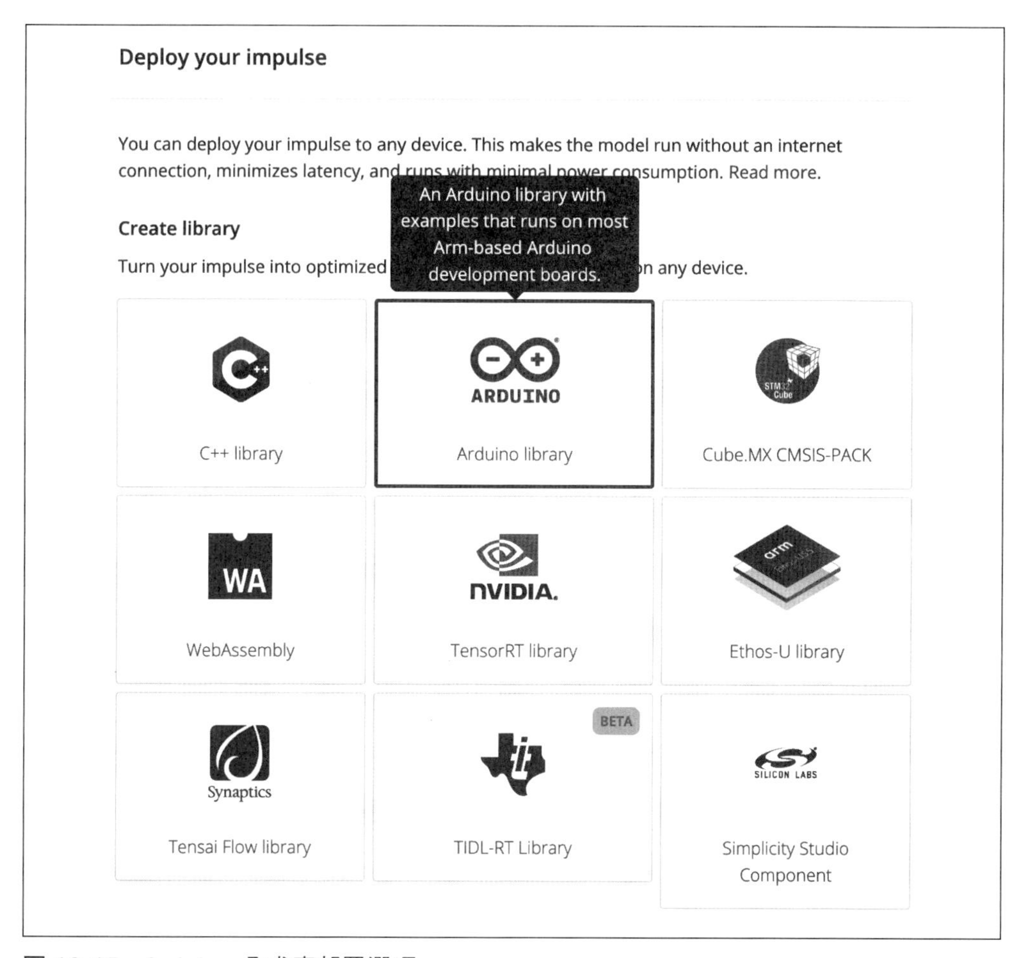

圖 12-15　Arduino 函式庫部署選項

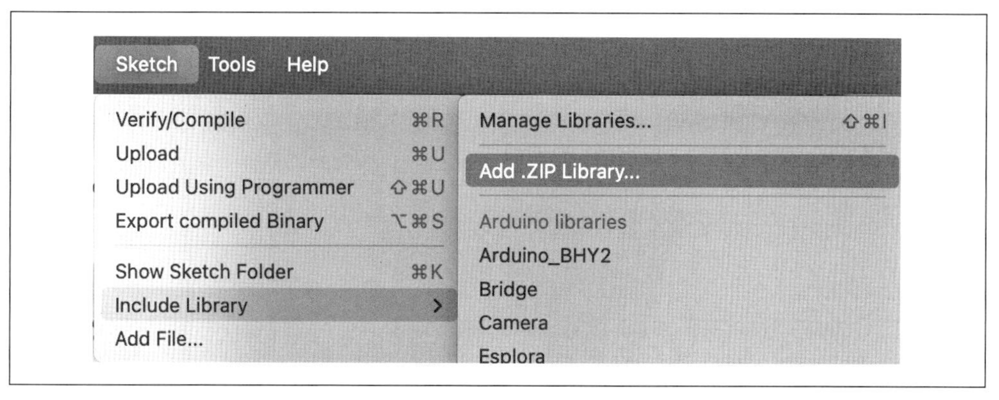

圖 12-16　Arduino IDE：匯入函式庫壓縮檔

然後在 Arduino IDE 中，從為 Nicla Sense 部署好的 Edge Impulse Arduino 函式庫中開啟對應的 Arduino 範例，如圖 12-17。

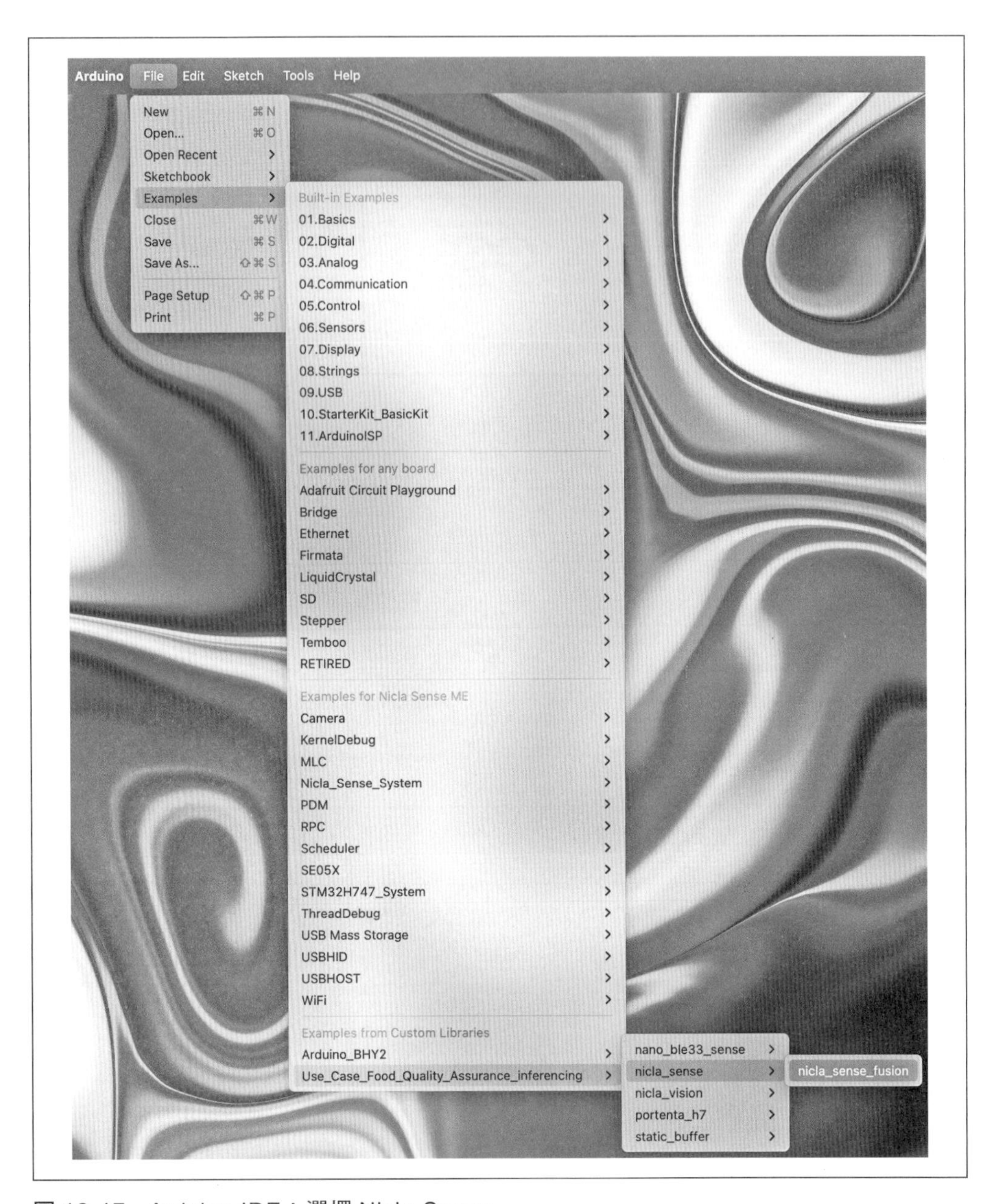

圖 12-17 Arduino IDE：選擇 Nicla Sense

現在，將 *nicla_sense_fusion.ino* 草稿碼儲存在電腦的任一位置，如圖 12-18。

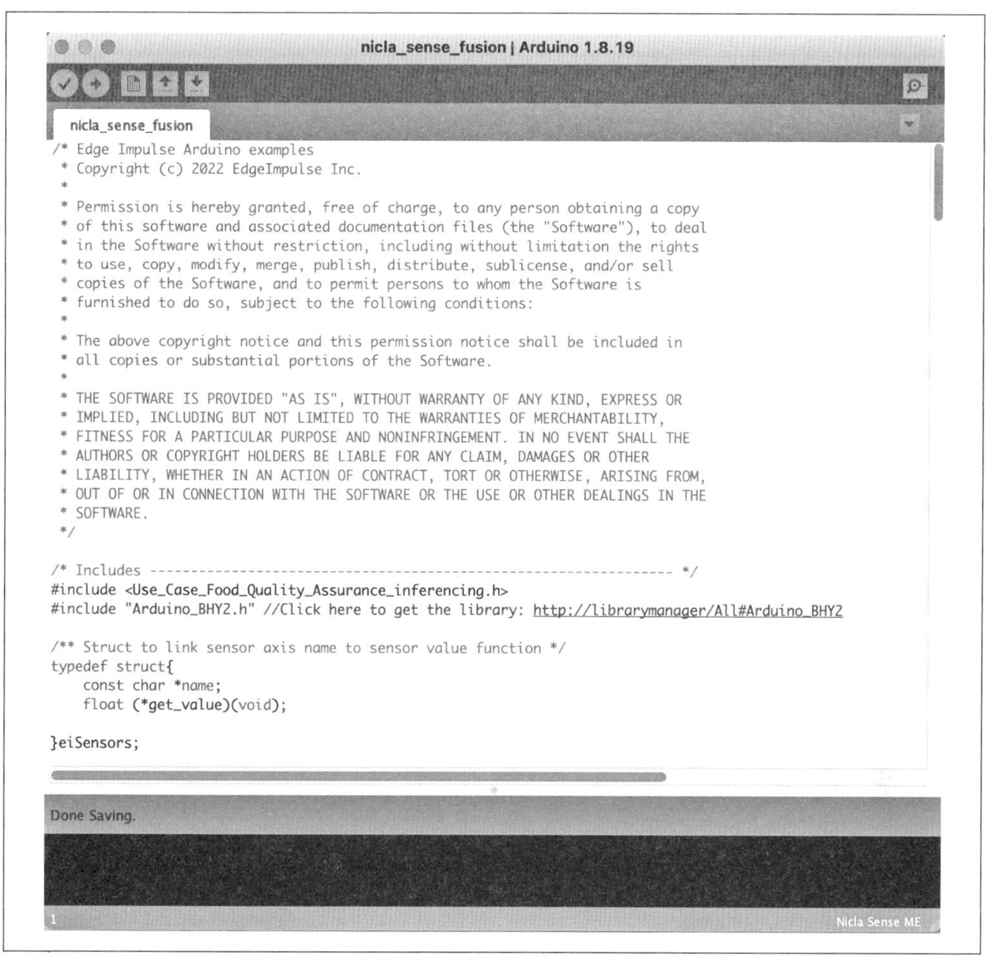

圖 12-18　Arduino IDE：儲存 nicla_sense_fusion.ino 草稿碼

您可以直接從 Arduino IDE 編譯並燒錄到 Nicla Sense，或者從命令列終端找到存放草稿碼的目錄後，執行範例 12-4 中的 Arduino CLI 指令。

範例 12-4. 燒錄推論草稿碼的 Arduino CLI 指令

```
$ cd nicla_sense_fusion
$ arduino-cli compile --fqbn arduino:mbed_nicla:nicla_sense --output-dir . --verbose
$ arduino-cli upload --fqbn arduino:mbed_nicla:nicla_sense --input-dir . --verbose
```

來看看在 Arduino Nicla Sense ME 邊緣裝置上，以 115,200 鮑率執行的食品品質保證模型之推論結果，如圖 12-19。

```
Nicla Sense CMSIS_DAP — 80x24 — 115200.8.N.1
Predictions (DSP: 0 ms., Classification: 0 ms., Anomaly: 0 ms.):
ambient: 0.93750
purchase_date: 0.06250
spoiled: 0.00000

Starting inferencing in 2 seconds...
Sampling...
Predictions (DSP: 0 ms., Classification: 0 ms., Anomaly: 0 ms.):
ambient: 0.99609
purchase_date: 0.00000
spoiled: 0.00000

Starting inferencing in 2 seconds...
Sampling...
Predictions (DSP: 0 ms., Classification: 0 ms., Anomaly: 0 ms.):
ambient: 0.99609
purchase_date: 0.00000
spoiled: 0.00000

Starting inferencing in 2 seconds...
Sampling...
```

圖 12-19 Arduino Nicla Sense ME 使用已訓練模型的推論結果

GitHub 原始碼

本章使用的應用程式原始碼，包括來自公開 Edge Impulse 專案（*https://oreil.ly/wPTwd*）的部署函式庫和完整的應用程式碼，皆可在本書 GitHub 查看和下載（*https://oreil.ly/91usE*）。

迭代和回饋循環

現在，您已經部署了食品品質保證模型的第一個迭代版本，您可能就此感到滿足並停止開發。但是，若您希望進一步迭代模型，並隨著時間推移或新入手的裝置升級來進一步提高準確度，那麼這個專案還有許多可以改進和修改的地方供您參考：

- 在模型中，針對不同類型的食品加入更多機器學習類別
- 為裝置做一個外殼，確保來自其他食物的污染不會影響到氣體感測器讀數
- 加入專門用來辨識食品已購入天數的機器學習類別
- 透過感測器融合（請見第 430 頁的「感測器融合」）技術，在訓練 / 測試輸入資料樣本中加入像是溫度或溼度等其他感測器參考軸。
- 針對無關但類似的目的（如食品變質和過敏原偵測等），或同時在鄰近裝置上執行多個食品品質保證模型。

深入探討：完美的烤麵包機

圖 12-20 中的 AI 驅動烤麵包機可利用香味來製作完美的烤吐司！

圖 12-20　Shawn Hymel 的烤麵包機

Shawn Hymel 利用 Edge Impulse 和機器學習技術，做出一台每次都能烤出完美吐司的裝置，無論吐司的厚度、成分或溫度為何。模型使用了多種氣體感測器資料訓練，並利用迴歸技術來預測吐司何時會燒焦。

Shawn 改裝了一個平價的烤麵包機，讓微控制器可以控制烘烤的過程。微控制器會持續從氣體感測器取得氣味資料、透過機器學習模型推論，並在吐司燒焦前的 45 秒停止烘烤。

這台看似多此一舉的嵌入式機器學習應用其實有幾個重要的意涵。

首先，未來的人們可能不再倚賴計時器和直覺來烹飪。有一天我們可能會看到內建智慧感測器的廚房家電已能夠做出一道完美的菜餚，避免因為燒焦而導致的食物浪費。其次，做出完美的烤吐司其實是預防性維護的絕佳範例。想像將此案例中的**吐司換成機械設備**。我們是否可以訓練機器學習模型在實際出問題之前就先預測汽車零件何時會故障？大型工業設備停機動輒就會導致數千甚至數百萬美元的損失，預防性維護則可以幫助在情況變得更嚴重之前就盡早發現問題。

詳細內容請參考 Perfect Toast Machine 的 GitHub：*https://oreil.ly/DlRu4*。

相關成果

如本章所述，邊緣 AI 是一種廣泛應用在各種食品品保設備中的新興科技，從生產線到消費者的過敏原檢測器。接下來將介紹一些有關食品品質保證的邊緣 AI 之裝置、資料集、研究文獻和書籍。

本書也在各頁註腳中提供本章各種應用程式、方法和裝置的來源，以及食品品質保證機器學習模型與方法的各種研究與商業來源。

參考文獻

- Banús, Núria et al. "Deep Learning for the Quality Control of Thermoforming Food Packages" (*https://oreil.ly/8Oaec*). Scientific Reports, 2021.
- Gerina, Federica et al. "Recognition of Cooking Activities Through Air Quality Sensor Data for Supporting Food Journaling" (*https://oreil.ly/2Dj7L*). Springer-Open, 2020.

- Hassoun, Abdo et al. "Food Quality 4.0: From Traditional Approaches to Digitalized Automated Analysis" (*https://doi.org/10.1016/j.jfoodeng.2022.111216*). Journal of Food Engineering, 2023.
- Hemamalini, V. et al. "Food Quality Inspection and Grading Using Efficient Image Segmentation and Machine Learning-Based System" (*https://oreil.ly/1z5z0*). Journal of Food Quality, 2022.
- Ishangulyyev, Rovshen et al. "Understanding Food Loss and Waste—Why Are We Losing and Wasting Food?" (*https://oreil.ly/Vmwyg*), National Library of Medicine, 2019.
- Iymen, Gokce et al. "Artificial Intelligence-Based Identification of Butter Variations as a Model Study for Detecting Food Adulteration" (*https://doi.org/10.1016/j.ifset.2020.102527*). Journal of Food Engineeering, 2020.
- Jathar, Jayant et al. "Food Quality Assurance Using Artificial Intelligence: A Review Paper" (*https://oreil.ly/9WUim*). ResearchGate, 2021.
- Kaya, Aydin, and Ali Seydi Keçeli. "Sensor Failure Tolerable Machine Learning-Based Food Quality Prediction Model" (*https://oreil.ly/eGnDv*). ResearchGate, 2020.
- Kumar, G. Arun, "An Arduino Sensor-Based Approach for Detecting the Food Spoilage" (*https://oreil.ly/ECgqq*). International Journal of Engineering and Applied Sciences and Technology, 2020.
- Nturambirwe, Jean et al. "Classification Learning of Latent Bruise Damage to Apples Using Shortwave Infrared Hyperspectral Imaging" (*https://oreil.ly/2zmhw*). MDPI, 2021.
- Rady, Ahmed et al. "The Effect of Light Intensity, Sensor Height, and Spectral Pre-Processing Methods When Using NIR Spectroscopy to Identify Different Allergen-Containing Powdered Foods" (*https://oreil.ly/vGyiR*). National Library of Medicine, 2019.
- Sonwani, Ekta et al. "An Artificial Intelligence Approach Toward Food Spoilage Detection and Analysis" (*https://oreil.ly/SImft*). National Library of Medicine, 2021.

- Watson, Nicholas J. et al. "Intelligent Sensors for Sustainable Food and Drink Manufacturing" (*https://oreil.ly/IaoqI*). Frontiers in Sustainable Systems, 2021.

新聞與相關文章

- Machine Learning for Automated Food Quality Inspection（*https://oreil.ly/kIdsz*）
- NIRONE Sensors Show Promising Results on Detection on Food Allergen Identification（*https://oreil.ly/O-GVd*）
- Using AI to Increase Food Quality（*https://oreil.ly/OOj3H*）
- What Is Industry 4.0?: How Industry 4.0 Technologies Are Changing Manufacturing（*https://oreil.ly/0YzAK*）
- The Best Technologies Against Food Allergies（*https://oreil.ly/mKQyc*）
- Considering a Smart Toaster Oven? Get a Multi-Oven Instead（*https://oreil.ly/TuZ3P*）

第十三章

使用案例：消費性產品

在消費性電子產品領域中，邊緣機器學習可用來幫助裝置根據資料做出決定，而不需要將資料回傳到雲端。這可以節省時間和頻寬，也可用於需要保密的敏感資料。邊緣機器學習還可以用於以消費者為核心的工作，例如人臉辨識、物體辨識、語音辨識和感測器分類等。由於在將資料回傳雲端做進一步處理之前便能夠分析並辨識所獲得的消費者資料中的模式，產品可以很快地適應使用者的需求：顯示想要的產品用途或是提供產品相關的客製化警示等。

透過邊緣 AI，消費性產品可以與裝置上的感測器整合，並運用所取得的資料來實現幾乎任何事。例如，自行車可以分析騎士周圍的環境來取得交通相關資訊和可能影響騎乘品質的環境資料；智慧冰箱可以自動偵測某項食品是否快被用罄，並自動將其加入購買清單中。本章將討論在消費性產品中利用邊緣 AI 的各種方法、相關感測器和裝置配置，並提供本章所選方法與使用案例解決方案的深入教學。

探索問題

許多消費性科技產品已隨時都與網路連線，像是智慧家庭裝置、監視器、穿戴裝置、自動駕駛車輛和無人機等。這些裝置需要處理大量的資料，或將大量資料發回雲端平台做進一步處理。邊緣機器學習讓這些消費性產品能夠根據裝置獲得的大量感測器資料，針對環境變化迅速地做出反應，而無需耗費大量時間、電力和頻寬等將資料回傳到雲端進一步處理。

應用在本書學到的技術，為消費性電子產品開發邊緣機器學習模型的任務過於廣泛。為了聚焦，我們將討論幾個大目標，接著再深入討論其中一個目標的實作。其中一個大目標便是以某種方式安撫寵物的產品。就目標而言，我們可以製作一款能夠針對寵物水盆分析，並在水快喝完時通知主人的機器學習模型；或者，在寵物的項圈中整合某種裝置，以偵測寵物是否發出表示焦慮的特定叫聲，好馬上安撫牠。這兩種方法都可以達到相同的目標，也就是透過最終產品裝置來安撫寵物，但會需要不同組合的機器學習分類和感測器輸入來解決。

設定目標

隨著世界的進步，利用邊緣 AI 技術做出有用且高效率的消費性產品是很有幫助的。消費者會開始期待所使用的科技越來越聰明但又不會侵犯隱私。為消費性產品整合板載感測器資料與邊緣機器學習模型的選擇多到數不清。透過將板載感測器獲得的情報帶給邊緣 AI，可以讓消費性產品的整體效能更好、電池壽命更長（取決於使用案例）、提高最終消費者的滿意度和易用與便利性。

設計解決方案

本章將設計並實作一款低成本、高效率且容易訓練的邊緣 AI 模型，用於搭載加速度感測器的自行車手監測裝置的相關消費性產品。然而，偵測危險和監測自行車手安全的邊緣 AI 模型並非只能利用加速度感測器完成。藉由本章和本書所介紹的原則和設計流程，可以實作出許多其他用於自行車手監測裝置的機器學習模型和應用程式，包括利用攝影機的影像輸入監測周圍環境訊息和潛在的撞擊 / 交通事故，或藉由收到的聲音訊號資料辨識車禍等。

有哪些既有的解決方案？

市場上已有許多整合了邊緣 AI 的智慧消費性產品，或是剛結束原型生產階段。June Oven（*https://oreil.ly/W_aZa*）和 Haier Series 6（*https://oreil.ly/yS58F*）等智慧廚房家電搭配了 AI 技術，全方位地協助從菜單規劃到清潔等工作。世界各地的行動電話用戶，都因為 Apple Watch、三星智慧手錶或 Fitbit 等 AI 穿戴裝置，而綁在硬體供應商所選的生態系統中。

越來越多針對最終使用者而開發的健康裝置：Oura Ring（*https://ouraring.com*）搭載了可追蹤睡眠、活動和整體健康狀況的感測器，讓使用者更了解自己的日常生活習慣。未來，許多消費性科技產品將整合板載感測器和邊緣 AI 的即時推論，這將提高產品的效能以及對最終消費者的實用性和吸引力，同時還降低了耗電量。

解決方案的設計方法

描述問題和設計解決方案的方法有很多，以下為一些範例：

寵物安撫器和監測器

了解寵物的生命徵象和整體健康狀況對飼主來說非常重要。透過邊緣 AI 裝置監測寵物的生命徵象，可以隨時察覺任何健康或行為變化並採取適當行動。有許多感測器輸入可用來監測寵物的生命徵象，包括攝影機感測器和智慧水盆等。您也可以透過 AI 驅動的項圈來追蹤寵物的位置和活動量。這些智慧寵物產品有助於減緩飼主對寵物健康和幸福的焦慮感，並讓飼主安心。

自行車監測器

許多交通工具都已具備邊緣 AI，包括自行車，製造商提供了各種讓通勤更安全的功能。透過搭載了感測器的自行車或附加消費性產品來蒐集資料的潛力無窮。藉由各種感測器配置，自行車可以即時蒐集地形、天氣和交通狀況等資料，從而更全面地了解道路和騎士所處環境的情況。

此外，還可以配備偵測是否騎在危險路段或違規行駛的感測器，例如在車輛間穿梭蛇行或逆向等。也可以整合其他感測器來即時自動偵測竊盜並加強行車的整體安全，無論是在市中心還是郊區。最後，配有車後攝影機或雷達感測器的自行車能夠偵測後方交通，根據接收到的交通狀況 / 訊息或視覺障礙等資訊，提醒騎士讓路、加速或減速以避免事故發生[1]。

1　請見 Edge Impulse 文章〈Bike Rearview Radar〉（*https://oreil.ly/12O4I*）。

兒童玩具

融入邊緣 AI 技術的互動式兒童玩具類別主要有三種：教學、反應情緒或監測兒童健康與環境安全。教學玩具旨在幫助兒童學習新技能或知識。它們通常以益智或解謎遊戲的形式出現，幫助兒童練習算術、形狀和顏色等。情緒反應玩具的目標是與兒童互動並回應情緒。這些玩具會收聽尖叫或哭泣等聲音提示，有些甚至可以辨識與情緒相關的表情或其他視覺線索。安全和健康監測玩具則旨在維持兒童的安全與健康。這些玩具可以偵測孩子的手是否快碰到火爐，或者監測兒童的心率和呼吸等。有些玩具甚至具備 GPS 追蹤功能以防兒童走失，進一步提升家長的安全感。

然而，邊緣 AI 技術進步的同時，也需要促進針對任何與兒童互動的玩具、裝置，或服務所使用的 AI 高度負責任且合乎道德的指導方針。不幸的是，隨著 AI 技術變得複雜，監管也變得更加困難，使用 AI 以利用兒童及其情緒與個資的可能性也隨之增加[2]。AI 技術的監管是一個複雜的問題，本章不會詳細討論；然而，許多政府機關和公司正針對此特定領域進行研究和制訂政策，因為還沒有一個簡單的解決方案[3]。考慮到原本用於兒童的 AI 技術遭不肖歹徒利用的嚴重後果，顯然有必要採取某種形式的監管[4]。

家用電器

智慧冰箱等支援邊緣 AI 的智慧家電可以幫助偵測某項食品是否快用完並自動訂購，讓您再也不用擔心沒有牛奶。它們還可以追蹤使用者的飲食習慣，讓您了解自身營養攝取的狀況，甚至為您烹煮出完美的料理。

不光是冰箱變聰明了，還有各種智慧烹調設備運用了電腦視覺和其他感測器輸入，以精準地計算尺寸[5]並自動控溫煮出完美佳餚。咖啡機藉由邊緣機器學習根據使用者的喜好將咖啡沖煮個性化。甚至連洗衣機也可以透過機器學習來辨別不同類型的衣物，並根據推論結果調整洗滌和烘衣行程。

---

2 請見聯合國新聞〈Digital Child's Play: Protecting Children from the Impacts of AI〉（*https://oreil.ly/2rc83*）。

3 請見聯合國兒童基金會文章〈Good Governance of Children's Data〉（*https://oreil.ly/EzNvZ*）。

4 請見世界經濟論壇〈Artificial Intelligence for Children〉（*https://oreil.ly/aHH3E*）。

5 請見 Edge Impulse 部落格文章〈Estimate Weight From a Photo Using Visual Regression in Edge Impulse〉（*https://oreil.ly/qfZxT*）。

上述任何一種解決方案都是促進本章目標的消費性產品，也就是針對普羅大眾設計合乎道德又有價值的消費性產品，同時確保合乎倫理，並負責任地使用所取得的用戶資料。

設計注意事項

為了實現設計出好用、合乎道德又便利的消費性邊緣 AI 產品這個總體目標，就技術層面來說，可以利用多種不同類型的感測器和攝影機等各種資料來源來達到類似的目標（請見表 13-1）。

表 13-1　各個案例可用的感測器

目標	感測器
自行車事故 / 竊盜偵測器	加速度感測器、聲音、雷達、攝影機
寵物安撫器	攝影機、聲音、雷達
AI 驅動烤箱	紅外線攝影機、溫度、氣體
穿戴型健康監測裝置	PPG、心率、心電圖、溫度、水 / 出汗程度
家庭安全與自動化	攝影機、聲音
兒童機器玩具	攝影機、聲音、加速度感測器、陀螺儀、雷達
自動化洗衣機	攝影機、化學物質、氣體、顏色、亮度

更多關於感測器資料蒐集和資料集蒐集的方法請參考第 225 頁的「取得資料」。

此外，也請將以下問題納入設計過程跟腦力激盪中：

- 誰是產品的最終消費者？
- 誰是產品的主要利益相關者？
- 產品有可能遭到哪些惡意或不道德的利用？
- 資料會存在哪裡？推論結果是否會回傳到雲端？
- 要如何讓消費者 / 最終使用者了解從感測器接收到的資料，會如何在裝置、雲端或網路連線中使用？

環境與社會影響

儘管邊緣 AI 在消費性技術方面的進步能讓生活更輕鬆愜意，卻也伴隨著一些問題，像是許多人其實無法使用或受到限制，導致有一些終端消費者無法充分受益於邊緣 AI 技術的進步。讓裝置更容易上手又便利便是各企業試著緩解這些問題的其中一個方法。例如，部分開發商已經在研發減輕家事負擔的裝置。這些裝置可以幫助年長者或殘障人士處理較為困難的工作，例如打掃或煮飯。這不僅讓他們的生活更輕鬆，還可以預防意外或受傷。開發商也致力於透過提前通知客戶可能會出現哪些問題，或需要什麼樣的維修，以降低技術或一般浪費。這不僅有助於維持裝置運作，還可以防止與其互動的兒童受傷。

將兒童和青少年放在第一位（FIRST）的檢查清單[6]

當您在構思新的消費性邊緣 AI 產品時，即便目標受眾 / 使用者不是兒童，以下簡寫為「FIRST」的檢查清單，也是一組幫助您構思和知所進退的絕佳起點：

公正性（*Fair*）
: 道德、偏見和責任。

包容性（*Inclusive*）
: 便利性、神經多樣性和來自兒童 / 目標年齡層的回饋。

負責任（*Responsible*）
: 適用年齡和發展階段；反映最新的學習科學並針對目標年齡設計。

安全性（*Safe*）
: 不會造成傷害；具備網路安全和防止成癮的功能。

透明性（*Transparent*）
: 能夠讓初學者或一般用戶理解 AI 的運作方法和用途。

6 請見世界經濟論壇專文〈Artificial Intelligence for Children〉（*https://oreil.ly/aHH3E*）。

引導

本章將深入介紹一個具邊緣 AI 模型的消費性產品的端對端解決方案，也就是一個可以透過交通和撞擊警報以監測和保護自行車騎士的裝置。為了建立初期自行車手監測模型，我們將從邊緣裝置的加速度感測器蒐集「怠速（idle）」、「急停（sudden stop）」和「正常（nominal）」等機器學習分類樣本。

這三個類別將使機器學習的分類模型能夠即時地分辨自行車手正經歷哪一種運動型態。邊緣裝置會不斷地從加速度感測器取得原始樣本，而訓練過的機器學習模型將推論，並判定裝置檢測到的運動是怠速、轉彎、急停（可能代表事故）或行駛在不平坦的道路上。如果裝置得出異常值過高或經歷了急停，那麼預測結果、異常值和加速度感測器訊號資料等訊息，將立即透過聲音輸出或 LED 警示等通知裝置的最終使用者，且資料也會透過網路回傳或儲存在本機，以供人工或在雲端進一步處理。

定義機器學習的類別

表 13-2 為使用案例、感測器和資料輸入類型的可能組合，以及用於蒐集和標註訓練與測試資料集的機器學習類別。使用案例及其相關的類別標籤對於本章所使用的機器學習演算法類型相當重要，尤其是「分類」和「異常偵測」。更多內容請參考第 102 頁的「分類」和第 105 頁的「異常偵測」。

表 13-2　自行車手安全案例的機器學習類別

使用案例	訓練資料	分類標籤
偵測自行車事故	加速度感測器	正常，異常（若資料已存在也可指定為「事故」）
監控對向來車	攝影機（帶邊框）	汽車，自行車，摩托車，其他交通工具
監控自行車手盲點	雷達	正常，靠近自行車手的物體
聆聽警報、撞擊和其他交通聲響	聲音	背景音、噪音、警笛聲、撞擊聲、喇叭聲、人聲 / 喊叫聲

本章將建立一個以機器學習感測器資料分類的消費性自行車監控裝置使用案例，而專案初期的機器學習分類為「怠速（idle）」、「急停（sudden stop）」和「正常（nominal）」，皆與「偵測自行車事故」這個最終使用案例有關。然而，您大概不會想親自參與自行車事故以記錄並上傳這些資料樣本，因此我們將採用機器學習技術分類和異常偵測來達成目標。

蒐集資料集

有關如何蒐集乾淨、健全且有幫助的資料集之技術和具體資訊，請回顧第 225 頁的「取得資料」。您也可以利用各種策略從多個來源蒐集資料，為使用案例建立專屬的獨特資料集：

- 結合公共研究資料集
- 使用如 Kaggle 等資料蒐集網站上由社團成員貢獻的現有感測器資料集
- 邀請同事幫忙為您的 Edge Impulse 合作專案蒐集樣本

Edge Impulse

如第 381 頁「Edge Impulse」一節所述，您需要建立一個免費的 Edge Impulse 帳號（*https://edgeimpulse.com*）以跟著操作本章接下來的步驟。

更多關於使用 Edge Impulse 進行邊緣機器學習模型開發的理由，請參閱第 170 頁的「端對端邊緣 AI 平台」一節。

Edge Impulse 公開專案

本書的每一個使用案例章節都包含了一份書面教學，以完整示範並實現所述案例的端對端機器學習模型。若您想直接查看本章開發最後的確切資料和模型的話，請直接點選本章所對應的 Edge Impulse 公開專案（*https://oreil.ly/iuJp9*）。

您也可以從 Edge Impulse 頁面右上角點選「Clone」來直接複製此專案，包括所有原始的訓練和測試資料、中間模型資訊、最終生成的訓練模型結果以及所有部署選項（如圖 13-1）。

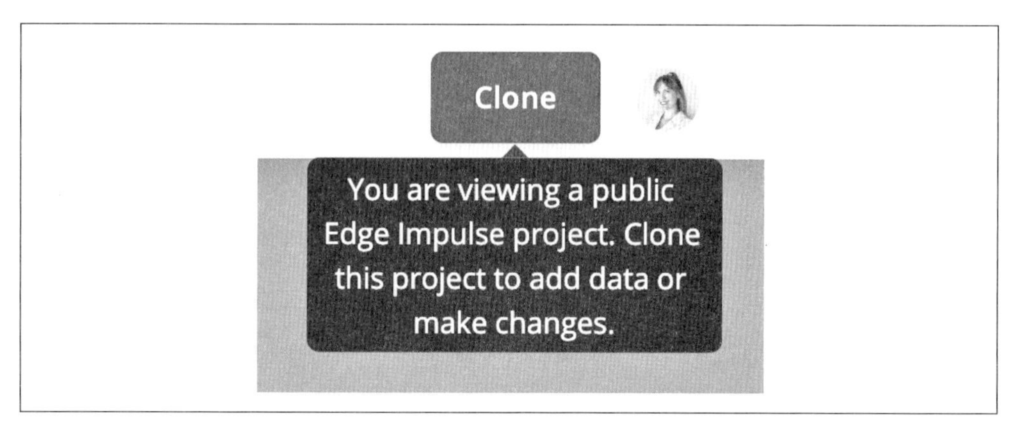

圖 13-1　複製 Edge Impulse 公開專案

選擇硬體和感測器

本書將盡量使用跨平台裝置，但也需要討論如何使用現成又方便的開發套件來建立案例的解決方案。因此本書的目標是讓硬體選擇盡可能地單純、可負擔且容易取得。

由於 Edge Impulse 提供了大量的官方支援開發平台及各種整合式感測器驅動程式和開放原始碼韌體，為了簡化專案和蒐集自行車消費性產品使用案例的加速度感測器資料，我們將使用安裝了 Edge Impulse 手機版（*https://oreil.ly/RKAWb*）的智慧型手機、Nordic Semi Thingy:53（*https://oreil.ly/WfU0M*）開發板，以及 nRF Edge Impulse 手機 App（*https://oreil.ly/OnTtw*）來擷取資料與部署模型。

然而，若您沒有本章所列硬體的話，請參考 Edge Impulse 說明文件（*https://oreil.ly/zQryl*），以找到其他適合且搭載各種官方支援感測器的開發板，以輕鬆地擷取資料和部署。或者，您也可以使用自己的開發平台和感測器組合，並在用於初期感測器資料擷取的可用裝置韌體建立完成之後，繼續跟著本章的步驟操作（最簡單的方式是使用 Edge Impulse 的 data forwarder 軟體，*https://oreil.ly/MXDZM*）。

硬體配置

我們將使用 Nordic Semi Thingy:53 開發板上的加速度感測器慣性測量裝置（IMU），和 / 或手機內部的 IMU 來偵測自行車的運動，請將裝置固定在您的自行車把手上。

以下是一些其他類型的感測器，可根據特定的環境、使用案例、專案預算等，作為提高消費性自行車手監測模型準確性的方案供您考量：

- 陀螺儀
- 紅外線、夜視或熱像儀
- 雷達
- 聲音

蒐集資料

Edge Impulse 提供了許多上傳和標記專案資料的選項，第 384 頁的「蒐集資料」一節討論過許多常見的資料擷取工具。接下來將討論本章針對自行車手監測消費性產品案例中會用到的特定資料蒐集工具。

資料擷取韌體

為了能夠從 Thingy:53 擷取資料，首先需要按照說明文件（*https://oreil.ly/bHbVN*）將 Edge Impulse 韌體燒錄到裝置上。然後用 Edge Impulse CLI（*https://oreil.ly/DSrv7*）或 nRF Edge Impulse 手機應用程式（請見第 467 頁的「nRF Edge Impulse 手機應用程式」）將裝置連上專案，並開始從 Thingy:53 或手機來記錄新的加速度感測器資料樣本。

手機

上傳加速度感測器的新資料最簡單的方法之一便是將手機直接連到 Edge Impulse 專案，並藉由手機裡的 IMU 來記錄加速度感測器資料。連接手機的方法請參考 Edge Impulse 說明文件（*https://oreil.ly/UoiqJ*），如圖 13-2。

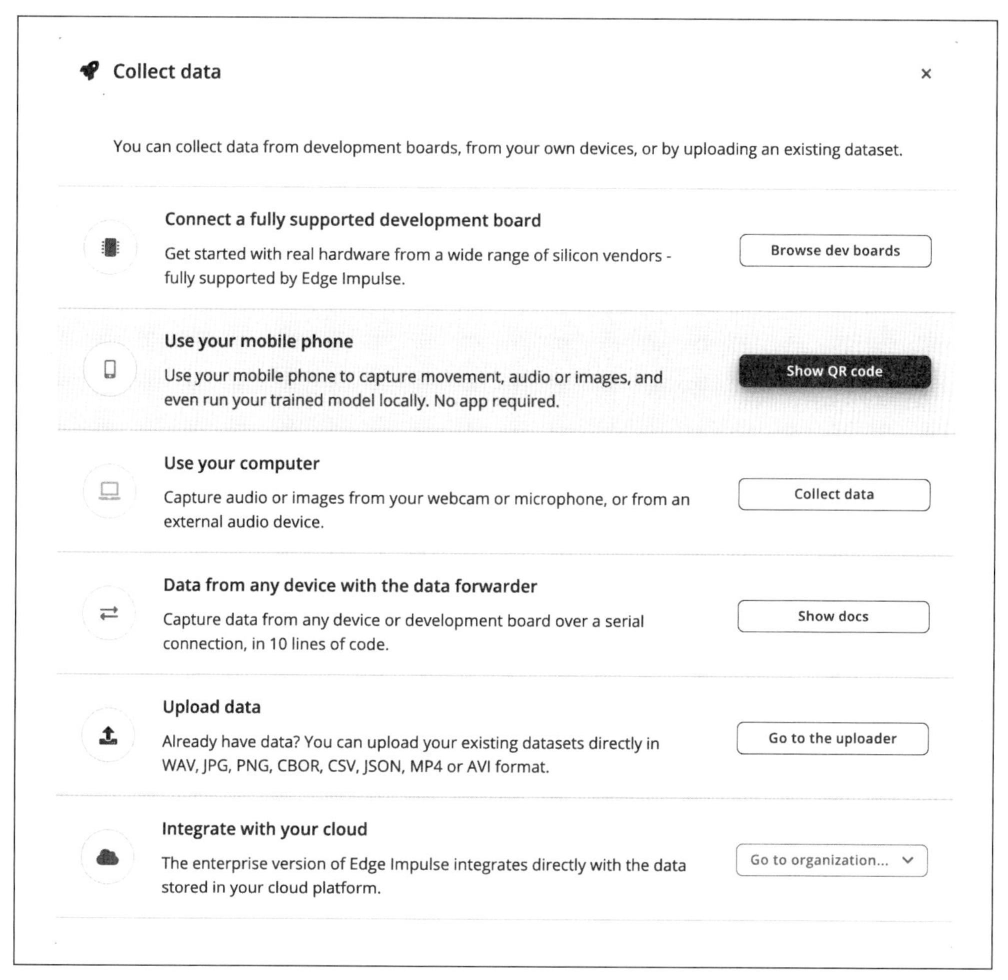

圖 13-2　將手機連上 Edge Impulse 專案

nRF Edge Impulse 手機應用程式

首先，下載並安裝 iPhone（*https://oreil.ly/2w5nO*）或 Android 手機（*https://oreil.ly/Q_bVH*）的 Nordic nRF Edge Impulse 應用程式。接著按照 Edge Impulse 說明文件（*https://oreil.ly/orK3a*），用您自己的 Edge Impulse 帳戶登入 nRF Edge Impulse 應用程式，並將 Thingy:53 連上專案。

請點選應用程式右上角的「+」來記錄並上傳新的資料樣本到專案中。選擇感測器、輸入樣本標籤、選擇樣本長度和頻率，最後點選「Start Sampling」，如圖 13-3。

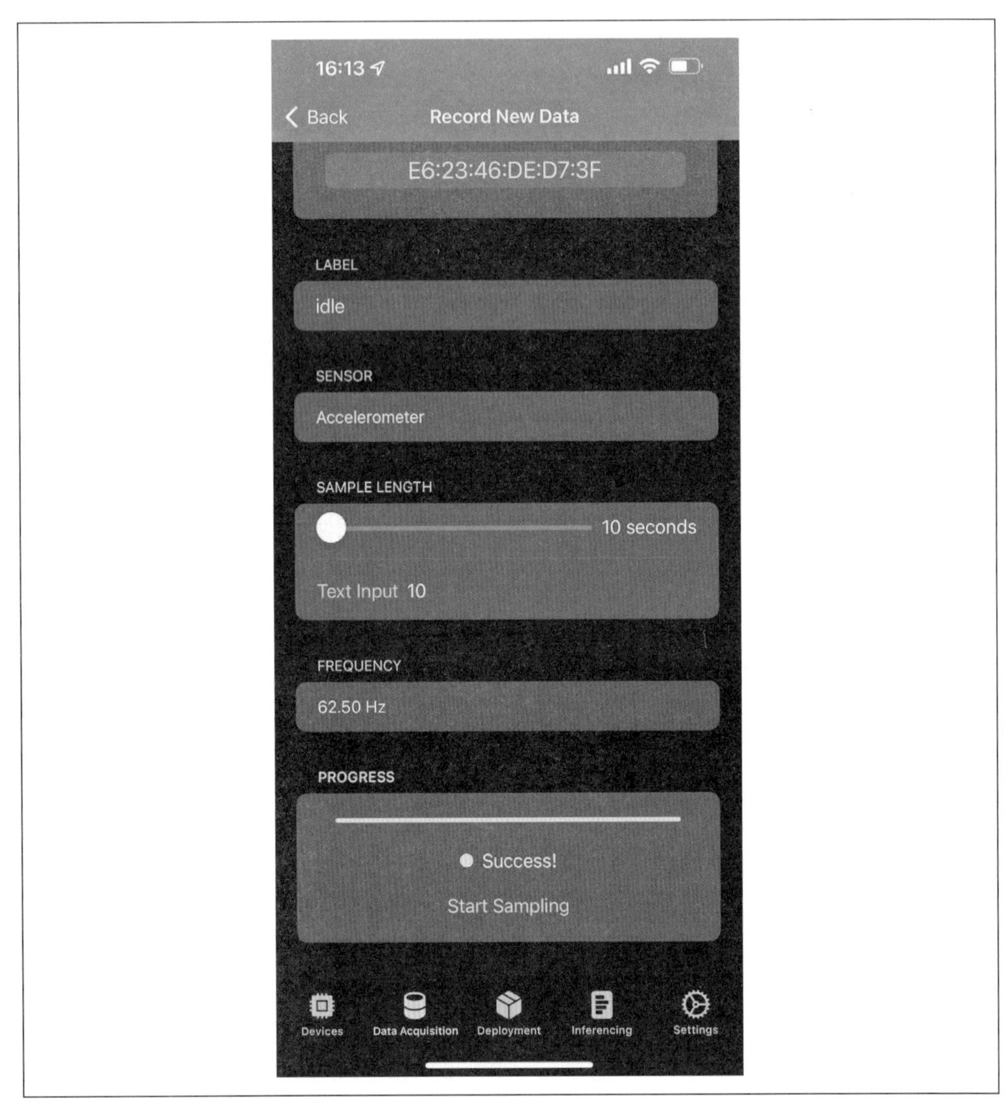

圖 13-3　nRF Edge Impulse 手機應用程式的資料採集

持續為「怠速（idle）」、「急停（sudden stop）」和「正常（nominal）」等三個機器學習類別蒐集對應的資料樣本。蒐集資料時請務必注意周遭安全！

清理資料集

請回顧第 390 頁的「清理資料集」，再繼續進行本章。

由於我們以 30 秒（30,000 毫秒）的長度記錄了加速度感測器的樣本，因此要先把這些樣本分成多筆長度為 10 秒（10,000 毫秒）的短樣本。請到「Data acquisition」標籤頁，點選任一樣本旁的三點下拉式選單，然後點選「Split sample」。一個「Split sample」畫面大概可以容納 3 個約 10,000 毫秒長的短樣本；點選「+ Add Segment」就能自由加入更多分割區段，然後點選「Split」，如圖 13-4）。

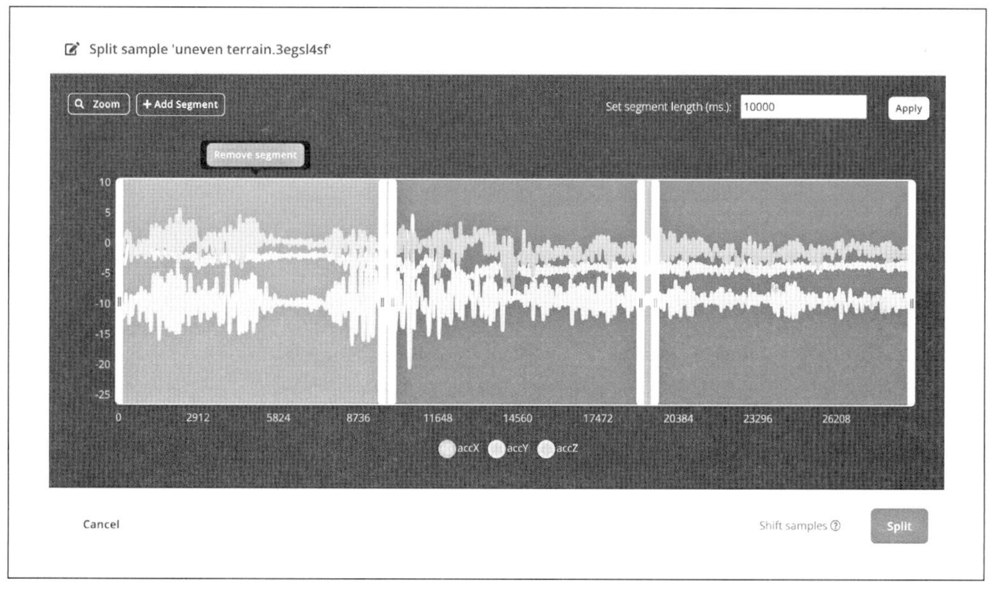

圖 13-4　Data acquisition：分割樣本畫面

您也可以透過選擇樣本的下拉式選單中的「Crop sample」來裁切樣本，如第 435 頁「清理資料集」所述。

資料集授權和法律義務

請回顧第 389 頁的「資料集授權和法律義務」以確認您的資料集版權和法律義務。由於我們是直接上傳並使用由家用個人手機（*https://oreil.ly/RZxE0*），或 Nordic Thingy:53 裝置（*https://oreil.ly/E91_-*）透過電腦序列埠，或 Nordic nRF Edge Impulse 手機應用程式（https://oreil.ly/VxQKE）蒐集來的資料，因此不存在任何資料集版權或相關法規問題。

然而，如果除了自己的 Nordic Thingy:53 裝置或手機蒐集而來的資料之外，您還使用了來自公共資源的加速度感測器或其他感測器資料，在上傳資料到訓練 / 測試資料集並使用該資料訓練出來的模型之前，請確實調查清楚資料使用的相關規範和出處歸屬需求。

DSP 和機器學習工作流程

現在我們已經將所有資料上傳到訓練和測試資料集中，接下來需要使用數位訊號處理法（DSP）提取原始資料中最重要的特徵，然後訓練機器學習模型以辨識感測器特徵中的模式。Edge Impulse 將 DSP 和 ML 訓練工作流程稱為「Impulse design」。

您可以在 Edge Impulse 專案的「Impulse design」標籤頁中查看並建立一個完整的端對端視覺化機器學習管線。最左邊是原始資料區塊，Edge Impulse Studio 在此擷取並預處理資料，並設定窗口增量和大小。若您從不同紀錄頻率的裝置上傳樣本資料，也可以在此將時間序列資料變密或變疏。

接下來是 DSP 區塊，我們將透過一個開源數位訊號處理草稿碼「Spectral analysis（頻譜分析）」來提取加速度感測器資料中最重要的特徵。一旦生成了資料特徵，學習區塊將按照所需架構和配置設定來訓練神經網路。最後顯示部署的輸出訊息，包括希望已訓練機器學習模型進行分類的類別，即「怠速（idle）」、「急停（sudden stop）」和「正常（nominal）」。

請在 Edge Impulse 專案中按照圖 13-5 設定「Impulse design」標籤頁，或如各區塊彈出視窗所述，最後點選「Save Impulse」：

時間序列資料

- 窗口大小：5000 毫秒。

- 窗口增量：250 毫秒。
- 頻率（Hz）：62.5
- 資料補零：勾選

處理區塊

- Spectral Analysis（頻譜分析）

學習區塊

- 分類（Keras）
- 異常偵測（K-Means）

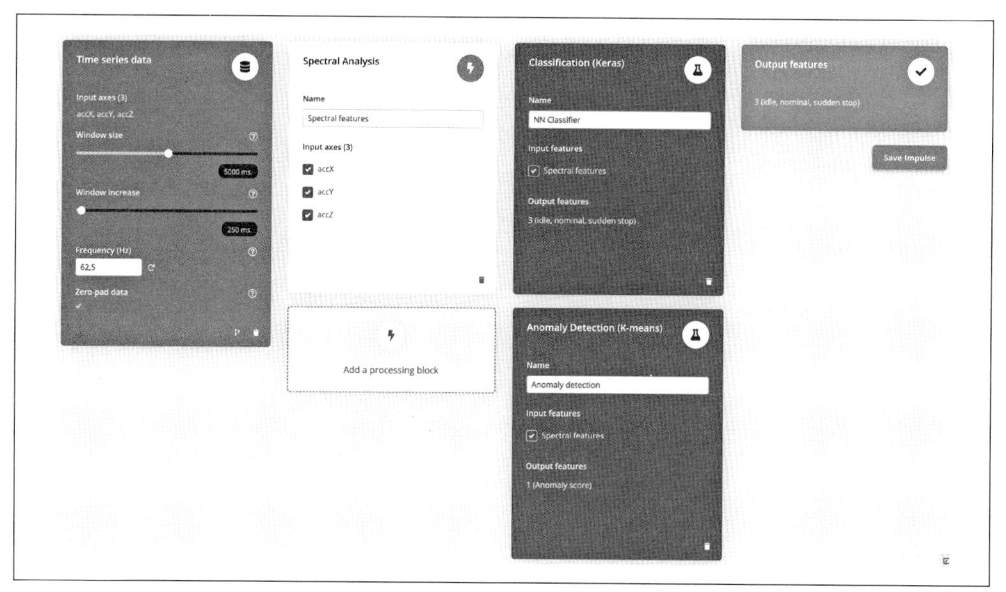

圖 13-5 Impulse design 配置

數位訊號處理區塊

本章專案將使用 Edge Impulse Studio 裡預設的數位訊號處理演算法。這個頻譜分析（Spectral Analysis）處理區塊已預先編寫好，您可免費使用並免費從平台進行部署。Spectral Analysis 區塊中的完整程式碼請參考 Edge Impulse GitHub 的「processing-blocks」（*https://oreil.ly/oAvIn*）。更多關於頻譜分析演算法的具體內容請回顧第 97 頁的「頻譜分析」。

如果您已習慣自行編寫數位訊號處理程式碼，或想使用自定義的 DSP 區塊，請參考第 394 頁的「數位訊號處理區塊」中的詳細內容。

從選單選取 Spectral Analysis 標籤頁並按照圖 13-6 中的參數，或透過編輯各個選框和文字輸入來設定 Spectral Analysis 區塊。最後點選「Save parameters」。

過濾器

- 比例軸：1
- 類型：none

頻譜功率

- FFT 長度：16
- 是否記錄頻譜？：勾選
- 是否重疊 FFT 框？：勾選

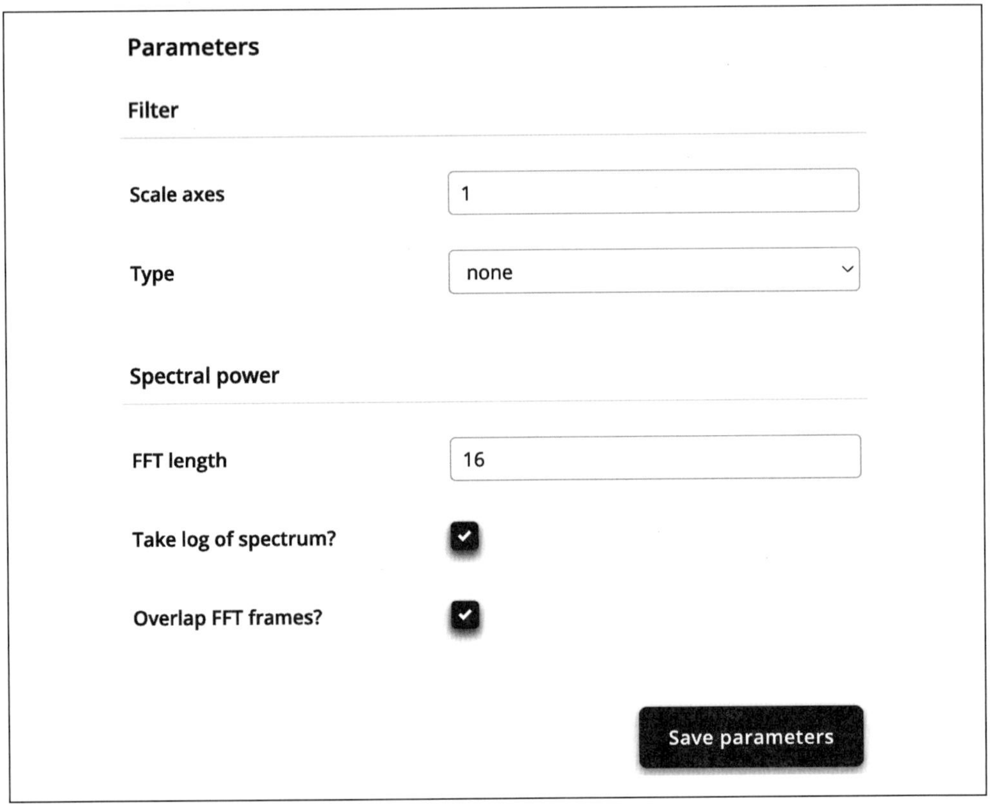

Parameters

Filter

Scale axes: 1

Type: none

Spectral power

FFT length: 16

Take log of spectrum? ✓

Overlap FFT frames? ✓

Save parameters

圖 13-6　頻譜特徵區塊參數

點選「Save parameters」。請在「Generate features」畫面中勾選「Calculate feature importance」來使用 Edge Impulse 的進階異常偵測功能（*https://oreil.ly/bQUyh*），（如圖 13-7）。

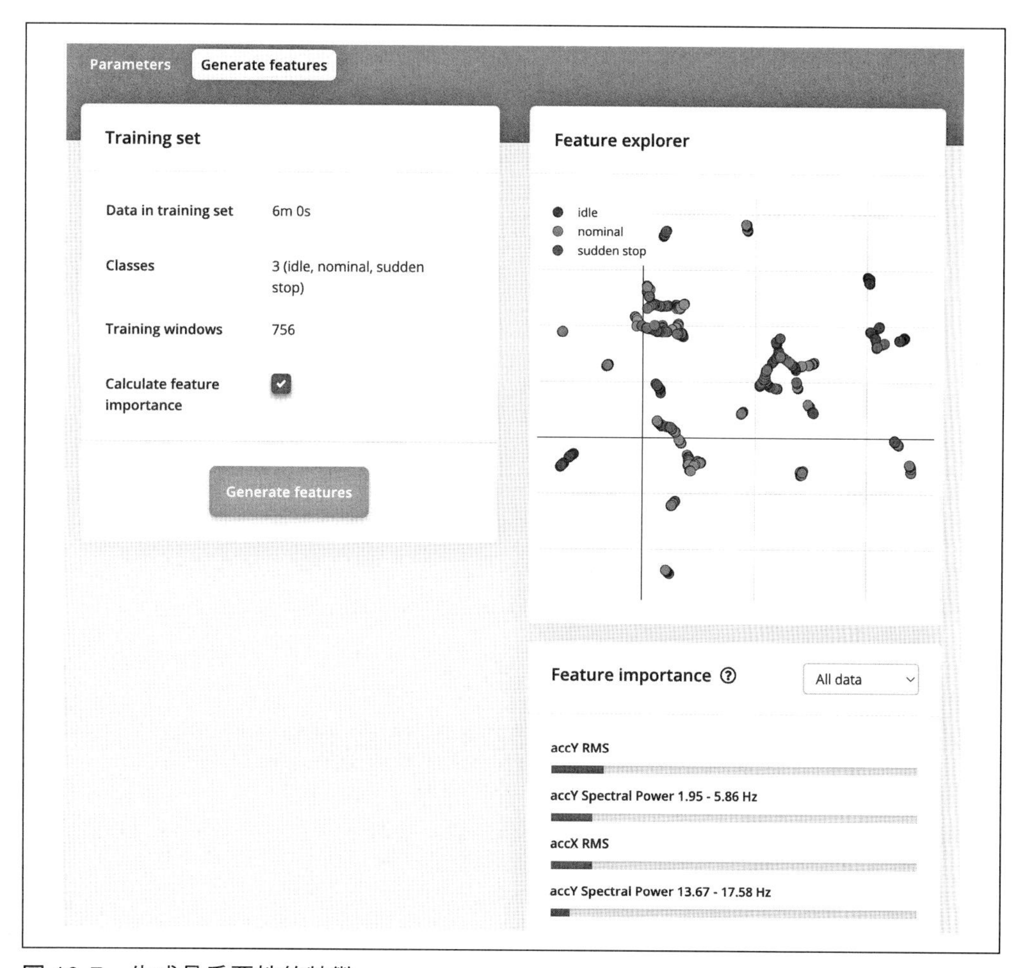

圖 13-7　生成具重要性的特徵

現在請點選「Generate features」來查看資料的特徵探索器和特徵重要性清單，如圖 13-8。

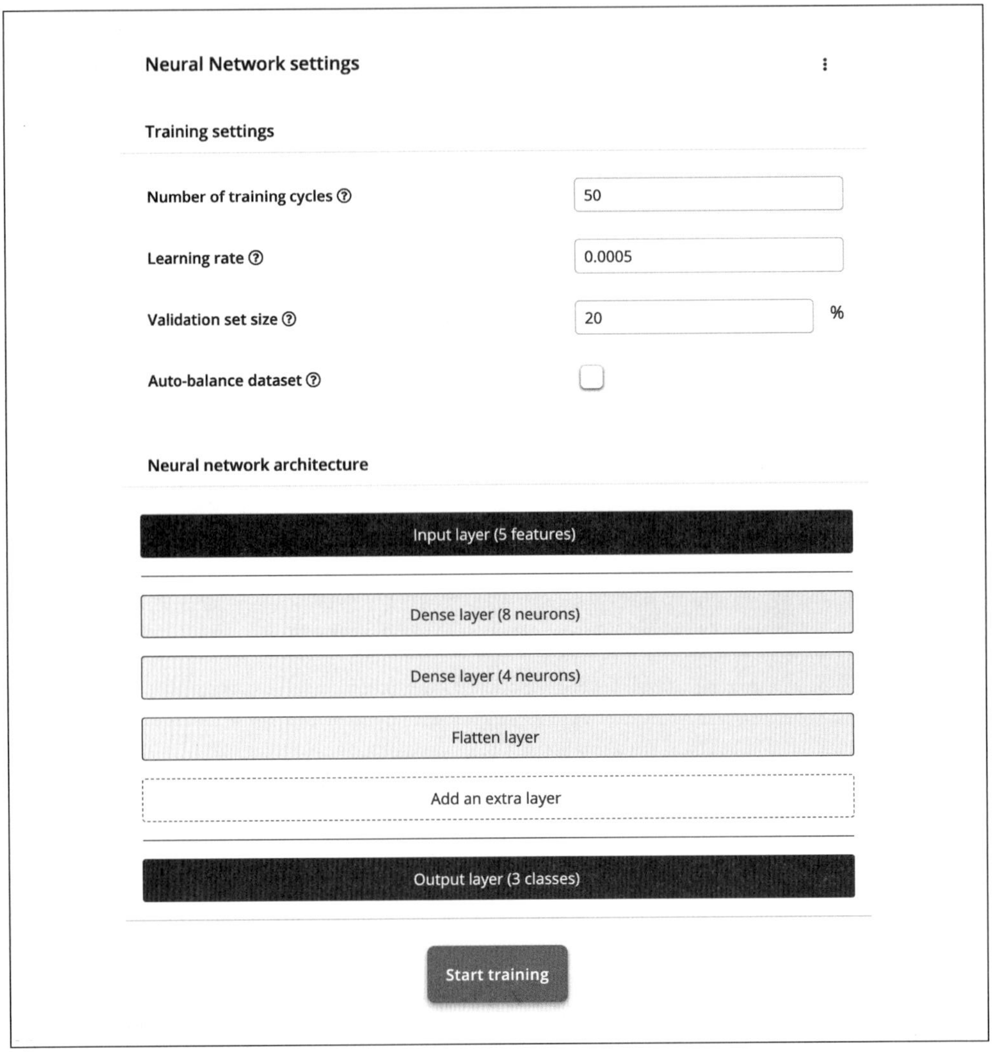

Neural Network settings

Training settings

Number of training cycles ⓘ 50

Learning rate ⓘ 0.0005

Validation set size ⓘ 20 %

Auto-balance dataset ⓘ

Neural network architecture

Input layer (5 features)

Dense layer (8 neurons)

Dense layer (4 neurons)

Flatten layer

Add an extra layer

Output layer (3 classes)

Start training

圖 13-8. 頻譜特徵區塊：特徵探索器

機器學習區塊

現在我們已經準備好訓練邊緣機器學習模型了！Edge Impulse 提供多種訓練模型的方式，其中最簡單的便是使用視覺（或圖形化使用者網路介面）編輯模式。但如果您是機器學習工程師、專家，或具備 TensorFlow / Keras 的經驗，那麼您也可以在本機或是 Edge Impulse Studio 的專家模式中來編輯遷移學習區塊。

從 NN Classifier 標籤頁中可以設定專案的神經網路架構和其他訓練設定。

視覺模式

配置並設定機器學習訓練還有網路神經架構最簡單的方法便是透過 Edge Impulse 的視覺模式，或是透過側邊選單「Impulse design」中「NN Classifier」標籤頁的預設設定，如圖 12-8。請將以下設定複製到神經網路分類器的區塊配置中，然後點選「Start training」：

- 訓練週期數量：30
- 學習率：0.0005
- 驗證集大小：20%
- 自動平衡資料集：取消勾選
- 神經網路架構：
  - 密集層（20 個神經元）
  - 密集層（10 個神經元）

更多有關神經網路架構配置的資訊，請參考 Edge Impulse 的說明文件（*https://oreil.ly/oMVFd*）。模型訓練完成後便能從「Model > Last training performance」畫面中檢視遷移學習的結果，如圖 13-10。

更多有關在本機或專家模式編寫神經網路區塊的內容，請回顧第 11 和 12 章（特別是第 395 頁的「機器學習區塊」）。

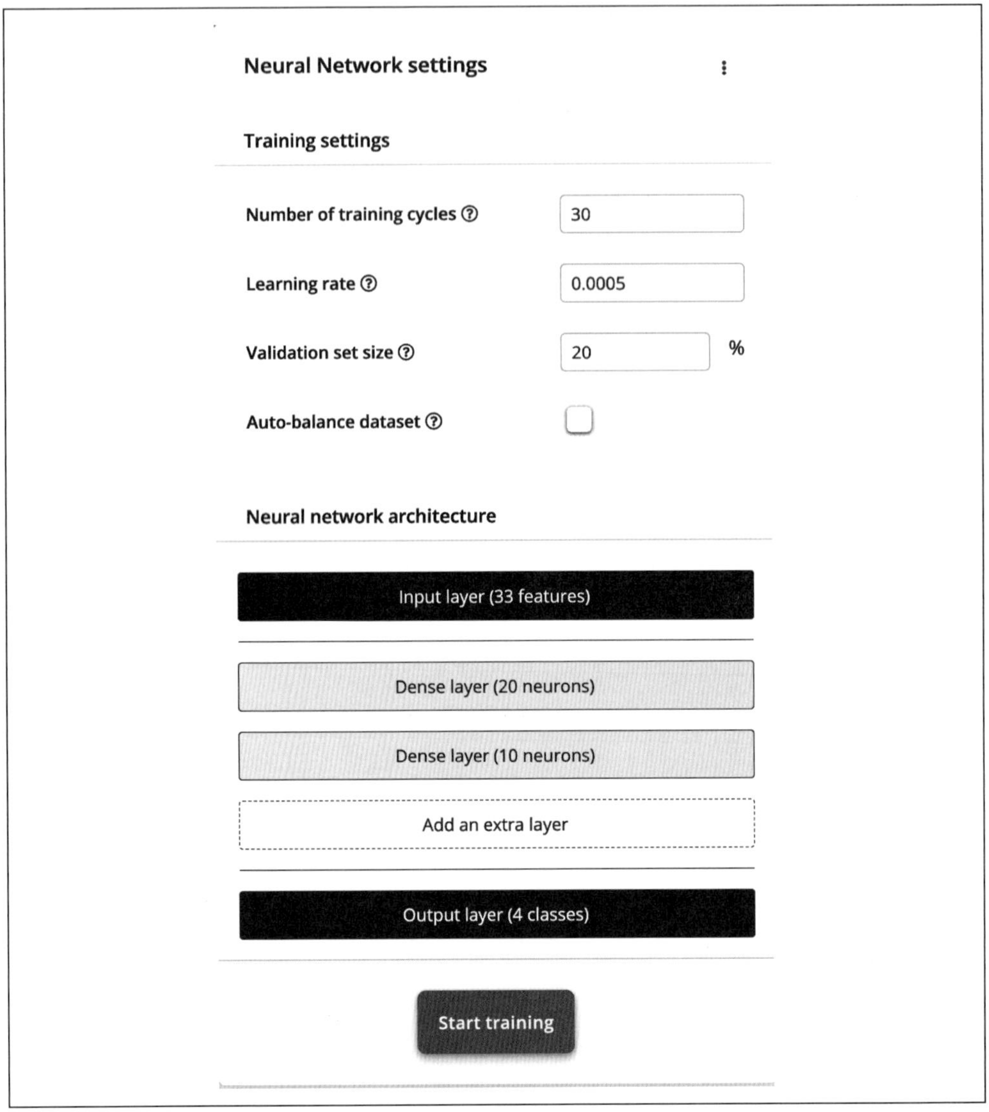

Neural Network settings

Training settings

Number of training cycles ⓘ 30

Learning rate ⓘ 0.0005

Validation set size ⓘ 20 %

Auto-balance dataset ⓘ

Neural network architecture

Input layer (33 features)

Dense layer (20 neurons)

Dense layer (10 neurons)

Add an extra layer

Output layer (4 classes)

Start training

圖 13-9　神經網路設定

Model Model version: ⓘ Quantized (int8)

Last training performance (validation set)

ACCURACY
81.7%

LOSS
0.51

Confusion matrix (validation set)

	IDLE	SUDDEN STOP	TURNING	UNEVEN TERRAIN
IDLE	100%	0%	0%	0%
SUDDEN STOP	0%	84.4%	6.3%	9.4%
TURNING	0%	44.4%	55.6%	0%
UNEVEN TERRAIN	0%	7.1%	14.3%	78.6%
F1 SCORE	1.00	0.75	0.65	0.79

Data explorer (full training set) ⓘ

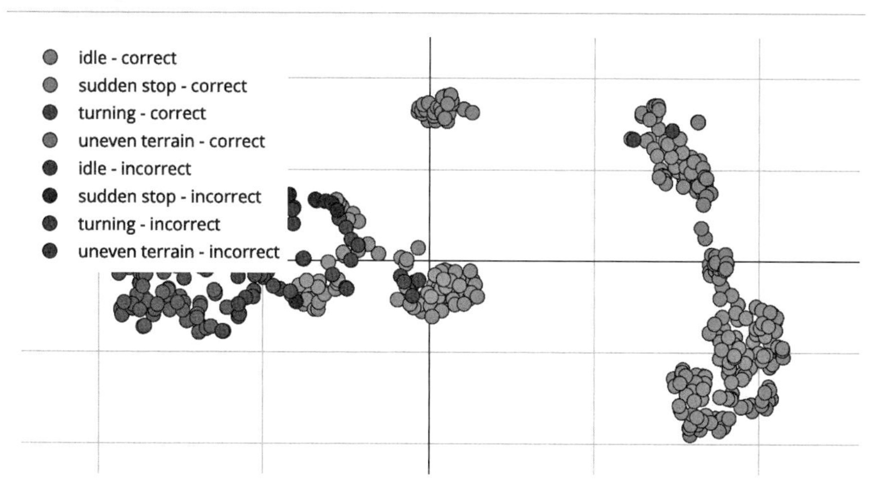

On-device performance ⓘ

INFERENCING TI...
1 ms.

PEAK RAM USAGE
2.2K

FLASH USAGE
47.6K

圖 13-10 Model: Last training performance 頁面

異常偵測

神經網路特別擅長辨識各種樣式，但對於沒見過或看不見的資料就不太在行。這是因為它們通常是用特定的資料集訓練，所以如果出現新資料便無法正確分類[7]。

更多有關本章所使用的異常偵測技術，請參考第 105 頁的「異常偵測」。

請從選單點選「Anomaly detection」標籤，並選擇「Select suggested axes」，來自動勾選建議本案例使用的特徵重要性軸，如圖 13-11。

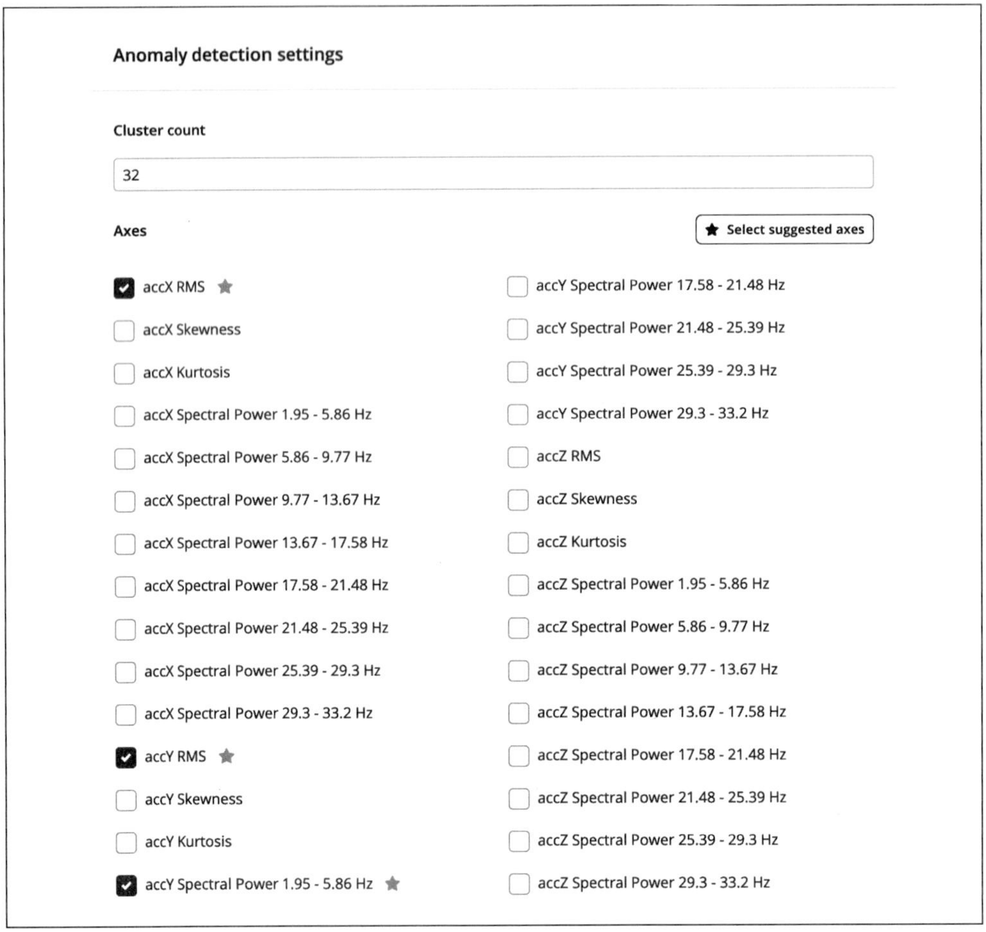

Anomaly detection settings

Cluster count

32

Axes

Select suggested axes

accX RMS
accX Skewness
accX Kurtosis
accX Spectral Power 1.95 - 5.86 Hz
accX Spectral Power 5.86 - 9.77 Hz
accX Spectral Power 9.77 - 13.67 Hz
accX Spectral Power 13.67 - 17.58 Hz
accX Spectral Power 17.58 - 21.48 Hz
accX Spectral Power 21.48 - 25.39 Hz
accX Spectral Power 25.39 - 29.3 Hz
accX Spectral Power 29.3 - 33.2 Hz
accY RMS
accY Skewness
accY Kurtosis
accY Spectral Power 1.95 - 5.86 Hz
accY Spectral Power 17.58 - 21.48 Hz
accY Spectral Power 21.48 - 25.39 Hz
accY Spectral Power 25.39 - 29.3 Hz
accY Spectral Power 29.3 - 33.2 Hz
accZ RMS
accZ Skewness
accZ Kurtosis
accZ Spectral Power 1.95 - 5.86 Hz
accZ Spectral Power 5.86 - 9.77 Hz
accZ Spectral Power 9.77 - 13.67 Hz
accZ Spectral Power 13.67 - 17.58 Hz
accZ Spectral Power 17.58 - 21.48 Hz
accZ Spectral Power 21.48 - 25.39 Hz
accZ Spectral Power 25.39 - 29.3 Hz
accZ Spectral Power 29.3 - 33.2 Hz

圖 13-11　異常偵測：勾選建議的軸

7 請見 Edge Impulse 專文〈Anomaly Detection (K-Means)〉（*https://oreil.ly/kGM6C*）。

接著，點選「Start training」來檢視產生後的「異常探索器（Anomaly explorer）」，如圖 13-12。

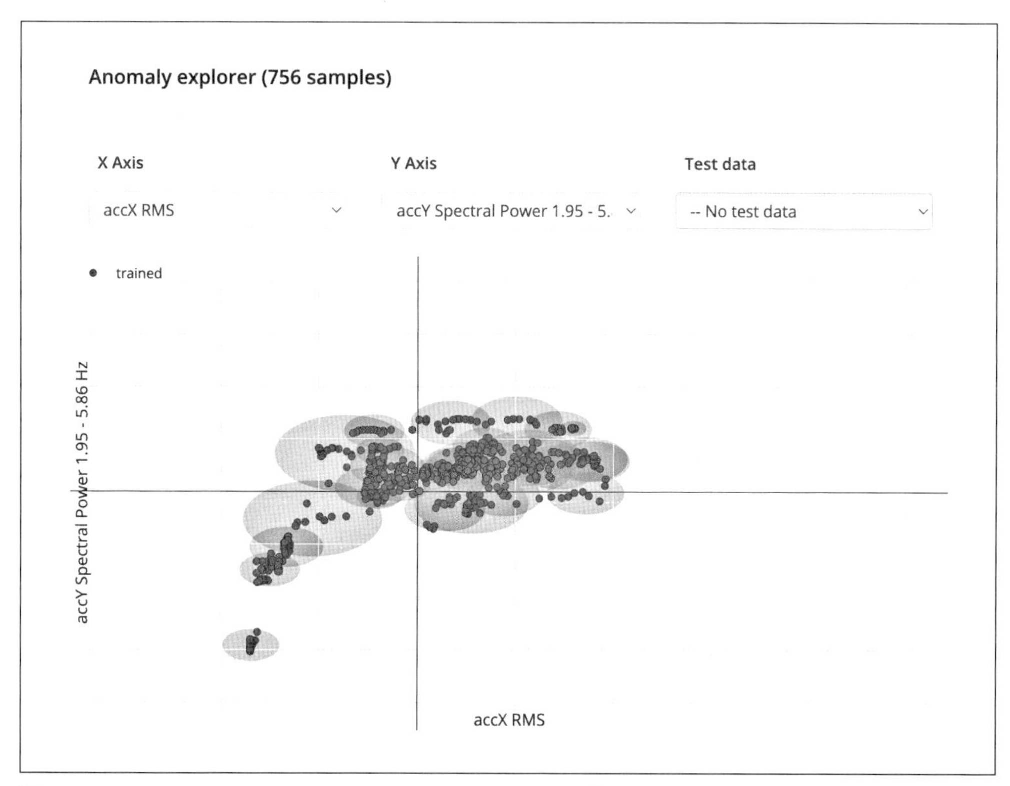

圖 13-12　Anomaly detection: Anomaly explorer 畫面

測試模型

有關 Edge Impulse 提供的所有模型測試功能之詳細內容和說明，請參考第 406 頁的「測試模型」。

即時分類

在「Live classification」標籤頁中，您可直接從 Nordic Thingy: 53 測試各個測試樣本，如圖 13-13 和 13-14。連線步驟請參考第 466 頁「資料擷取韌體」。

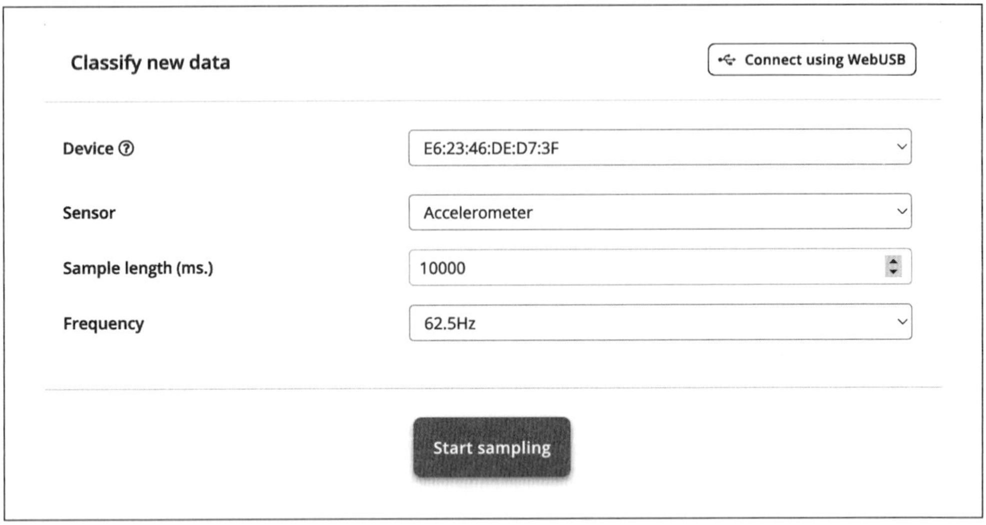

Classify new data

Connect using WebUSB

Device ⑦	E6:23:46:DE:D7:3F
Sensor	Accelerometer
Sample length (ms.)	10000
Frequency	62.5Hz

Start sampling

圖 13-13　使用 Nordic Thingy:53 開發板進行即時分類

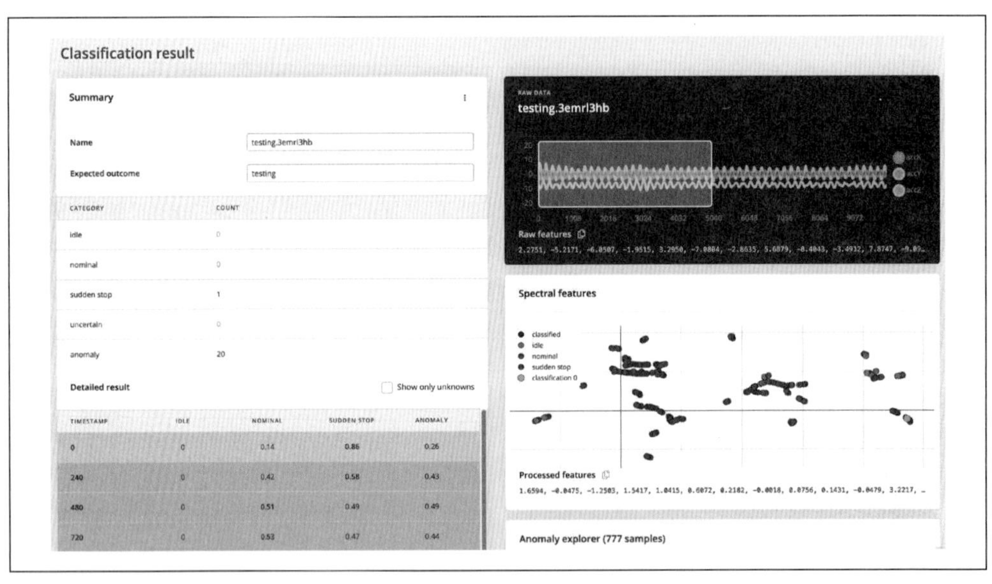

圖 13-14　使用未標記測試結果進行即時分類

您也可以從「Classify existing test sample」畫面載入現有測試資料集影像，以查看從該樣本提取出來的特徵，和已訓練模型的預測結果，如圖 13-15。

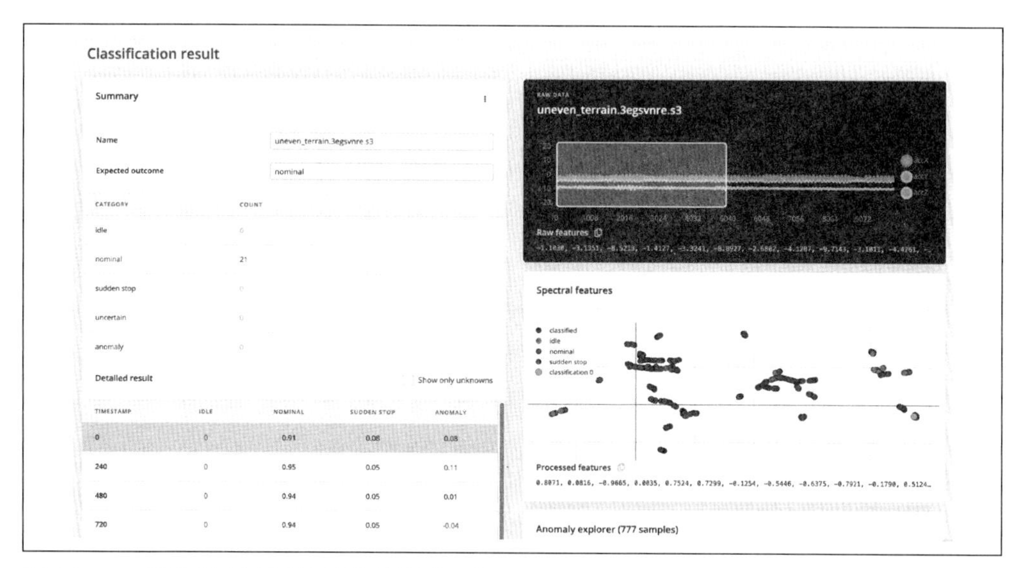

圖 13-15 既有已標記測試結果的即時分類

模型測試

您還可以在專案的「Model Testing」（*https://oreil.ly/Ngn8a*）標籤中，使用這個訓練好的模型來批量分類測試資料集。更多有關此標籤頁的內容請參考第 407 頁的「模型測試」。

點選「Classify all」來取得這個已訓練模型針對測試資料集樣本的推論結果總覽，如圖 13-16。

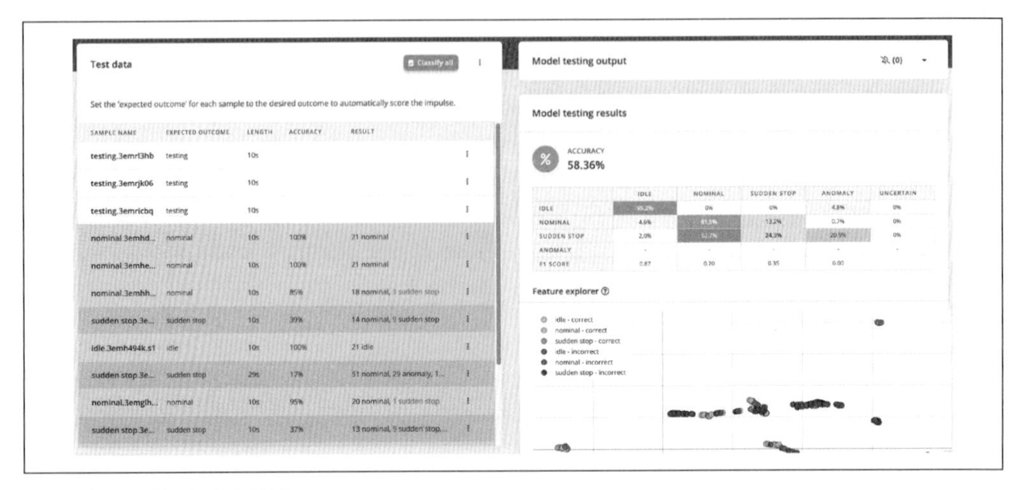

圖 13-16　模型測試結果

儘管在模型測試標籤頁中顯示的結果對真實世界來說不甚理想，但那是因為我們只上傳了幾分鐘長的訓練資料，上傳的資料越多，模型在現實世界以及測試資料集上的表現就會越好。請參考第九章以了解如何改善模型並達到可用於消費性產品的等級。

部署

恭喜！您已經完成了蒐集和標記訓練及測試資料集、使用 DSP 區塊擷取資料特徵、設計及訓練機器學習模型，並使用測試資料集來測試模型。現在所有在邊緣裝置上進行推論所需的程式碼和模型資訊都已備齊，我們需要將事先建構好的二進位檔燒錄到裝置上，或是將 C++ 函式庫整合到嵌入式應用程式碼中。

請選擇 Edge Impulse 專案的「Deployment」標籤，按照下一節將提到的眾多部署選項的其中一個步驟，在邊緣裝置上執行訓練好的機器學習模型。還有許多其他的部署選項，在第 409 頁的「部署」一節已初步討論過。

燒錄預建置的二進位檔

請從 Deployment 標籤頁的「Build firmware」底下選擇您所需的官方支援 Edge Impulse 開發平台，並點選「Build」。您還可以選擇是否啟用 EON 編譯器[8]。

接著，按照點選 Deployment 標籤頁的 Build 之後所顯示的指示，將所生成的韌體拖放或燒錄到您的官方支援平台上。更多有關燒錄預建置二進位檔的詳細說明，請參考您所選用的開發平台之 Edge Impulse 說明文件（*https://oreil.ly/socrt*）。

GitHub 原始碼

本章使用的應用程式原始碼，包括來自公開 Edge Impulse 專案（*https://oreil.ly/rKSDT*）的部署函式庫和完整的應用程式碼，皆可在本書 GitHub 查看和下載（*https://oreil.ly/bjJw1*）。

迭代和回饋循環

現在，您已經部署了自行車手監測模型的第一個迭代版本，您可能就此感到滿足並停止開發。但是，若您希望進一步迭代模型並隨著時間推移或新入手的裝置升級進一步提高準確度，那麼這個專案還有許多可以改造和變化的地方供您參考和改進：

- 迭代裝置的設計，讓它對撞擊更敏感（將本教學中使用的硬體換成更敏銳的感測器或更高階的 CPU）。
- 利用主動學習策略來改進模型使用的演算法、DSP 以及機器學習神經網路。更多策略相關內容請參考第九章和第十章。
- 為現有模型分類上傳更多訓練和測試資料，並建立新類別來加以訓練。
- 定期評估裝置效能並做出適合的改良；模型的好壞取決於取得訓練資料的地點和環境。

8 請見 Edge Impulse 部落格文章〈Introducing EON: Neural Networks in Up to 55% Less RAM and 35% Less ROM〉（*https://oreil.ly/kXvlt*）。

- 可以將自行車把手上的加速度感測器換成攝影機。
- 將安裝在自行車把手上的裝置換到龍頭，看表現如何。

相關成果

如本章所述，邊緣 AI 是一項逐漸應用在各種消費性產品的新興技術，從可監測兒童健康的玩具，到監測來車和潛在事故的自行車，再到為食物調理出完美熟度的廚房家電。接下來將介紹一些有關用於消費性產品的邊緣 AI 之裝置、資料集、研究文獻和書籍。

本書也在各頁註腳中提供本章來自各種研究與利用邊緣機器學習之消費性產品的應用程式、方法、裝置和引用來源。

參考文獻

- Digital Child’s Play: Protecting Children from the Impacts of AI (*https://oreil.ly/0RRNY*), UN News, 2021.
- WEF Artificial Intelligence for Children (*https://oreil.ly/aHH3E*), World Economic Forum, 2022.
- Good Governance of Children’s Data (*https://oreil.ly/9Dy2B*), Unicef.
- FTC: Children’s Privacy (*https://oreil.ly/6v-hh*)
- Children’s Online Privacy Protection Rule (“COPPA”) (*https://oreil.ly/RP-BI*)
- “Examining Artificial Intelligence Technologies Through the Lens of Children’s Rights” (*https://oreil.ly/etUlC*). EU Science Hub, 2022.
- EU AI Act (*https://oreil.ly/ERfTX*)
- Fosch-Villaronga, E. et al. “Toy Story or Children Story? Putting Children and Their Rights at the Forefront of the Artificial Intelligence Revolution” (*https://oreil.ly/FlrVc*). SpringerLink, 2021.
- Morra, Lia et al. “Artificial Intelligence in Consumer Electronics” (*https://oreil.ly/58KzE*). IEEE, 2020.

- Sane, Tanmay U. et al. "Artificial Intelligence and Deep Learning Applications in Crop Harvesting Robots: A Survey" (*https://oreil.ly/tNhwh*). IEEE, 2021.
- Mohanty, Saraju P. "AI for Smart Consumer Electronics: At the Edge or in the Cloud?" (*https://oreil.ly/pZToK*) IEEE Consumer Electronics Magazine, 2019.
- Go, Hanyoung et al. "Machine Learning of Robots in Tourism and Hospitality: Interactive Technology Acceptance Model (iTAM)—Cutting Edge" (*https://oreil.ly/dxShS*). Emerald Insight, 2020.
- Xu, Tiantian et al. "A Hybrid Machine Learning Model for Demand Prediction of Edge-Computing-Based Bike-Sharing System Using Internet of Things" (*https://oreil.ly/UKtYx*). IEEE, 2020.
- Bike Rearview Radar (*https://oreil.ly/AI9cL*), Edge Impulse.
- Silva, Mateus C. et al. "Wearable Edge AI Applications for Ecological Environments" (*https://oreil.ly/MdkaY*). MDPI, 2021.
- Kakadiya, Rutvik et al. "AI Based Automatic Robbery/Theft Detection using Smart Surveillance in Banks" (*https://oreil.ly/SDPYG*). IEEE, 2019.
- Ogu, Reginald Ekene et al. "Leveraging Artificial Intelligence of Things for Anomaly Detection in Advanced Metering Infrastructures" (*https://oreil.ly/Iesae*). ResearchGate, 2021.

新聞與相關文章

- "AI's Potential for Consumer Products Companies" (*https://oreil.ly/IOYQR*). Deloitte, 2022.
- "Consumer Goods: Increase Product Innovation and Revenue with Edge AI" (*https://oreil.ly/ZEn7F*). Gartner, 2021.
- • "Innovate with Edge AI" (*https://oreil.ly/I-lhF*). Gartner, 2019.
- "Edge Machine Learning: From PoC to Real-World AI Applications" (*https://oreil.ly/x_0ja*). Strong, 2021.

- "Ducati and Lenovo Continue Partnership to Lead Innovation in MotoGP" (*https://oreil.ly/YcOrE*). BusinessWire, 2022.

索引

※ 提醒您：由於翻譯書排版的關係，部分索引名詞的對應頁碼會和實際頁碼有一頁之差。

A

B

C

D

E

F

G

H

I

J

K

L

M

N

O

P

Q

R

S

T

U

V

W

Z

關於作者

Daniel Situnayake 是 Edge Impulse 的機器學習部門主管，負責嵌入式機器學習的研發工作。他是 O'Reilly《*TinyML | TensorFlow Lite* 機器學習：應用 *Arduino* 與低耗電微控制器》一書的共同作者，該書是嵌入式機器學習領域的標準教科書；Daniel 曾在哈佛大學、加州大學伯克利分校和巴西聯邦大學（UNIFEI）進行客座講座。Dan 曾任職於 Google 的 TensorFlow Lite 部門，並共同創立了 Tiny Farms 公司，這是美國第一家使用自動化技術做到工業規模生產昆蟲蛋白的公司。他的職業生涯是從伯明翰城市大學講授自動辨識與資料擷取開始的。

Jenny Plunkett 是 Edge Impulse 的資深開發者關係工程師，同時也是一位技術講者、開發者傳教士和技術內容創作者。除了維護 Edge Impulse 各種技術文件之外，她還針對 Arm Mbed OS 和 Pelion IoT 建立了各種開發者的資源。她也曾在 Grace Hopper Celebration、Edge AI Summit、Embedded Vision Summit 等主流技術研討會上舉辦過工作坊和技術講座。珍妮曾在 Arm Mbed 和 Pelion 擔任過軟體工程師和物聯網顧問。她畢業於美國德克薩斯大學奧斯汀分校，獲頒電機工程學士學位。

出版記事

《邊緣 *AI*》一書封面上的動物是西伯利亞野山羊（Capra sibirica）。牠們分布在亞洲各地，如中國、蒙古、巴基斯坦和哈薩克。西伯利亞野山羊基本上是一種大型野生山羊。牠們的毛色範圍從深棕色到淺褐色，偶爾帶點紅色色調；毛色會在冬季變淡，夏季變深。公羊具有大型的黑色環狀犄角，而母羊的角則較小也較灰。公羊母羊都有鬍鬚。牠們通常以 5 至 30 頭的同性群體行動。

西伯利亞野山羊的理想棲息地是在樹線（譯註：或稱森林線）以上的陡峭斜坡和礫岩地，也曾在低至 2,300 英尺的半乾旱沙漠發現過牠們的蹤跡。牠們的食物主要來自於灌木地和草原上的草和草本植物。

由於西伯利亞野山羊在其自然棲息地中數量繁多，儘管牠們的數量確實正在減少但還是認定為最不受到關注的物種。牠們面臨的最大威脅是為了食物而狩獵與盜獵行為。O'Reilly 書籍封面上的許多動物都是瀕危的；牠們對這個世界來說都很重要。

本書封面插圖由 Karen Montgomery 根據《*動物自然史*》中的黑白版畫創作而成。

邊緣 AI｜使用嵌入式機器學習解決真實世界的問題

作　　者：Daniel Situnayake, Jenny Plunkett
譯　　者：CAVEDU 教育團隊 曾吉弘
企劃編輯：江佳慧
文字編輯：詹祐甯
特約編輯：袁若喬
設計裝幀：陶相騰
發 行 人：廖文良

發 行 所：碁峰資訊股份有限公司
地　　址：台北市南港區三重路 66 號 7 樓之 6
電　　話：(02)2788-2408
傳　　真：(02)8192-4433
網　　站：www.gotop.com.tw
書　　號：A747
版　　次：2024 年 02 月初版
建議售價：NT$880

國家圖書館出版品預行編目資料

邊緣 AI：使用嵌入式機器學習解決真實世界的問題 / Daniel Situnayake, Jenny Plunkett 原著；曾吉弘譯. -- 初版. -- 臺北市：碁峰資訊, 2024.02
面；　公分
譯自：AI at the edge
ISBN 978-626-324-732-1(平裝)
1.CST：人工智慧　2.CST：機器學習
312.83　　112022749